新版 パラメータを視る

変数と図形表現

米谷達也・数理哲人 著

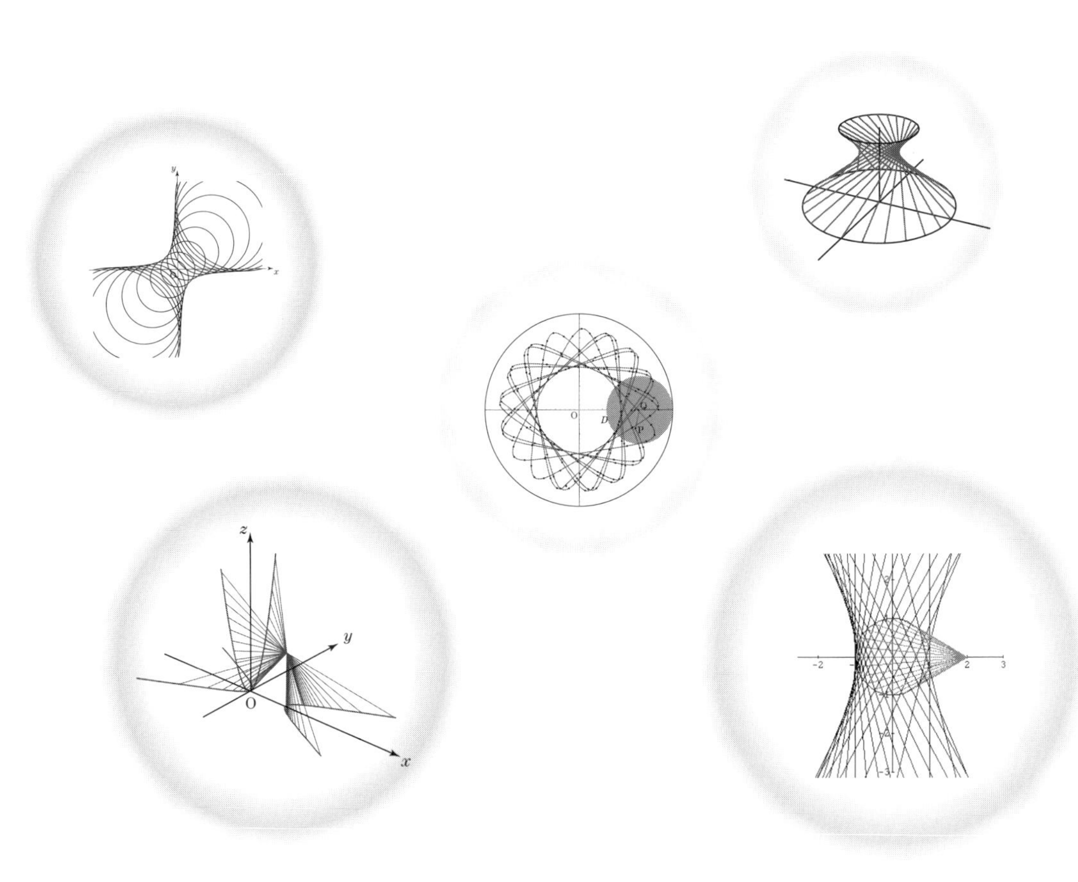

現代数学社

新版刊行に向けて

本書「変数と図形表現」は幾度かのバージョンアップと進化を経て，この 2022 年に新刊として蘇ることとなりました．過去の経緯は，続く「はじめに」に記載されていますが，1993 年 SEG 版，2000 年プリパス版，2008 年現代数学社版，に続く 2022 年現代数学社新版となります．

本書は過去三度の版のそれぞれにおいて読者に恵まれました．たとえば 1993 年版の読者であった松尾衛さんは学生・院生の時期にプリパスにて講師スタッフとして大活躍をして下さり，2008 年版には「変数と図形表現〜ガイド」を寄稿下さり，現在は物理学者として活躍されています．多くの読者に支えられ，鍛えられてきた結果，本書が版を重ねるごとに成長することができていること，ありがたく思っています．

今回の版では，過去の版において別冊付録（1993 年版）もしくは特設ウェブサイト（2008 年版）に掲載されていた「パラパラ劇場」を，書籍内に組み込んでいます．さらに，判型を直したことでページのアレンジに余裕があることから，本書に収録している問題に対応する「パラパラ劇場」のほかにオマケをつけて，さらに充実させています．

奇数ページの《往路》には順に，フランケンシュタイナー，一葉双曲面，ローロング・ソバット，シェルピンスキー・ガスケットを収録しています．偶数ページの《復路》には順に，バックスピンキック，トロコイド，コッホ曲線，楕円（包絡線），双曲線（包絡線），吊り天井固めを収録しています．上記のリストには，数学上の曲線名と，プロレス技の名称とが混在していること，ご了承ください．私のモットーである「闘う数学，炎の講義」の彩りを添えることができていれば嬉しく思います．

さらに今回の版では，私が 2020 年 12 月頃に本書の一部を使って講義をした際の映像も付属しています．第 4 章と第 5 章を講義している動画講義には，右の QR コードからアクセスすることができます．

このようにして，初版からおよそ 30 年を経たいま，本書には四度目の命を吹き込むことができました．このような機会を与えていただきました，現代数学社の富田淳社長には，格別なる感謝を申し上げます．

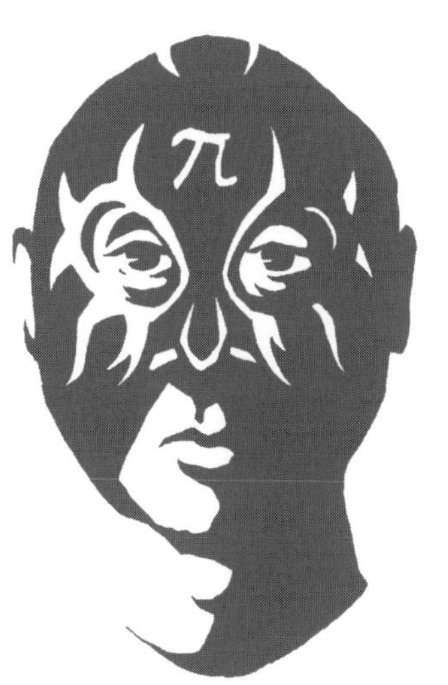

令和 4 年 9 月
覆面の貴講師
数理哲人

はじめに

第一　本書の経緯

本書の原型は，いまから15年前に「大学入試数学の変数と図形表現」(SEG出版，1993）として産声をあげました．これは1990～92年ごろ，著者が当時勤務していた数理専門塾SEGにおいて実験的に行なっていた特別講義「パラメータを視る」および「変数操作に熟達する」のテキストを基に，1993年春に書き下したものです．当時の講義では，教室にパソコン(Macintosh）を持ち込み，数式処理ソフトウェアMathematica（Wolfram Research社）の力を借りて，文字通り数学を「視る」ことを実現していました．書籍においても，パソコンで作図したグラフィックスを紙面を惜しまず再現することができました．1993年版では，別冊付録「パラパラ劇場（動く図形)」というものが付いていたのですが，これは紙面では表現しきれない図形の「動き」を体験していただく目的で，24コマからなる動画を4点収録したものでした．これは学習参考書の世界では前例のない試みであり，当時の読者には好評を以て迎えられました．その後の拙著「思考回路を磨く基礎解析問題集」「思考回路を磨く微分・積分問題集」においても，より進化した形で「パラパラ劇場II」「パラパラ劇場III」を付録としてリリースすることが出来ました．このアイテムによって，読者のみなさんは豊富な図版を目の前にじっくりと考える時間がとれるようになったことと思います．

続いて初版から7年を経た2000年の夏に，私が勤務しているプリパスにおいて「変数と図形表現」の授業を実施するにあたり，内容の再検討を行いました．当時は，「1次変換」に替えて「複素数平面」の分野が高校数学および大学受験に加わったので，第7章までの記述において一貫して述べている論理を「複素数平面」の分野の問題に適用した「第8章　複素数平面上の写像」を加筆しました．

さらに8年を経た今回，高校生向けの学習書という位置づけから解き放ち，大学受験という枠にとらわれない立場で，数学の指導者・先生方や，数学愛好家の方々にも楽しんでいただけるような再編集を試みたのが，本書です．1997年度以降の大学入試では「極座標と極方程式」も入試の出題範囲となったので，本書では，「第9章　極方程式による図形表現」を増強しました．さらに，1993年版での付録「パラパラ劇場（動く図形)」は，手に取って触ることができるアナログ版でしたが，今回の本書では，それをgif-animationのデジタル版に進化させることができました．本書に掲載した問題・図版の「デジタル版パラパラ劇場」は，

現代数学社 書籍「変数と図形表現」のページ

http://www.gensu.co.jp/hensu/index.htm

にアクセスしていただけますと，ご覧頂くことができます．右のQRコードからもアクセスすることができます．サイト上のgif-animationは，アクセスされた皆さんのPCに取り込むことが可能ですから，お手持ちのPCの中で，何度でも納得いくまで鑑賞していただくことも出来るようになりました．

第二　本書で伝えたいこと

本書では,「数学的思考」といわれるものを，その一部でも解明し，読者の皆さんのそれぞれが「数学の世界」を獲得・構築していくことのお手伝いをすることを目指しています．本書の中で一貫して述べていることを要約すると，次の点に凝縮されます．

1 「式を見る眼」を養う．そのために「変数の役割」を知る．
2 問題の状況に合わせた「変数の操作」をする．
3 変数が表す「図形」と，その変化を視る．

この難所（ヤマ）を乗り越えることで，次の段階にジャンプできるのです．そう考えて，日頃の講義で話していることを書いてみました．私の経験では，あるレベルに達している学生がこれを身につけてしまうと，とてつもなく伸びてしまう．そういう「入試数学の最終兵器」なのです．「高校で学んでいる数学」と「大学入試での数学」さらには「大学で学ぶ数学」の間にある大きなギャップを埋めるためのヒントを，本書の中のいろんな場所に埋め込んであります．

第三　本書の構成

以下に，本書の構成を紹介します．

第 1 章 ―――― 「パラメータとは何か？」を説明します．

第 2 章 ―――― 「条件の論理」の扱い方をマスターします．数学を語学に例えるとしたら，この章は「文法事項」に相当します．

第 3 章 ―――― 「パラメータの入った関数」を考えます．抽象的な思考の第一歩に踏み込みますが，コンピュータ・グラフィックスの嵐で軽く乗り切ります．

第 4 章 ―――― 「点の軌跡」に関する問題を利用して，変数の消去についての幾つかの技法をマスターします．

第 5 章 ―――― この章で「曲線群の掃く領域」をマスターしたら，図形と論理についてはなかなかのレベルと思って大丈夫です．ここでのコンピュータ・グラフィックスは，実験・予想・確認のための脇役です．問題に書かれている状況を噛み砕いて，数学の言葉（数式・条件・日本語）に翻訳していくための「考える力」が主役です．

第 6 章 ―――― 前章までで学んだ変数の取り扱いの方法を「1 次変換」の問題に活用してみます．「線形性が変数・条件を伝達していく」という立場で，線形代数の固有値問題を扱います．6.5 節以下は,「高校数学・大学入試数学で学ぶことが将来どのように発展してゆくのか？」という展望を少しでも伝えることができればと思って書きました．

第 7 章 ―――― 「立体を捉える」考え方を空間図形・空間曲線の問題を通して演習していきます．変数固定による立体の切断と，極射影での条件伝達についてとり上げます．2008 年版作成時に 7.3 節（円錐曲線）を加筆しました．

第 8 章 ―――― 2000 年版作成時に加筆された部分で，複素数平面の問題に対して，前章までに述べてきた方法論を適用します.

第 9 章 ———— 「極方程式による図形表現」と題する本章は，2008 年版作成の今回に加筆しました．第 8 章末尾「複素数の極形式と極方程式」を受けて，極座標における極方程式に関わる問題を一覧します.

本書を通じて，読者の皆様の「数学の世界」を拡げていくことに寄与できれば幸いです.

2008 年 10 月

米谷達也

変数と図形表現〜ガイド

文責：松尾衛（まつお まもる）理学博士（東京大学）

＊これからこの本に取り組まれる受験生の皆さんへ（受験生以外の方へは後述いたしますが，こちらも目を通していただけると幸いです）

初めまして松尾と申します．現在，理論物理学の研究をしながら，大学受験指導を行っています．

このたび，米谷先生から，受験生の時に実際にこの本を使って勉強をし，成績が上がった経験のあるということで，「変数と図形表現」の手引きの依頼を頂きました．受験生の頃に，この本と書店で出会って以来，今でも私が数学の受験参考書の中で一番のお気に入りが，米谷先生の「変数と図形表現」です．本書のすばらしさの一端でも皆さんにお伝えできるよう，簡単ではありますが，ご案内をさせていただきますのでよろしくお願いします．

＊本書との出会い

これから各社の模擬試験を受けたり，受験体験記を読んだり，過去問に取り組んだりする際に，数学て高得点をとるために多くの「アドバイス」を目にすると思います．その「アドバイス」たちは，

- 論証力を鍛えよう．
- 発想力を育てよう．
- 強靭な計算力を身につけておこう．
- 日頃から数学的思考力をつけておこう．

のように，確かにその通りなのだけど，漠然としすぎているものや，

- 式をこねくり回すだけではなく，図形的性質をうまく利用しよう．
- 直観的な議論だけでなく，必要十分性に注意しながら，論証しよう．

と，先ほどよりは少しは具体的だけれど，でもやはり今ひとつ具体性に欠けるものがほとんどではないかと思います．このような「アドバイス」たちは，何をすれば，論証力，発想力，計算力，思考力が身につくかという私たちの一番知りたいことが書かれておらず，困り果ててしまいます．実際に私自身も困っていました．

結局，たくさん問題を解くしかないという，自分では納得しがたい結論に至るしかなく，気分のすっきりしない日々でした．

もちろん，難しい問題をたくさん解くことで，難関校の数学で高得点がとれるようになるのは間違いないと思います．ただ，私の場合，周りにいた数学の得意な友人の解法を目にして，

- 彼は身につけているのに，私が身につけていない決定的な何か

があるのではと思って，もやもやしていました．

そんな時に，書店で出会った本が「変数と図形表現」であり，そこには，上記の私の疑問に対する明確な答えが書かれていました．また，仮に私の疑問に対する明確な答えが書かれていたとしても，その本を読破するのに何年もかかってしまうのであれば，それは現実的な受験対策とはいえません．しかし，私の手にした「変数と図形表現」は問題数を数えてみると 57 問しかない（現在加筆された第 8，9 章を含めると 79 問ですね）ので，なんとか現実的な時間で取り組めそうだと思った記憶があります．

なお，当初 57 問しかない，と問題数だけで判断しているところが浅はかでした．実際には，1 問 1 問に豊富な内容が盛り込まれていたので，ただ 57 問を解くだけの作業時間より，はるかに時間はかかりました．ですが，この内容を身につけるのに 100 問も 200 問も解かなければならないとなると，取り組む気すら失せていたと思います．

*** 数学の得意な人が「自然に」身につけている技術**

数学の得意な友人は，私が必死で解こうとして計算用紙何枚分も計算しても結局うまく解けない問題を，それほどたくさんの計算を行わずにさらりと解いてしまうことが多くて，よく驚かされました．解けない私は，彼がいとも簡単に解いてしまう様を見て，不思議でしかたがないので，彼に何で解けるの，とよく質問しましたが，彼曰く，なんとなく解けるとのこと．

数学の得意な彼にとって自然で，当たり前と思っていることは，当然私にとっても当たり前だと思っていたのでしょうか．わざわざ自分が自然となんとなくできることを，なぜできるのか，なんて突き詰めて考えないですよね．でも，「なんとなく」解けない私にとっては，「なんとなく」の正体を知りたくて仕方がありませんでした．

「変数と図形表現」には，その「なんとなく」のエッセンスが凝縮されていました．「変数と図形表現」に取り組んで分かった彼との決定的な差は，

1. 数式を扱う際に，変数の情報伝達という観点で同値変形している
2. 数式を見て，頭にイメージできる図が豊か
3. 数学的な背景を知り，全体像を把握している

にまとめることができます．

そこで，これから本書に取り組む皆さんも，私と同じような悩みを抱えておられるとしたら，ぜひ本書に明確な回答がありますので，「なんとなく」の正体を暴いていく謎解きを楽しむつもりで，取り組まれたらよいと思います．

• 濃縮されているエッセンスについて

さて，本書への具体的な取り組み方について簡単にご案内したいと思います．

**** 第 1 章，第 2 章**

第 1 章と第 2 章で，上記 1. の「変数の情報伝達にこだわった同値変形」をするための基礎が身につきます．この 2 つの章で養われる力が，いわゆる「論証力」です．また，ここをさらりと読み流してしまうだけではもったいないです．はじめに取り組む際には，抽象的でぴんと

こないこともあるでしょうし，この内容にこだわらなくても，例題は解けてしまうので，まあいいやなんて思うと残念です．第３章以降を勉強していて，ちょっとでも理解の不確かな点に出会ったら，そのたびに，この２つの章に立ち返ると，理解が深くなります．

** 第３章，第４章，第５章

上の２つの章で学んだ「文法事項」を，抽象的な議論に応用するのですが，抽象的な議論の多くは，何らかの具体的なイメージの助けを借りて行うものです．高度に抽象的な議論のできる人の多くが，自分なりのイメージを思い描いているはずなのですが，そのイメージを，他人が知ることは難しいです．私たちも，数学の得意な人たちのように，上記 2. の「数式から豊かなイメージを得る力」を身につけたいのですが，そのための具体的な技法が第３章以降に，豊富な図版とともに紹介されています．この豊富な図版こそが，できる人たちの頭の中にあるものです．

手始めに，第３章のパラメータを含む関数を題材に，数式から図を思い描く訓練をします．また，第３章で扱う問題は，時間をかければ解けるという人は多くても，ここで紹介されている図を思い描きながら見通し良く，短時間で正確に解くことのできる人は少ないです．問題を解けるだけで満足しない，問題を解ける仕組みを身につけて満足するという考え方が大切だと思います．

慣れないうちは面倒かもしれませんが，出てくる図を丹念に追って見てください．疲れているときは，眺めているだけでは眠くなってしまうかもしれませんから，そのような時は，図をフリーハンドで書き写してみるとよいです．

また，第４章では，点の軌跡を扱います．点の軌跡の扱いの苦手な人，解けはするけれどなんとなくすっきりしない人は多いと思いますので，ここで扱っている３つのパターンをじっくりと学んでください．

第５章では，値域と掃過領域を題材に，さらに発展的な内容を学びます．図をイメージする訓練を始め，徐々に慣れてくると，ついつい勢い余って，なんでも「図より明らかである」と解答したくなってきます（実際に，私自身そうなりました）．その安易な態度を続けていると，数値は正解しているのに，実際の得点は低くなってしまうという悲しい結果が待っています（私は痛い目に遭いました）．本番の採点官は，連日連夜数式と格闘している専門家なので，数学的に不正確な議論にとても敏感です．「図より明らか」を連発しないで，「明らか」である数学的内容に気を配るために，今一度，この章で正確な論証について理解を深めてください．

** 第６章，第７章，第８章，第９章

大学受験数学では，問題の背景を知っている人にとっては，とても簡単に解答できるものが出題されることがあります．一般的な高校教育を受けただけでは，そのような背景知識に触れる機会がほとんどありません．私は解けないのに，友人が一瞬で解いた問題には，実はこんな背景知識があるということを後で知って，悲しい思いをしたことがあります．そこで，私は，背景知識を得るために，受験雑誌や参考書を見て，「これを知っていれば一瞬で解けます」といった甘いセールストークにのせられたりしましたが，さすがに，これではうまくいきません

でした．やはり，一瞬で解けた友人は，表面的なテクニックだけを覚えて使っていたのではなく，その背景知識の数学的内容をちゃんと理解した上で利用していたのでした．私のような失敗をしないためにも，本書の第６章，第７章，第８章，第９章にぜひ挑戦してください．

第６章では，１次変換と線形代数を学ぶことができます．大学１年では，線形代数と微積分という２本柱を学びます．理工系で必要となる数学知識の礎となる大切な線形代数ですから，大学受験でも，この線形代数を背景とする出題は少なくありません．知っている人にとっては見通し良く解答できる問題を，知らないままで大学受験本番に臨むのは，ちょっとくやしくありませんか．

かなり高級な内容なので，すぐには理解しにくいですが，１次変換と線形代数を取り扱った書籍の中に比べると，実は本書は，とても学びやすく工夫されています．第５章までの入念な準備と，尋常ではない分量の図版とともに丁寧な解説が書かれてありますから，当初私が陥っていたような薄っぺらい知識収集ではなく，しっかりとした論証力に裏付けられた背景知識を身につけられます．１次変換と線形代数というと，高級な話題なので，なかなか勉強しようという気にはならないかもしれません．しかし，第６章を学ぶと，中学校以来親しんできた２元連立１次方程式や３元連立１次方程式が，平面図形，空間図形だけでなく，数列の漸化式や，微分方程式といった内容を理解するために利用される線形変換，線形写像に見えるようになります．

皆さんも，数学に取り組む以上，連立１次方程式は年中解いていると思いますが，連立１次方程式を解く際に，中学高校までの知識だけで解いている人と，固有値，固有ベクトル，線形写像という知識を念頭に置きながら解いている人では，いつの間にか大きな差が生じると思いませんか．連立１次方程式を解くだけなら中学生にでもできるので，線形代数を知っているかどうかという差は，なかなか目に見える形で現れてきません．この外見に現れにくい内容こそが，「なんとなく」すらすら解けている人のもっている知識ですから，是非，楽しみながら取り組んでください．

第７章を学ぶと，さらに第６章のありがたさが身にしみてくると思います．平面上の２次曲線（円，楕円，放物線，双曲線など）は，実は３次元空間内の円錐の平面による切断面に現れる曲線として統一的に理解することが，古くから知られていました．この内容を，線形代数という現代数学の基本的な道具を用いて学ぶことで，高度な論証力と図をイメージする力が身につきます．この章の内容は，受験数学の中では，最高レベルですから，無理に短期間で理解しようとしないで，分からない箇所が出てきたら，少し期間を空けて再び読み返すといった取り組み方がよいと思います．また，２次曲線は，第９章で極方程式を用いて再び学びますから，第７章と第９章を読み比べてみると理解が深くなると思います．

第８章と第９章は私が受験生の頃にはありませんでした．ここで扱う複素数や極方程式の背景知識を得るには，当時の私には，たまに見かける問題集の別解や発展事項の解説で断片的な知識を寄せ集めるしかありませんでした．

第８章では，複素数平面上の写像について学びます．実は，「２次元ベクトルと１次変換」と「複素数と複素数平面」は密接に関連しています．ということは，第８章の内容を身につけている人は，ベクトルの問題を解いていながら，頭の中では複素数平面の問題として並行処理していますし，複素数の問題を解いていながら，同時に１次変換の問題としても処理しているのです．これを「自然に」やってしまっている人とそうでない人では，残念ながら，見えないところで，大きな差がついているのです．せっかくベクトルの問題を 1 題解くのであれば，同時に複素数の問題として頭の中で焼き直すことで，2 題解く効果が得られる方が良いのではないかと思います．現行課程に複素数平面という項目がないからといって，第 8 章の内容を学ばないのは，とても残念です．

第 9 章では，極座標と極方程式の取り扱いを学びます．数学に限らず物理学や工学における応用上も，本章の内容は大切ですので，出題者も自然と入試問題作成に利用したくなる内容なのだと思います．実際，難関大学の入試問題では極方程式を背景とする出題がこれまで繰り返されてきました．この章には，過去に出題者が繰り返し入試問題のネタに用いてきた極方程式の内容が網羅されています．はじめのうちは，大学入試のネタを知りたいという現実的な動機で取り組むことで十分に得られるものは多いですが，実はこの 17 問を理解し終えた段階で，直交座標と極座標を使いこなし，双方を自然に行き来する能力が身につくはずです．

第 6 章，第 7 章とあわせて第 8 章，第 9 章を学ぶと，これまでの「変数の情報伝達にこだわった論証力」と，「式から図をイメージする発想力」に加え，「背景知識を基に全体像を把握しながら見通しよく解く力」が完成します．

＊まとめ

皆さんは，これから限られた時間で志望校に合格するための対策をしなければなりません．その過程では，たとえば，今年はベクトルが出る，といった分野ごとの予想も大切かもしれませんし，その予想が的中するとなると，とても魅力的に思えてしまいます．それに比べ，本書で扱う内容は，やったことがそのままの形で的中するというのを期待していると，裏切られる可能性も大きいです．そういった外見上，わかりやすい，手っ取り早い方法を身につけようというのではなく，すでに繰り返し書いたように，外見には現れない，数学の得意な人が「なんとなく」解いている内容を，意識的に身につけるために，この「変数と図形表現」があります．ある特定の分野の予想をすれば，的中することもあれば的中しないこともありますので，妄信はよくありません．これに対して，変数の取り扱いというのは，数学の問題を解く以上必ず「出ます」．その意味で，「変数と図形表現」で学ぶ，一見取っつきにくい内容を受験対策の一環としてじっくりと取り組むのは，非常に有効だと思います．

本書に取り組めば，式変形のほとんどすべての段階で，頭の中に駆けめぐる情報が一気に増大します．頭の中に思い描くことのできる内容が増えれば増えるほど，数学が楽しくなると思います．皆さんに，高度な入試問題を楽しみながら解くことができる力が身につくよう願っています．

＊これから本書に取り組まれる大学受験生以外の方へ（意欲的な受験生の方も読んでいただけるとうれしいです）

本書は，上記のように，大学受験数学を解く際に，数学の得意な人たちが「なんとなく」頭の中で行っている操作を身につけるために大変有用な教材です．同時に，高校で学ぶ数学と大学初年度の数学との大きなギャップを埋める，貴重な参考書でもあります．大学初年度では，線型代数と微分積分を学びます．微分積分は，ε - δ 論法など本格的な極限の議論を行う内容は取っつきにくいものの，具体的な多変数の微分積分の計算や微分方程式の解法となると，高校数学で学んだ微積分の内容の延長として比較的とりくみやすいのではないかと思います．一方，線型代数の方は，そのみかけの抽象度から，非常にとっつきにくい分野ではないかと思います．多くの線型代数の専門書には，線型代数の豊富な内容を扱う必要性からか，本書で詳述しているような２次元や３次元の固有値固有ベクトルの説明はほとんど見られません．本書の内容になじみのないままに，大学初年度の教科書を読解していくのは非常に骨の折れる作業ではないかと想像します．私自身は幸運にも，受験生の頃に本書で１次変換，固有値，固有ベクトルといった内容を学ぶことができたので，大学入学後の線型代数や，固有値固有ベクトルの計算が基礎となっている量子力学の専門書に比較的抵抗なく親しむことができたと思っています．

もしも，皆様が，大学初年度で学んだ線型代数が抽象的過ぎるという印象をお持ちでしたら，ぜひ本書（特に第６章から第９章）を読まれることをおすすめします．線型代数の専門書にある n 次元の場合を，本書で学んだ２次元，３次元の場合と照合することで，これまで抽象的な記号列にすぎなかった線型代数の内容が，大変具体的にイメージできるようになるので，身近に感じられるはずです．

線型代数の内容が身近に感じられるようになっていると（線型代数の応用は多岐にわたりますので，ここでは私の専門分野である物理学の内容に限定させていただきます），たとえば物理学の振動波動や，本格的な量子力学の勉強がやりやすくなります．これらに抵抗がなければ，現代物理学の基礎言語ともいうべき場の量子論の勉強へもスムーズに移行できると思います．

また，本書が埋める高校数学と大学初年度の数学とのギャップは，線型代数に限りません．

第８章の複素数平面の内容は，複素関数論を学ぶ際の大変よい入門となってくれるはずです．数学上の様々な性質は，多くの場合実数よりも複素数で扱う方が見通しよく議論できますので，理工学系では複素数の知識は必須です．

第９章の極方程式による２次曲線の取り扱いを知っていると，大学初年度の物理学で学ぶ，ニュートン力学で，逆２乗則に従う中心力の働く系の質点の運動が２次曲線で表されるというケプラーの法則の証明が理解しやすくなると思います．ロボットアームの制御や，コンピュータ上での 3D グラフィックスでは，極座標が頻繁に現れます（その場合は本書の内容を３次元に拡張することになりますが，２次元の場合に習熟していると理解が容易です）．近年話題となっている物理エンジンを用いたプログラミングをされる方向けの本を読む際にも，本書を読破していれば，数学的な内容に関しては抵抗なく読みこなせるはずです．

大学受験の問題のほとんどは 20 分程度で解けるように作られています．大学の専門書の章末問題を解くのは気が滅入るという方にとっても，20 分程度の知的パズルに取り組むことによって抽象的な内容を具体的にイメージでき，専門書では詳述されない数式の取り扱いが身につく本というのは便利なのではないでしょうか．

本書の「変数と図形表現」に関する内容は，高校数学の教科書や参考書にも，大学初年度の数学の専門書にも詳しくは書かれていないが，理工学での応用上欠かせない基礎が満載されています．本書の読了後，これまで近寄りがたかった本が身近に感じられると思います．ぜひ楽しんでお読みになって下さい．

新版刊行に向けて …… *i*
はじめに …… *ii*
変数と図形表現〜ガイド …… *v*

1. 文字の役割を見直そう …… *1*

1.1 変数と定数 …… *1*
1.2 真の変数と助変数 …… *3*
1.3 独立変数と従属変数 …… *5*
1.4 束縛変数と自由変数 …… *9*
1.5 残る変数と消える変数 …… *10*
1.6 媒介変数 …… *12*

2. 条件は変数をもっている …… *16*

2.1 条件と真理集合 …… *16*
2.2 「かつ」と「または」 …… *17*
2.3 否定とド・モルガンの法則 …… *19*
2.4 必要・十分と対偶 …… *23*
2.5 全称と存在 …… *26*

3. パラメータを含む関数 …… *32*

3.1 変数も 値を止めれば 定数だ …… *32*
3.2 パラメータを含む 2 次方程式 …… *39*
3.3 パラメータを含む 3 次関数 …… *43*

4. 点の軌跡 ………… 49

4.1 点のみたすべき条件 ………… 49
4.2 媒介変数で表される点 ………… 51
4.3 変数の組を書き換える ………… 63
4.4 図形の動きを追う ………… 70

5. 値域と掃過領域 ………… 79

5.1 値域を求める原理 ………… 79
5.2 掃過領域を求める原理 ………… 81
5.3 図形への応用 ………… 91

6. 1次変換から線形代数へ ………… 96

6.1 線形性が変数を伝達する ………… 96
6.2 1次式の伝達 ………… 100
6.3 条件の伝達 ………… 105
6.4 曲線の回転 ………… 115
6.5 2次式の変数変換 ………… 123
6.6 固有ベクトルの使い方 ………… 130
6.7 漸化式と固有値問題 ………… 142

7. 立体をとらえる ………… 150

7.1 変数固定で切断せよ ………… 150
7.2 円錐曲線 ………… 165
7.3 極射影 ………… 176

8. 複素数平面上の写像 …… 186

8.1 解の描く図形 …… 186
8.2 複素関数の値域・軌跡 …… 190
8.3 反転の複素数による表現 …… 192
8.4 1次分数関数 …… 198
8.5 複素数の極形式と極方程式 …… 205

9. 極方程式による図形表現 …… 208

9.1 極座標と極方程式 …… 208
9.2 極方程式からの描画 …… 212
9.3 2次曲線の表現 …… 218
9.4 螺線および長さ・面積・角度 …… 225
9.5 カージオイドと蝸牛線 …… 235
9.6 垂足曲線 …… 239
9.7 極座標平面を回転させる …… 249

あとがき …… 260

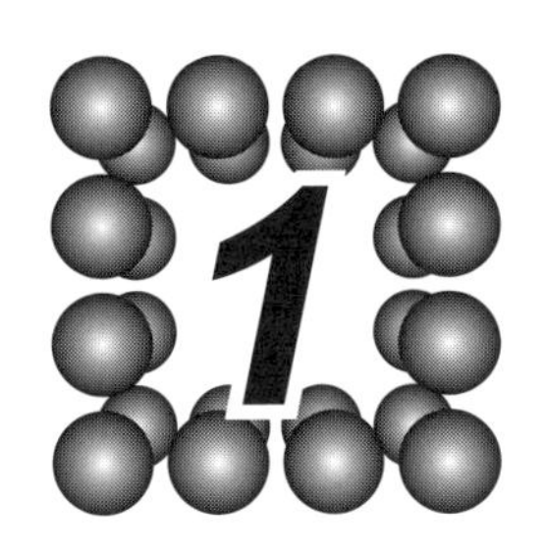

文字の役割を見直そう

私たちは，自然科学・社会科学の諸問題に取組む際に，文字を使い，式を立てて思考する．ここにいう文字とは，中学以降の数学で「文字式」というときの「文字」であって，単なる日本語としての文字ではない．x とか a といった文字（character）を用いて，抽象的思考を行なっている．読者諸兄は，1 とか 2 といった具体的な数値で考える算数の世界から，文字を使って抽象的に考える数学の世界に移住し，抽象的思考のパワーを十分にご承知かと思う．本書では，文字（変数）と図形を関連させた思考を深めていくことを目標としている．一つの文字に，図形の動きが詰まっている．それが見えるようになるという意味での「数学的視力」を獲得することで，次のステップを拡げていくことができるだろう．

第 1 章では，文字の役割について検討を加えよう．

 1.1 変数と定数

まず，文字には**変数**（variable）と**定数**（constant）とがあることを意識しよう．

$$f(x)=a_0+a_1x+a_2x^2+\cdots+a_nx^n \quad a_i\in\mathbb{R}$$

の形の式 f を「変数 x の実数係数の多項式（polynomial）」という．

■ $\mathbb{R}$ は実数全体の集合
係数の範囲を
$a_i\in\mathbb{Q}$（有理数全体の集合）
$a_i\in\mathbb{C}$（複素数全体の集合）
として，
「有理係数の多項式」や
「複素係数の多項式」を
考えることができる．

多項式の場合は，$f(\ )$ のようにカッコの中に変数が指示されて，その他の文字は定数である．ここでは各係数 $a_i\ (0\leqq i\leqq n)$ が定数である．変数はいろいろな値をとることができて，

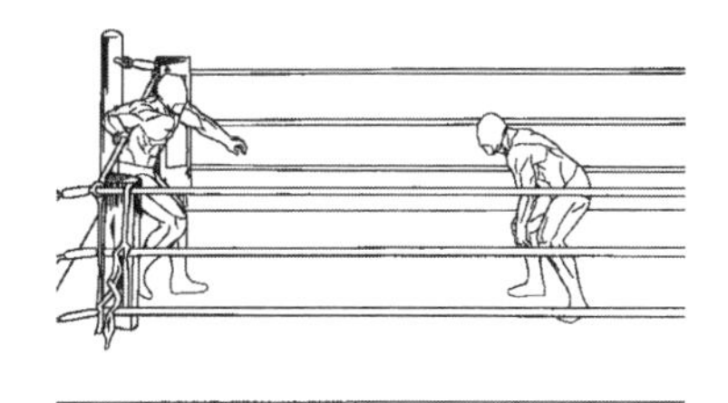

$$f(0)=a_0$$
$$f(1)=a_0+a_1+a_2+\cdots+a_n$$
$$f(-1)=a_0-a_1+a_2-\cdots+(-1)^n a_n$$

となる．変数 x の値は，何も実数でなくとも構わない．必要があれば，

■ i は虚数単位で $i^2=-1$

$$f(i)=a_0+a_1 i-a_2+\cdots+i^n a_n$$

のように複素数値を取らせることもできる．あるいは，

■ u を変数とみれば，$f(u)$，$f(u+1)$ は変数 u の多項式である．

$$f(u)=a_0+a_1 u+a_2 u^2+\cdots+a_n u^n$$
$$f(u+1)=a_0+a_1(u+1)+a_2(u+1)^2+\cdots+a_n(u+1)^n$$

のように「式」を値として取らせることもできる．また，変数 x 自身を含む式を用いて

■ $f(x-1)$ もまた，変数 x の多項式である．

$$f(x-1)=a_0+a_1(x-1)+a_2(x-1)^2+\cdots+a_n(x-1)^n$$

のように平行移動を施してもよい．必要に応じて，2 次正方行列 A に対して

■ E は単位行列 $\begin{pmatrix}1 & 0\\0 & 1\end{pmatrix}$

$$f(A)=a_0E+a_1A+a_2A^2+\cdots+a_nA^n$$

のように定める，すなわち，変数 x の値を 2 次正方行列にとることも可能である．

このように，変数とは

考察の対象となるものを表す文字

のことであり，その対象は数（自然数，整数，実数など）だけとは限らない．また，変数が用いられるときには，変数が属している集合（変数の値の動きうる範囲）があらかじめ決まっていることを前提としている．この集合を**変域**(domain)という．

ここまで，多項式 $f(x)$ について考えるとき，各係数 $a_i\ (0\leqq i\leqq n)$ は定数であるとみなしてきた．しかし，実際の場面では係数に変数が入ってくることもある．例えば，

2 次の基本公式
$(x-\alpha)(x-\beta)=x^2-(\alpha+\beta)x+\alpha\beta$

を考えてみよう．この式の両辺は「変数 x の 2 次の多項式」として等しいが，係数に現れる α, β は定数であっても変数であってもよい．たとえば，

$$(x-3)(x+2)=x^2-x-6$$

$$(x-3y)(x+2y)=x^2-xy-6y^2$$

$$(x-\cos\theta)(x-\sin\theta)=x^2-(\cos\theta+\sin\theta)x+\cos\theta\sin\theta$$

といった具合である．結局のところ，

> 文字の役割の解釈は自由である．状況が許すならばある文字が定数であったり変数であったりすることも起こり得るのである．

1.2 真の変数と助変数

次に，**方程式**(equation)に含まれる変数について検討する．

> 変数 x を含む 2 つの式 $f(x)$, $g(x)$ を等号で結びつけたもの　$f(x)=g(x)$　を**等式**という．
> 等式が変数 x の値によらず成立するとき**恒等式**(identity)といい，x がある特定の値をとるときに成り立つ等式を**方程式**(equation)という．また，この特定の値を方程式の**解**(solution)という．

■ ここでの方程式とは「変数を含む条件」でもある(第 2 章参照)．方程式の解が「すべての実数」となる場合がある．この等式を方程式とみるか恒等式とみるかは，解釈問題となる．

さて，ここで問題とするのは複数の変数をもっている方程式である．

例

$2x-3y=5$ ……①

$\begin{cases} 2x+ty=2 & \text{……②} \\ tx-2y=0 & \text{……③} \end{cases}$

$(x-a)^2+(y-a)^2=a^2+1$ ……④

方程式①は，2 通りの解釈をとることができる．一つは，

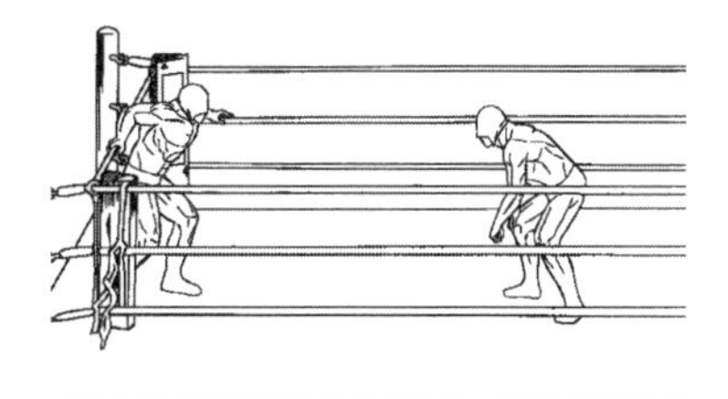

> 2 変数 x, y がある値をとって等式を成り立たせている

と考える立場で，数の組 $(x,\ y)$ が解である．ここでは，

$$(x,\ y)=\left(0,\ -\frac{5}{3}\right),\ (1,\ -1),$$

$$\left(2,\ -\frac{1}{3}\right),\ \left(3,\ \frac{1}{3}\right),\ (4,\ 1),\ \cdots\cdots$$

■ ①に代入すると
$2(3a+1)-3(2a-1)=5$
これは「変数 a についての恒等式」である．

などの無数の解が存在している．また，ある定数 a を用いて

$$(x,\ y)=(3a+1,\ 2a-1)$$

と表される $(x,\ y)$ もまた①の解となっている．これは定数 a の値をいくつに変えてみても①の解となる．このような文字 a が，後に「パラメータ」と呼ばれることとなる．

さて，方程式①にまつわるもう一つの解釈は，

> x, y のうちの一方を(真の)**変数**とみて，
> もう一方を**助変数**(parameter)とみる．

ものである．

■ 1.3 の表現を借りてくると，x は，助変数 y に「従属」している．

文字 x を(真の)変数とみて①を解くと，

$$x=\frac{3y+5}{2}$$

■ y は，助変数 x に「従属」している．

文字 y を(真の)変数とみて①を解くと，

$$y=\frac{2x-5}{3}$$

となる．このように，多変数の方程式を解く場合には，どの文字が真の変数でどの文字が助変数であるのかの解釈を明らかにしなければならない．

例えば(②かつ③)を「変数 x, y についての連立方程式」とみて解けば，

■ ここでは t を助変数として扱った．t の変域は実数全体と考えておこう．

$$(x,\ y)=\left(\frac{4}{4+t^2},\ \frac{2t}{4+t^2}\right)\quad \text{となる．}$$

一般に，真の 2 変数 x, y を含む方程式の解 $(x,\ y)$ の集合は，xy 平面上の図形として図示することができる．

①の解は xy 平面上で直線をつくる．
(②かつ③) の解は (t をある変数として固定すると) xy 平面上の点を表す．t を変化させると解の点が動く．

④を 2 変数 x, y を含む方程式と解釈すると，その解 (x, y) は，xy 平面上では「中心 (a, a)，半径 $\sqrt{a^2+1}$ の円周」を描く．ただし，これは「助変数 a を定数として固定する」場合の解釈である．

■ 解となる点が動いてできる図形(軌跡)は何か，という問いについては第 4 章(点の軌跡)で検討する．

■ 助変数 a を動かすとき，円が動いてできる通過範囲(領域)は，という問いについては第 5 章(曲線群の掃く領域) で検討する．

しかし，ある種の状況のもとでは，方程式④を

$$a^2-2(x+y)a+(x^2+y^2-1)=0$$

と変形して，「変数 a についての 2 次方程式であり，文字 x, y は助変数である」と考える「逆転の発想」が功を奏する場面がある．

真の変数か？　助変数か？　解釈は自由だ

ということを意識して，次に進むことにしよう．

1.3 独立変数と従属変数

ここでは，**関数**(function)に含まれる変数について考えていく．「関数」とは多義的であるが，高校数学では次のように理解されている．

1 つの集合 S から数の集合への写像を**関数**という．
関数は f, g などの文字で表す．
定義域 S の要素を代表して表す文字を**変数**といい，$x \in S$ に対して関数 f によって対応する値を**関数値**といい，記号で $f(x)$ と書く．

■ 定義域(domain) S としては，
実数全体の集合 $\mathbb{R}$
複素数全体の集合 $\mathbb{C}$
あるいは一般の集合(例えば閉区間 $a \leqq x \leqq b$ など)が用いられる．

よく使う記法として，

$$x \overset{f}{\longmapsto} f(x)$$

あるいは，$x\,(\in S)$ に対応する関数値を文字 y で表して

■ 関数値を計算する規則の式の形により，多項式であれば1次関数，2次関数，一般の整関数とか，その他の形では(1次)分数関数，無理関数，三角関数，指数関数，対数関数……などの名称がつくものがある．もちろん，いかなる関数にも名前があるという訳ではなく，無名の関数が無数に想定できる．

$$x \overset{f}{\longmapsto} y$$

のように書くものがある．あるいは，単に

$$y=f(x)$$

と表したりする．

一般に関数 $y=f(x)$ の形が与えられたとき，

> x を**独立変数**(independent variable)
> y を**従属変数**(dependent variable)という．

■「変数 y は変数 x に従属する」などという．

これは，変数 y の値が「x に応じて決まる」ことをイメージした命名と考えてよい．

さて，関数においても独立変数（真の変数）と助変数の考え方が大切である．

例

$$f(x,\ a)=-x^2+2(a-1)x+2a-1 \qquad \cdots\cdots①$$

$$g(x,\ y)=3x^2-3xy+y^2-2x+y+1 \qquad \cdots\cdots②$$

式①で定められる $f(x,\ a)$ に対して，

関数 $y=f(x,\ a)$

を考えてみる．これもまた2つの解釈をとることができる．一つは，

> 関数 f は，1つの独立変数 x を，従属変数 y に対応させるもので，文字 a は助変数であるとみる

ものである．この見方に立つことを強調するために，しばしば $f(x,\ a)$ を $f_a(x)$ と表したり

$$x \overset{f_a}{\longmapsto} y$$

と表したりする．a をいくつかの値に留めて(固定して)みると，

$a=0$ で，$x \overset{f_0}{\longmapsto} y=-x^2-2x-1$

$a=1$ で，$x \overset{f_1}{\longmapsto} y=-x^2+1$

$a=2$ で，$x \overset{f_2}{\longmapsto} y=-x^2+2x+3$

のようになる．一般に，関数 $y=f(x)$（定義域 $\mathbb{R}$）をグラフに表す

ときには，

独立変数 x の値を表す軸を横軸とし，

従属変数 y の値を表す軸を縦軸とし，

対応，$x \overset{f}{\longmapsto} y$ によって定まる値の組 $(x,\ y)$ を座標にもつ点の集合を図示する．①の例

$$y = f_a(x) = -x^2 + 2(a-1)x + 2a - 1$$

のグラフは，助変数 a の値をとめると 1 つの 2 次関数（そのグラフは放物線）となり，a の値を動かすと，放物線の群ができる（図 1.3.1，1.3.2）．

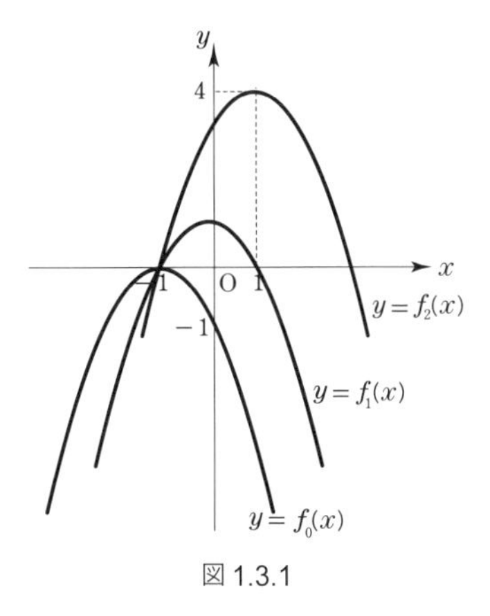

図 1.3.1

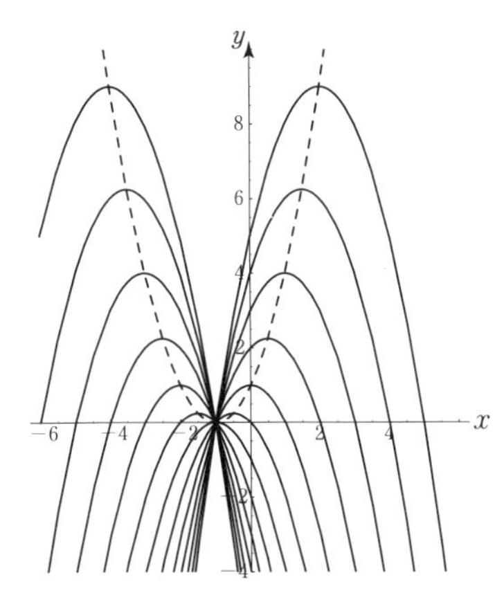

図 1.3.2

式①の $f(x,\ a)$ に対するもう一つの解釈というのは，

> 関数 f は 2 つの独立変数 x，a の組を，従属変数 y に対応させる

というものである．ただし，真の（独立）変数には文字 x，y を充てる習慣があるため，このような解釈をとる場合には，②のように表すと気分が出てくる．

$$z = g(x,\ y) = 3x^2 - 3xy + y^2 - 2x + y + 1$$

を独立 2 変数 x，y の関数と考えるとき，それをグラフに表すには 3 本の軸をとって 3 次元で表現する．

独立 2 変数 x，y の値の組を xy 平面にとり，

従属変数 z の値を，xy 平面と直交する z 軸にとる．

すると，図 1.3.3 のような曲面を得る．

> 3 文字の関係式は，
> 1 文字を助変数として固定させるとき，2 次元表示が可能である
> 2 文字が独立変数のとき 3 次元表示が可能である

ということを意識しよう．

■ 図 1.3.3 の曲面を楕円放物面という．$x =$ 一定，$y =$ 一定の平面で切ると放物線が現れ，$z =$ 一定の平面で切ると楕円が現れるからである．

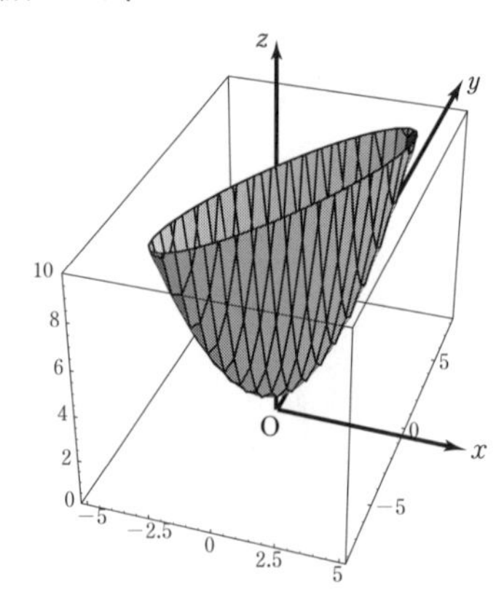

図 1.3.3

なお，①の $y = f(x,\ a)$ を「独立 2 変数 $x,\ a$ の関数」と考えて 3 次元表示すると，図 1.3.4 のようになる．

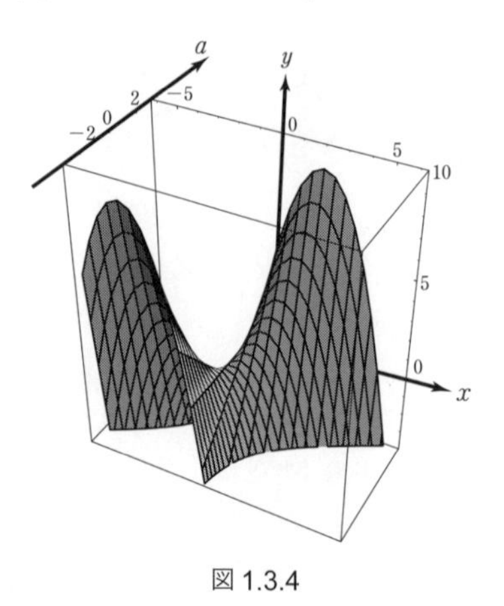

図 1.3.4

1.4 束縛変数と自由変数

命題と条件に関しては，第2章で論ずるが，ここでは

> 条件(condition)は変数を含んでいる
> 命題(proposition)は真偽の定まった主張で，
> 　　変数を含んでいない

■ ここでいう変数とは「自由変数」のことである．

という点に注意を喚起しておくことにする．

$(a+2)(a-3)<0$ ……①

$\forall x \in \mathbb{R},\quad x^2+x+1>0$ ……②

$\forall x \in \mathbb{R},\quad x^2-2ax+a+6>0$ ……③

■ ∀は「すべての(all)」を表す

不等式①は「変数 a を含む条件」である．①だけでは真とも偽とも決まらない．a に具体的な値を代入して初めて，

$a=1$ のとき　$3\times(-2)<0$ で**真の**(True)命題

$a=4$ のとき　$6\times1<0$　　で**偽の**(False)命題

と決まるのである．

■ ①の解 $-2<a<3$ が，条件①の真理集合である．

②は日本語に訳すと「すべての実数 x について，不等式 $x^2+x+1>0$ が成立する」となるが，

$$x^2+x+1=\left(x+\frac{1}{2}\right)^2+\frac{3}{4}\geqq\frac{3}{4}$$

であるから，②は真の命題である．

> ②は一見すると変数 x を含んでいるが，
> 　　内容的には変数を含んでいない

のである．②で用いられている文字 x は，命題を表現するために便宜上用いられた見かけの変数であって，命題の内容とは無関係なのである．このような「見かけの変数」を**束縛変数**(bound variable)という．束縛変数でない変数を**自由変数**(free variable)という．

③は日本語に訳すと「すべての実数 x について，不等式 $x^2-2ax+a+6>0$ が成立する」となる．②のときと同じように，文字 x が束

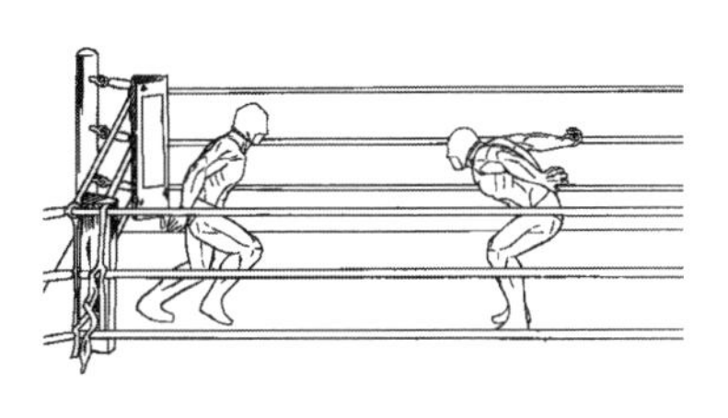

縛変数となっていることがわかる．では，文字 a についてはどうであろうか．

■ 文字 a は自由変数である．

実は③は「実数 a を含む条件」である．実際，

$a=1$ のとき「$\forall x \in \mathbb{R},\ x^2-2x+7>0$」は真

$a=4$ のとき「$\forall x \in \mathbb{R},\ x^2-8x+10>0$」は偽

$x^2-2x+7=(x-1)^2+6 \geqq 6$

$x^2-8x+10=(x-4)^2-6 \geqq -6$

と判断できる．③という文中の文字 a に値を代入することで，真偽が決まるのである．③をさらに分析してみると，

■ $f_a(x)$ の定義域は $\mathbb{R}$ である．

③ $\Longleftrightarrow$ 2 次関数 $f_a(x)=(x-a)^2-a^2+a+6$ の最小値が正

$\Longleftrightarrow -(a+2)(a-3)>0$

$\Longleftrightarrow$ ①

$\Longleftrightarrow -2<a<3$

となる．

> 目の前にある数学的主張（式や文章）は命題か条件か？
> 条件であるのなら，どの変数を含んでいるのか？

に注意を払おう．

1.5 残る変数と消える変数

1.4 節で考えた「束縛変数・自由変数」の区別と同様の現象（構造）は，数列や積分の分野からも例をとることができる．

(1) $\displaystyle\sum_{k=1}^{10} k$　　(2) $\displaystyle\sum_{k=1}^{n} k(k+1)$

(3) $\displaystyle\sum_{k=1}^{10} (ak+b)$　　(4) $\displaystyle\sum_{k=1}^{n} (ak+b)$

(5) $\displaystyle\int_0^1 t^2\,dt$　　(6) $\displaystyle\int_1^x (t-1)^2\,dt$

(7) $\displaystyle\int_0^1 (t-a)^2\,dt$　　(8) $\displaystyle\int_0^x (t-a)^2\,dt$

(1)〜(4) での文字 k は，すべて

> $\sum$ の中では(和の実行中は)変数であるが,
> $\sum$ が終わると(和の実行後は)残らず,
> 変数としての役割を果たさない

■ このような意味で，k は1.4節での束縛変数と似ている.

ことに注意しよう.

(1) $\displaystyle\sum_{k=1}^{10} k = 1+2+3+\cdots+10 = \mathbf{55}$

(2) $\displaystyle\sum_{k=1}^{n} k(k+1) = \frac{1}{3}\sum_{k=1}^{n}\{k(k+1)(k+2)-(k-1)k(k+1)\}$

$\displaystyle = \boldsymbol{\frac{1}{3}n(n+1)(n+2)}$

■ 和をとる区間 $1 \leqq k \leqq n$ の端の文字 n が残った.

(3) $\displaystyle\sum_{k=1}^{10}(ak+b) = a\sum_{k=1}^{10} k + b\sum_{k=1}^{10} 1$

$= \boldsymbol{55a+10b}$

■ Σ 内の変数 k と独立な文字 a, b が残った.

(4) $\displaystyle\sum_{k=1}^{n}(ak+b) = a\sum_{k=1}^{10} k + b\sum_{k=1}^{n} 1$

$\displaystyle = \boldsymbol{\frac{1}{2}an(n+1)+bn}$

■ (4)の結果で $n=10$ とすると(3)の結果を得る.

(5)～(8)での文字 t も同様で,

> $\int$ の中では(定積分実行中は)変数であるが,
> $\int$ が終わると(定積分実行後は)残らず,
> 変数としての役割を果たさない

■ 定積分においては，積分変数は消えてしまう運命にあるのだ．不定積分では，積分変数が残ることにも注意しよう.

のである．(5)～(8)はそれぞれ(1)～(4)と文字の残り方が対応している.

(5) $\displaystyle\int_0^1 t^2\,dt = \left[\frac{1}{3}t^3\right]_0^1 = \boldsymbol{\frac{1}{3}}$

(6) $\displaystyle\int_1^x (t-1)^2\,dt = \left[\frac{1}{3}(t-1)^3\right]_1^x = \boldsymbol{\frac{1}{3}(x-1)^3}$

■ 積分区間の端の文字 x が残った.

(7) $\displaystyle\int_0^1 (t-a)^2\,dt = \left[\frac{1}{3}(t-a)^3\right]_0^1$

$\displaystyle = \frac{1}{3}(1-a)^3 - \frac{1}{3}(-a)^3$

$\displaystyle = \boldsymbol{a^2-a+\frac{1}{3}}$

■ 積分変数 t と独立な文字 a が残った.

■ (8) の結果で $x=1$ とすると (7) の結果を得る.

(8) $\displaystyle\int_0^x (t-a)^2\,dt=\left[\frac{1}{3}(t-a)^3\right]_0^x$

$$=\frac{1}{3}(x-a)^3-\frac{1}{3}(-a)^3$$

$$=\boldsymbol{\frac{1}{3}x^3-ax^2+a^2x}$$

Σ も $\int$ も，和を計算するという構造や記法は類似している．そこで，定積分に関してのみ，演算後に残る変数は何かをまとめておこう．

$\alpha,\ \beta$ を定数とするとき，

$\displaystyle\int_\alpha^\beta f(t)dt$ は定数.

$\displaystyle\int_\alpha^x f(t)dt$ は x の関数.

$\displaystyle\int_\alpha^\beta f(a,\ t)dt$ は a の関数.

$\displaystyle\int_\alpha^x f(a,\ t)dt$ は a と x の関数.

1.6 媒介変数

ここでは，曲線の**パラメータ表示** (parametric representation) について考える．パラメータ表示は，媒介変数表示ともいわれる．

平面上に直交軸をとり，座標 x も y も変数 t の連続関数としてそれぞれ

$$x=f(t),\quad y=g(t) \qquad \cdots\cdots(*)$$

で与えられると，t の変化につれて点 $\mathrm{P}(x,\ y)$ は，その平面上で 1 つの曲線を描く．このとき方程式 $(*)$ をその曲線の

媒介変数方程式 (parametric equation) といい，

t を**媒介変数** (parameter) という．

いくつかの簡単な曲線について，パラメータ表示の例を作ってみよう．

例題 1-1

> 次の方程式で表される曲線のパラメータ表示の例を1つずつ作ってみよ．
>
> $2x-3y=5$ ……①
>
> $y=x^2+2x+3$ ……②
>
> $(x-1)^2+(y+2)^2=9$ ……③
>
> $\dfrac{x^2}{9}+\dfrac{y^2}{4}=1$ ……④

■ ここでは，点の座標（点の位置）については $(x,\ y)$ のように横書きに，ベクトル（移動）については（x, たてがき y）のように縦書きに，それぞれ表示するものとする．

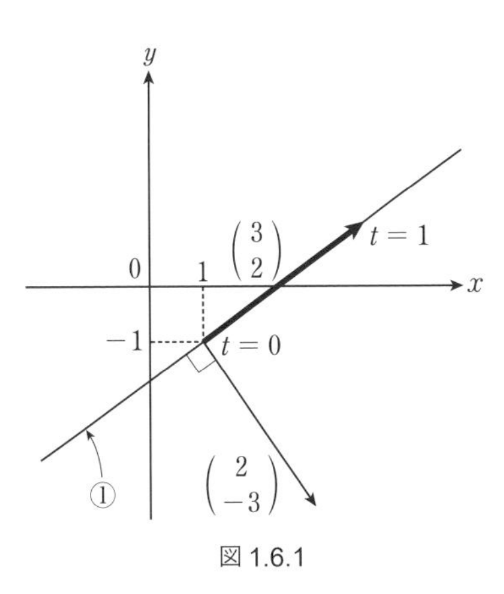

図 1.6.1

■解答

①は，点 $(1,\ -1)$ を通り，方向 $\begin{pmatrix}2\\-3\end{pmatrix}$ に垂直な直線を表す．方向ベクトルとしては $\begin{pmatrix}3\\2\end{pmatrix}$ がとれるから，①のパラメータ表示の1つの例として

$$\begin{cases}x=1+3t\\y=-1+2t\end{cases}\quad(t\in\mathbb{R})$$

が作れる．ベクトルで書くと

$$\begin{pmatrix}x\\y\end{pmatrix}=\begin{pmatrix}1\\-1\end{pmatrix}+t\begin{pmatrix}3\\2\end{pmatrix}\quad(t\in\mathbb{R})$$

となる．

$$② \iff y=(x+1)^2+2$$
$$\iff y-2=(x+1)^2$$

これは点 $(-1,\ 2)$ を頂点とする下に凸な放物線を表す．例えば

$$x+1=t,\quad y-2=t^2$$

とおくことにより，媒介変数 t を用いた表示ができる．すなわち，

$$\begin{cases}x=t-1\\y=t^2+2\end{cases}\quad(t\in\mathbb{R})$$

図 1.6.2

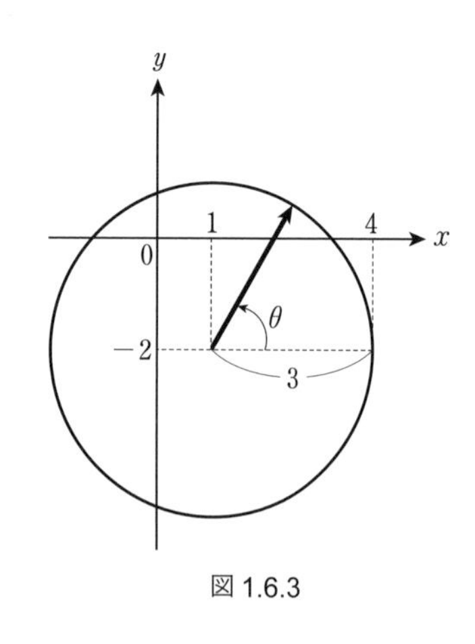

図 1.6.3

③は，中心 (1, −2)，半径 3 の円を表す．

$$③ \iff \left(\frac{x-1}{3}\right)^2+\left(\frac{y+2}{3}\right)^2=1$$

だから

$$\frac{x-1}{3}=\cos\theta,\quad \frac{y+2}{3}=\sin\theta$$

とおくことにより，媒介変数 θ 用いた表示ができる．すなわち，

$$\begin{cases} x=3\cos\theta+1 \\ y=3\sin\theta-2 \end{cases} \quad (0 \leqq \theta < 2\pi)$$

ベクトルで書くと

$$\begin{pmatrix} x \\ y \end{pmatrix}=\begin{pmatrix} 1 \\ -2 \end{pmatrix}+3\begin{pmatrix} \cos\theta \\ \sin\theta \end{pmatrix} \quad (0 \leqq \theta < 2\pi)$$

となる．

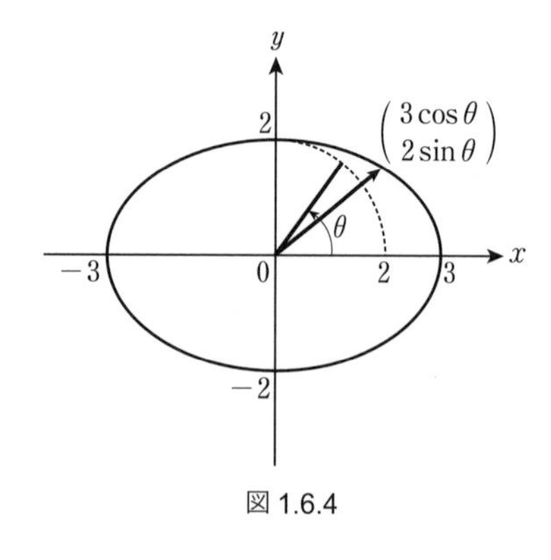

図 1.6.4

④は楕円の標準形で，③と同様にすると，

$$\begin{cases} x=3\cos\theta \\ y=2\sin\theta \end{cases} \quad (0 \leqq \theta < 2\pi)$$

と表すことができる．

以上の例にみられるように，与えられた①〜④の各方程式は，文字 x, y の間の関係式で，2 変数の方程式である．その「解 $(x,\ y)$ の集合」を xy 平面における点の集合として図示したときに，曲線が目に見える形で現れたのである．一方，曲線を媒介変数表示すると，単なる点の集合ではなく，媒介変数 t の値と点 $(x,\ y)$ の間の対応がついている．変数が増えている分だけ，それが表示している情報量も増えているのである．
曲線の媒介変数表示における最も大切なことは，

> パラメータの値によって，曲線上に「目盛り」をつけている．

という点である．

では，ここでパラメータ表示を利用する例題を取り上げてみよう．

例題 1-2　△ABCの重心をGとする．直線GAの方程式は $x-2y+1=0$，直線GBの方程式は $x+y+4=0$，Cの座標は $(-3,\ -7)$ である．このとき3点G, A, Bの座標を求めよ．

■**解答**

$$\ell_1 : x-2y+1=0$$

$$\ell_2 : x+y+4=0$$

の交点を計算することにより，**G(−3, −1)** である．

ℓ_1, ℓ_2 をそれぞれパラメータ表示すると，

$$\ell_1 : \begin{pmatrix} x \\ y \end{pmatrix} = \begin{pmatrix} -3 \\ -1 \end{pmatrix} + s\begin{pmatrix} 2 \\ 1 \end{pmatrix} \quad (s \in \mathbb{R})$$

$$\ell_2 : \begin{pmatrix} x \\ y \end{pmatrix} = \begin{pmatrix} -3 \\ -1 \end{pmatrix} + t\begin{pmatrix} -1 \\ 1 \end{pmatrix} \quad (t \in \mathbb{R})$$

となるから，ℓ_1 上の点Aおよび ℓ_2 上の点Bの座標は，ある実数 s, t を用いて

$$\mathrm{A}(2s-3,\ s-1),\quad \mathrm{B}(-t-3,\ t-1)$$

とおくことができる．このとき△ABCの重心は

$$\left(\frac{(2s-3)+(-t-3)+(-3)}{3}, \frac{(s-1)+(t-1)+(-7)}{3}\right)$$

$$=\left(\frac{2s-t-9}{3},\ \frac{s+t-9}{3}\right)$$

$$=(-3,\ -1)$$

となるから，

$$\begin{cases} 2s-t=0 \\ s+t=6 \end{cases}$$

を得る．これを解いて，$s=2$，$t=4$

よって

A(1, 1)，B(−7, 3)

である．

■ ℓ_1, ℓ_2 の媒介変数方程式の中では文字 s, t は変数であるが，A,Bの座標の中では文字 s, t は定数である．(あまり細かく区別する実益はない)

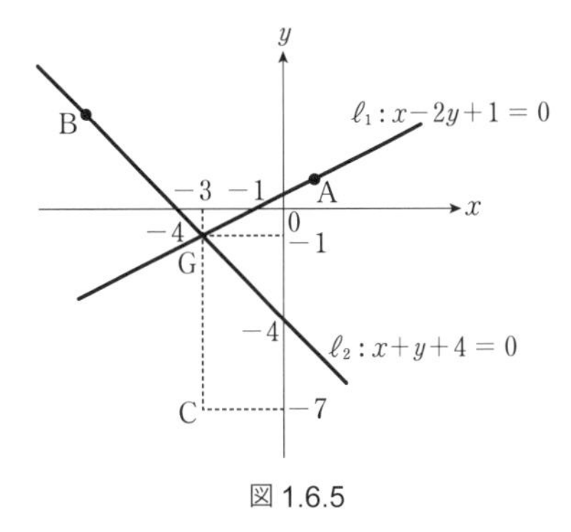

図 1.6.5

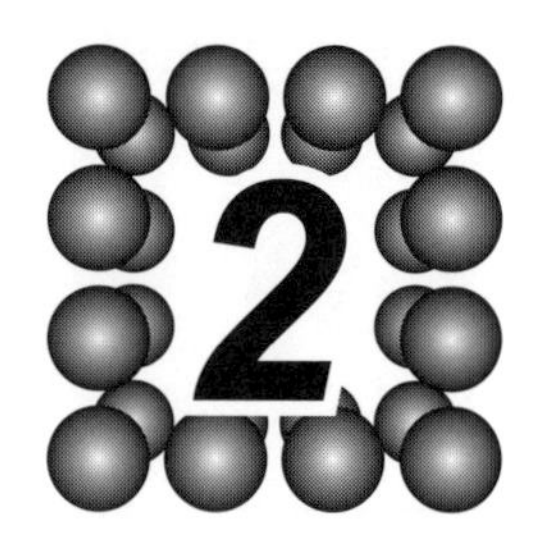

条件は変数をもっている

1.4節では「条件は変数を含んでいる」ことを述べた．変数に値を代入して初めて「真の命題」か「偽の命題」かが決定されるのであった．ここからの第2章では，命題論理と述語論理の基本を取り扱う．まず，一つまたは複数の条件（condition）に対して「かつ」「または」「でない」「ならば」といった言葉を使って，新たな条件を生み出すしくみについて検討する（2.1～2.4）．このような論理を命題論理（propositional logic）という．続いて，「すべて」や「ある」という量についての記述を加えて考える（2.5）述語論理（predicate logic）のしくみを検討する．

2.1 条件と真理集合

2変数 x, y を含む条件の例を一つあげてみよう．

$$p(x,\ y):x^2+y^2 \leqq 1$$

■ p とは，不等式で表された条件 $x^2+y^2 \leqq 1$ につけた名前である．カッコ内に変数を明示している．

値の組 $(x,\ y)$ を具体的に与えてやると，真偽が定まる．

$$p(0,\ 0)\text{ は真，}\quad p\left(\frac{1}{\sqrt{2}},\ \frac{1}{\sqrt{2}}\right)\text{ は真，}\quad p(2,\ 3)\text{ は偽，}$$

という具合である．一般に条件 $p(x,\ y)$ が与えられると，

集合 $P=\{(x,\ y)\mid p(x,\ y)\}$

（条件 $p(x,\ y)$ をみたすような $(x,\ y)$ の集合）

が定まる．P を，条件 $p(x,\ y)$ の**真理集合**（truth set）という．

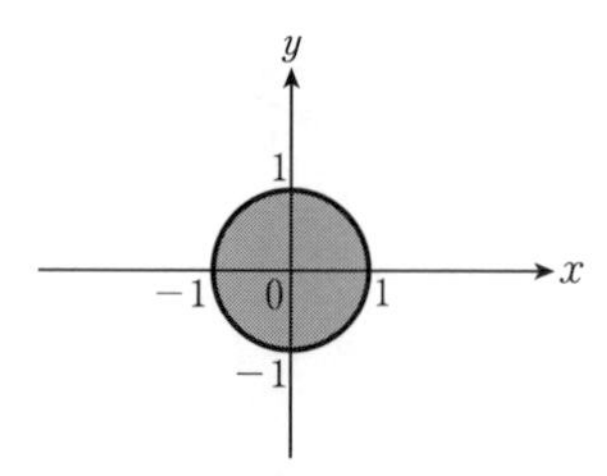

条件 $p(x,\ y):x^2+y^2 \leqq 1$ の真理集合 P

図2.1.1

> 一般に，1変数を含む条件の真理集合は数直線上に，
> 2変数を含む条件の真理集合は平面上に，
> 図示することができる

ことに注意しよう．

2.2 「かつ」と「または」

変数 x を含む 2 つの条件 $p(x)$, $q(x)$ があるとき,

かつ (and) ……記号は $\wedge$
または (or)……記号は $\vee$

を結んで作られる

$p(x) \wedge q(x)$,　　$p(x) \vee q(x)$

もまた, 変数 x を含む条件である. その真偽は,

$p(x)$, $q(x)$ を共にみたす x についてのみ $p(x) \wedge q(x)$ は真

$p(x)$, $q(x)$ の少なくとも一方をみたす x についてのみ,

$p(x) \vee q(x)$ は真

となる.

■ 連言演算子∧(かつ)の真偽表

(truth table)

p	q	$p \wedge q$
T	T	T
T	F	F
F	T	F
F	F	F

■ 選言演算子∨(または)の真偽表

p	q	$p \vee q$
T	T	T
T	F	T
F	T	T
F	F	F

例題2-1

つぎの連立不等式を解け. ただし, $a > 0$ とする.

$$\begin{cases} x^2 - |x| - 6 < 0 & \cdots\cdots ① \\ ax^2 - x - a^2x + a > 0 & \cdots\cdots ② \end{cases}$$

a は「与えられた正の定数」である.

「変数 x を含む条件① ∧ ②の真理集合を求めよ」という問いであるから, ①, ②を別々に解き, 数直線を利用して解の共通部分を求めればよい.

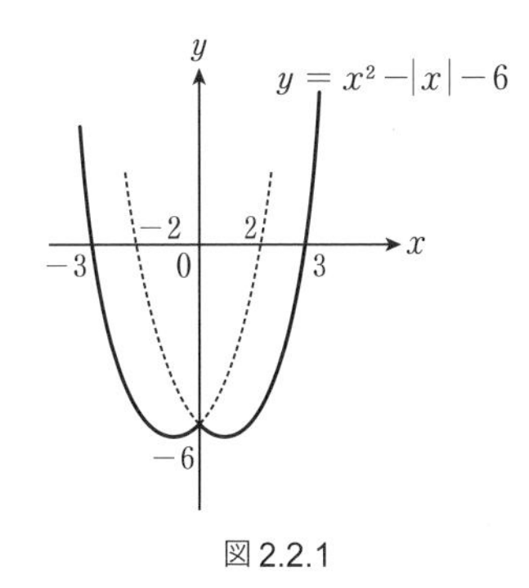

図 2.2.1

■解答

I) まず①を解く

$x \geqq 0$ のとき　$x^2 - x - 6 = (x-3)(x+2) < 0$

$\therefore$　$0 \leqq x < 3$

$x < 0$ のとき　$x^2 + x - 6 = (x+3)(x-2) < 0$

$\therefore$　$-3 < x < 0$

よって, ① $\Longleftrightarrow$ $-3 < x < 3$

II) 次に②を解く

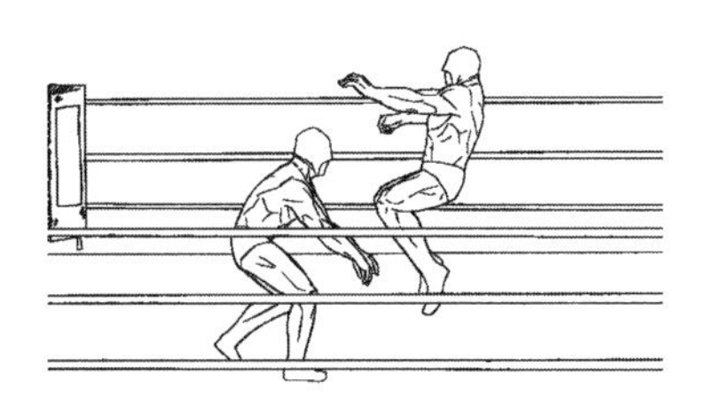

$$
\begin{aligned}
&ax^2-x-a^2x+a\\
&=(ax-1)(x-a)\\
&=a\left(x-\frac{1}{a}\right)(x-a)>0
\end{aligned}
$$

$\dfrac{1}{a}$ と a との大小関係によって次のように分類する.

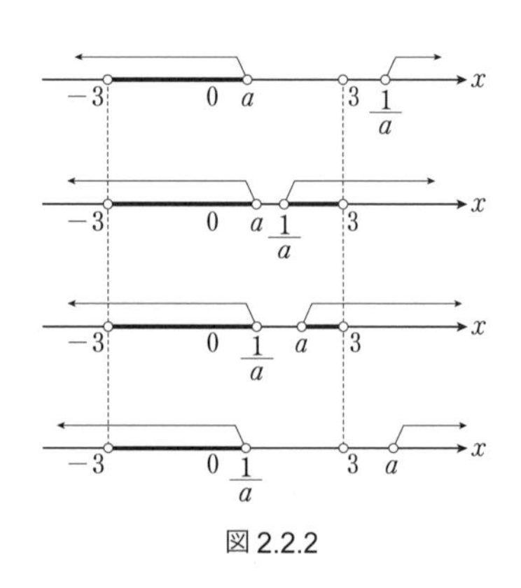

図 2.2.2

$$
② \Longleftrightarrow \begin{cases} x<a \ \vee\ \dfrac{1}{a}<x & (0<a<1\text{のとき}) \\ x<\dfrac{1}{a} \ \vee\ a<x & (1\leqq a\text{のとき}) \end{cases}
$$

Ⅲ) ①∧②をみたす x を, 数直線を利用して求める.

i) $0<a\leqq\dfrac{1}{3}$ のとき　$\boldsymbol{-3<x<a}$

ii) $\dfrac{1}{3}<a<1$ のとき　$\boldsymbol{-3<x<a \ \vee\ \dfrac{1}{a}<x<3}$

iii) $1\leqq a<3$ のとき　$\boldsymbol{-3<x<\dfrac{1}{a} \ \vee\ a<x<3}$

iv) $3\leqq a$ のとき　$\boldsymbol{-3<x<\dfrac{1}{a}}$

例題2-2

> つぎの 2 つの不等式
>
> $(x^2+y^2-x+y)(x^2+y^2-x-y)\leqq 0$　……①,
>
> $y\geqq 0$　……②
>
> をともにみたす点 $(x,\ y)$ の存在する領域を図示し, $x+2y$ の最大値, 最小値を求めよ.

■ Ⓐ∨Ⓑを図示するときには, $\left(\dfrac{1}{2},\ \dfrac{1}{2}\right)$, $\left(\dfrac{1}{2},\ 0\right)$ などの具体的な点を①に代入して適否を調べるとよい.

①∧②は 2 変数 $x,\ y$ を含む条件である.

$$
① \Longleftrightarrow \begin{cases} x^2+y^2-x+y\leqq 0\leqq x^2+y^2-x-y & \cdots\cdots Ⓐ\text{又は} \\ x^2+y^2-x-y\leqq 0\leqq x^2+y^2-x+y & \cdots\cdots Ⓑ \end{cases}
$$

等号が成立するような $(x,\ y)$ の集合は,

$$
x^2+y^2-x+y=0 \Longleftrightarrow \left(x-\frac{1}{2}\right)^2+\left(y+\frac{1}{2}\right)^2=\left(\frac{\sqrt{2}}{2}\right)^2
$$

$$
x^2+y^2-x-y=0 \Longleftrightarrow \left(x-\frac{1}{2}\right)^2+\left(y-\frac{1}{2}\right)^2=\left(\frac{\sqrt{2}}{2}\right)^2
$$

により 2 つの円周であるとわかる.

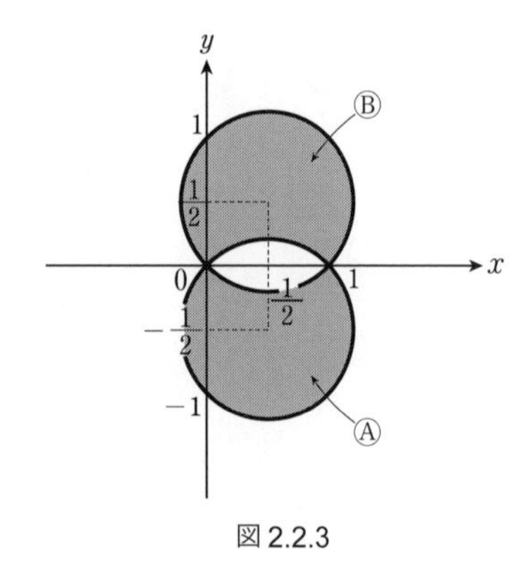

図 2.2.3

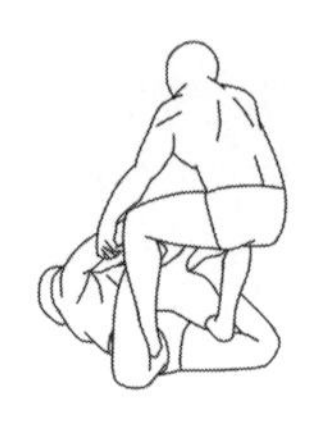

■**解答**

①∧②をみたす点 $(x,\ y)$ の存在領域は，図 2.2.4 の網目部である（境界も含む）．

次に，領域内の点 $(x,\ y)$ に対して，

$$x+2y=k \qquad \cdots\cdots③$$

の最大値，最小値を求める．k を一定値に止めるとき，③をみたす $(x,\ y)$ は傾き $-\dfrac{1}{2}$ の直線上に分布することに注意すると，k が最小となるのは直線③が原点を通るときであるとわかる．

よって　$(x+2y)_{\min}=\mathbf{0}$ （$(x,\ y)=(0,\ 0)$ において）

k が最大となるのは，直線③が円 $\left(x-\dfrac{1}{2}\right)^2+\left(y-\dfrac{1}{2}\right)^2=\left(\dfrac{\sqrt{2}}{2}\right)^2$ と接するときである．

（円の中心と③の距離）＝（半径）

$$\frac{\left|\dfrac{1}{2}+2\cdot\dfrac{1}{2}-k\right|}{\sqrt{1^2+2^2}}=\frac{\sqrt{2}}{2}$$

を解くと $k=\dfrac{3\pm\sqrt{10}}{2}$ であるが，図 2.2.4 をみて複号の＋を採用する．

$$(x+2y)_{\max}=\frac{\mathbf{3+\sqrt{10}}}{\mathbf{2}}$$

$$\left((x,\ y)=\left(\frac{1}{2}+\frac{1}{\sqrt{10}},\ \frac{1}{2}+\frac{2}{\sqrt{10}}\right)\text{ において}\right)$$

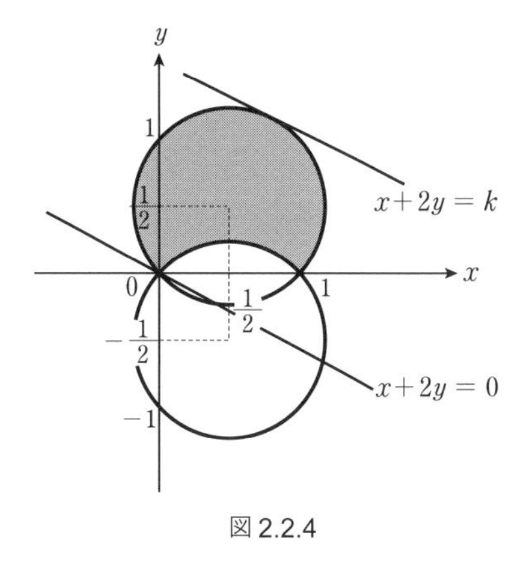

図 2.2.4

2.3 否定とド・モルガンの法則

変数 x を含む条件 $p(x)$ があるとき，その否定

$\overline{p(x)}$　（あるいは $\neg p(x)$ と書くこともある）

もまた，変数 x を含む条件となる．

$p(x)$ の真理集合 P と，$\overline{p(x)}$ の真理集合 $\overline{P}$ とは，互いに**補集合** (complement) である．

実際の問題にあたるときには，次のド・モルガンの法則 (De Morgan's laws) が重要である．

■ 否定演算子（でない）の真偽表

p	$\overline{\text{p}}$
T	F
F	T

■ P の補集合 $\overline{P}$ を P^c と書く流儀もある．補集合というからには全体集合の範囲を前提としなければならない．それは「変数 x のとり得る値の全体」である．

①の真理集合　②の真理集合

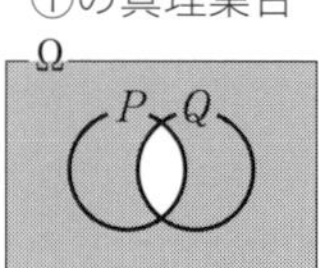

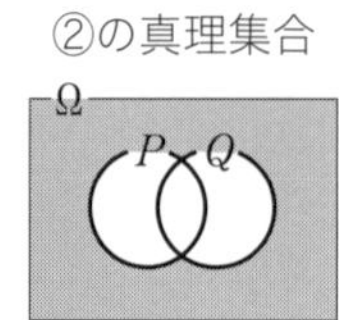

図 2.3.1

$$\overline{p(x) \land q(x)} \iff \overline{p(x)} \lor \overline{q(x)} \quad \cdots\cdots ①$$
$$\overline{p(x) \lor q(x)} \iff \overline{p(x)} \land \overline{q(x)} \quad \cdots\cdots ②$$

記号 $\iff$ は，両辺が同値な条件であることを表す．①や②が成り立つことは，図 2.3.1 に示された真理集合を考えれば納得がいくだろう．

例題2-3　$\max\{a, b\}$ で a, b の大きい方を，$\min\{a, b\}$ で a, b の小さい方を表す．

xy 平面上で次の不等式をみたす点 (x, y) の存在する領域を図示せよ．

(1) $\max\{x, y\} \leqq x+y$

(2) $\min\{x^2, y^2\} \leqq xy$

(3) $1 \leqq \max\{x+y, x-y\} \leqq 2$

■「a, b の大きい方が c 以下」とは，「a も b も c 以下」と同じである．

定義から，

$$\max\{a, b\} \leqq c \iff a \leqq c \land b \leqq c$$

とわかり，これを否定すると

$$\max\{a, b\} > c \iff \overline{a \leqq c \land b \leqq c}$$
$$\iff a > c \lor b > c$$

となる．同様に，定義から

■ 等号が入っても
$\max\{a, b\} \leqq c \iff a \geqq c \lor b \geqq c$

$$\min\{a, b\} \geqq c \iff a \geqq c \land b \geqq c$$

であり，これを否定すると

$$\min\{a, b\} < c \iff \overline{a \geqq c \land b \geqq c}$$
$$\iff a < c \lor b < c$$

となる．

■ 等号が入っても
$\min\{a, b\} \leqq c \iff a \leqq c \lor b \leqq c$

■解答

(1) $\max\{x, y\} \leqq x+y$

$\iff x \leqq x+y \land y \leqq x+y$

$\iff 0 \leqq y \land 0 \leqq x$

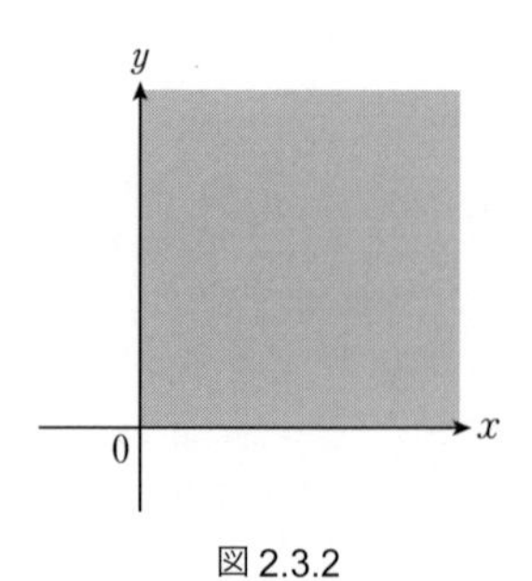

図 2.3.2

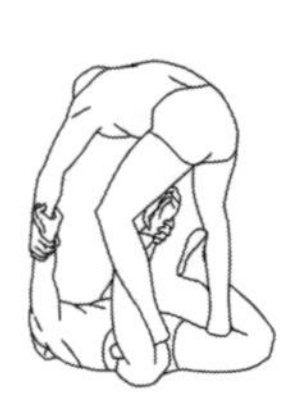

これをみたす点 $(x,\ y)$ の存在領域は図 2.3.2 の網目部である.

(2)　$\min\{x^2,\ y^2\} \leqq xy$

$\Longleftrightarrow\ x^2 \leqq xy\ \vee\ y^2 \leqq xy$

$\Longleftrightarrow\ x(y-x) \geqq 0\ \vee\ y(x-y) \geqq 0$

これをみたす点 $(x,\ y)$ の存在領域は, (図 2.3.3 のように考えて) 図 2.3.4 の網目部である.

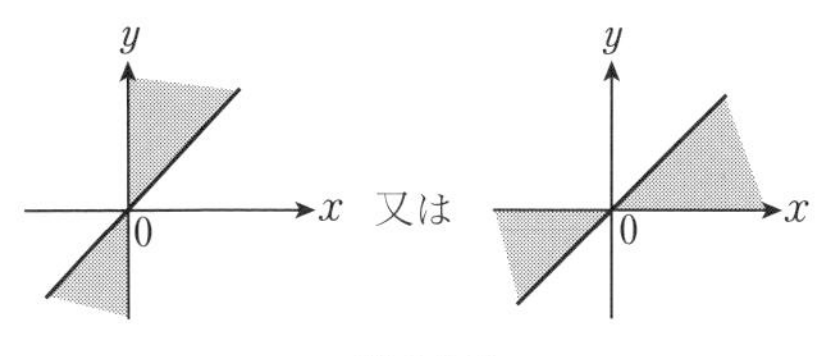

図 2.3.3

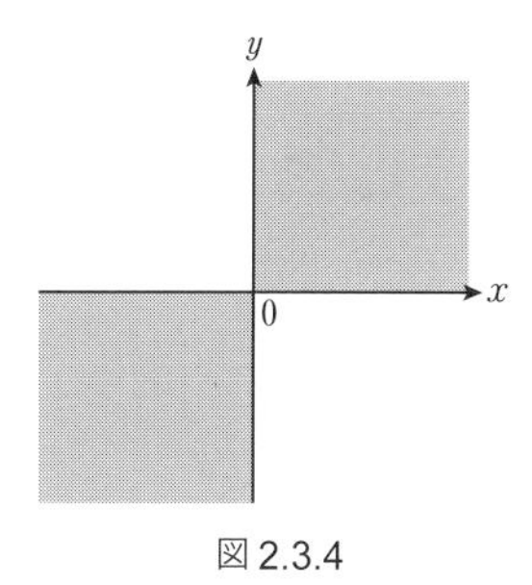

図 2.3.4

(3)　$1 \leqq \max\{x+y,\ x-y\} \leqq 2$

$\Longleftrightarrow\ 1 \leqq \max\{x+y,\ x-y\}\ \wedge\ \max\{x+y,\ x-y\} \leqq 2$

$\Longleftrightarrow\ (1 \leqq x+y\ \vee\ 1 \leqq x-y)\ \wedge\ (x+y \leqq 2\ \wedge\ x-y \leqq 2)$

これをみたす点 $(x,\ y)$ の存在領域は, (図 2.3.5 のように考えて) 図 2.3.6 の網目部である.

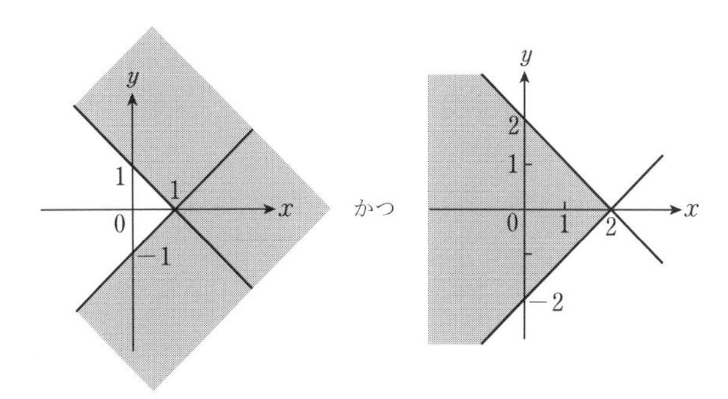

図 2.3.5

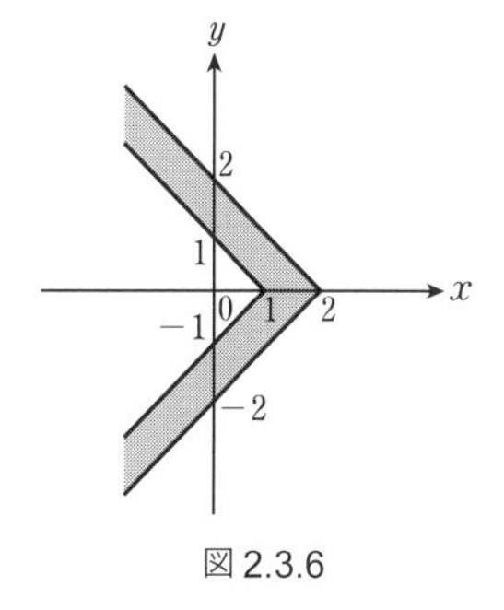

図 2.3.6

①の真理集合

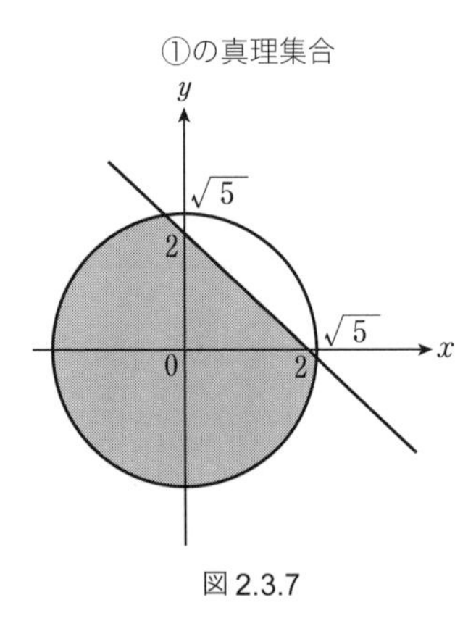

図 2.3.7

②の真理集合

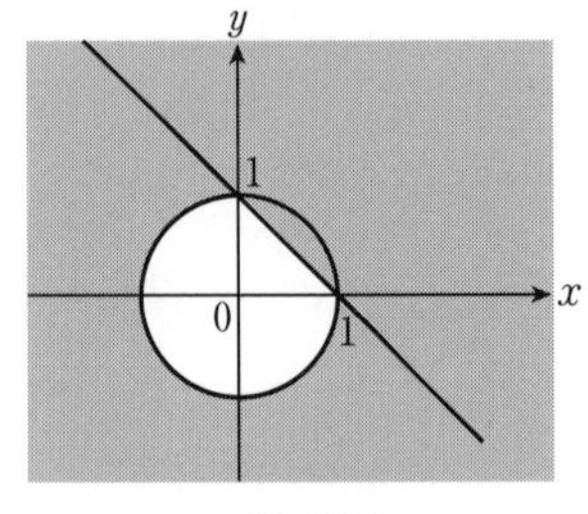

図 2.3.8

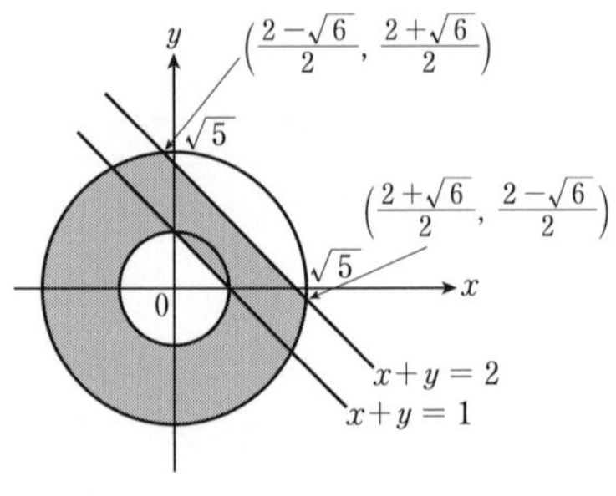

図 2.3.9

例題2-4

(1) 直線 $x+y=2$ と円 $x^2+y^2=5$ の交点の座標を求めよ.

(2) $1 \leqq \max\{4x+4y-3,\ x^2+y^2\} \leqq 5$ をみたす点 $(x,\ y)$ の存在範囲を求めよ.

(2)の結果を図示するときに(1)が用いられる.

$\max\{a,\ b\}$ の扱いは(例題 2-3)と同様に考えればよい.

■解答

(1) $y=2-x$ を $x^2+y^2=5$ に代入して文字 y を消去すると,

$$x^2+(2-x)^2=5$$

$$2x^2-4x-1=0$$

$$x=\frac{2\pm\sqrt{6}}{2}, \quad y=2-x=\frac{2\mp\sqrt{6}}{2}$$

求める 2 交点は $\left(\frac{2\pm\sqrt{6}}{2},\ \frac{2\mp\sqrt{6}}{2}\right)$ (複号同順)

(2) $1 \leqq \max\{4x+4y-3,\ x^2+y^2\} \leqq 5$

$$\iff \begin{cases} \max\{4x+4y-3,\ x^2+y^2\} \leqq 5 & \cdots\cdots①\text{かつ} \\ 1 \leqq \max\{4x+4y-3,\ x^2+y^2\} & \cdots\cdots② \end{cases}$$

と考えて, ①, ②に分けて調べる.

$$① \iff 4x+4y-3 \leqq 5 \ \wedge\ x^2+y^2 \leqq 5$$

$$\iff x+y \leqq 2 \ \wedge\ x^2+y^2 \leqq 5$$

②の否定を考えると

$$\overline{②} \iff 1 > \max\{4x+4y-3,\ x^2+y^2\}$$

$$\iff 4x+4y-3<1 \ \wedge\ x^2+y^2<1$$

$$\iff x+y<1 \ \wedge\ x^2+y^2<1$$

$$\therefore\ ② \iff x+y \geqq 1 \ \vee\ x^2+y^2 \geqq 1$$

① ∧ ②をみたす点 $(x,\ y)$ の存在範囲は (図 2.3.7, 図 2.3.8 のように考えて)図 2.3.9 の網目部である.

2.4 必要・十分と対偶

変数 x を含む 2 つの条件 $p(x)$, $q(x)$ があるとき,

ならば(imply) …… 記号は $\longrightarrow$

を結んで作られる

$$p(x) \longrightarrow q(x)$$

もまた，変数 x を含む条件である．「p ならば q」とは，

「『p でありながら q でない』ことはない」ということだから,

$$p(x) \longrightarrow q(x) \iff \overline{p(x) \land \overline{q(x)}}$$

$$\iff \overline{p(x)} \lor q(x) \quad \cdots\cdots ①$$

である．その真偽は,

$p(x)$ をみたし，かつ $q(x)$ をみたさないような x について

のみ偽

それ以外の x については真

である．さて,

■ ド・モルガンの法則を用いた.

■ 含意演算子 inply (ならば)の真偽表

p	q	$p \to q$
T	T	T
T	F	F
F	T	T
F	F	T

条件 $\overline{q(x)} \longrightarrow \overline{p(x)}$ のことを,
条件 $p(x) \longrightarrow q(x)$ の**対偶**(contraposition)という.

①を利用すると,

$$\overline{q(x)} \longrightarrow \overline{p(x)} \iff \overline{\overline{q(x)}} \lor \overline{p(x)}$$

$$\iff \overline{p(x)} \lor q(x)$$

となって①と一致する．すなわち,

■ ①の $p(x)$ を $\overline{q(x)}$ に，$q(x)$ を $\overline{p(x)}$ にとりかえる.

$$p(x) \longrightarrow q(x) \iff \overline{q(x)} \longrightarrow \overline{p(x)}$$

対偶は，もとの条件と同値

なのである．このことは，重要事項で，証明問題等でうまく利用すると，威力を発揮する.

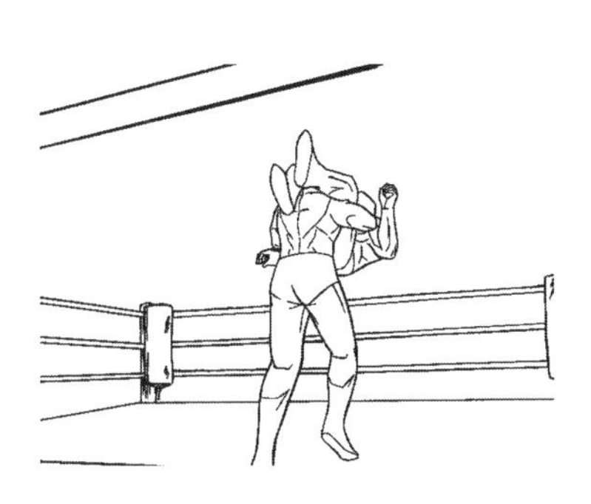

条件 $p(x) \longrightarrow q(x)$ が，任意の x に対してつねに成り立つとき，

$q(x)$ を $p(x)$ であるための必要条件

(necessary condition)

$p(x)$ を $q(x)$ であるための十分条件

(sufficient condition)

という．このことを記号で

$$p(x) \Longrightarrow q(x)$$

と書く．

$p(x) \longrightarrow q(x)$ は条件であったが，

$p(x) \Longrightarrow q(x)$ は命題であることに注意する．先ほど，「対偶は，もとの条件と同値」であることがわかったから，

$p(x) \Longrightarrow q(x)$ を証明したいときには，
代わりに $\overline{q(x)} \Longrightarrow \overline{p(x)}$ を証明してもよい

ことになる（対偶による証明法）．

例題2-5　2次方程式 $x^2-(a+2)bx+(a+1)b=0$ が異なる2つの実数解をもつとき，次の問いに答えよ．ただし，$a>0$，$b>0$ とする．

(1) 少なくとも1つの解は1より大であることを示せ．

(2) 2つの解がともに1より大であるためには，さらにどのような条件をつけ加えることが必要十分か．

■解答

相異なる2実解をもつから，判別式は

$$D=(a+2)^2b^2-4(a+1)b>0$$

$a>0$，$b>0$ なので，

$$(a+2)^2b>4(a+1)$$

$$b > \frac{4(a+1)}{(a+2)^2} \qquad \cdots\cdots ①$$

である．以下，2 解を α, β とおく．

(1) $\alpha+\beta>2 \Longrightarrow \alpha>1 \vee \beta>1$

であるから，$\alpha+\beta>2$ を示すことができれば**十分**である．

■ なぜか？　対偶を考えてみよ．

$\alpha \leqq 1 \wedge \beta \leqq 1 \Longrightarrow \alpha+\beta \leqq 2$

は正しい．

解と係数の関係により

$$\begin{cases} \alpha+\beta=(a+2)b & \cdots\cdots ② \\ \alpha\beta=(a+1)b & \cdots\cdots ③ \end{cases}$$

である．

$$\begin{aligned} \alpha+\beta-2 &= (a+2)b-2 \quad (\because ②) \\ &> (a+2)\cdot\frac{4(a+1)}{(a+2)^2}-2 \\ &= \frac{4(a+1)-2(a+2)}{a+2} \\ &= \frac{2a}{a+2}>0 \qquad (\because a>0) \end{aligned}$$

だから，題意は示された．

(2)「2 つの解がともに 1 より大」

$$\begin{aligned} &\Longleftrightarrow \alpha>1 \wedge \beta>1 \\ &\Longleftrightarrow \alpha-1>0 \wedge \beta-1>0 \\ &\Longleftrightarrow \begin{cases} (\alpha-1)+(\beta-1)>0 & \cdots\cdots ④\text{かつ} \\ (\alpha-1)(\beta-1)>0 & \cdots\cdots ⑤ \end{cases} \end{aligned}$$

■ $\alpha>1 \wedge \beta>1$

$\Longleftrightarrow \alpha+\beta>2 \wedge \alpha\beta>1$ ではない．

である．④は (1) において示されているから，条件⑤をつけ加えることが必要十分である．

■ 同値関係

$A>0 \wedge B>0$

$\Longleftrightarrow A+B>0 \wedge AB>0$

を用いる．

$$\begin{aligned} ⑤ &\Longleftrightarrow \alpha\beta-(\alpha+\beta)+1>0 \\ &\Longleftrightarrow (a+1)b-(a+2)b+1>0 \ (\because ②,\ ③) \\ &\Longleftrightarrow \boldsymbol{b<1} \end{aligned}$$

をつけ加えるとよい．

2.5 全称と存在

変数 x を含む条件 $p(x)$ があるとき,

すべての(all)……記号は $\forall$
存在する(exist)……記号は $\exists$

■ これらは,「すべての」や「ある」といった量に関する記述を含んでおり, 述語論理といわれる.

をかぶせて作られる

$\forall x,\ p(x),\quad \exists x,\ p(x)$

は, 真か偽かどちらかの命題である.

$\forall x,\ p(x)$ の形の命題を**全称命題**(universal proposition)
$\exists x,\ p(x)$ の形の命題を**存在命題**(existential proposition)
という.

1.4 節では, 変数 x が実質的に消えてしまうことを指摘した. なお, 2 変数 $x,\ y$ を含む条件 $p(x,\ y)$ があるとき,

■ このような x を束縛変数といった.

$\forall x,\ p(x,\ y)$ は変数 y を含む条件
$\exists x,\ p(x,\ y)$ もまた, 変数 y を含む条件

であることにも注意しよう.

■ 1.5 節の Σ や $\int$ における現象とそっくりではないか! 変数 y は残ってしまうのである.

全称・存在命題の否定についても, 次のようなド・モルガンの法則がなりたつ.

$$\overline{\forall x,\ p(x)} \iff \exists x,\ \overline{p(x)}$$
$$\overline{\exists x,\ p(x)} \iff \forall x,\ \overline{p(x)}$$

理由は, なぜか. 日本語で考えて納得しよう.

「すべての x について $p(x)$ が成り立つ」の否定は,
「$p(x)$ が成り立たないような x が存在する」である.

「ある x が存在して $p(x)$ が成り立つ」の否定は,
「すべての x について, $p(x)$ が成り立たない」である.

例題は, まず 1 変数を含む条件に関するものから, 検討してみよう.

例題2-6

不等式 $x^2-2ax+a+6>0$ (a は実数)について

(1) すべての実数 x について上の不等式が成り立つためには，a はどのような範囲にあればよいか．

(2) $4<x<6$ をみたすすべての x について上の不等式が成り立つように，a の範囲を定めよ．

■(1)は 1.4 節で扱った．ここでは異なる方法で解いておく．

与えられた不等式は，2 変数 x, a を含む条件である．

$$p(x,\ a) : x^2-2ax+a+6>0$$

とするとき，

(1) $\forall x \in \mathbb{R},\ p(x,\ a)$ 　は変数 a のみを含む条件である．

(2) $\forall x,\ (4<x<6 \longrightarrow p(x,\ a))$

もまた変数 a のみを含む条件である．

■解答

(1) $\forall x \in \mathbb{R},\ x^2-2ax+a+6>0$

$\Longleftrightarrow$ (x の 2 次式とみたときの)判別式

$D/4=a^2-a-6=(a+2)(a-3)<0$

$\Longleftrightarrow$ $\boldsymbol{-2<a<3}$

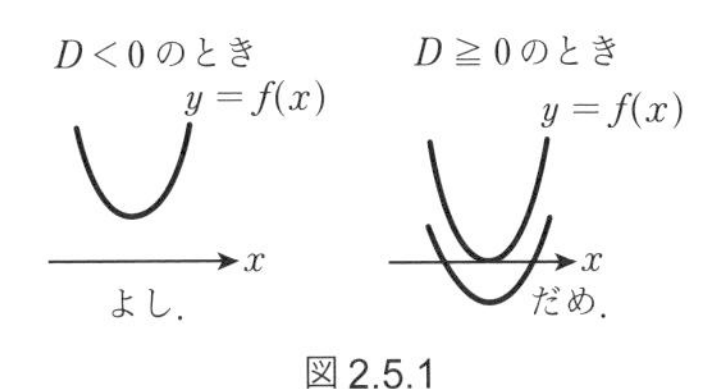

図 2.5.1

(2) $f(x)=x^2-2ax+a+6$

とおき，放物線 $y=f(x)$ と x 軸 ($y=0$) との関係を考える．放物線の対称軸 $x=a$ と，$f(4)$, $f(6)$ の符号とに注意すると図 2.5.2 のような 3 通りが考えられる．

$\forall x \in \mathbb{R},\ (4<x<6 \longrightarrow f(x)>0)$

$\Longleftrightarrow (D<0) \lor (a \leqq 4 \land f(4) \geqq 0) \lor (6 \leqq a \land f(6) \geqq 0)$

$\Longleftrightarrow (-2<a<3) \lor$

$(a \leqq 4 \land 22-7a \geqq 0) \lor (6 \leqq a \land 42-11a \geqq 0)$

$\Longleftrightarrow (-2<a<3) \lor \left(a \leqq \dfrac{22}{7}\right) \lor (\phi)$

$\Longleftrightarrow \boldsymbol{a \leqq \dfrac{22}{7}}$

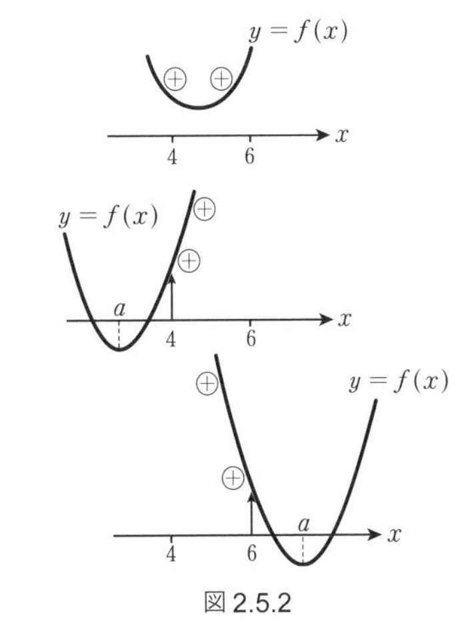

図 2.5.2

■ ϕ は空集合，第 3 のケースがありえないことを表している．

次は，2 変数を含む条件についての問題である．

例題2-7

> (1) すべての実数 a に対して，
> 不等式 $a^2x-(a+1)^2+y \geqq 0$ が成り立つような座標平面上の点 $(x,\ y)$ の存在する領域を図示せよ．
> (2) ある実数 a に対して，
> 不等式 $a^2x-(a+1)^2+y \geqq 0$ が成り立つような座標平面上の点 $(x,\ y)$ の存在する領域を図示せよ．

与えられた不等式は 3 変数 $x,\ y,\ a$ を含む条件である．

$$p(x,\ y,\ z) : a^2x-(a+1)^2+y \geqq 0$$

とするとき，

(1) $\forall a \in \mathbb{R},\ p(x,\ y,\ a)$　は 2 変数 $x,\ y$ を含む条件である．

(2) $\exists a \in \mathbb{R},\ p(x,\ y,\ a)$　もまた 2 変数 $x,\ y$ を含む条件である．

■ここでも変数 a が束縛されて，消えてしまった．

$D<0$ のときの $f(a)$

$D=0$ のときの $f(a)$

図 2.5.3

■解答

与式左辺を文字 a の 2 次式と考え，

$$f(a)=(x-1)a^2-2a+(y-1)$$

とおく．

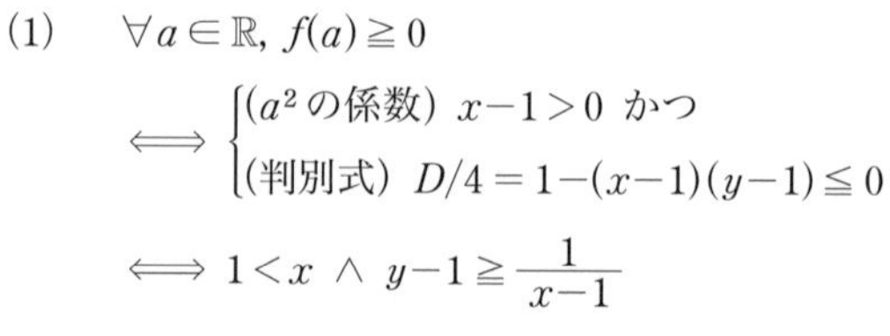

(1)　$\forall a \in \mathbb{R},\ f(a) \geqq 0$

$$\Longleftrightarrow \begin{cases} (a^2\text{の係数})\ x-1>0\ \text{かつ} \\ (\text{判別式})\ D/4=1-(x-1)(y-1) \leqq 0 \end{cases}$$

$$\Longleftrightarrow 1<x \wedge y-1 \geqq \frac{1}{x-1}$$

このような点 $(x,\ y)$ の存在範囲は，図 2.5.4 の網目部である．

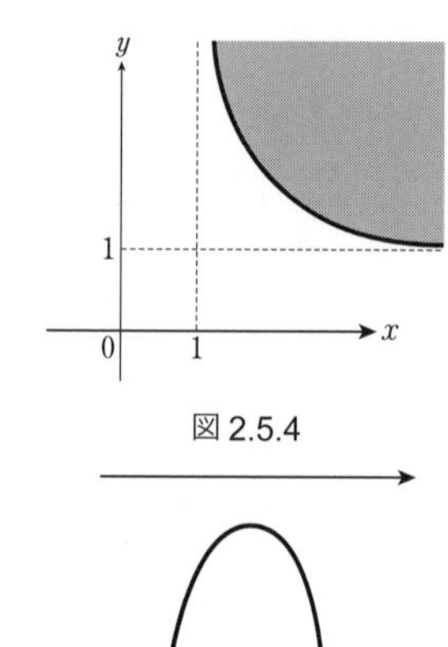

図 2.5.4

図 2.5.5

(2) 否定を考えてみると，

$$\overline{\exists a \in \mathbb{R},\ \ f(a) \geqq 0}$$

$$\Longleftrightarrow \forall a \in \mathbb{R},\ \ f(a)<0 \quad (\text{等号入らない})$$

$$\Longleftrightarrow \begin{cases} (a^2\text{の係数})\ x-1<0\ \text{かつ} \\ (\text{判別式})\ D/4=1-(x-1)(y-1)<0 \end{cases}$$

$$\Longleftrightarrow x<1 \wedge y-1<\frac{1}{x-1}$$

である．再び否定すると，

$$\overline{\exists a \in \mathbb{R},\ f(a) \geqq 0}$$

$$\Longleftrightarrow\ \overline{x < 1\ \wedge\ y-1 < \frac{1}{x-1}}$$

$$\Longleftrightarrow\ x \geqq 1\ \vee\ y-1 \geqq \frac{1}{x-1}$$

このような点 $(x,\ y)$ の存在範囲は，図 2.5.6 の網目部である．

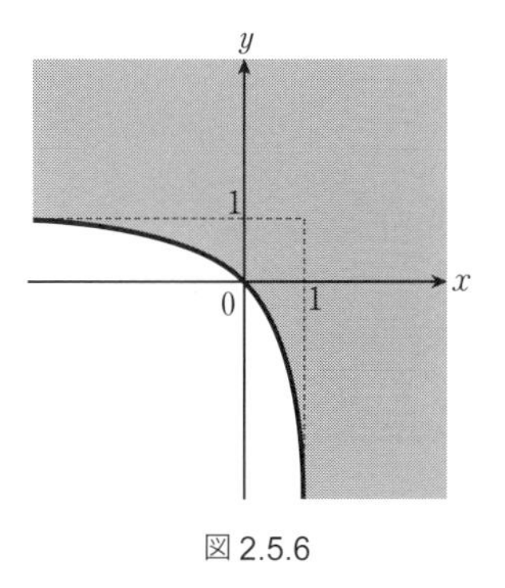

図 2.5.6

次の例題では，∀ と ∃ とが同時に現れる．

例題2-8

> (1) 適当な y をとれば，いかなる x に対しても，2 つの不等式
>
> $y > -x^2+2(a-1)x+2a-1$
>
> $y < x^2-2(a-3)x+9$
>
> が同時に成り立つ．このような a の範囲を求めよ．
>
> (2) すべての x に対して適当な y をとれば，2 つの不等式
>
> $y > -x^2+2(a-1)x+2a-1$
>
> $y < x^2-2(a-3)x+9$
>
> が同時に成り立つ．このような a の範囲を求めよ．

「与えられた 2 つの不等式が同時に成り立つこと」は，3 変数 $x,\ y,\ a$ を含む条件である．そこで，

$p(x,\ y,\ a)$:

$(y > -x^2+2(a-1)x+2a-1)\ \wedge\ (y < -x^2-2(a-3)x+9)$

としよう．

(1) $\forall x,\ p(x,\ y,\ a)$　は，2 変数 $y,\ a$ を含む条件である．さらに，全体に「適当な y をとれば」をかぶせると，$\exists y,\ (\forall x,\ \ p(x,\ y,\ a))$ となり，これは 1 変数 a のみを含む条件である．

■もともと変数 x が束縛されていたが，さらに変数 y が束縛されて，消えてしまった．

(2) $\exists y,\ p(x,\ y,\ a)$　は，2 変数 $y,\ a$ を含む条件である．さらに，全体に「すべての x に対して」をかぶせると，

■もともと変数 y が束縛されていたが，さらに変数 x が束縛されて，消えてしまった．

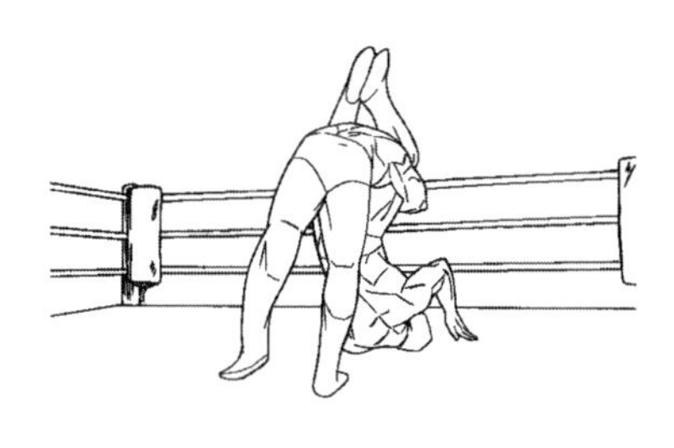

$\forall x$, $(\exists y,\ p(x,\ y,\ a))$ となり，これも1変数 a のみを含む条件である．

(1) (2) の条件は，普通はカッコをつけずに

$$\exists y \forall x,\ p(x,\ y,\ a), \quad \forall x \exists y,\ p(x,\ y,\ a)$$

のように書く．この2つの条件が「互いに異なる」ことを理解するのが，問題文読解のスタートである．

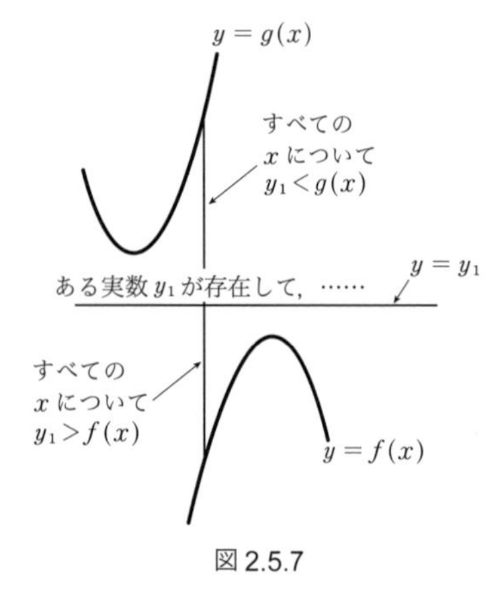

図 2.5.7

■解答

$$f(x)=-x^2+2(a-1)x+2a-1$$
$$=-(x-a+1)^2+a^2$$
$$g(x)=x^2-2(a-3)x+9$$
$$=(x-a+3)^2-a^2+6a$$

とする．

(1) 「適当な実数 y_1 をとれば，いかなる x に対しても

$y_1>f(x)$ かつ $y_1<g(x)$ が成り立つ」

$\Longleftrightarrow$「$f(x)$ の最大値 $<g(x)$ の最小値」

$\Longleftrightarrow$ $a^2<-a^2+6a$

$\Longleftrightarrow$ $2a(a-3)<0$

$\Longleftrightarrow$ $\boldsymbol{0<a<3}$

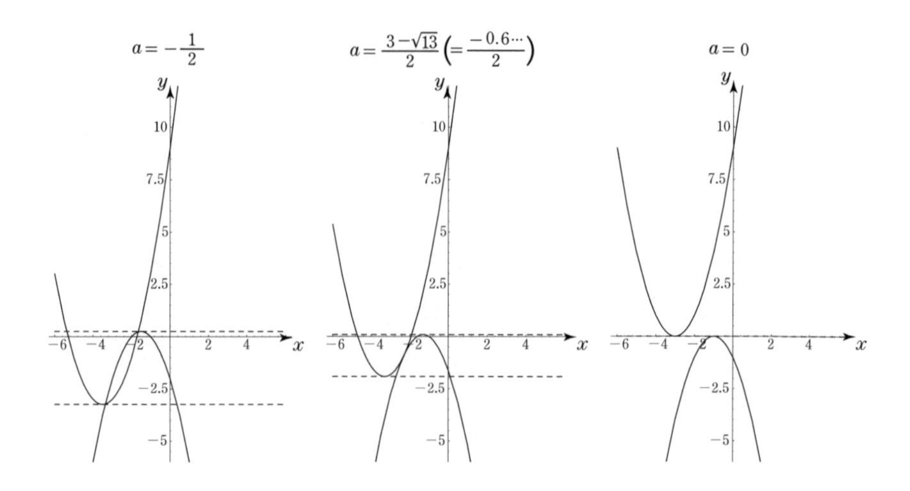

(2)「すべての実数 x に対して，

$y>f(x)$ かつ $y<g(x)$ となる実数 y が存在」

$\Longleftrightarrow$ $\forall x\in\mathbb{R},\quad g(x)>f(x)$

$\Longleftrightarrow$ $\forall x\in\mathbb{R},\quad x^2-2(a-2)x-a+5>0$

$\Longleftrightarrow$ 判別式 $D/4=(a-2)^2-(-a+5)<0$

$\Longleftrightarrow$ $a^2-3a-1<0$

$\Longleftrightarrow$ $\dfrac{3-\sqrt{13}}{2}<a<\dfrac{3+\sqrt{13}}{2}$

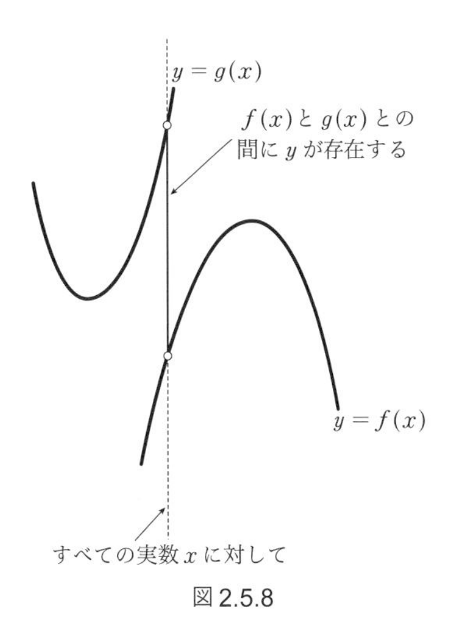

図 2.5.8

図 2.5.9 の 7 枚のグラフは，いくつかの a の値に対しての放物線 $y=f(x)$，$y=g(x)$ の関係を描いたものである．7 枚のグラフは，左から右に向けて a の値が増加している．じーっとグラフを見て，(1) (2) の推論や結果が正しいことを確かめてみよう．

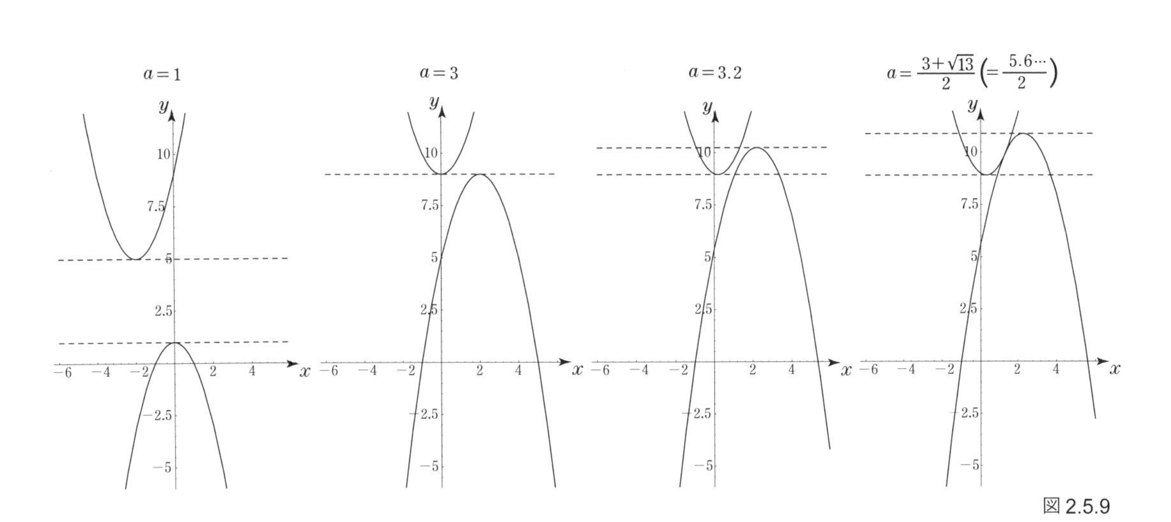

図 2.5.9

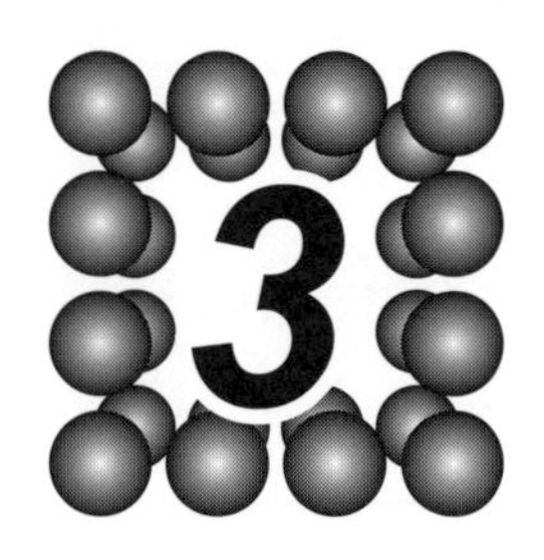

パラメータを含む関数

1.3 節では，関数 $y=f(x,\ a)$ についての 2 つの解釈を述べた．一つは「a を助変数とみなし，1 つの独立変数 x に対応して関数値 y が定まる」というものである．もう一つは「2 つの独立変数 x, a に対応して関数値 y が定まる」というものである．これらの解釈をコントロールすることができれば，問題解決の視野が拡がることであろう．

3.1 変数も 値を止めれば 定数だ

例題 3－1

$x \geqq 0$ のとき，x の値に関わらず

$$(x+1)\sin^2 a+(2x-1)\sin a\cos a-x\cos^2 a>0$$

が成り立つための a のとるべき値の範囲を求めよ．ただし，$0 \leqq a<\pi$ とする．

不等式の左辺には変数 x と a とが含まれている．一方を助変数と考えて固定してしまい，もう一方の変数だけを独立変数と考えて動かす．

$$\begin{cases} x\text{を止めると，文字 }a\text{ についての 3 角関数} \\ a\text{を止めると，文字 }x\text{ についての 1 次関数} \end{cases}$$

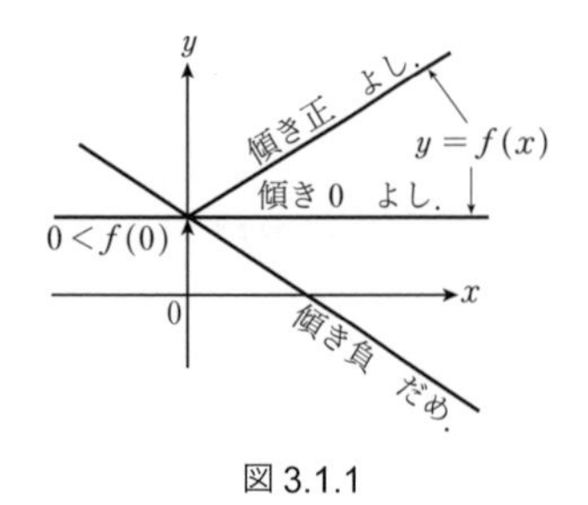

図 3.1.1

■解答

$0 \leqq a<\pi$ ……① の範囲で文字 a を固定すると，不等式の左辺は x の 1 次関数である．これを $f(x)$ とおく．

$$f(x)=(\sin^2 a+2\sin a\cos a-\cos^2 a)x+\sin^2 a-\sin a\cos a$$
$$=(-\cos 2a+\sin 2a)x+\sin a(\sin a-\cos a)$$

「$x \geqq 0$ のときつねに $f(x)>0$」となるためには，

$$f(0)=\sin a(\sin a-\cos a)>0 \quad \cdots\cdots②$$

が必要で，さらに直線 $y=f(x)$ の傾きが

$$-\cos 2a+\sin 2a \geqq 0 \quad \cdots\cdots③$$

となっていれば十分である．よって以下に①∧②∧③をみたす a の範囲を求める．

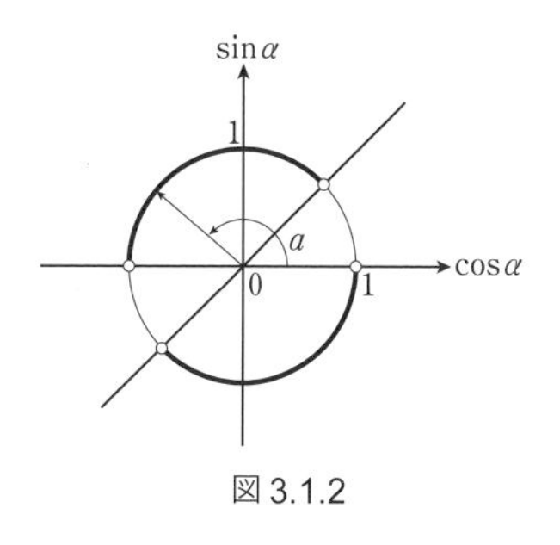

図 3.1.2

②をみたす点 $(\cos a,\ \sin a)$ の存在範囲は図 3.1.2 の太線の弧の部分である．①も考えに入れると，

$$①\wedge② \Longleftrightarrow \frac{\pi}{4}<a<\pi$$

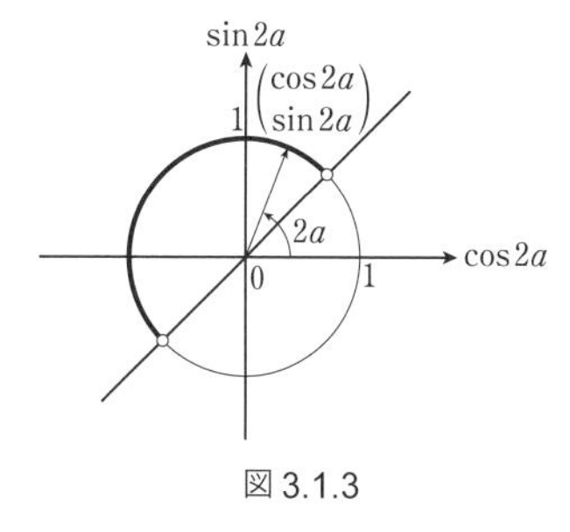

図 3.1.3

③をみたす点 $(\cos 2a,\ \sin 2a)$ の存在範囲は図 3.1.3 の太線の弧の部分である．①により，区間 $0 \leqq 2a<2\pi$ において調べると，

$$①\wedge③ \Longleftrightarrow \frac{\pi}{4} \leqq 2a \leqq \frac{5}{4}\pi$$

$$\Longleftrightarrow \frac{\pi}{8} \leqq a \leqq \frac{5}{8}\pi$$

よって，

$$①\wedge②\wedge③ \Longleftrightarrow \boldsymbol{\frac{\pi}{4}<a \leqq \frac{5}{8}\pi}$$

(注)　　$y=(x+1)\sin^2 a+(2x-1)\sin a\cos a-x\cos^2 a$

を，2 つの独立変数 x，a をもつ関数とみなしたときの axy 空間の 3 次元プロットが，図 3.1.4 である．

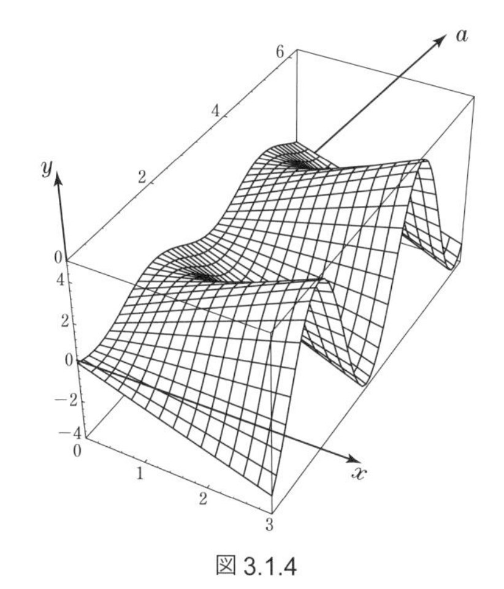

図 3.1.4

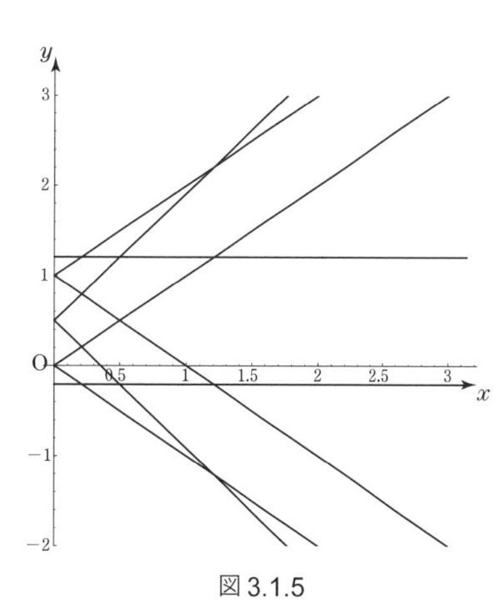

図 3.1.5

この曲面を $a=$ 一定で切った断面のいくつかが図 3.1.5 に，

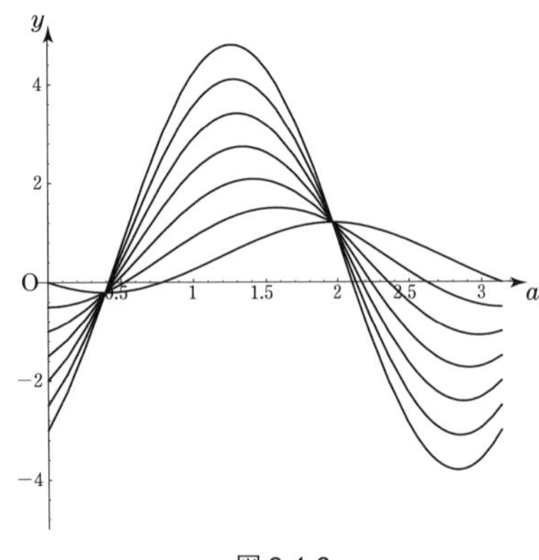

図 3.1.6

$x=$ 一定で切った断面のいくつかが図 3.1.6 に描いてある．これらが「2 つの解釈」の正体である．

次の例題では，独立 2 変数関数の変域の調べ方の一般的方法を学んでみよう．

例題 3-2

> 3 つの直線 $x+y=2$，$x=0$，$3x-y=2$ で囲まれた領域 (境界線を含む) を D とする．点 $(x,\ y)$ が D 上を動くとき，式 $f(x,\ y)=y^2-3xy+3x^2+y-2x+1$ の値を考える．
>
> (1) x を固定し，$f(x,\ y)$ を y の関数と考えるとき，$f(x,\ y)$ の最大値 M および最小値 m を x の式で表せ．
>
> (2) D における $f(x,\ y)$ の最大値および最小値を求めよ．

「予選・決勝法」といわれる方法である．本来は領域 D 内を 2 変数 x，y が独立に動くのであるが，

■ (1) は「各 x の値における予選大会」

(1) で変数 x を固定し，1 変数 y のみの関数として「仮の最大値 M，最小値 m」を求め，

■ (2) は「各 x の値における優勝者を集めて行なわれる決勝大会」

(2) では固定しておいた変数 x を解放することにより，「仮の最大値 M の最大値」と「仮の最小値 m の最小値」を求める，

というのが，全体の大筋である．

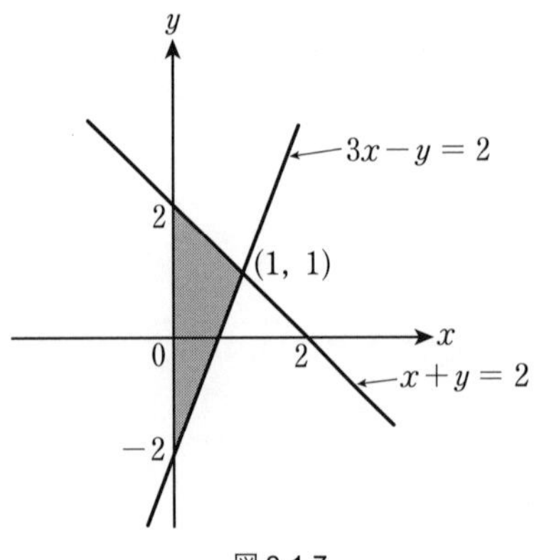

図 3.1.7

■解答

まず領域 D を調べておくと，図 3.1.7 の網目部のようになっている．

(1) 区間 $0 \leqq x \leqq 1$ で文字 x を固定する．

$$
\begin{aligned}
f(x,\ y) &= y^2+(1-3x)y+3x^2-2x+1 \\
&= \left(y+\frac{1-3x}{2}\right)^2-\left(\frac{1-3x}{2}\right)^2+3x^2-2x+1 \\
&= \left(y-\frac{3x-1}{2}\right)^2+\frac{3}{4}x^2-\frac{1}{2}x+\frac{3}{4}
\end{aligned}
$$

固定した x に対して，変数 y の変域は

$$3x-2 \leqq y \leqq -x+2 \qquad \cdots\cdots①$$

であり，放物線 $z=f(x,\ y)$ の対称軸は

$$y=\frac{3x-1}{2} \qquad \cdots\cdots②$$

である．図 3.1.8 に注意すると，軸②は区間①に含まれている．

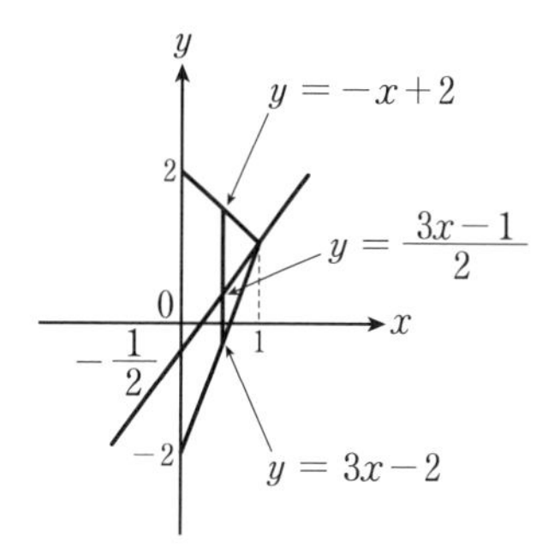

図 3.1.8

$$\left\{(-x+2)-\frac{3x-1}{2}\right\}-\left\{\frac{3x-1}{2}-(3x-2)\right\}$$

$$=(-x+2)-(3x-1)+(3x-2)$$

$$=1-x \geqq 0$$

であるから，区間①の中で軸から最も遠いのは

$$y=-x+2$$

である．

yz 平面における放物線 $z=f(x,\ y)$ の概形は図 3.1.9 のようになるから，区間①での最大値・最小値は次のようになる．

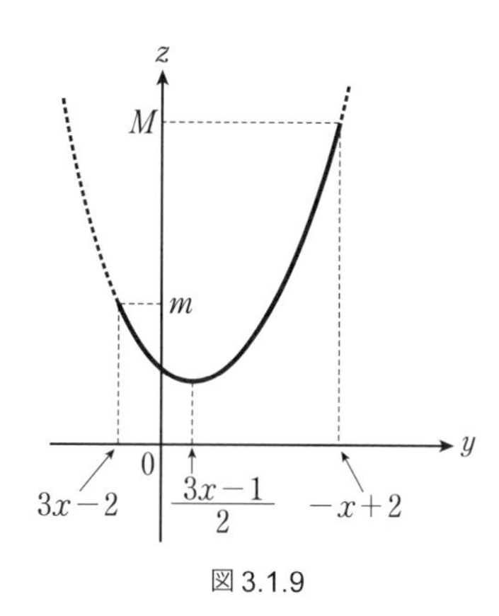

図 3.1.9

$y=-x+2$ で最大値

$$M=f(x,\ -x+2)$$

$$=(-x+2)^2+(1-3x)(-x+2)+3x^2-2x+1$$

$$=\boldsymbol{7x^2-13x+7}$$

$y=\dfrac{3x-1}{2}$ で最小値

$$m=f\left(x,\ \frac{3x-1}{2}\right)$$

$$=\boldsymbol{\frac{3}{4}x^2-\frac{1}{2}x+\frac{3}{4}}$$

(2) 固定していた x を解放し，区間 $0 \leqq x \leqq 1$ で動かす．2 次関数 M, m のグラフが図 3.1.10 のようになることに注意すると，

M が最大となるのは $x=0$ のときで，

$$M \leqq f(0,\ 2)=7$$

m が最小となるのは $x=\dfrac{1}{3}$ のときで，

$$m \geqq f\left(\frac{1}{3},\ 0\right)=\frac{2}{3}$$

よって，領域 D における $f(x,\ y)$ の

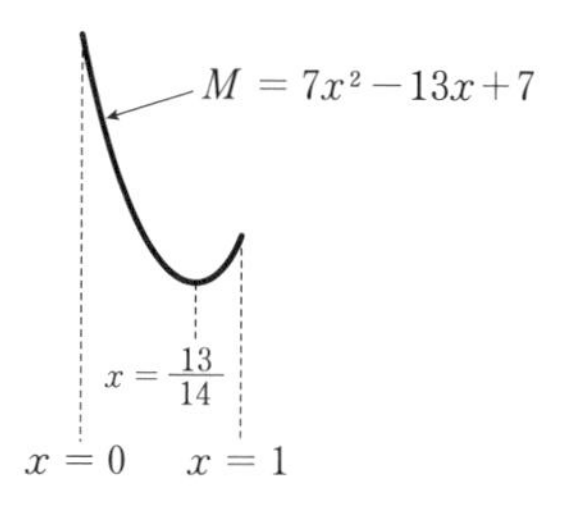

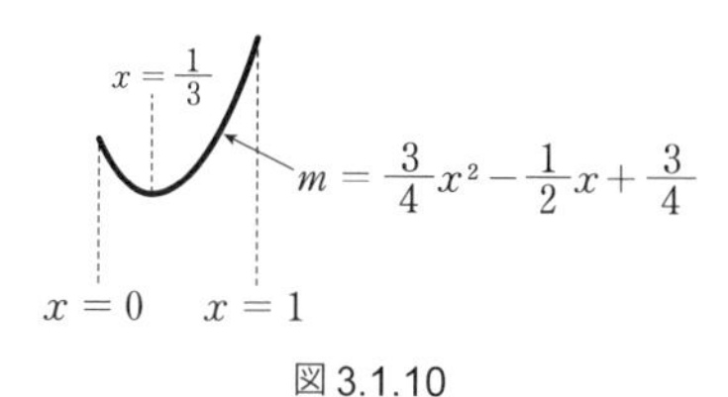

図 3.1.10

$$\begin{cases} \text{最大値は } 7 & ((x,\ y)=(0,\ 2)\text{のとき}) \\ \text{最小値は } \dfrac{2}{3} & \left((x,\ y)=\left(\dfrac{1}{3},\ 0\right)\text{のとき}\right) \end{cases}$$

である.

(注) 2 変数関数 $z=f(x,\ y)$ の 3 次元グラフは図 1.3.3 に示した楕円放物面である. 本問で必要となる部分

$$0 \leqq x \leqq 1,\quad -2 \leqq y \leqq 2$$

を切り出してみると, 図 3.1.11 のようになっている. 図 3.1.11 を見て, (1) (2) の解答の過程を吟味してみよ.

$$\begin{array}{lll} f\left(x,\ \dfrac{3x-1}{2}\right) \leqq f(x,\ y) \leqq f(x,\ -x+2) & & \leftarrow x \text{ を固定} \\ \qquad \| \qquad\qquad\qquad\qquad \| & & \\ f\left(\dfrac{1}{3},\ 0\right) \leqq m \qquad\qquad M \leqq f(0,\ 2) & & \leftarrow x \text{ を解放} \\ \quad \| \qquad\qquad\qquad\qquad\qquad \| & & \\ \quad \dfrac{2}{3} \qquad\qquad\qquad\qquad\quad 7 & & \leftarrow \text{最大・最小} \end{array}$$

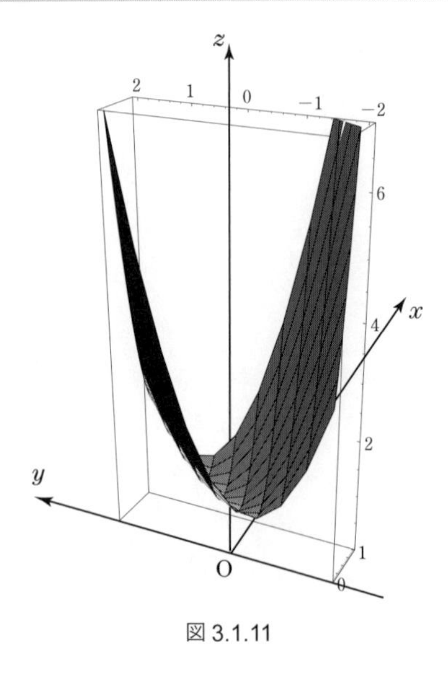

図 3.1.11

次の例題は 3 変数が登場する. どのような方針を立てればよいだろうか.

例題 3-3

> $1 \leqq x \leqq 2 \leqq y \leqq 3 \leqq z \leqq 4$ のとき
>
> 不等式　$\dfrac{3}{4} \leqq x^2+y^2+z^2-xy-yz-zx \leqq 7$
>
> を証明せよ．

■解答　$f(x,\ y,\ z)=x^2+y^2+z^2-xy-yz-zx$ とおく．

Step 1　y, z を固定して，変数 x のみの 2 次関数と考える．

$$f(x,\ y,\ z)=x^2-(y+z)x+y^2-yz+z^2$$
$$=\left(x-\frac{y+z}{2}\right)^2+\frac{3}{4}y^2-\frac{3}{2}yz+\frac{3}{4}z^2$$

$\begin{cases} x\text{ の変域は }\ 1 \leqq x \leqq 2 \\ \text{軸 } x=\dfrac{y+z}{2}\text{ の位置は }\ \dfrac{5}{2} \leqq \dfrac{y+z}{2} \leqq \dfrac{7}{2} \end{cases}$

に注意すると，$x=1$ で最大，$x=2$ で最小とわかる（図 3.1.12）．

$$f(2,\ y,\ z) \leqq f(x,\ y,\ z) \leqq f(1,\ y,\ z)$$

$f(2,\ y,\ z) = y^2+z^2-yz-2y-2z+4$，　$f(1,\ y,\ z) = y^2+z^2-yz-y-z+1$

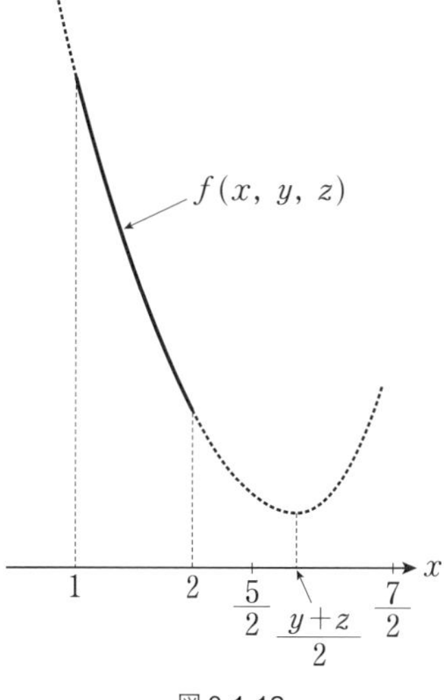

図 3.1.12

Step 2　z は固定したまま，変数 y のみを解放する．

(i) 最大値

$$f(1,\ y,\ z)=y^2-(z+1)y+z^2-z+1$$
$$=\left(y-\frac{z+1}{2}\right)^2+\frac{3}{4}z^2-\frac{3}{2}z+\frac{3}{4}$$

$\begin{cases} y\text{ の変域は }\ 2 \leqq y \leqq 3 \\ \text{軸 } y=\dfrac{z+1}{2}\text{ の位置は }\ 2 \leqq \dfrac{z+1}{2} \leqq \dfrac{5}{2} \end{cases}$

に注意すると，$y=3$ で最大とわかる（図 3.1.13）．

$$\therefore\ f(x,\ y,\ z) \leqq f(1,\ y,\ z) \leqq f(1,\ 3,\ z)$$
$$=z^2-4z+7$$

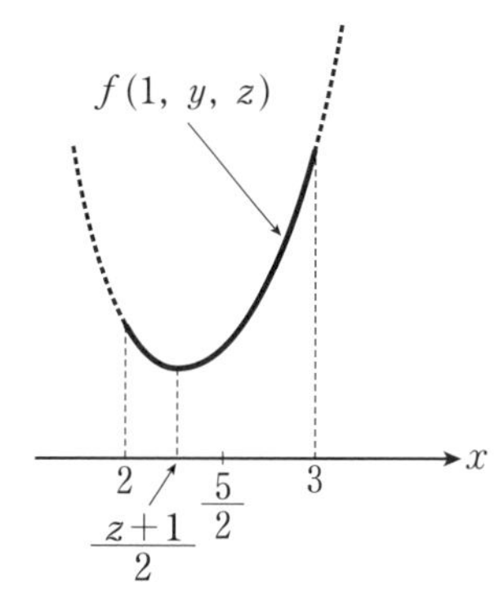

図 3.1.13

■ $z=4$ のとき軸は $y=\dfrac{5}{2}$ である．これは区間 $2 \leqq y \leqq 3$ の中央だから，$y=2, 3$ の両方で最大となる．

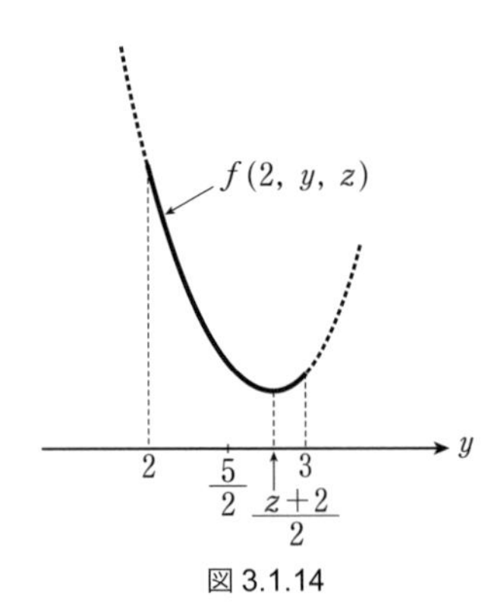

図 3.1.14

（ii）最小値

$$f(2,\ y,\ z)=y^2-(z+2)y+z^2-2z+4$$
$$=\left(y-\frac{z+2}{2}\right)^2+\frac{3}{4}z^2-3z+3$$

$$\begin{cases} z\text{の変域は}\ \ 2\leqq y\leqq 3 \\ \text{軸}\ y=\dfrac{z+2}{2}\ \text{の位置は}\ \ \dfrac{5}{2}\leqq\dfrac{z+2}{2}\leqq 3 \end{cases}$$

に注意すると，$y=\frac{z+2}{2}$ で最小とわかる（図 3.1.14）.

$$\therefore\ \ f(x,\ y,\ z)\geqq f(2,\ y,\ z)\geqq f\left(2,\ \frac{z+2}{2},\ z\right)$$
$$=\frac{3}{4}z^2-3z+3$$

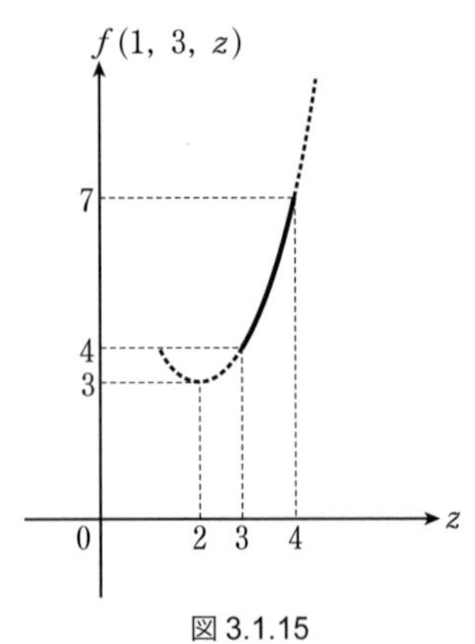

図 3.1.15

Step 3　最後に，変数 z を解放する．変域は $3\leqq z\leqq 4$ である．

（i）最大値

$$f(1,\ 3,\ z)=z^2-4z+7$$
$$=(z-2)^2+3$$
$$\leqq f(1,\ 3,\ 4)=\mathbf{7}\quad(\text{図 } 3.1.15)$$

（ii）最小値

$$f\left(2,\ \frac{z+2}{2},\ z\right)=\frac{3}{4}z^2-3z+3$$
$$=\frac{3}{4}(z-2)^2$$
$$\geqq f\left(2,\ \frac{5}{2},\ 3\right)=\mathbf{\frac{3}{4}}\quad(\text{図 } 3.1.16)$$

よって示された．

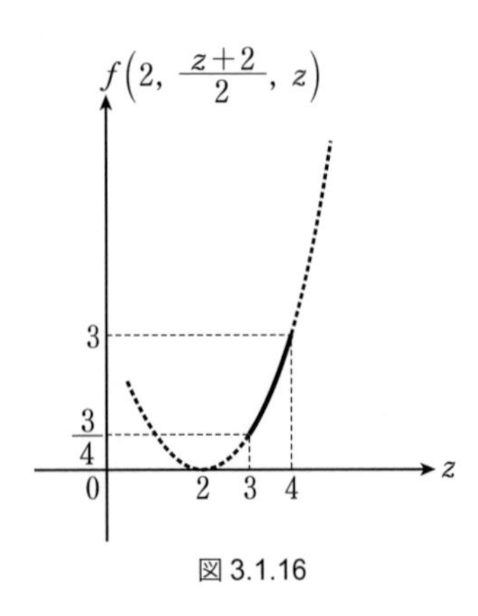

図 3.1.16

（注） $w=f(x,\ y,\ z)$ の 4 次元グラフを紙面で表現することは，残念ながらできない．

$$
\begin{array}{lll}
f(2,\ y,\ z) \leqq f(x,\ y,\ z) \leqq f(1,\ y,\ z) & & \leftarrow \text{変数 } x \text{ のみ動かす} \\
\quad \text{VII} & \quad \text{AII} & \\
f\left(2,\ \dfrac{z+2}{2},\ z\right) & f(1,\ 3,\ z) & \leftarrow \text{変数 } y \text{ のみ動かす} \\
\quad \text{VII} & \quad \text{AII} & \\
\dfrac{3}{4} = f\left(2,\ \dfrac{5}{2},\ 3\right) & f(1,\ 3,\ 4) = 7 & \leftarrow \text{変数 } z \text{ のみ動かす}
\end{array}
$$

■実は $f(1,\ 2,\ 4) = 7$ も最大値となっている．

なお，最小値が $\dfrac{3}{4}$ であることを示すだけなら，「x, z を固定して，変数 y のみの 2 次関数と考える」のが素早い．

$$
\begin{aligned}
f(x,\ y,\ z) &= y^2 - (x+z)y + x^2 - xz + z^2 \\
&= \left(y - \frac{x+z}{2}\right)^2 + \frac{3}{4}x^2 - \frac{3}{2}xz + \frac{3}{4}z^2 \\
&= \left(y - \frac{x+z}{2}\right)^2 + \frac{3}{4}(x-z)^2
\end{aligned}
$$

$$
\begin{cases}
y \text{ の変域は } \ 2 \leqq y \leqq 3 \\
\text{軸 } y = \dfrac{x+z}{2} \text{ の位置は } \ 2 \leqq \dfrac{x+z}{2} \leqq 3
\end{cases}
$$

であるから，$y = \dfrac{x+z}{2}$ で最小とわかる．

$$
\therefore \quad f(x,\ y,\ z) \geqq f\left(x,\ \frac{x+z}{2},\ z\right) = \frac{3}{4}(x-z)^2
$$

次に，変数 x, z を解放して $\dfrac{3}{4}(x-z)^2$ を最小にすることを考える．「x と z の距離を最小にとる」とよいから，$x = 2$, $z = 3$ にすればよい．

$$
\therefore \quad f\left(x,\ \frac{y+z}{2},\ z\right) \geqq f\left(2,\ \frac{5}{2},\ 3\right) = \frac{3}{4}
$$

これが $f(x,\ y,\ z)$ の最小値である．

3.2 パラメータを含む 2 次方程式

次の例題では，文字 x についての「助変数 a を含む」2 次方程式について調べてみることにする．

例題 3-4

2 次方程式 $x^2-2ax+a+6=0$ について，次の各問に答えよ．ただし a は実数とする．

(1) 2 つの異なる実数解をもつように a の値の範囲を定めよ．

(2) 2 つの異なる正の解をもつように a の値の範囲を定めよ．

(3) 正の解と負の解をもつように a の値の範囲を定めよ．

(2) (3) では「解と係数の関係」や「放物線と x 軸との位置関係」から考えていくことも可能なのだが，ここでは「パラメータを分離せよ」の定石にしたがって解答してみることにする．

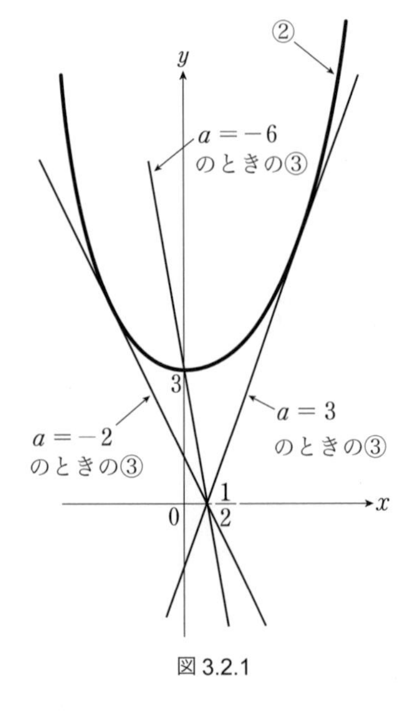

図 3.2.1

■解答

(1) 相異なる 2 実数解をもつ条件は

判別式 $D/4=a^2-a-6>0$

$\iff (a-3)(a+2)>0$

$\iff \boldsymbol{a<-2 \vee 3<a}$ ……①

(2) 与式 $\iff x^2+6=2ax-a$

$\iff \dfrac{1}{2}x^2+3=a\left(x-\dfrac{1}{2}\right)$

に注意する．「①のもとでの 2 つの実数解」は，

「$y=\dfrac{1}{2}x^2+3$ ……②と $y=a\left(x-\dfrac{1}{2}\right)$ ……③との交点の x 座標」

と一致する．

③は，定点 $\left(\dfrac{1}{2},\ 0\right)$ を通る傾き a の直線である．

②と③が接するのは $D=0$ となる $a=-2,\ 3$ のとき．図 3.2.1 から判断すると，2 つの異なる正の解をもつ条件は

$\boldsymbol{3<a}$

(3) やはり図 3.2.1 から判断し，正負の 2 解をもつ条件は

$\boldsymbol{a<-6}$

(注) 参考までに

$$y=f(a,\ x)=x^2-2ax+a+6$$

のグラフを図 3.2.2，図 3.2.3 に示す．

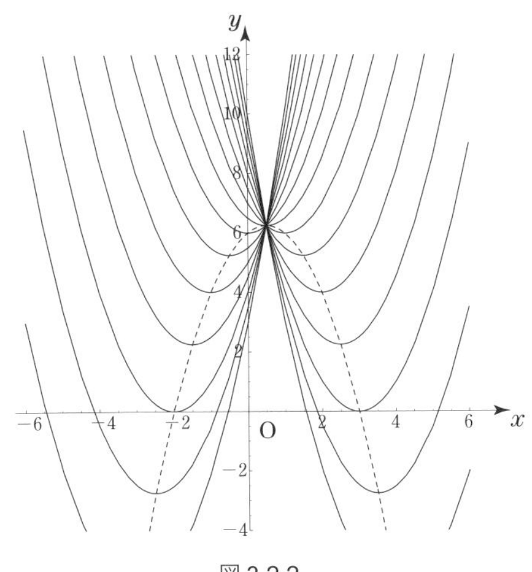

図 3.2.2

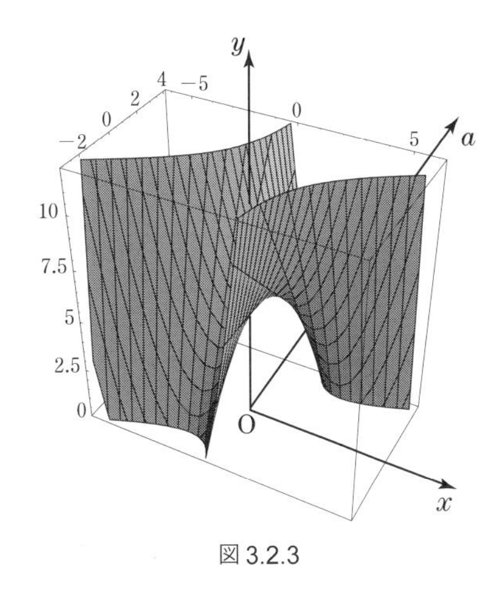

図 3.2.3

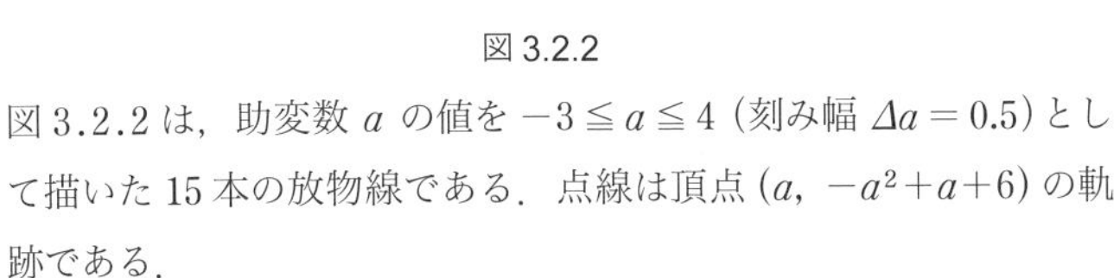

図 3.2.2 は，助変数 a の値を $-3 \leqq a \leqq 4$（刻み幅 $\varDelta a=0.5$）として描いた 15 本の放物線である．点線は頂点 $(a,\ -a^2+a+6)$ の軌跡である．

図 3.2.3 は，2 変数 x, a を独立変数として描いた 3 次元グラフで，曲面と底面（xa 平面）の交わりに方程式 $f(a,\ x)=0$ の解が現れている．

図 3.2.2 において，放物線群が凝集する 1 点がある．文字 a について

$$y=a(1-2x)+x^2+6$$

と整理してやると，$x=\dfrac{1}{2}$ のとき a の値によらず $y=\dfrac{25}{4}$ となることがわかる．

図 3.2.4 は，図 3.2.3 の曲面を，a の値をずらしながらスライスしたものである．この図から，a の値の変化の意味を考え，味わっていただきたい．

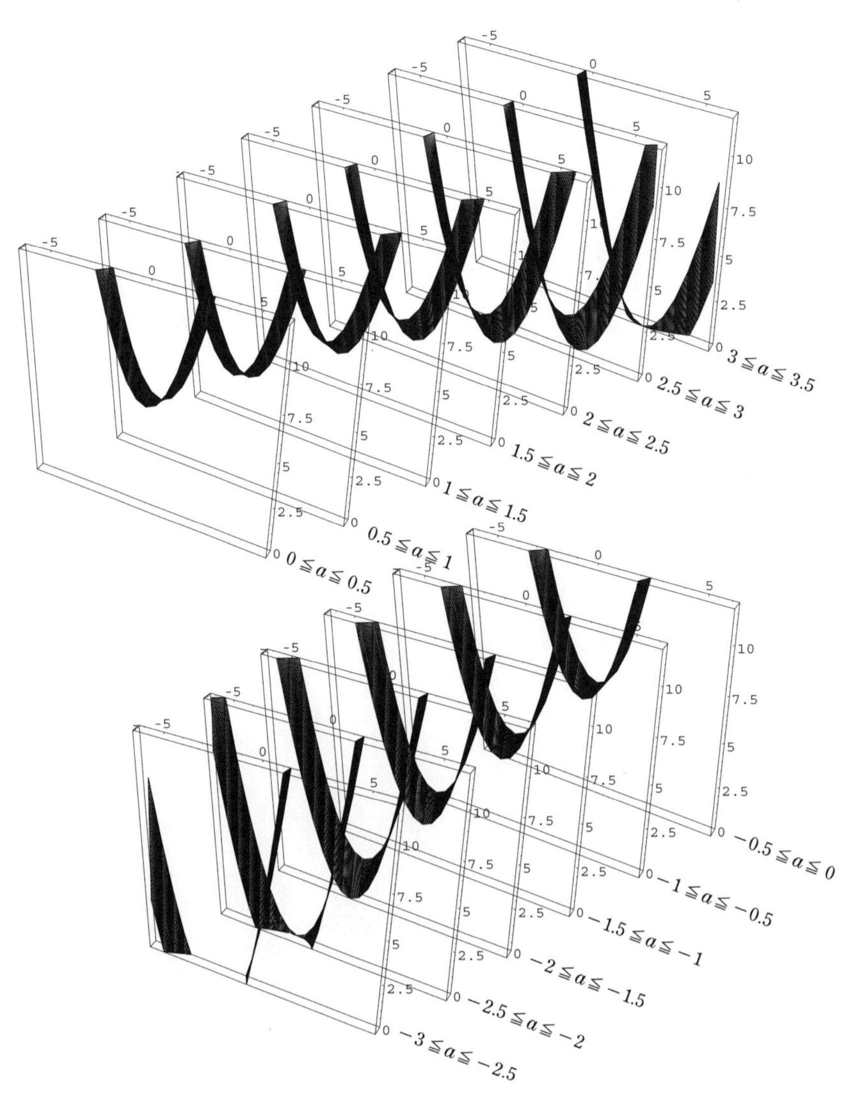
3 ≦ a ≦ 3.5
2.5 ≦ a ≦ 3
2 ≦ a ≦ 2.5
1.5 ≦ a ≦ 2
1 ≦ a ≦ 1.5
0.5 ≦ a ≦ 1
0 ≦ a ≦ 0.5
−0.5 ≦ a ≦ 0
−1 ≦ a ≦ −0.5
−1.5 ≦ a ≦ −1
−2 ≦ a ≦ −1.5
−2.5 ≦ a ≦ −2
−3 ≦ a ≦ −2.5

図 3.2.4

3.3 パラメータを含む3次関数

続いて，変数 x の関数 $f(x)$ が助変数 a を含む場合の問題の見方・考え方を検討する．最初の例題は，パラメータ入りの関数の最大・最小問題である．

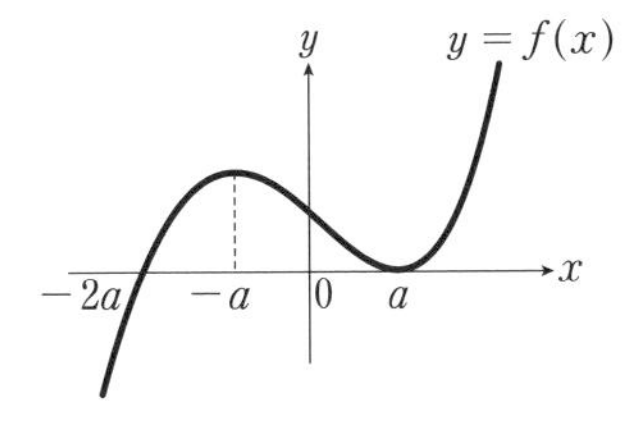

図 3.3.1

例題 3-5 $a>0$ とする．関数 $f(x)=x^3-3a^2x+2a^3$ の区間 $-1\leqq x\leqq 1$ における最小値を $m(a)$ とするとき，a の関数 $b=m(a)$ のグラフをかけ．

$f(x)$ には助変数 a が含まれている．定区間での最小値にも，同じ助変数 a が残るから $m(a)$ と書いてある．

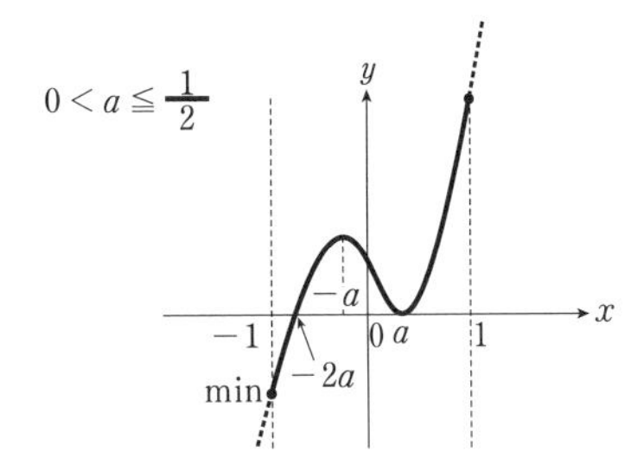

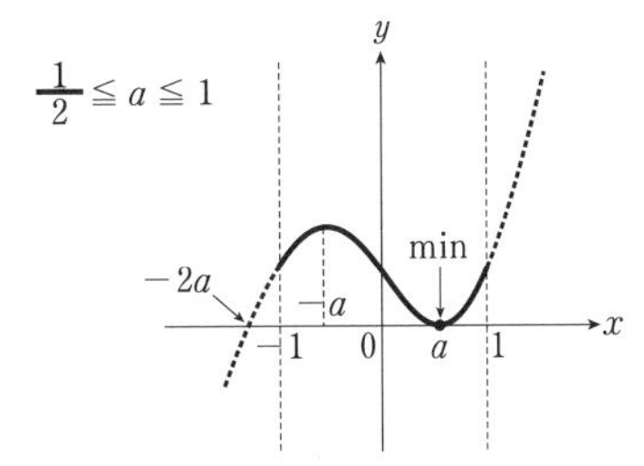

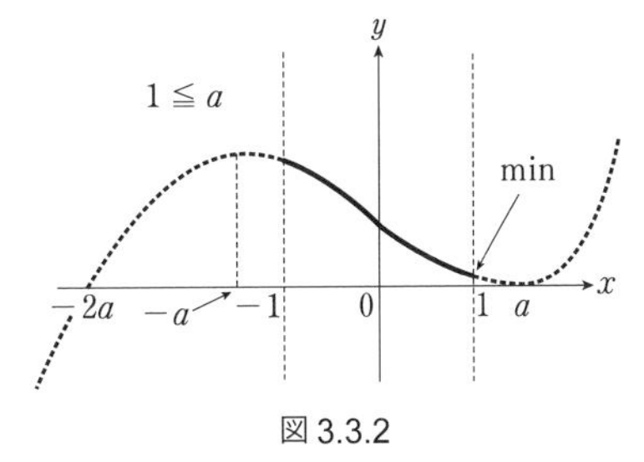

図 3.3.2

■解答

$$f(x)=(x-a)^2(x+2a)$$

$$f'(x)=2(x-a)(x+2a)+(x-a)^2\cdot 1$$

$$=3(x-a)(x+a)$$

$a>0$ であることに注意すると，$y=f(x)$ のグラフは図 3.3.1 のようになっている．

$$f(-1)=2a^3+3a^2-1=(a+1)^2(2a-1)$$

$$f(1)=2a^3-3a^2+1=(a-1)^2(2a+1)$$

$$f(a)=0$$

(ｉ) $0<a\leqq 1$ のとき，極小値をとる $x=a$ が区間内に入るから，

$$m(a)=\min\{f(a),\ f(-1),\ f(1)\} \quad \cdots\cdots①$$

(ii) $1<a$ のとき，極小点は区間外にあるから，

$$m(a)=\min\{f(-1),\ f(1)\} \quad \cdots\cdots②$$

①，②は，ab 平面に

$$b=f(a),\quad b=f(-1),\quad b=f(1)$$

の 3 本の曲線を描いてみることにより (fig3.3.3)，

(ｉ)のとき

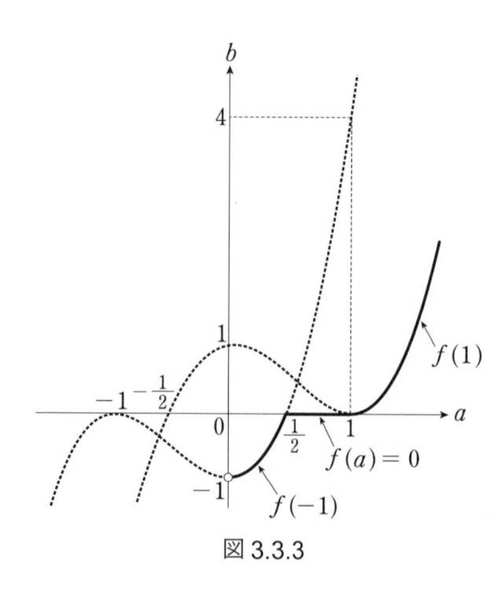

図 3.3.3

$$m(a)=\begin{cases} f(-1)=(a+1)^2(2a-1) & \left(0<a\leqq\dfrac{1}{2}\text{ のとき}\right) \\ f(a)=0 & \left(\dfrac{1}{2}\leqq a\leqq 1\text{ のとき}\right) \end{cases}$$

(ii)のとき

$$m(a)=f(1)=(a-1)^2(2a+1)\quad(1<a\text{ のとき})$$

とわかる．求めるグラフは図 3.3.3 の太線部分である．

(注)　$y=f(a,\ x)=x^3-3a^2x+2a^3$

と書いてみる．$m(a)$ とは，

「a を固定して，x を $-1\leqq x\leqq 1$ で動かしたときの y の最小値」

であることに注意して，ay 平面に

$$y=f(a,\ -1)$$
$$y=f(a,\ -0.8)$$
$$y=f(a,\ -0.6)$$
$$\vdots$$
$$y=f(a,\ 1)$$

を同時に図示したものが図 3.3.4 である．

すると，図 3.3.3 で得られた答えの曲線が現れるではないか．

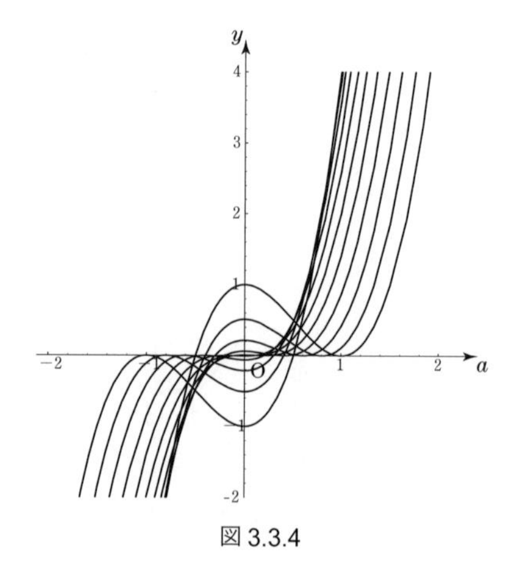

図 3.3.4

図 3.3.5 の 6 枚のグラフは，いくつかの a の値に対する $y=f(x)$ のグラフである．この図をみて，なぜ場合分けが必要であったのか，また，パラメータの値に応じた場合分けを頭の中で行なうには，頭の中にどのようなグラフを思い描けばよいのか，といった点について考えてみてほしい．

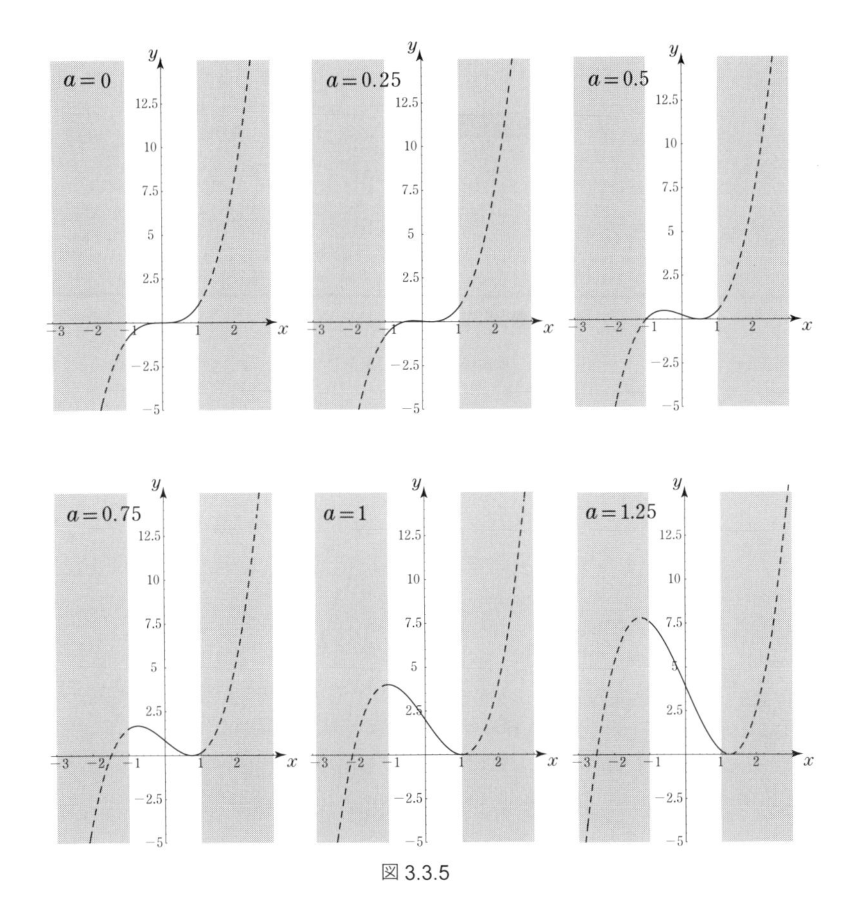

図 3.3.5

次に，いわゆる「曲線の束」というものについて考える．2 曲線 $f(x,\ y)=0$，$g(x,\ y)=0$ が与えられていて，交点 $\mathrm{P}_1(x_1,\ y_1)$，$\mathrm{P}_2(x_2,\ y_2)$，… が存在しているとしよう（その個数はいくつでもよい）．

任意の実数の組 $(k,\ \ell)\neq(0,\ 0)$ に対して，

曲線 $k\cdot f(x,\ y)+\ell\cdot g(x,\ y)=0$ ……(＊)

は，先の交点 P_1，P_2，… のすべてを通過する曲線である．

実際，$\mathrm{P}_1(x_1,\ y_1)$ を(＊)に代入してみると，

$$k\cdot f(x_1,\ y_1)+\ell\cdot g(x_1,\ y_1)=k\cdot 0+\ell\cdot 0=0$$

となって等号が成立する．

次の例題では，この事実を利用してみよう．

例題 3-6 2曲線 $y=x^3-4x^2-x$ と $y=ax^3+bx^2+(a^2-2a)x$ が相異なる3つの交点をもち，この3点が同一直線上にあるとする．このとき，a，b のみたす関係式と a のとりうる値の範囲を求めよ．

■解答

2曲線の方程式を，

$$f(x,\ y)\equiv x^3-4x^2-x-y=0 \quad \cdots\cdots①$$

$$g(x,\ y)\equiv ax^3+bx^2+(a^2-2a)x-y=0 \quad \cdots\cdots②$$

とおく．3次の項を消すことを考えて，

$$-af(x,\ y)+g(x,\ y)=0 \quad \cdots\cdots③$$

を作ると，曲線③は①，②の3つの交点 P_1，P_2，P_3 のすべてを通っている．

$$③ \Longleftrightarrow (4a+b)x^2+a(a-1)x+(a-1)y=0$$

いま，3点 P_1，P_2，P_3 は同一直線上に乗っているから，方程式③は直線を表さなくてはいけない．すなわち，

$$4a+b=0 \ \wedge\ a\neq 1 \quad \cdots\cdots④$$

■ $a=1$ だと $b=-4$ で，2曲線①，②が一致してしまい不適当である．

が必要である．④のもとで，

「$-f(x,\ y)+g(x,\ y)=0$

$$\Longleftrightarrow (a-1)x^3+(-4a+4)x^2+(a^2-2a+1)x=0$$

$$\Longleftrightarrow (a-1)x(x^2-4x+a-1)=0$$

をみたす x が3つ存在する」

すなわち，

「$x^2-4x+a-1=0$ が $x\neq 0$ なる相異2実解をもつ」

すなわち

$$「判別式\ D/4=4-(a-1)>0」\Longleftrightarrow a<5 \quad \cdots\cdots⑤$$

がみたされると，3交点 P_1，P_2，P_3 が確かに存在することになって十分である．よって求める条件は

$$④\wedge⑤ \Longleftrightarrow \boldsymbol{4a+b=0 \ \wedge\ 1\neq a<5}$$

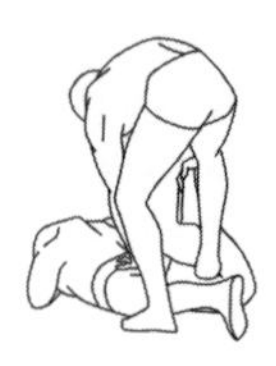

(注) $b=-4a$ のとき与えられた 2 曲線は

①： $y=x^3-4x^2-x$

②： $y=ax^3-4ax^2+(a^2-2a)x$

であり，3 交点 P_1，P_2，P_3 を結ぶ直線は

③： $a(a-1)x+(a-1)y=0$

$a\neq 1$ なので $y=-ax$

となる．

$-2\leqq a\leqq 6$ $(\Delta a=1)$ の各 a に対して，xy 平面に

$$\begin{cases} y=x^3-4x^2-x \\ y=ax^3-4ax^2+(a^2-2a)x \\ y=-ax \end{cases}$$

を図示したものが，図 3.3.6 の 9 枚のグラフである．これを見て，本問の結果を吟味してみてほしい．

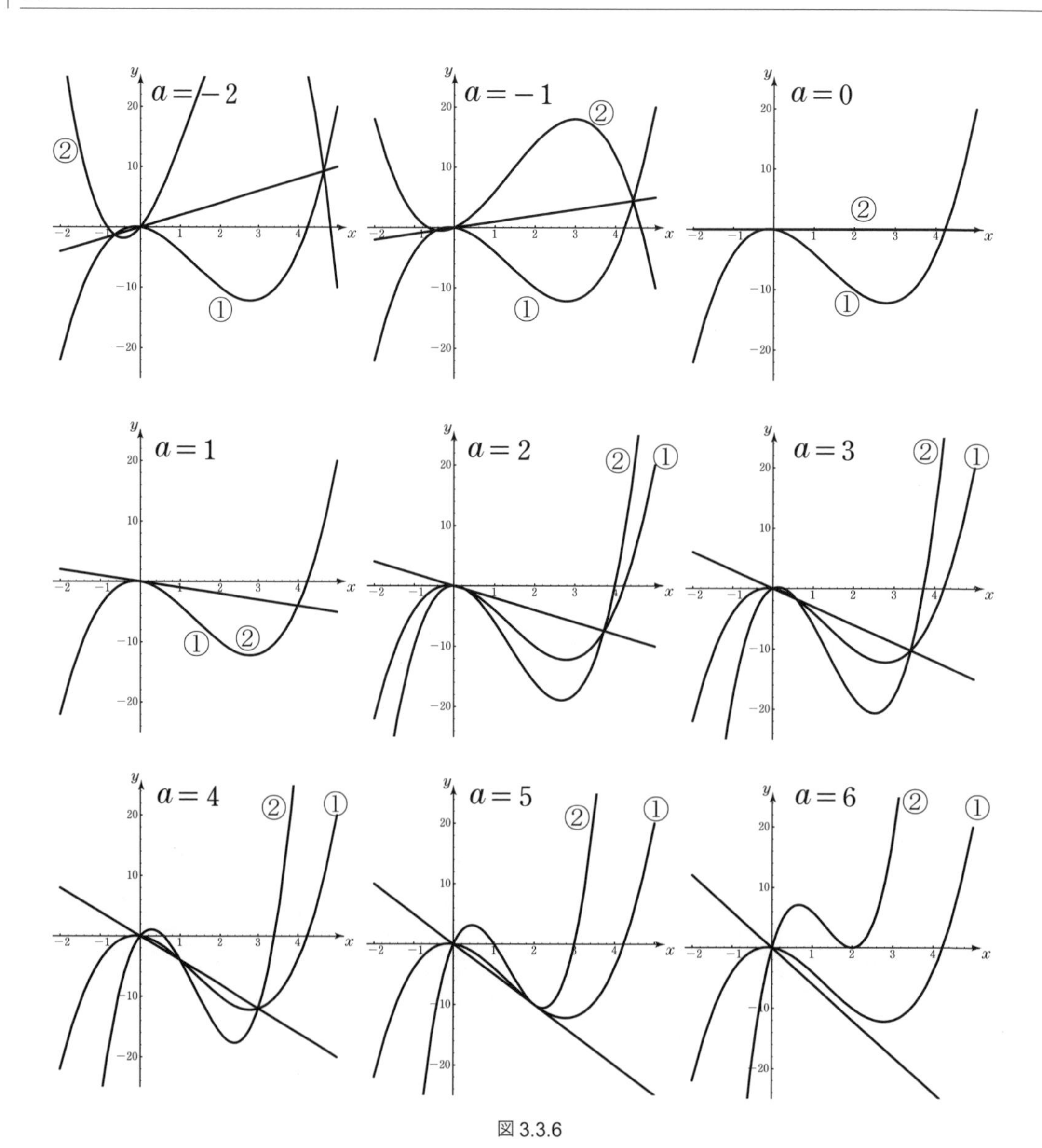

図 3.3.6

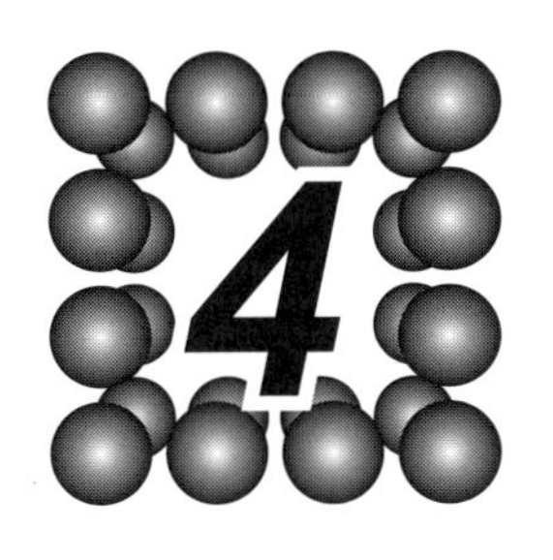

点の軌跡

第4章では，点の軌跡について検討する．軌跡の問題は，与えられた条件をどのようにして「点のみたすべき条件」に翻訳するかの問題でもある．ここでは，軌跡を求める問題について，次の3つのパターンをマスターしよう．

1° 点 P(x, y) のみたすべき条件を直接定式化できる場合

2° 点 P(x, y) が媒介変数 t を用いて

$$x=f(t), \quad y=g(t)$$

の形で与えられる場合

3° 点 P(x, y) と点 Q(u, v) の関係 φ

$$(u, v) \xmapsto{\varphi} (x, y)$$

および，Q のみたす条件が与えられる場合

4.1 点のみたすべき条件

ある与えられた条件をもつような点全体の集合が作る図形を点の**軌跡**(locus)という．

C を平面上の点に関するある条件とする．次の(i)，(ii)が成り立つとき「C の軌跡は W である」という．

(i) 条件 C をみたす点はすべて W に属する

(ii) W に属する点 P はすべて条件 C をみたす．

■ 実際の問題にあたるときには，(ii)も成り立っているかどうか（軌跡の限界の議論）に注意を払おう．

大学入試問題などで，

「……(条件 C の記述)……であるような点 $\mathrm{P}(x,\ y)$ のみたすべき方程式を求めよ」

と問われたら，単に「点 $\mathrm{P}(x,\ y)$ が乗る曲線の式」を求めるだけでもよい場合もある．しかし，

「……(条件 C の記述)……をみたす点 $\mathrm{P}(x,\ y)$ の**軌跡を求めよ**」

と問われたら，

条件 C をみたす点全体の集合 W

を求めなければならない．しばしば，

■ たとえ t の変域が

$t \in \mathbb{R}$（実数全体）

となっていても，除外点はあり得る．(→例題 4－4)

パラメータ t の変域に応じて曲線の一部となったり，除外点(軌跡の限界)が出てくるケースもある

ことに注意しよう．

次の例題では，点のみたすべき条件を直接定式化することができる．

例題 4－1

(1) 2 直線

$$5x+12y=0,\quad 4x-3y=0$$

の交角の 2 等分線の方程式を求めよ．

(2) xy 平面上で，2 点 $\mathrm{A}(0,\ 0)$，$\mathrm{B}(3,\ 6)$ からの距離の比が $1:2$ である点 P の軌跡を求めよ．

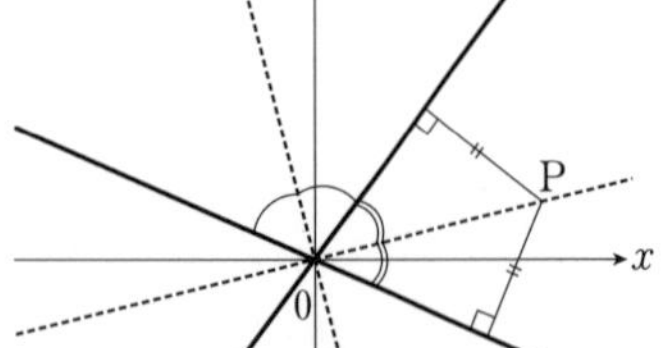

図 4.1.1

■解答

(1) $\begin{cases} 5x+12y=0 & \cdots\cdots① \\ 4x-3y=0 & \cdots\cdots② \end{cases}$

の交角の 2 等分線上の点を $\mathrm{P}(x,\ y)$ とすると，P から①，②への垂線の長さは等しいから

$$\frac{|5x+12y|}{\sqrt{5^2+12^2}}=\frac{|4x-3y|}{\sqrt{4^2+(-3)^2}}$$

$$\iff 5|5x+12y|=13|4x-3y|$$

$$\iff 5(5x+12y)=\pm 13(4x-3y)$$

$$\iff \boldsymbol{3x-11y=0 \lor 11x+3y=0}$$

(2) $\mathrm{P}(x,\ y)$ とおくと,

$$\overline{\mathrm{AP}}=\sqrt{x^2+y^2},\quad \overline{\mathrm{BP}}=\sqrt{(x-3)^2+(y-6)^2}$$

である. 与えられた条件を書き換えると,

$$\overline{\mathrm{AP}}:\overline{\mathrm{BP}}=1:2$$

$$\iff (2\overline{\mathrm{AP}})^2=\overline{\mathrm{BP}}^2$$

$$\iff 4(x^2+y^2)=(x-3)^2+(y-6)^2$$

$$\iff x^2+y^2+2x+4y-15=0$$

$$\iff (x+1)^2+(y+2)^2=20$$

よって, **点 P は中心 C(−1, −2), 半径 $2\sqrt{5}$ の円周を描く**.

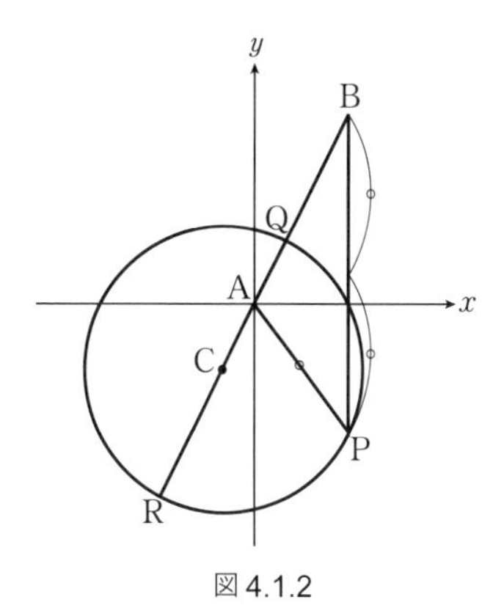

図 4.1.2

(注) (2)で得られた円は「アポロニウスの円」と呼ばれる.

線分 AB を 1:2 に内分する点 Q(1, 2) と,

1:2 に外分する点 R(−3, −6) とを

直径の両端とする円周である.

4.2 媒介変数で表される点

点 $\mathrm{P}(x,\ y)$ のみたすべき条件が, 媒介変数 t を用いて与えられるときの軌跡の求め方の原理は, 次のようなものである.

実数 t の連続関数 $f(t)$, $g(t)$ を用いて, 点 P の座標が

$$\mathrm{P}(x,\ y)=(f(t),\ g(t))$$

とパラメータ表示されている. t の定義域が D であるとき, 点 P の軌跡を W とすると,

$$(x,\ y)\in W \iff \exists t\in D,\ x=f(t) \land y=g(t)$$

($x=f(t)$ かつ $y=g(t)$ をみたす t の値が, 定義域 D 内に存在していること)

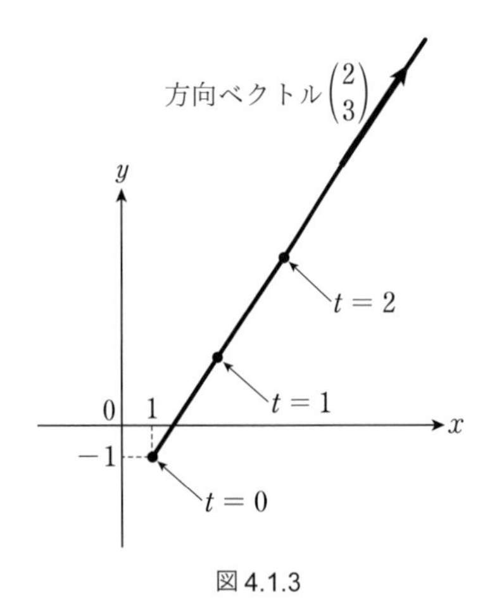

図 4.1.3

■ $f(t)=2t+1$
$g(t)=3t-1$
定義域 $D: t \geqq 0$
とみて上の「原理」を検討してみよ．

具体的な例を用いて説明しよう．

$$\begin{pmatrix}x\\y\end{pmatrix}=\begin{pmatrix}1\\-1\end{pmatrix}+t\begin{pmatrix}2\\3\end{pmatrix} \quad (t \geqq 0) \qquad \cdots\cdots①$$

とパラメータ表示される図形は，図 4.1.3 のような半直線であると直ちにわかるが，①の例を，上述の原理を用いて分析してみると，次のようになる．

$$\mathrm{P}(x,\ y)=(2t+1,\ 3t-1),\ \ t \geqq 0$$

とパラメータ表示される点の軌跡を W とする．

(例 1)　点 $(2,\ 1) \in W$ か？
「$2=2t+1$ かつ $1=3t-1$ をみたす t は存在しない」
ので No.

(例 2)　点 $(-1,\ -4) \in W$ か？
「$-1=2t+1$ かつ $-4=3t-1$ をみたす t としては $t=-1$ が存在するが，$-1 \notin D$ である」
ので No.

(例 3)　点 $(5,\ 5) \in W$ か？
「$5=2t+1$ かつ $5=3t-1$ をみたす t としては $t=2$ が存在し，$2 \in D$ である」
ので Yes.

この 3 つの例から，これらの判定条件を一般化する．一般の点 $(x,\ y)$ が W に属するか否かの判定法は何か．

$$(x,\ y) \in W \iff \exists t,\ t \geqq 0 \ \wedge\ x=2t+1 \ \wedge\ y=3t-1$$

■ ここで $\Longleftarrow$ が成り立つのはなぜか？
条件 $t \geqq 0$ が $\frac{x-1}{2} \geqq 0$ に移植されていることに注意する．

ここで $t=\dfrac{x-1}{2}$ と変形し，文字 t を消去すると，

$$\iff y=3\cdot\frac{x-1}{2}-1 \ \wedge\ \frac{x-1}{2} \geqq 0$$

$$\iff y=\frac{3}{2}x-\frac{5}{2} \ \wedge\ x \geqq 1 \qquad \cdots\cdots②$$

となる．②が，「媒介変数方程式①をみたす点 $\mathrm{P}(x,\ y)$ の軌跡」を表す条件式である．

実際には①の程度に表示された図形をこのように分析する必要性は少ないものの，込み入った状況に至った場合には，この原理に立

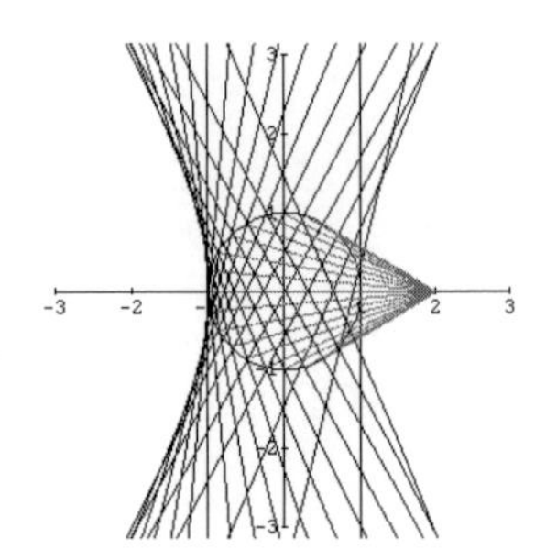

ち戻ることが解決の糸口となることがある．

> 特に，$x=f(t)$ に逆関数 $t=f^{-1}(x)$ が存在するとき，
> $$(x,\ y)\in W$$
> $$\Longleftrightarrow \exists t\in D,\quad x=f(t)\ \wedge\ y=g(t)$$
> $$\Longleftrightarrow y=g(f^{-1}(x))\ \wedge\ f^{-1}(x)\in D$$
> のように文字 t を消去することができる．

■ ①から②を導く過程を一般化したもの．

こともつけ加えておこう．ここで，

> 消えていく文字 t の変域 D が，逆関数 f^{-1} によって残る文字 x についての条件として書き換えられている

■ 消される文字 t が「遺言状を残す」のである．

ことに注意しよう．それでは，具体的な例題で練習をしてから，再びこの原理を見直すこととしよう．

例題 4-2 放物線 $y=x^2-2x+1$ と直線 $y=mx$ について次の問いに答えよ．

(1) 上の放物線と直線が異なる 2 点 P，Q で交わるための m の範囲を求めよ．

(2) 2 点 P，Q を結ぶ線分の中点 M の座標を求めよ．

(3) m が (1) で求めた範囲を動くとき，点 M の軌跡の方程式を求め，そのグラフをかけ．

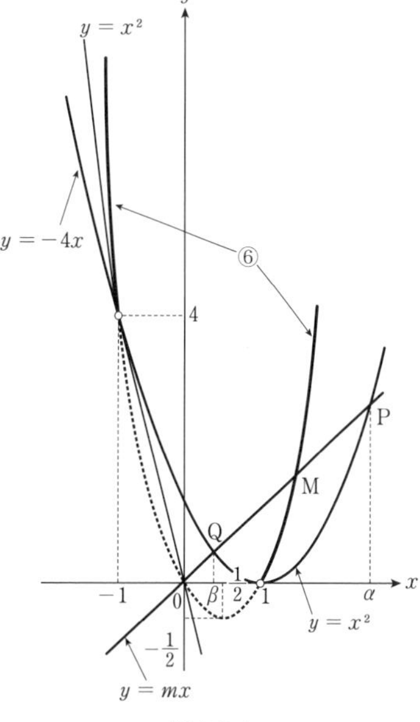

図 4.2.1

■解答

(1) $$\begin{cases} y=x^2-2x+1 & \cdots\cdots① \\ y=mx & \cdots\cdots② \end{cases}$$

が異なる 2 点で交わる条件は，

$$①-②:\ x^2-(2+m)x+1=0 \qquad \cdots\cdots③$$

が相異 2 実解をもつこと．すなわち，

$$判別式\ D=(m+2)^2-4=m(m+4)>0$$

$$\Longleftrightarrow\ m<-4\ \vee\ 0<m \qquad \cdots\cdots④$$

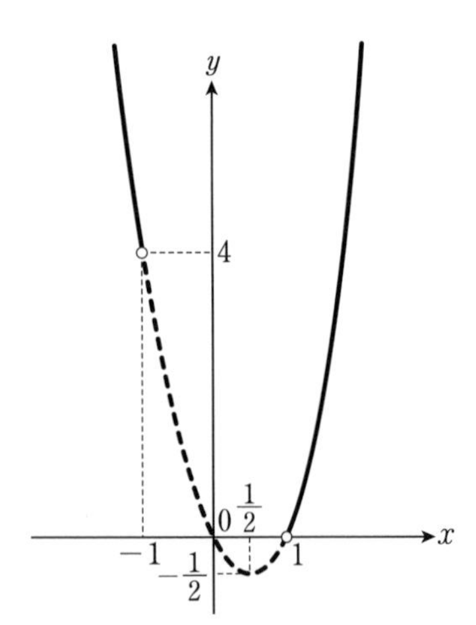

図 4.2.2

(2) ④のもとでの③の 2 実解を $x=\alpha,\ \beta$ とすると，

$\mathrm{P}(\alpha,\ m\alpha)$，$\mathrm{Q}(\beta,\ m\beta)$ とおける．

中点 $\mathrm{M}(X,\ Y)=\left(\dfrac{\alpha+\beta}{2},\ \dfrac{m(\alpha+\beta)}{2}\right)$

とおくと，③における解と係数の関係から

$$\alpha+\beta=m+2$$

$$\mathrm{M}(X,\ Y)=\left(\frac{\boldsymbol{m+2}}{\boldsymbol{2}},\ \frac{\boldsymbol{m(m+2)}}{\boldsymbol{2}}\right) \qquad \cdots\cdots⑤$$

(3) 点 M の軌跡とは，

「④ ∧ ⑤をみたす m が存在するような $\mathrm{M}(X,\ Y)$ の集合」である．

⑤から

$$m=2X-2$$

$$Y=\frac{1}{2}(2X-2)(2X)=2X(X-1) \qquad \cdots\cdots⑥$$

が必要で，

$$X<-1 \ \vee\ 1<X \qquad \cdots\cdots⑦$$

のとき，たしかに④をみたす m が存在する．求める軌跡は

$$\boldsymbol{y=2x(x-1)\ \wedge\ (x<-1\ \vee\ 1<x)} \qquad (図 4.2.2)$$

座標平面上の原点 $\mathrm{O}(0,\ 0)$ と点 $\mathrm{A}(2,\ 1)$ を通る放物線の頂点の軌跡の方程式を求めよ．

■解答

放物線の式を $y=ax^2+bx+c \quad (a\neq 0)$ とおくと，

点 $\mathrm{O}(0,\ 0)$ を通るので $c=0$

点 $\mathrm{A}(2,\ 1)$ を通るので $1=4a+2b$

となるから放物線の式は

$$y=ax^2+\left(\frac{1}{2}-2a\right)x$$

$$=a\left\{x^2+\left(\frac{1}{2a}-2\right)x+\left(\frac{1}{4a}-1\right)^2\right\}-a\left(\frac{1}{4a}-a\right)^2$$

$$=2\left\{x+\left(\frac{1}{4a}-1\right)\right\}^2-a\left(\frac{1}{4a}-1\right)^2$$

となる．頂点を $\mathrm{P}(X,\ Y)$ とおくと，

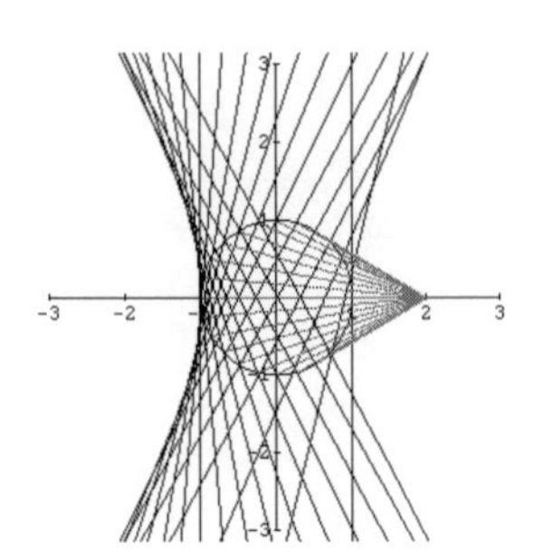

$$P(X,\ Y)=\left(1-\frac{1}{4a},\ -a\left(\frac{1}{4a}-1\right)^2\right) \quad \cdots\cdots①$$

文字 a の変域は $a \neq 0$ ……②であることに注意すると，求める軌跡とは

「① ∧ ②をみたす a が存在するような $\mathrm{P}(X,\ Y)$ の集合」

である．①から

$$1-X=\frac{1}{4a},\quad a=\frac{1}{4(1-X)}$$

$$\therefore\ Y=-\frac{1}{4(1-X)}\cdot(-X)^2=\frac{X^2}{4(X-1)} \quad \cdots\cdots③$$

が必要で，

$$X \neq 1 \quad \cdots\cdots④$$

のとき，たしかに②をみたす a が存在する．軌跡の方程式は

$$\boldsymbol{y=\frac{x^2}{4(x-1)}}$$

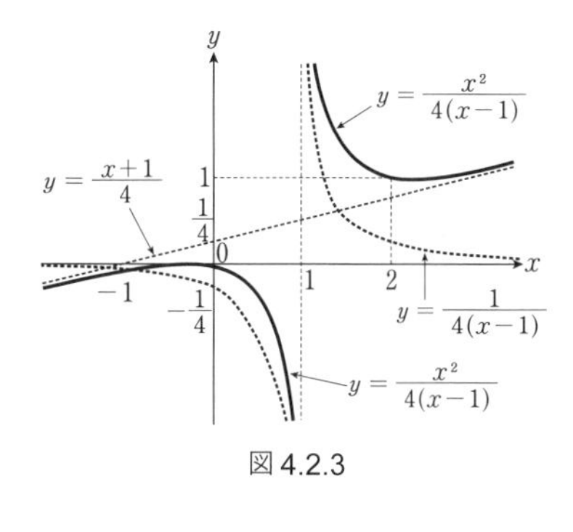

図 4.2.3

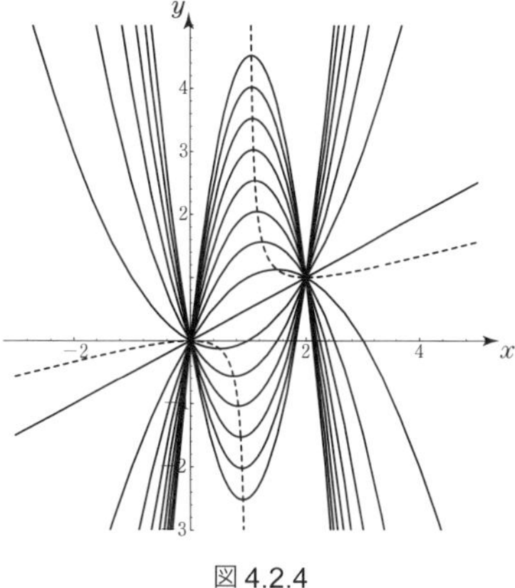
図 4.2.4

(注) 軌跡の方程式を

$$y=\frac{x+1}{4}+\frac{1}{4(x-1)}$$

と書き直すことにより fig4.2.3 のようなグラフを描くことができる．また「頂点が動く」様子の参考として図 4.2.4 を掲げる．

例題 4-4 xy 平面上の点 $(2,\ t)$ を中心として 2 点 $\mathrm{O}(0,\ 0)$，$\mathrm{A}(4,\ 0)$ を通る円が，円 $x^2+y^2=4$ と交わる点を P, Q とする．

(1) 直線 PQ が，t の値にかかわらず通る定点を求めよ．

(2) 線分 PQ の中点 R の座標を t で表せ．

(3) t が実数の範囲で動くときの R の軌跡を求め，xy 平面に図示せよ．

■解答

(1) 点 $(2,\ t)$ を中心とする円は，2 点 O，A を通るとき半径が $\sqrt{t^2+4}$ となる．その方程式は

$$(x-2)^2+(y-t)^2=t^2+4$$

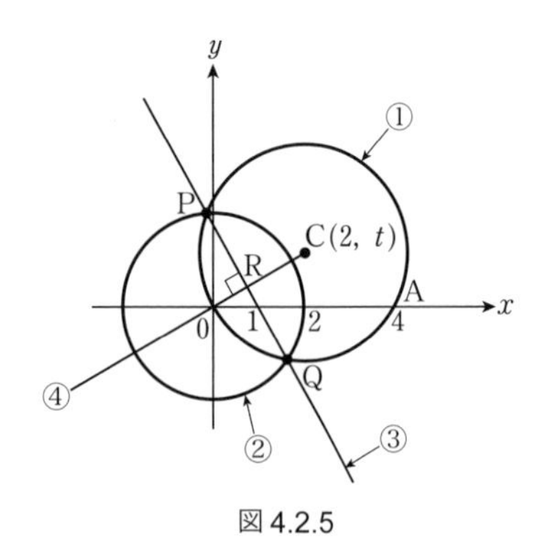

図 4.2.5

$$\iff x^2+y^2-4x-2ty=0 \qquad \cdots\cdots①$$

である．円①および円

$$x^2+y^2-4=0 \qquad \cdots\cdots②$$

の共通弦 PQ の方程式は

$$①-②:\ -4x-2ty+4=0$$

$$\iff 2x+ty=2 \qquad \cdots\cdots③$$

である．

$$③ \iff 2(x-1)+ty=0$$

は，t の値によらず定点 $(x,\ y)=(1,\ 0)$ を通る．

(2) 弦 PQ は，2 円の中心を結ぶ直線

$$tx-2y=0 \qquad \cdots\cdots④$$

と垂直に交わる．③，④の交点が求める中点 R となるから，

$$\boldsymbol{R(x,\ y)=\left(\frac{4}{4+t^2},\ \frac{2t}{4+t^2}\right)} \qquad \cdots\cdots⑤$$

(3) 求める軌跡は，

「⑤をみたす実数 t が存在するような $\mathrm{R}(x,\ y)$ の集合」

すなわち

「③ ∧ ④をみたす実数 t が存在するような $\mathrm{R}(x,\ y)$ の集合」

である．

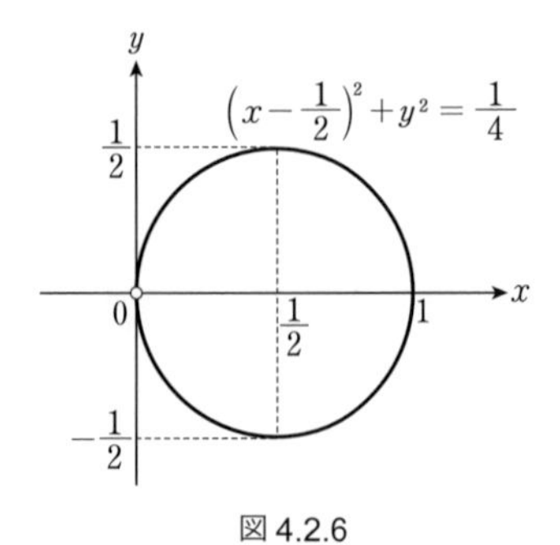

図 4.2.6

$t\in\mathbb{R}$ における $x=\dfrac{4}{4+t^2}$ の変域は

$$0<x\leqq 1 \qquad \cdots\cdots⑥$$

であることに注意する．④から

$$t=\frac{2y}{x}$$

これを $(4+t^2)x=4$ に代入して t を消去すると，

$$\left(4+\frac{4y^2}{x^2}\right)x=4$$

$$\iff 4x^2+4y^2=4x$$

$$\iff \left(x-\frac{1}{2}\right)^2+y^2=\frac{1}{4} \qquad \cdots\cdots⑦$$

が必要で，⑥ ∧ ⑦のときたしかに⑤をみたす実数 t が存在する．

よって R の軌跡は

中心 $\left(\frac{1}{2},\ 0\right)$，半径 $\frac{1}{2}$ の円周から原点を除いたもの

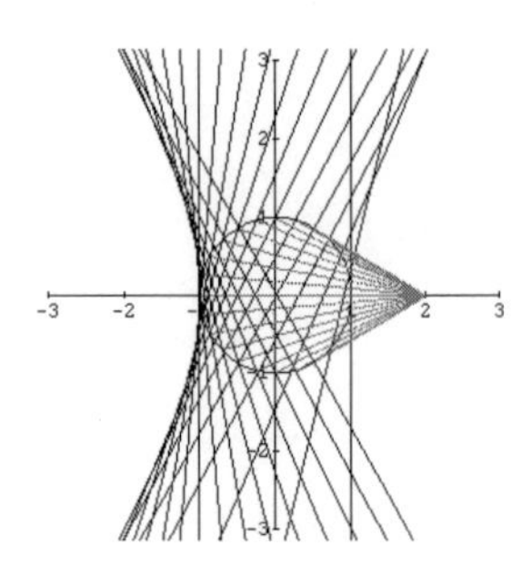

(注) $t=2\tan\dfrac{\theta}{2}$ とおくと (図 4.2.7)，$t\in\mathbb{R}$ に対応する θ の変域として

$$-\pi<\theta<\pi \qquad \cdots\cdots⑧$$

がとれる．このとき

$$4+t^2=4\left(1+\tan^2\frac{\theta}{2}\right)=\frac{4}{\cos^2\dfrac{\theta}{2}}$$

$$\begin{cases} x=\dfrac{4}{4+t^2}=\cos^2\dfrac{\theta}{2}=\dfrac{1}{2}(1+\cos\theta) \\ y=\dfrac{2t}{4+t^2}=\dfrac{\cos^2\dfrac{\theta}{2}}{4}\cdot 4\tan\dfrac{\theta}{2}=\cos\dfrac{\theta}{2}\sin\dfrac{\theta}{2}=\dfrac{1}{2}\sin\theta \end{cases}$$

なので，点 R$(x,\ y)$ は

$$\begin{pmatrix} x \\ y \end{pmatrix}=\begin{pmatrix} \frac{1}{2} \\ 0 \end{pmatrix}+\frac{1}{2}\begin{pmatrix} \cos\theta \\ \sin\theta \end{pmatrix}$$

のようにパラメータ表示される．θ の変域⑧に注意すると，$\theta=\pm\pi$ の対応点 (0, 0) が軌跡から抜けることがわかる (軌跡の限界)．図 4.2.8 において「円周角の定理」が成り立っていることに注意を喚起しておこう．

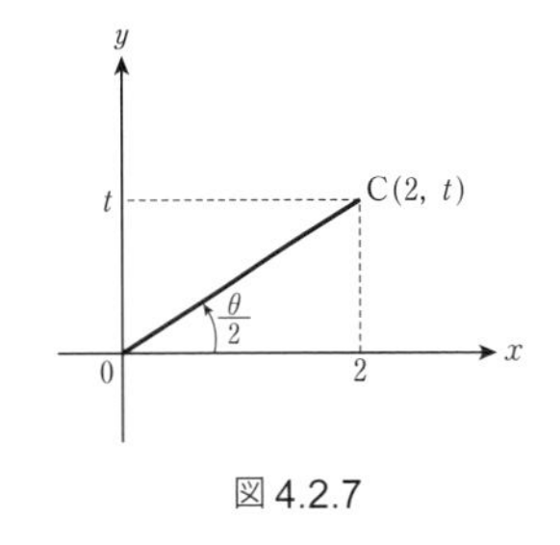

図 4.2.7

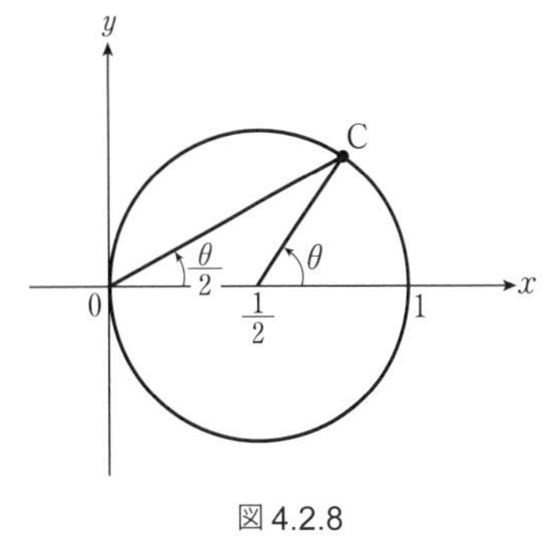

図 4.2.8

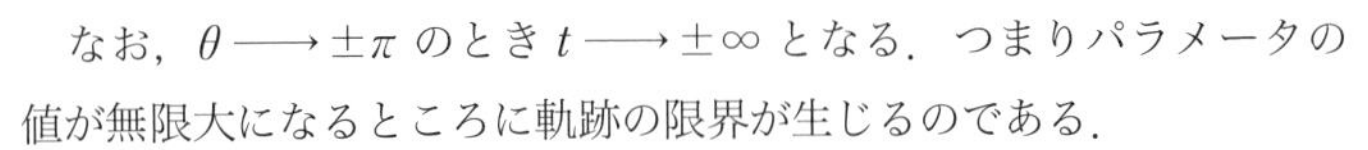

なお，$\theta\longrightarrow\pm\pi$ のとき $t\longrightarrow\pm\infty$ となる．つまりパラメータの値が無限大になるところに軌跡の限界が生じるのである．

図 4.2.9 は，いくつかの t の値に対して

$\begin{cases}\text{2 つの円①，②}\\ \text{共通弦③}\\ \text{弦の中点 R とその軌跡}\end{cases}$

を xy 平面に描いたものである．

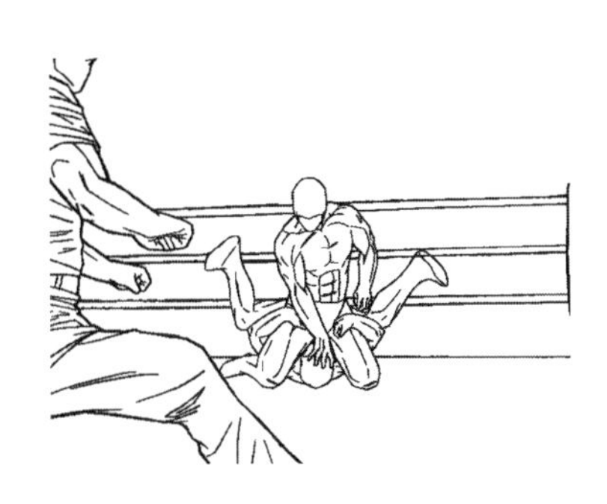

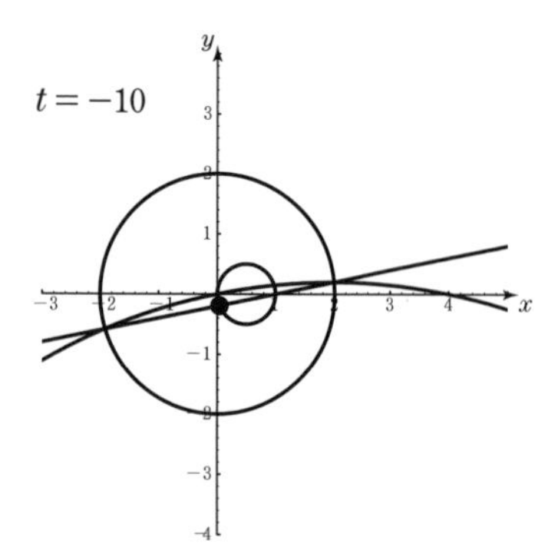

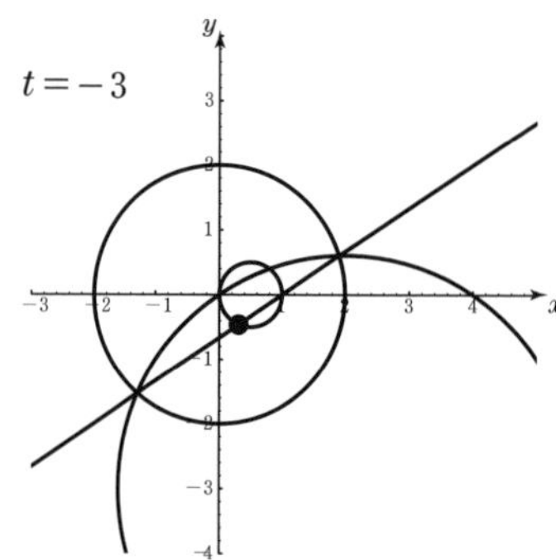

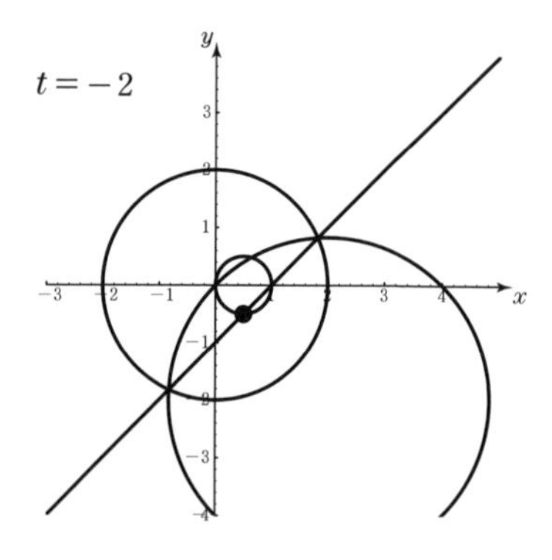

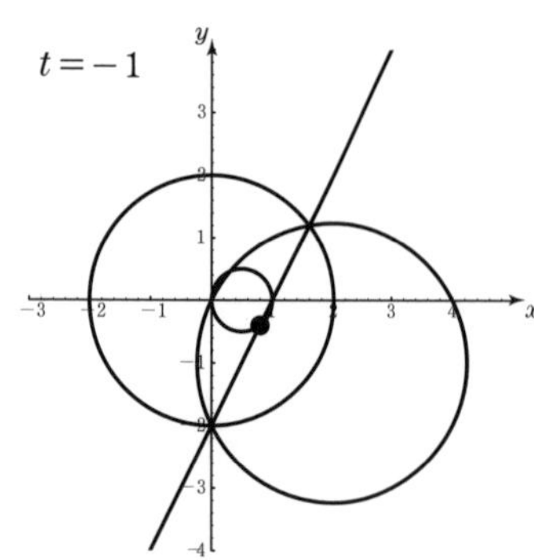

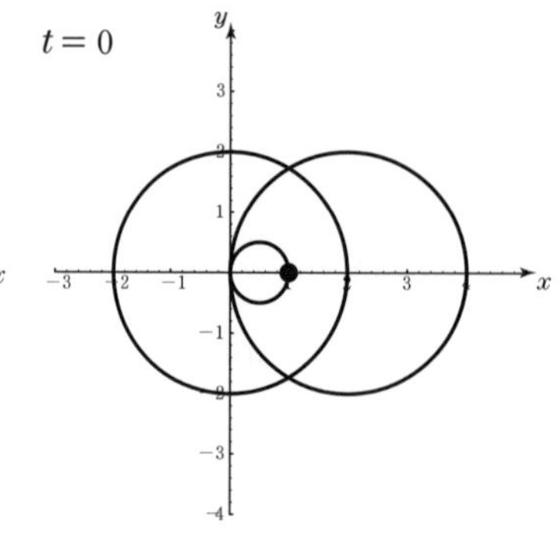

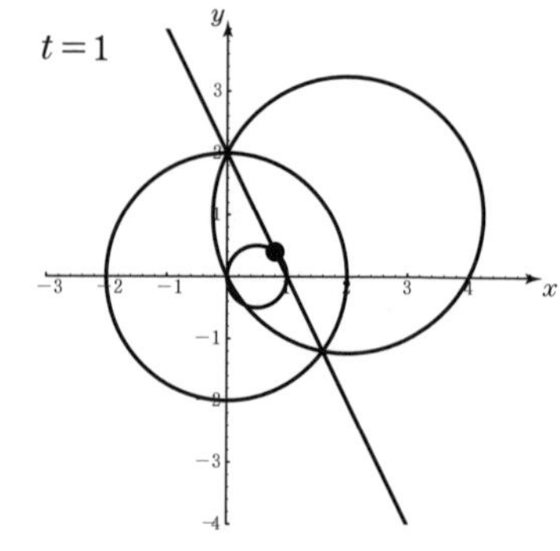

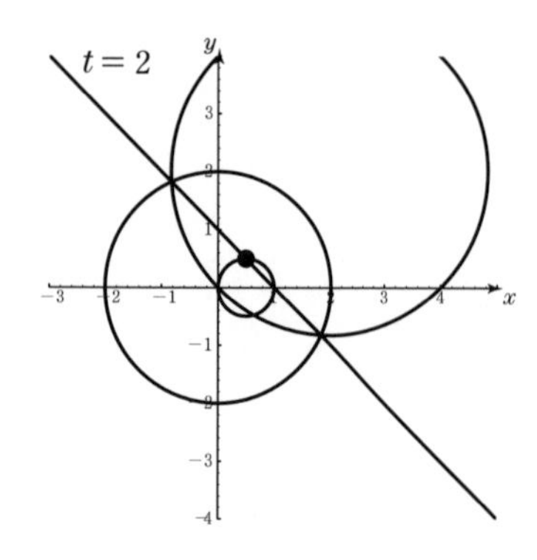

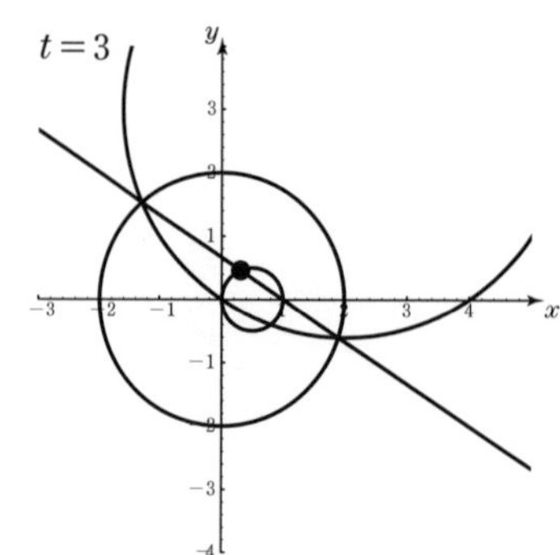

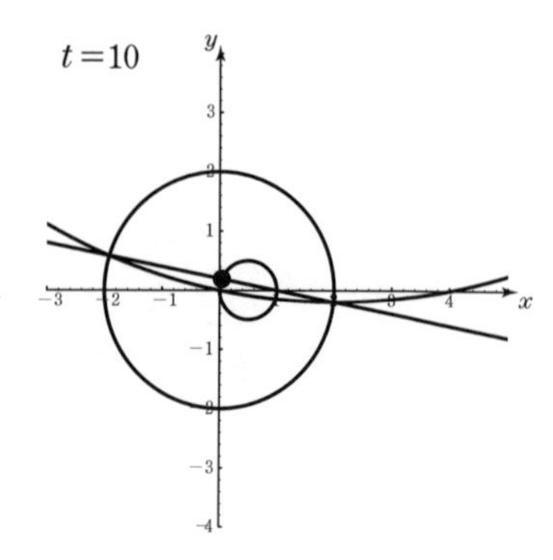

図 4.2.9

例題 4-5

曲線 $y=1-ax^2$ $(x \geqq 0)$ 上にあり，点 $(0,\ -1)$ に最も近い点の座標を $(X,\ Y)$ とする．このとき
(1) $X,\ Y$ をそれぞれ a で表せ．
(2) a が変化するとき，点 $(X,\ Y)$ の描く曲線を図示せよ．

■解答

(1) 点 $(0,\ -1)$ と，曲線上の点 $(x,\ y)$ との距離を（x の関数として）$d(x)$ と表すと，

$$\begin{aligned} d(x)^2 &= x^2+(y+1)^2 \\ &= x^2+(2-ax^2)^2 \\ &= a^2x^4-(4a-1)x^2+4 \quad (x \geqq 0) \end{aligned}$$

これを最小とするような $(x,\ y)=(x,\ 1-ax^2)$ が題意の $(X,\ Y)$ である．$a \neq 0$ のもとで平方完成すると，

$$\begin{aligned} d(x)^2 &= a^2\left\{x^4-\frac{4a-1}{a^2}x^2+\left(\frac{4a-1}{2a^2}\right)^2\right\}+4-a^2\left(\frac{4a-1}{2a^2}\right)^2 \\ &= a^2\left(x^2-\frac{4a-1}{2a^2}\right)^2+\frac{8a-1}{4a^2} \end{aligned}$$

となる．

$x^2 \geqq 0$ であることに注意して，次の (i)～(iii) に分類する．

(i) $\dfrac{4a-1}{2a^2} \leqq 0$ すなわち $0<a \leqq \dfrac{1}{4}$ のとき

図 4.2.11 に注意すると，$d(x)^2$ は $x^2=0$ のときに最小となることがわかる．このとき $y=1$ だから

$$(X,\ Y)=(0,\ 1)$$

(ii) $0 \leqq \dfrac{4a-1}{2a^2}$ すなわち $\dfrac{1}{4} \leqq a$ のとき

図 4.2.12 に注意すると，$d(x)^2$ は $x^2=\dfrac{4a-1}{2a^2}$ のときに最小となることがわかる．このとき

$$x=\sqrt{\frac{4a-1}{2a^2}}=\sqrt{\frac{8a-2}{2a}}$$

$$y=1-a\cdot\frac{4a-1}{2a^2}=\frac{1}{2a}-1 \text{ だから}$$

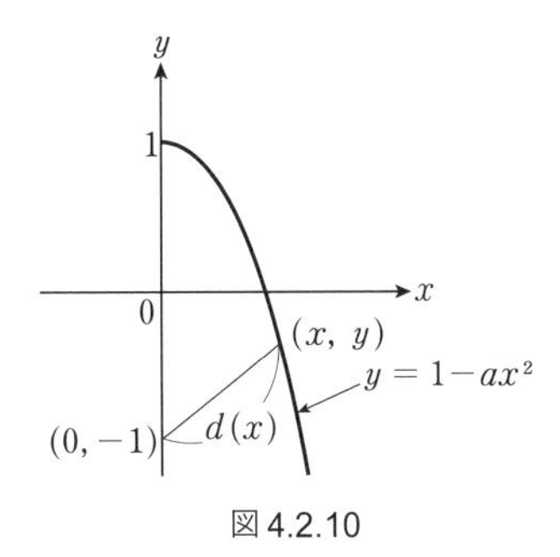

図 4.2.10

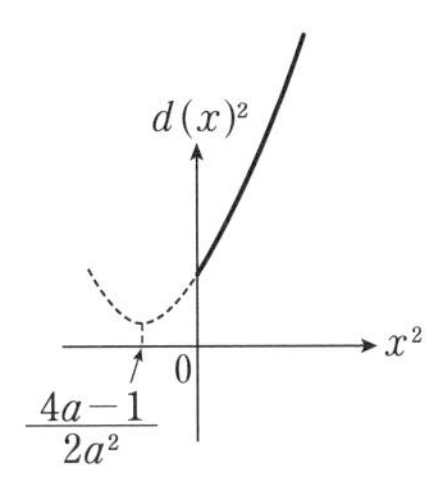

図 4.2.11

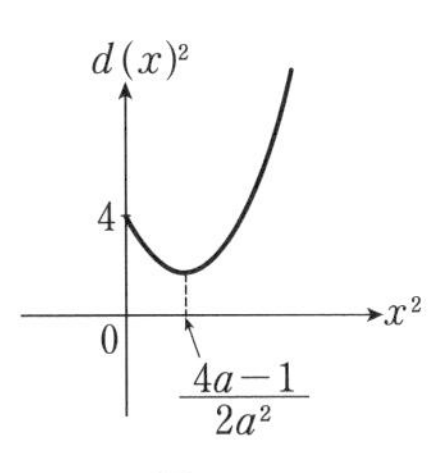

図 4.2.12

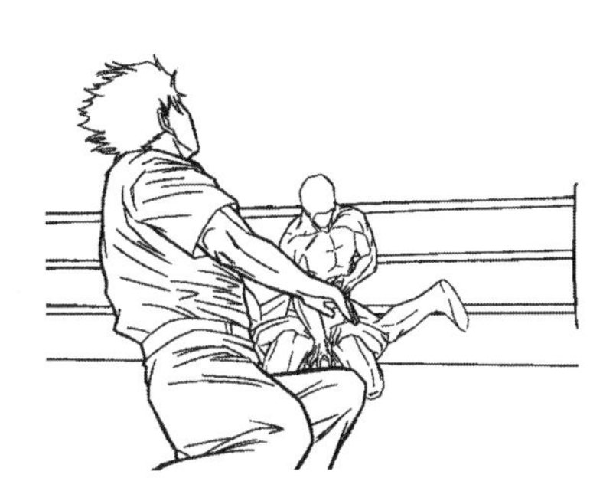

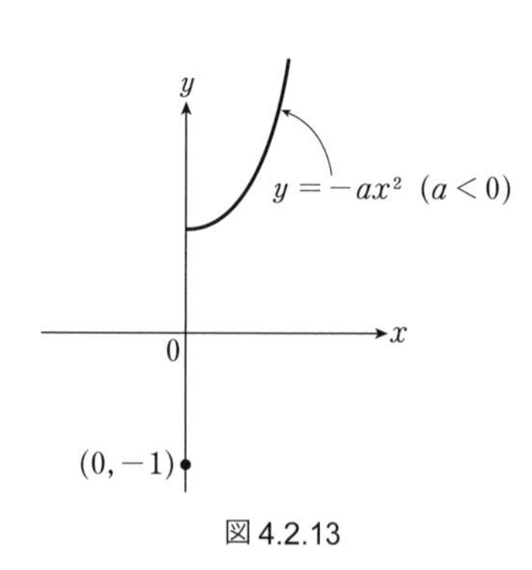

図 4.2.13

$$(X,\ Y)=\left(\frac{\sqrt{8a-2}}{2a},\ \frac{1}{2a}-1\right)$$

(iii) $a \leqq 0$ のときは図 4.2.13 により，$(X,\ Y)=(0,\ 1)$ が最も近い点であるとわかる．

以上(i)〜(iii)をまとめると，

$$\begin{cases} a \leqq \dfrac{1}{4} \text{ のとき } (X,\ Y)=(0,\ 1) \\ \dfrac{1}{4} \leqq a \text{ のとき } (X,\ Y)=\left(\dfrac{\sqrt{8a-2}}{2a},\ \dfrac{1}{2a}-1\right) \end{cases} \quad \cdots\cdots①$$

(2) (ii)のときの点 $(X,\ Y)$ の軌跡は，

「① ∧ $\frac{1}{4} \leqq a$ ……②をみたす a が存在するような $(X,\ Y)$ の集合」である．

$$\begin{cases} X^2=\dfrac{4a-1}{2a^2}=\dfrac{2}{a}-\dfrac{1}{2a^2} \quad (\text{ただし } X \geqq 0) \\ Y=\dfrac{1}{2a}-1 \iff \dfrac{1}{a}=2(Y+1) \end{cases}$$

から a を消去することにより

$$X^2=4(Y+1)-2(Y+1)^2$$

$$\iff X^2+2Y^2=2 \quad \cdots\cdots③$$

■ ②のもとで X の変域を調べることは難しい．

が必要である．また，②のもとでの Y の変域は，

$$0<\frac{1}{a} \leqq 4,\ 0<2(Y+1) \leqq 4 \text{ により}$$

$$-1<Y \leqq 1$$

であるから，③のもとで

$$X \geqq 0 \land -1<Y \leqq 1 \quad \cdots\cdots④$$

をみたせば，たしかに① ∧ ②をみたす a が存在する．よって(ii)のときの軌跡の方程式は

$$\boldsymbol{x^2+2y^2=2 \land (x \geqq 0 \land -1<y \leqq 1)}$$

で，これは(i), (iii)のときの点 $(0,\ 1)$ をも含んでいる．図示すると，図 4.2.14 のようになっている．

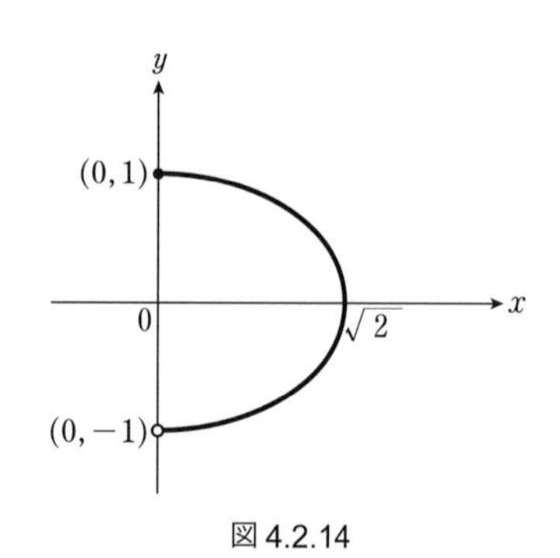

図 4.2.14

(注) 半楕円から点 $(0,\ -1)$ が抜けているが，これは $a \longrightarrow +\infty$ のときの極限に対応している．

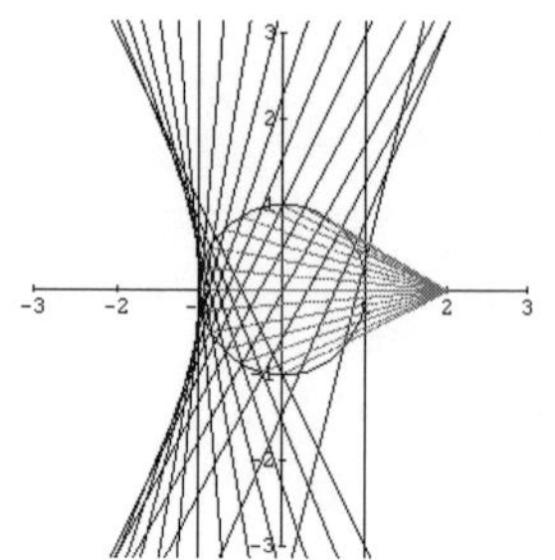

図 4.2.15 は，いくつかの a の値に対して，

$$\begin{cases}\text{放物線 } y=1-ax^2 \\ \text{点}(0,\ -1)\text{を中心とし，点}(X,\ Y)\text{を円周上にもつ円板} \\ \text{点}(X,\ Y)\text{の軌跡となる半楕円}\end{cases}$$

を xy 平面に描いたものである．

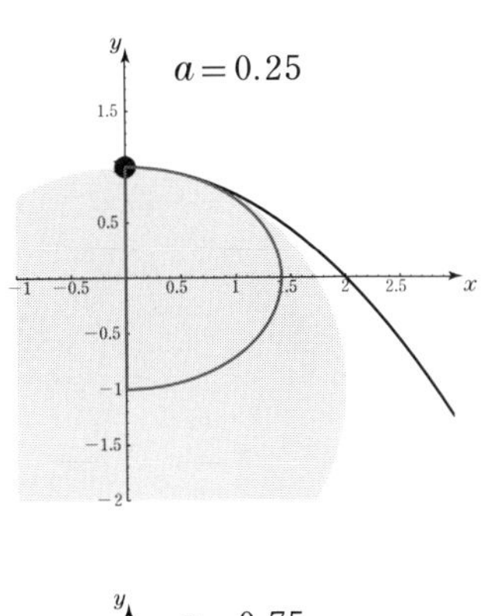

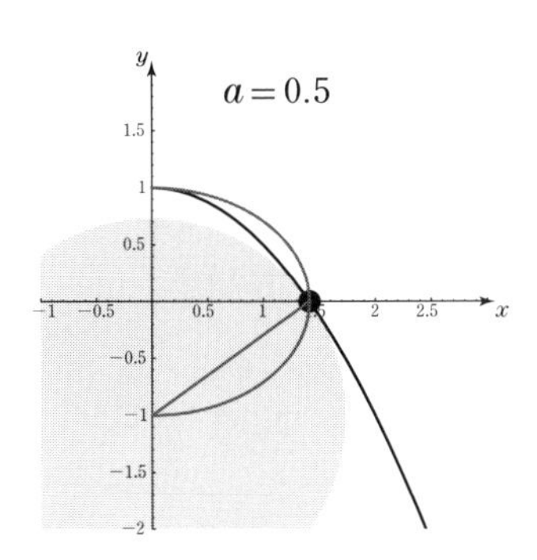

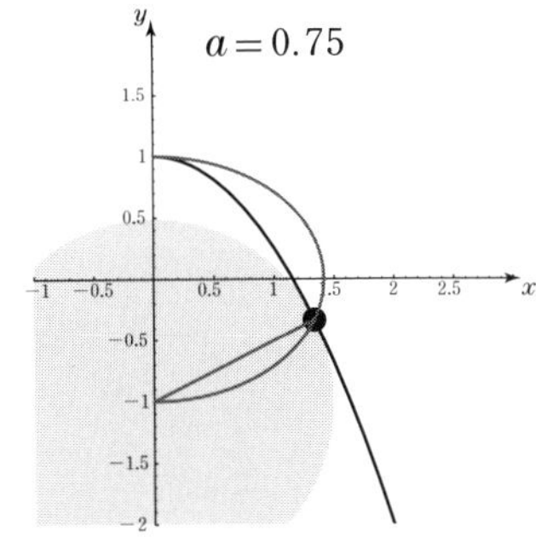

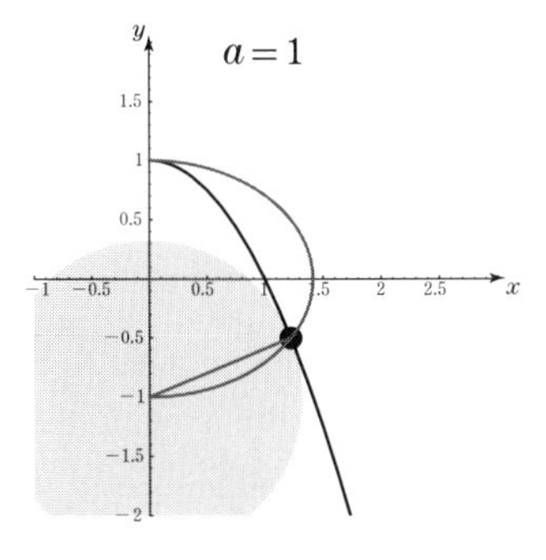

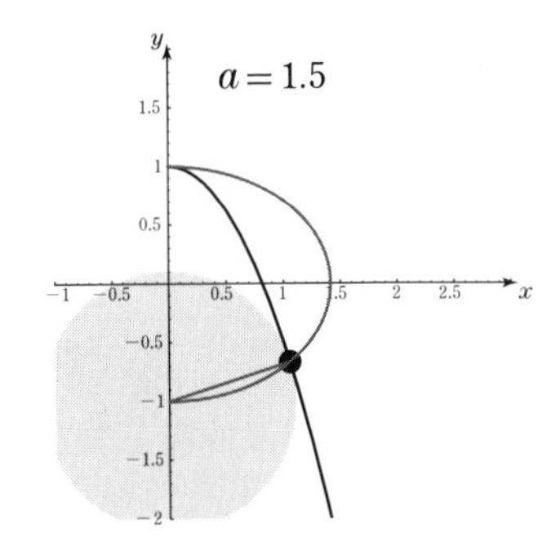

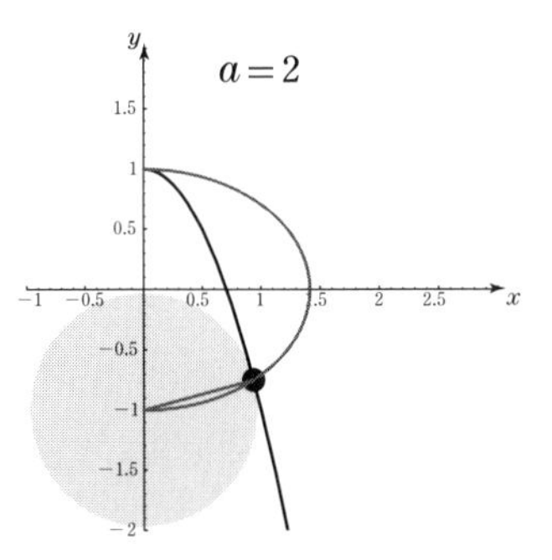

図 4.2.15

では，(例題 4－2)から(例題 4－5)までの 4 題にわたって，51 頁に述べた「軌跡の求め方の原理」がどのように使われているのかを，見直しておくことにしよう．

■ 条件の番号は，すべて各問題の解答中のものと一致させてある．

(例題 4－2)(3)：

$m<-4 \vee 0<m$ のもとで，

$$\mathrm{M}(X,\ Y)=\left(\frac{m+2}{2},\ \frac{m(m+2)}{2}\right) \quad \cdots\cdots⑤$$

の軌跡を W とするとき，

$$(X,\ Y)\in W \iff \exists m,\ ④ \wedge ⑤$$

$$\iff Y=2X(X-1) \quad \cdots\cdots⑥$$

かつ

$$X<-1 \vee 1<X \quad \cdots\cdots⑦$$

(例題 4－3)：

$a\neq 0$ ……②のもとで，

$$\mathrm{P}(X,\ Y)=\left(1-\frac{1}{4a},\ -a\left(\frac{1}{4a}-1\right)^2\right) \quad \cdots\cdots①$$

の軌跡を W とすると，

$$(X,\ Y)\in W \iff \exists a,\ ① \wedge ②$$

$$\iff Y=\frac{X^2}{4(X-1)} \quad \cdots\cdots③$$

かつ

$$X\neq 1 \quad \cdots\cdots④$$

(例題 4－4)：

$t\in\mathbb{R}$ のもとで，

■ ⑤の形のままでは t の消去が難しいので，

⑤ $\iff$ ③ $\wedge$ ④

を利用して条件をかきかえた．

$$\mathrm{R}(x,\ y)=\left(\frac{4}{4+t^2},\ \frac{2t}{4+t^2}\right) \quad \cdots\cdots⑤$$

の軌跡を W とすると，

$$(x,\ y)\in W \iff \exists t\in\mathbb{R},\ ⑤$$

$$\iff \exists t\in\mathbb{R},\ ③ \wedge ④$$

$$\iff \left(x-\frac{1}{2}\right)^2+y^2=\frac{1}{4} \quad \cdots\cdots⑦$$

かつ

$$0<x\leqq 1 \quad \cdots\cdots⑥$$

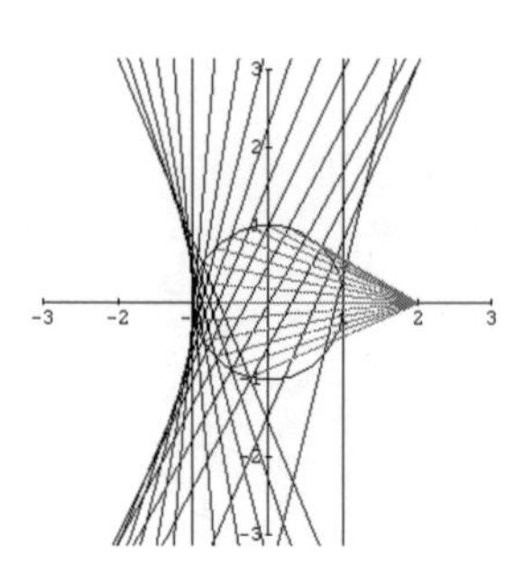

(例題 4 − 5)の(ii)：

$\frac{1}{4} \leqq a$ ……②のもとで，

$$(X,\ Y)=\left(\frac{\sqrt{8a-2}}{2a},\ \frac{1}{2a}-1\right) \quad \cdots\cdots①$$

の軌跡を W とすると，

$$(X,\ Y)\in W \iff \exists a,\ ①\wedge②$$
$$\iff X^2+2Y^2=2 \quad \cdots\cdots③$$
かつ
$$X\geqq 0\ \wedge\ -1<Y\leqq 1 \quad \cdots\cdots④$$

■ X の変域は調べにくいので，Y の変域を押さえた．

4.3 変数の組を書き換える

前節に続いて，点 $\mathrm{P}(x,\ y)$ の軌跡（あるいは存在領域）を求める際のもう一つの原理を考えてみる．今後は $\mathrm{P}(x,\ y)$ のみたす条件の与えられ方が少々異なる．

> 2 点 $\mathrm{P}(x,\ y)$ と $\mathrm{Q}(u,\ v)$ の間に写像 φ
> $$(u,\ v) \overset{\varphi}{\longmapsto} (x,\ y)$$
> が定式化されていて，$\mathrm{Q}(u,\ v)$ の軌跡（あるいは存在領域）が D であるとき，点 P の軌跡（あるいは存在領域）を W とすると，
> $$(x,\ y)\in W \iff \exists(u,\ v)\in D,\ (x,\ y)=\varphi(u,\ v)$$
> （φ により $(x,\ y)$ に対応するもとの点$(u,\ v)$が，定義域 D 内に存在していること）

■ D の具体的な与えられ方は，
$\mathrm{Q}(u,\ v)$ の描く曲線が与えられる
$u,\ v$ のみたす式が与えられる
点 Q のみたすべき条件が与えられる
といった，いろいろなケースがある．

■ D とは，2 変数関数
$$(x,\ y)=\varphi(u,\ v)$$
の定義域であるとみてよい．

また，逆写像 φ^{-1}

$$(x,\ y) \overset{\varphi}{\longmapsto} (u,\ v)$$

が存在する場合には話は簡単で，

$$(x,\ y)\in W \iff (u,\ v)=\varphi^{-1}(x,\ y)\in D$$

となる．

■ φ が逆変換をもつ 1 次変換であったりすると，この原理が自然に使えるであろう．

それでは，具体的な例題で練習していこう．

例題 4-6

> 曲線 $C_1: 12x^2+7xy-12y^2+25=0$
> を直線 $y=3x$ に関して折り返して得られる曲線 C_2 の方程式を求めよ．

■解答

直線 $y=3x$ に関する折り返しの変換を φ とする．

φ により点 $\mathrm{A}(x_1,\ y_1)$ が点 $\mathrm{B}(x_2,\ y_2)$ に対応するとき，次の 2 つの条件がみたされる．

1° AB の中点 $\mathrm{M}\left(\dfrac{x_1+x_2}{2},\ \dfrac{y_1+y_2}{2}\right)$ が $y=3x$ 上にある．

$$\frac{y_1+y_2}{2}=3\cdot\frac{x_1+x_2}{2}$$

$$\iff 3x_1-y_1=-3x_2+y_2 \qquad \cdots\cdots①$$

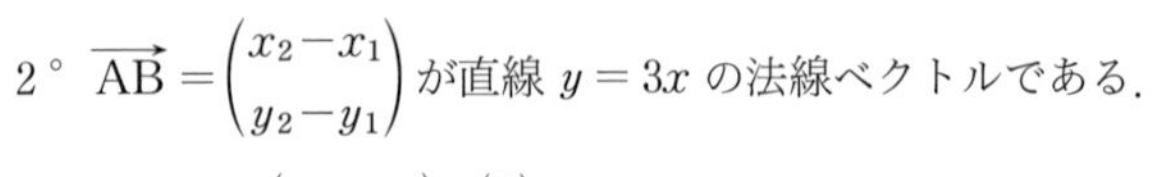

2° $\overrightarrow{\mathrm{AB}}=\begin{pmatrix}x_2-x_1\\y_2-y_1\end{pmatrix}$ が直線 $y=3x$ の法線ベクトルである．

$$\begin{pmatrix}x_2-x_1\\y_2-y_1\end{pmatrix}\cdot\begin{pmatrix}1\\3\end{pmatrix}=0$$

$$\iff x_1+3y_1=x_2+3y_2 \qquad \cdots\cdots②$$

図 4.3.1

■ ①，②を行列を用いて書くと

$$\begin{pmatrix}3&-1\\1&3\end{pmatrix}\begin{pmatrix}x_1\\y_1\end{pmatrix}=\begin{pmatrix}-3&1\\1&3\end{pmatrix}\begin{pmatrix}x_2\\y_2\end{pmatrix}$$

$$\therefore\ \begin{cases}\begin{pmatrix}x_2\\y_2\end{pmatrix}=\dfrac{1}{5}\begin{pmatrix}-4&3\\3&4\end{pmatrix}\begin{pmatrix}x_1\\y_1\end{pmatrix}\\[2mm]\begin{pmatrix}x_1\\y_1\end{pmatrix}=\dfrac{1}{5}\begin{pmatrix}-4&3\\3&4\end{pmatrix}\begin{pmatrix}x_2\\y_2\end{pmatrix}\end{cases}$$

φ は折り返しなので，φ と φ^{-1} の式は同じ形をしている．

①，②から φ を定式化すると，

$$\begin{pmatrix}x_1\\y_1\end{pmatrix}\overset{\varphi}{\longmapsto}\begin{pmatrix}x_2\\y_2\end{pmatrix}=\begin{pmatrix}-\dfrac{4}{5}x_1+\dfrac{3}{5}y_1\\[2mm]\dfrac{3}{5}x_1+\dfrac{4}{5}y_1\end{pmatrix}$$

$$\begin{pmatrix}x_2\\y_2\end{pmatrix}\overset{\varphi^{-1}}{\longmapsto}\begin{pmatrix}x_1\\y_1\end{pmatrix}=\begin{pmatrix}-\dfrac{4}{5}x_2+\dfrac{3}{5}y_2\\[2mm]\dfrac{3}{5}x_2+\dfrac{4}{5}y_2\end{pmatrix}$$

いま，$\mathrm{A}(x_1,\ y_1)$ が曲線 C_1 上を動くとき，φ による対応点 $\mathrm{B}(x_2,\ y_2)$ の軌跡となる曲線 C_2 を求めたい．

$$\begin{aligned}(x_2,\ y_2)\in C_2 &\iff \exists(x_1,\ y_1)\in C_1,\quad (x_2,\ y_2)=\varphi(x_1,\ y_1)\\&\iff (x_1,\ y_1)=\varphi^{-1}(x_2,\ y_2)\in C_1\\&\iff \left(\frac{-4x_2+3y_2}{5},\ \frac{3x_2+4y_2}{5}\right)\in C_1\end{aligned}$$

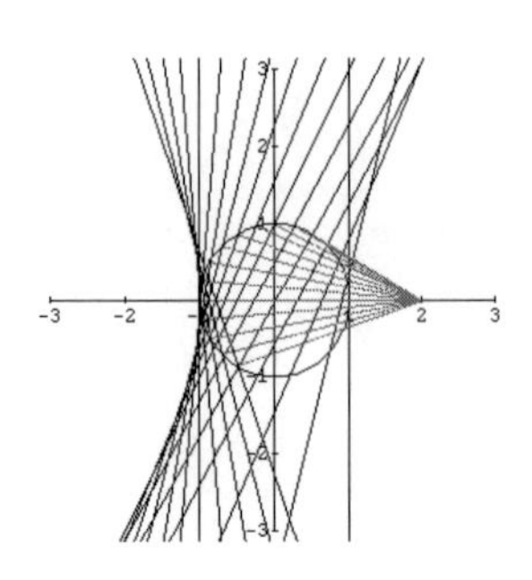

この点を C_1 の方程式に代入した式

$$12\left(\frac{-4x_2+3y_2}{5}\right)^2+7\left(\frac{-4x_2+3y_2}{5}\right)\left(\frac{3x_2+4y_2}{5}\right)$$
$$-12\left(\frac{3x_2+4y_2}{5}\right)^2+25=0$$

を整理すると　$x_2y_2=1$　を得るから,

$$C_2 : \boldsymbol{xy=1}$$

(注) $C_1 \xmapsto{\varphi} C_2$

$C_2 \xmapsto{\varphi^{-1}} C_1$

φ も φ^{-1} も同じ折り返しであることから，曲線 C_1 の概形を図 4.3.2 のように描くことができる．C_1 の漸近線は,

C_2 の漸近線の方向ベクトル $\begin{cases} \begin{pmatrix}1\\0\end{pmatrix} \xmapsto{\varphi^{-1}} \dfrac{1}{5}\begin{pmatrix}-4\\3\end{pmatrix} \\ \begin{pmatrix}0\\1\end{pmatrix} \xmapsto{\varphi^{-1}} \dfrac{1}{5}\begin{pmatrix}3\\4\end{pmatrix} \end{cases}$

より，$y=-\dfrac{3}{4}x$，$y=\dfrac{4}{3}x$ の 2 本である．

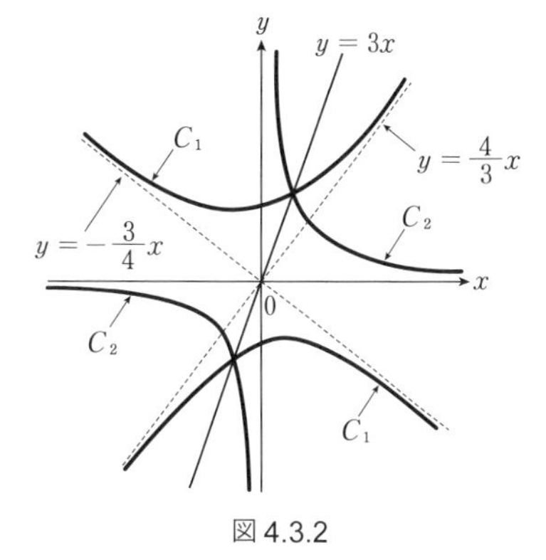

図 4.3.2

例題 4-7　点 P より放物線 $y=x^2$ に相異なる 2 本の接線が引け，その接点を Q, R とする．∠QPR が 45° であるような点 P の軌跡を図示せよ．

■解答

$Q(q,\ q^2)$，$R(r,\ r^2)$ とおく．図 4.3.3 から，$q<0<r$ ……①としても一般性を失わないことがわかる．Q での微分係数が $2q$ であることに注意すると，q での接線は

$$y=2q(x-q)+q^2$$
$$y=2qx-q^2 \qquad \cdots\cdots②$$

同様に R での接線は

$$y=2rx-r^2 \qquad \cdots\cdots③$$

であるから，②，③の交点を求めて

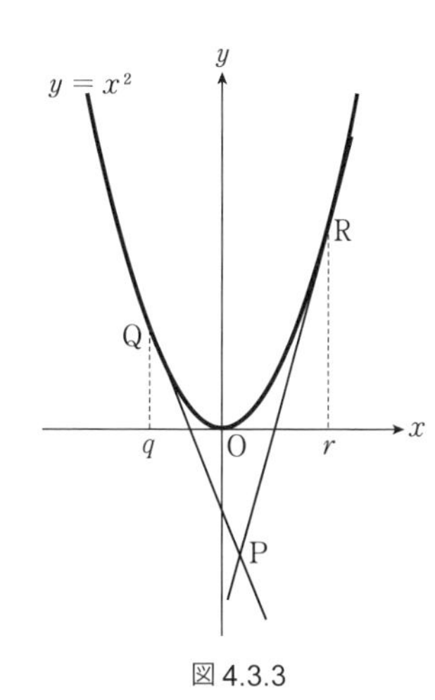

図 4.3.3

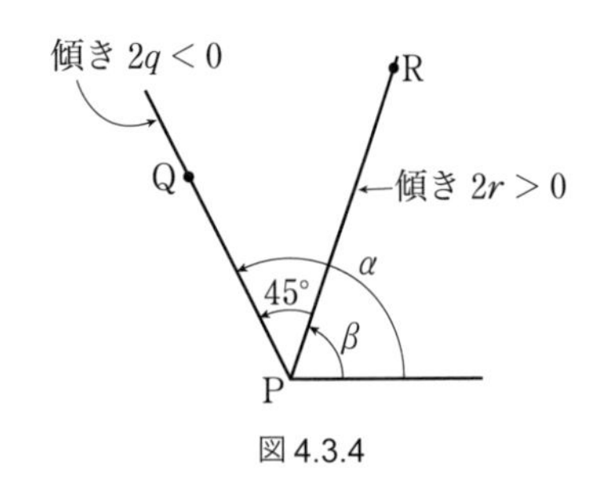

図 4.3.4

$$P(x,\ y)=\left(\frac{q+r}{2},\ qr\right) \qquad \cdots\cdots④$$

とおいてよい．いま，

「$\angle QPR=45°$ であるための，文字 $q,\ r$ についての条件」を求めるために，

　　Q での微分係数 $2q=\tan\alpha$

　　R での微分係数 $2r=\tan\beta$

とおいてみると，α は鈍角，β は鋭角で $\alpha-\beta=45°$ である．

$$1=\tan 45°=\tan(\alpha-\beta)=\frac{\tan\alpha-\tan\beta}{1+\tan\alpha\cdot\tan\beta}$$

$$=\frac{2q-2r}{1+2q\cdot 2r}=\frac{2(q-r)}{1+4qr}$$

■ 結局，求めるべき軌跡は，「条件⑤のもとで，④によって定められる点 $(x,\ y)$ の軌跡」である．

いま①により分子が負であることに注意すると，

$$1+4qr=2(q-r)<0 \qquad \cdots\cdots⑤$$

となる．

$$④ \Longleftrightarrow q+r=2x\ \wedge\ qr=y$$

および⑤から，文字 $q,\ r$ を消去することを考える．

■ ⑤の両辺を 2 乗してしまうと，符号についての条件が失われて，逆 ($\Longleftarrow$) がいえなくなることに注意．

$$⑤ \Longrightarrow (1+4qr)^2=4(q-r)^2$$
$$=4\{(q+r)^2-4qr\}$$

に④を代入して，

$$(1+4y)^2=4\{(2x)^2-4y\}$$
$$\Longleftrightarrow 16y^2+24y-16x^2+1=0$$
$$\Longleftrightarrow \left(\boldsymbol{y}+\frac{3}{4}\right)^2-\boldsymbol{x}^2=\frac{1}{2} \qquad \cdots\cdots⑥$$

ただし，⑤により

$$1+4qr=1+4y<0$$
$$\boldsymbol{y}<-\frac{1}{4} \qquad \cdots\cdots⑦$$

が必要であるから，求める軌跡は**双曲線⑥のうちの不等式⑦をみたす部分**である (図 4.3.5)．

(注) ①，⑤の不等号から導かれる必要条件⑦を忘れてしまうと，点 P の軌跡にならない部分 (双曲線⑥の上側の枝) が残ってしまう．これは一体何を意味するものなのだろうか．

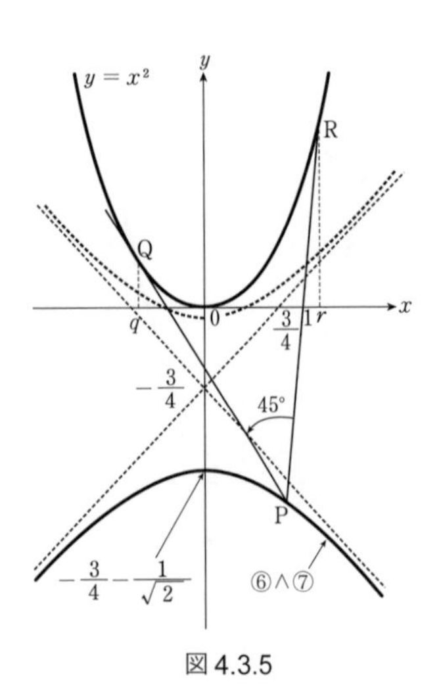

図 4.3.5

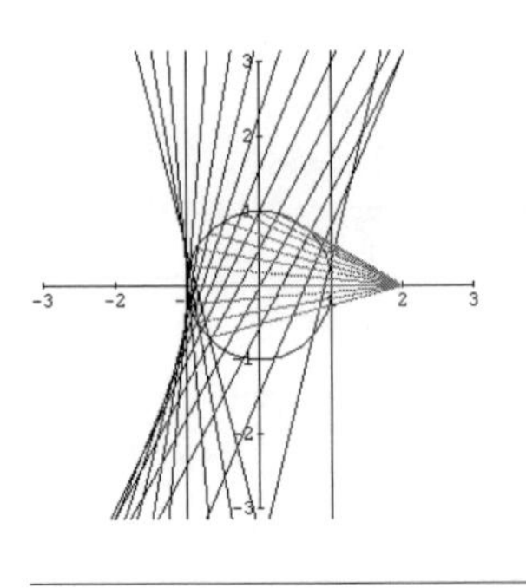

（結論）$\angle \mathrm{QPR}=45^\circ$ or 135° となる点 P の軌跡が，双曲線⑥の 2 つの枝である．

なぜなら，⑤の両辺を（不等号を無視して）2 乗して得られる式を同値変形すると，

$$⑤ \Longrightarrow (1+4qr)^2=4(q-r)^2$$
$$\Longleftrightarrow 1+4qr=\pm 2(q-r)$$
$$\Longleftrightarrow \frac{2(q-r)}{1+4qr}=\pm 1(=\tan 45^\circ \text{ or } \tan 135^\circ)$$

となるからである．

さて，本問では「原理」をどのように使ったのだろうか．④によって定められている 2 点 $(q,\ r)$, $(x,\ y)$ の間の写像 φ

$$\begin{pmatrix} q \\ r \end{pmatrix} \overset{\varphi}{\longmapsto} \begin{pmatrix} x \\ y \end{pmatrix}=\begin{pmatrix} \frac{q+r}{2} \\ qr \end{pmatrix}$$

および，⑤によって定められる点 $(q,\ r)$ の存在領域

$$D=\{(q,\ r) \mid 1+4qr=2(q-r) \wedge q-r<0\}$$

をどのように使っているのかを見直してみよう．

次の例題は，反転幾何（inversion geometry）を題材にしたものである．

例題 4-8 $(x,\ y)$ と $(X,\ Y)$ の間に，関係 $x=\dfrac{kX}{X^2+Y^2}$, $y=\dfrac{kY}{X^2+Y^2}$（k は 0 でない定数）があるものとする．$(X,\ Y)$ が直線 $12X-5Y+k=0$ 上を動くとき $(x,\ y)$ はどんな図形を描くか．

■**解答**

点 $(X,\ Y)$ を点 $(x,\ y)$ に対応させる写像 φ_k

$$\begin{pmatrix} X \\ Y \end{pmatrix} \overset{\varphi_k}{\longmapsto} \begin{pmatrix} x \\ y \end{pmatrix}=\frac{k}{X^2+Y^2}\begin{pmatrix} X \\ Y \end{pmatrix}$$

を考える．

■ $\begin{pmatrix} x \\ y \end{pmatrix} /\!/ \begin{pmatrix} X \\ Y \end{pmatrix}$ に注意して，ベクトルの大きさ $\sqrt{x^2+y^2}$, $\sqrt{X^2+Y^2}$ の関係を考えてみる．

$\sqrt{x^2+y^2}\cdot\sqrt{X^2+Y^2}=|k|$（一定値）

$$x^2+y^2=\frac{k^2(X^2+Y^2)}{(X^2+Y^2)^2}=\frac{k^2}{X^2+Y^2}$$

であることから，逆写像 φ_k^{-1} を表す関係式を作ってみると，

$$\begin{cases} X=\dfrac{1}{k}x(X^2+Y^2)=\dfrac{kx}{x^2+y^2} \\ Y=\dfrac{1}{k}y(X^2+Y^2)=\dfrac{ky}{x^2+y^2} \end{cases}$$

すなわち，

$$\begin{pmatrix} x \\ y \end{pmatrix} \overset{\varphi_k^{-1}}{\longmapsto} \begin{pmatrix} X \\ Y \end{pmatrix}=\frac{k}{x^2+y^2}\begin{pmatrix} x \\ y \end{pmatrix} \quad \cdots\cdots①$$

が得られる．いま，点 $(X,\ Y)$ が

$$\ell\ :\ 12X-5Y+k=0 \quad \cdots\cdots②$$

上を動くとき，φ_k による対応点 $(x,\ y)$ みたす関係式を求める．

①を②に代入することにより，

$$12\cdot\frac{kx}{x^2+y^2}-5\cdot\frac{ky}{x^2+y^2}+k=0$$

$k\neq 0$ なので，

$$x^2+y^2+12x-5y=0$$

■ ① ∧ ② ⟹ ③(必要条件)

$$(x+6)^2+\left(y-\frac{5}{2}\right)^2=\left(\frac{13}{2}\right)^2 \quad \cdots\cdots③$$

をみたすことが必要である．

■ ③上の (0, 0) 以外の点 $(x,\ y)$ に対しては，関係式①により対応する点 $(X,\ Y)$ が存在して ℓ 上に乗っている．

ただし，円周③上の点 $(x,\ y)=(0,\ 0)$ に対応する点 $(X,\ Y)$ が ℓ 上に存在しないから，求める図形は「円③から原点を除いた図形」である．その方程式は，

$$\boldsymbol{(x+6)^2+\left(y-\frac{5}{2}\right)^2=\left(\frac{13}{2}\right)^2 \ \land\ (x,\ y)\neq(0,\ 0)}$$

(注) 以下では話を簡単にするため，k は与えられた正の定数としておく．

点 $\mathrm{P}(X,\ Y)$ と点 $\mathrm{Q}(x,\ y)$ の関係 φ_k

$$\begin{pmatrix} X \\ Y \end{pmatrix} \overset{\varphi_k}{\longmapsto} \begin{pmatrix} x \\ y \end{pmatrix}=\frac{k}{X^2+Y^2}\begin{pmatrix} X \\ Y \end{pmatrix}$$

においては，

$$\overrightarrow{\mathrm{OP}} /\!/ \overrightarrow{\mathrm{OQ}} \ \land\ |\overrightarrow{\mathrm{OP}}||\overrightarrow{\mathrm{OQ}}|=k(>0)$$

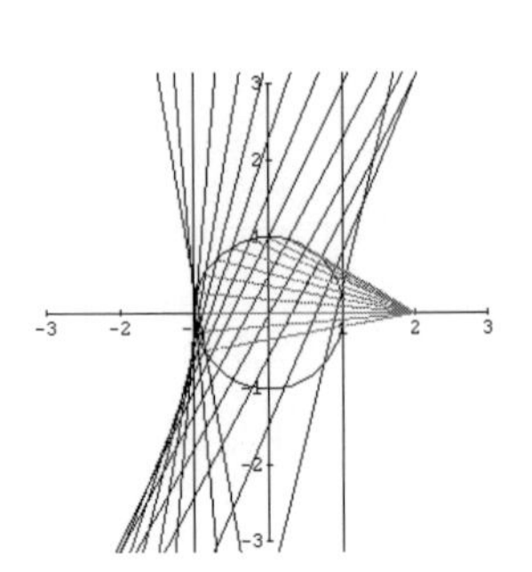

が成り立っている．このとき，

> 2 点 P，Q は円 $x^2+y^2=k$ に関して互いに反転である

■ 円 $x^2+y^2=(\sqrt{k})^2$ を反転円という．

という．また，点 P を点 Q に対応させる写像 φ も，**反転**(inversion) とよぶ．φ_k が反転なら，逆写像 φ_k^{-1} もまた反転である．

本問でわかったことは，反転 φ_k および φ_k^{-1} によって

> (原点を通らない直線 ℓ)
> $\underset{\varphi_k^{-1}}{\overset{\varphi_k}{\rightleftarrows}}$ (原点を通る円の円周から原点を除いたもの C_{-0})

■「直線の無限遠方の点」と「円上の原点」とが φ，φ^{-1} によって対応していると考えておくことができる．

が互いに対応するということである．本問の例をいくつか図示すると，図 4.3.6 から図 4.3.8 のようになっている．

図 4.3.6 は，C_{-0} と ℓ とが反転円と 2 点を共有する例である．反転円上の点は φ_k によって不動である．

図 4.3.7 は，C_{-0} と ℓ が反転円に接する例である．接点は φ_k によって不動である．

図 4.3.8 は，C_{-0} と ℓ とが反転円の内部と外部に分離される例である．反転 φ_k によって，反転円の内部の世界と外部の世界がそっくり移り合うことがわかるであろう．

また，本問では扱わなかったが，一般に，反転 φ_k および φ_k^{-1} によって

> (原点を通らない円) $\underset{\varphi_k^{-1}}{\overset{\varphi_k}{\rightleftarrows}}$ (原点を通らない別の円)

が互いに移り合うことが知られている．その様子を図示したものが図 4.3.9 である．

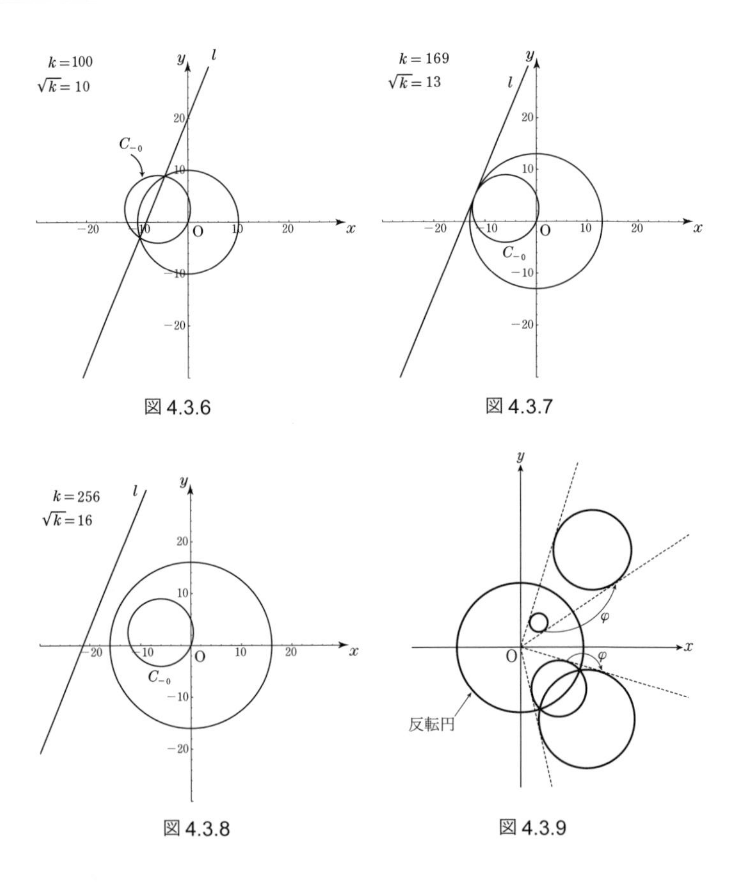

図 4.3.6　図 4.3.7

図 4.3.8　図 4.3.9

4.4 図形の動きを追う

例題 4-9　底辺 BC の長さが 2，高さが a（a は定数）の二等辺三角形 ABC がある．頂点 B を xy 平面の半直線 $y=x\ (x \geqq 0)$ 上に，頂点 C を半直線 $y=-x\ (x \geqq 0)$ 上に置き，頂点 A は直線 BC に関して原点 O の反対側にくるようにする．三角形 ABC を可能な限り動かすとき，A が描く図形を求めよ．

本問では，自力で変数（パラメータ）を導入することが要求される．

■ 変数 θ を用いて，点 A のパラメータ表示を考える．

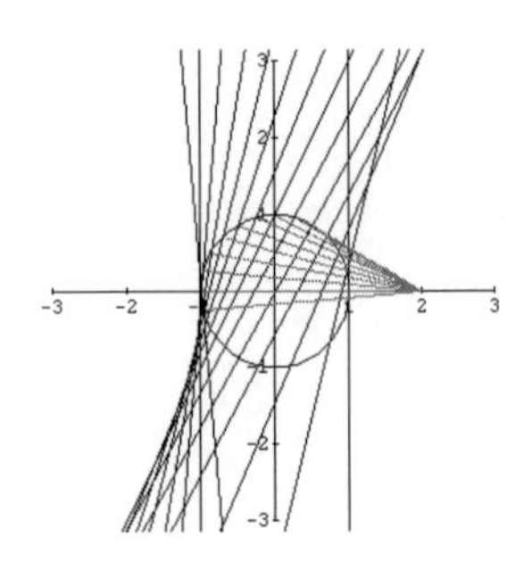

■解答

$\angle \mathrm{BCO}=\theta$ を変数にとると，その変域は

$$0 \leqq \theta \leqq \frac{\pi}{2} \qquad \cdots\cdots①$$

である．

■ C が O と一致するとき，$\theta=\frac{\pi}{2}$ と考える．

直角三角形 OBC に注意すると，

$$\overline{\mathrm{OC}}=2\cos\theta, \quad \overline{\mathrm{OB}}=2\sin\theta$$

とわかるから，

$$\overrightarrow{\mathrm{OB}}=2\sin\theta\cdot\frac{1}{\sqrt{2}}\begin{pmatrix}1\\1\end{pmatrix}=\sqrt{2}\sin\theta\begin{pmatrix}1\\1\end{pmatrix}$$

$$\overrightarrow{\mathrm{OC}}=2\cos\theta\cdot\frac{1}{\sqrt{2}}\begin{pmatrix}1\\-1\end{pmatrix}=\sqrt{2}\cos\theta\begin{pmatrix}1\\-1\end{pmatrix}$$

$$\overrightarrow{\mathrm{OM}}=2(\overrightarrow{\mathrm{OB}}+\overrightarrow{\mathrm{OC}})=\frac{\sqrt{2}}{2}\begin{pmatrix}\cos\theta+\sin\theta\\-\cos\theta+\sin\theta\end{pmatrix}$$

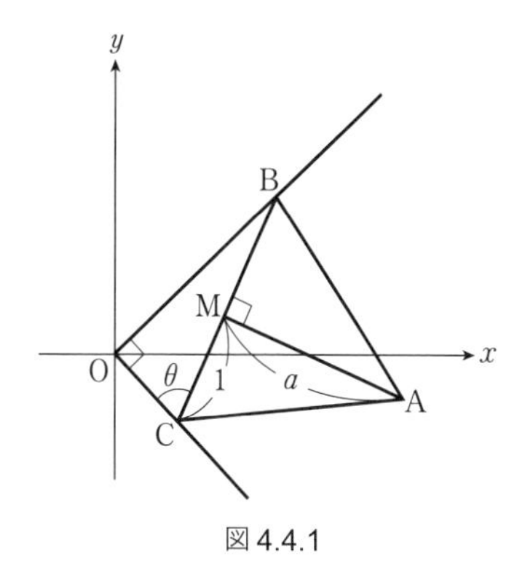

図 4.4.1

である．また，$\overrightarrow{\mathrm{MA}}$ は「単位ベクトル $\overrightarrow{\mathrm{MC}}$ を $\frac{\pi}{2}$ 回転してから a 倍に伸ばしたもの」であるから，

$$\overrightarrow{\mathrm{MA}}=a\begin{pmatrix}0&-1\\1&0\end{pmatrix}\overrightarrow{\mathrm{MC}}=a\begin{pmatrix}0&-1\\1&0\end{pmatrix}\cdot\frac{1}{2}(\overrightarrow{\mathrm{OC}}-\overrightarrow{\mathrm{OB}})$$

$$=a\begin{pmatrix}0&-1\\1&0\end{pmatrix}\cdot\frac{\sqrt{2}}{2}\begin{pmatrix}\cos\theta-\sin\theta\\-\cos\theta-\sin\theta\end{pmatrix}$$

$$=\frac{\sqrt{2}}{2}a\begin{pmatrix}\cos\theta+\sin\theta\\\cos\theta-\sin\theta\end{pmatrix}$$

■ $\begin{pmatrix}0&-1\\1&0\end{pmatrix}$ は $\frac{\pi}{2}$ の回転を表す行列．

となる．以上のことから，A の位置ベクトルを変数 θ を用いて表すと，

$$\overrightarrow{\mathrm{OA}}=\overrightarrow{\mathrm{OM}}+\overrightarrow{\mathrm{MA}}=\frac{\sqrt{2}}{2}\begin{pmatrix}(1+a)(\cos\theta+\sin\theta)\\(1-a)(-\cos\theta+\sin\theta)\end{pmatrix}$$

$$=\begin{pmatrix}(1+a)\cos(\theta-\frac{\pi}{4})\\(1-a)\sin(\theta-\frac{\pi}{4})\end{pmatrix} \qquad \cdots\cdots②$$

■ $\cos\theta+\sin\theta=\sqrt{2}\cos\left(\theta-\frac{\pi}{4}\right)$

$-\cos\theta+\sin\theta=\sqrt{2}\sin\left(\theta-\frac{\pi}{4}\right)$

と合成した．

を得る．ここで①から

$$-\frac{\pi}{4} \leqq \theta-\frac{\pi}{4} \leqq \frac{\pi}{4}, \quad \frac{1}{\sqrt{2}} \leqq \cos\left(\theta-\frac{\pi}{4}\right) \leqq 1$$

となることに注意すると① ∧ ②によって与えられる点 A の軌跡は，

■ $\mathrm{A}(x,\ y)$ とおくと，

$a=1$ のとき

$$\begin{pmatrix}x\\y\end{pmatrix}=\begin{pmatrix}2\cos(\theta-\frac{\pi}{4})\\0\end{pmatrix}$$

$a \neq 1$ のとき

$$\begin{pmatrix} x \\ y \end{pmatrix} = \begin{pmatrix} 1+a & 0 \\ 0 & 1-a \end{pmatrix} \begin{pmatrix} \cos(\theta - \frac{\pi}{4}) \\ \sin(\theta - \frac{\pi}{4}) \end{pmatrix}$$

$$\begin{cases} a=1 \text{のとき：線分 } y=0 \wedge \sqrt{2} \leqq x \leqq 2 \\ a \neq 1 \text{のとき：楕円の一部} \end{cases}$$

$$\left(\frac{\boldsymbol{x}}{\mathbf{1}+\boldsymbol{a}}\right)^2 + \left(\frac{\boldsymbol{y}}{\mathbf{1}-\boldsymbol{a}}\right)^2 = \mathbf{1} \wedge \frac{\mathbf{1}+\boldsymbol{a}}{\sqrt{\mathbf{2}}} \leqq \boldsymbol{x}$$

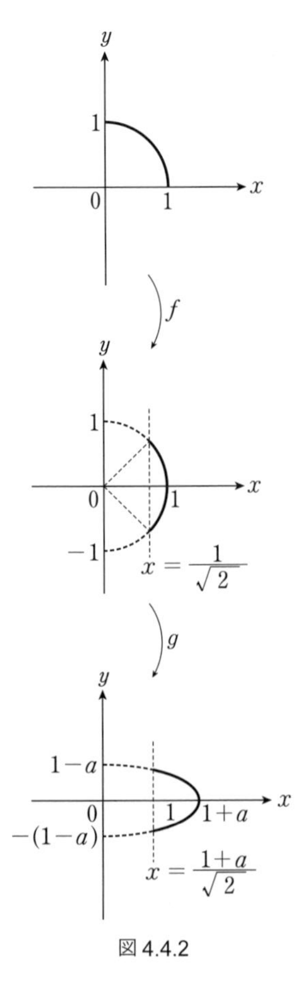

図 4.4.2

(注) $a \neq 1$ のときの楕円は，次のような 1 次変換を用いるとわかり易い．

$$\overrightarrow{\mathrm{OA}} = \frac{\sqrt{2}}{2} \begin{pmatrix} (1+a)(\cos\theta + \sin\theta) \\ (1-a)(-\cos\theta + \sin\theta) \end{pmatrix}$$

$$= \frac{\sqrt{2}}{2} \begin{pmatrix} 1+a & 1+a \\ -(1-a) & 1-a \end{pmatrix} \begin{pmatrix} \cos\theta \\ \sin\theta \end{pmatrix}$$

$$= \frac{\sqrt{2}}{2} \begin{pmatrix} 1+a & 0 \\ 0 & 1-a \end{pmatrix} \begin{pmatrix} 1 & 1 \\ -1 & 1 \end{pmatrix} \begin{pmatrix} \cos\theta \\ \sin\theta \end{pmatrix}$$

$$= \begin{pmatrix} 1+a & 0 \\ 0 & 1-a \end{pmatrix} \begin{pmatrix} \cos(-\frac{\pi}{4}) & -\sin(-\frac{\pi}{4}) \\ \sin(-\frac{\pi}{4}) & \cos(-\frac{\pi}{4}) \end{pmatrix} \begin{pmatrix} \cos\theta \\ \sin\theta \end{pmatrix}$$

なので，θ の変域①にも注意すると，

$$\begin{pmatrix} \cos\theta \\ \sin\theta \end{pmatrix} \overset{f}{\longmapsto} \begin{pmatrix} \cos(-\frac{\pi}{4}) & -\sin(-\frac{\pi}{4}) \\ \sin(-\frac{\pi}{4}) & \cos(-\frac{\pi}{4}) \end{pmatrix} \begin{pmatrix} \cos\theta \\ \sin\theta \end{pmatrix}$$

$$\overset{g}{\longmapsto} \begin{pmatrix} 1+a & 0 \\ 0 & 1-a \end{pmatrix} \begin{pmatrix} \cos(-\frac{\pi}{4}) & -\sin(-\frac{\pi}{4}) \\ \sin(-\frac{\pi}{4}) & \cos(-\frac{\pi}{4}) \end{pmatrix} \begin{pmatrix} \cos\theta \\ \sin\theta \end{pmatrix}$$

ここに

f は「原点中心 $-\frac{\pi}{4}$ の回転を表す 1 次変換」

g は「$\begin{pmatrix} 1 \\ 0 \end{pmatrix}$ を $\begin{pmatrix} 1+a \\ 0 \end{pmatrix}$ に，$\begin{pmatrix} 0 \\ 1 \end{pmatrix}$ を $\begin{pmatrix} 0 \\ 1-a \end{pmatrix}$ に移す 1 次変換」

である(図 4.4.2)．

図 4.4.3 は，$a=2$，$a=1$ の 2 つのケースについて，三角形 ABC を動かしてみた様子を描いたものである．頂点 A の動きを目で追ってみよう．

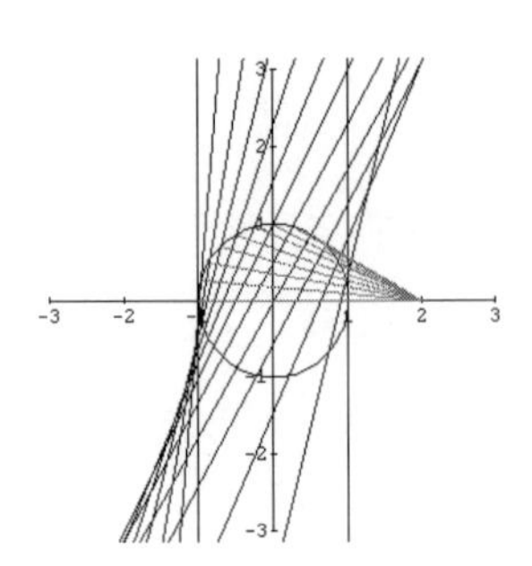

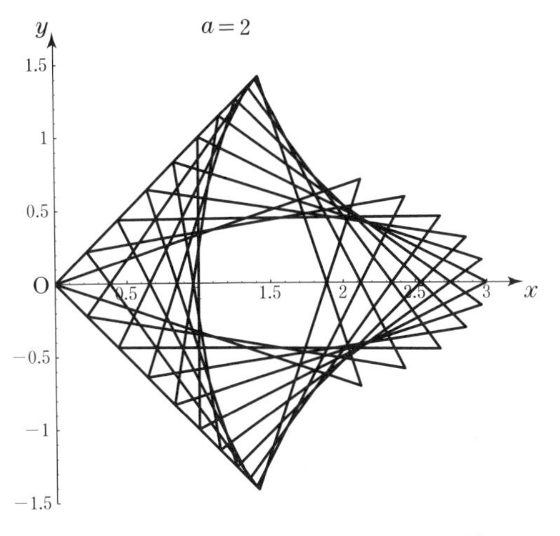

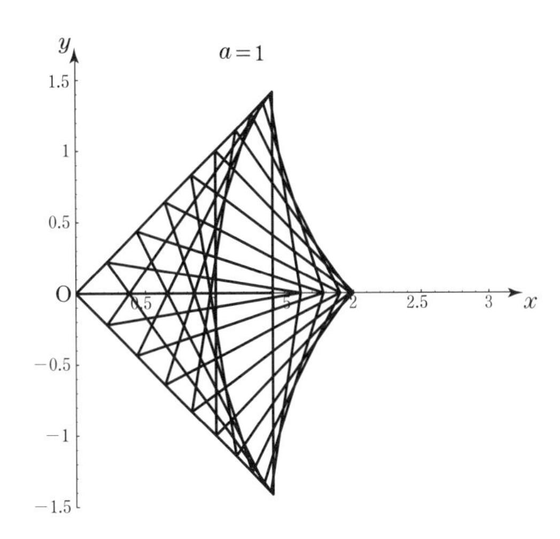

図 4.4.3

例題 4-10

座標平面上で半径 r $(0<r<1)$ の円盤 D が，原点を中心とする半径 1 の円に内接しながらすべらずにころがるとき，D 上の定点 P の動きを調べる．ただし D の中心は原点のまわりを反時計まわりに進むものとする．はじめに D の中心と点 P はそれぞれ $(1-r,\ 0)$，$(1-r+a,\ 0)$ の位置にあるものとする $(0<a\leqq r)$．

(1) D が長さ θ だけころがった位置にきたとき，点 P の座標 $(x,\ y)$ を θ を用いて表せ．

(2) D がころがり続けるとき，点 P がいつか最初の位置に戻るための r に対する条件を求めよ．

(3) $r=\dfrac{1}{2}$ のとき，点 P の軌跡を求め，その概形を図示せよ．

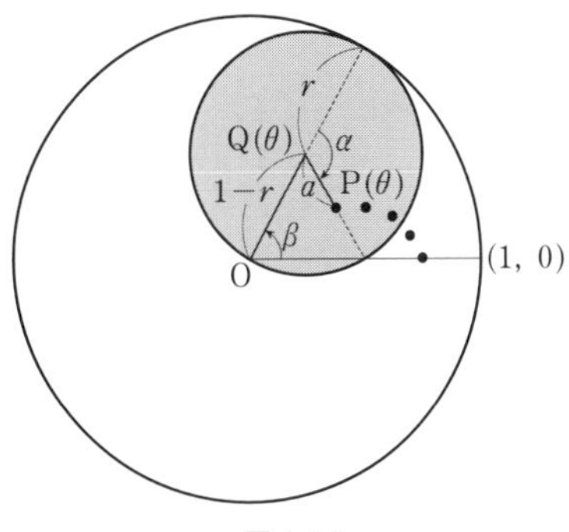

図 4.4.4

■解答

(1) 動円板の中心を $\mathrm{Q}(\theta)$，D 上の定点 P の座標を $\mathrm{P}(\theta)$ とすると

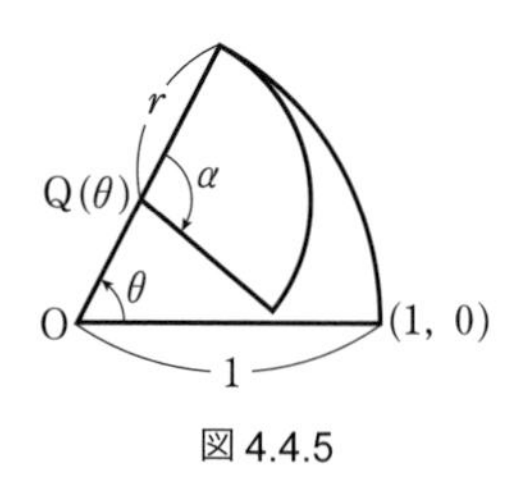

図 4.4.5

(図 4.4.4),

$$\overrightarrow{\mathrm{OQ}(\theta)}=(1-r)\begin{pmatrix}\cos\theta\\ \sin\theta\end{pmatrix}$$

ここで, $\overrightarrow{\mathrm{OQ}(\theta)}$ と $\overrightarrow{\mathrm{Q}(\theta)\mathrm{P}(\theta)}$ のなす角を α とすると, 扇形の周長について

$$r\cdot\alpha=1\cdot\theta$$

の関係があるから (図 4.4.5),

$$\alpha=\frac{1}{r}\cdot\theta$$

これを用いると,

$$\overrightarrow{\mathrm{Q}(\theta)\mathrm{P}(\theta)}=a\begin{pmatrix}\cos(\theta-\alpha)\\ \sin(\theta-\alpha)\end{pmatrix}=a\begin{pmatrix}\cos(\theta-\frac{1}{r}\theta)\\ \sin(\theta-\frac{1}{r}\theta)\end{pmatrix}$$

$$\overrightarrow{\mathrm{OP}(\theta)}=\overrightarrow{\mathrm{OQ}(\theta)}+\overrightarrow{\mathrm{Q}(\theta)\mathrm{P}(\theta)}$$

$$=(1-r)\begin{pmatrix}\cos\theta\\ \sin\theta\end{pmatrix}+a\begin{pmatrix}\cos\frac{r-1}{r}\theta\\ \sin\frac{r-1}{r}\theta\end{pmatrix} \quad \cdots\cdots①$$

となる. よって点 $\mathrm{P}(x,\ y)$ の座標は

$$\mathbf{P}(\boldsymbol{x},\ \boldsymbol{y})=\left((1-r)\cos\theta+a\cos\frac{r-1}{r}\theta,\ (1-r)\sin\theta+a\sin\frac{r-1}{r}\theta\right)$$

(2) ある θ で点 P が最初の位置 $\mathrm{P}(0)(1-r+a,\ 0)$ に戻るとすると,

$$\begin{cases}(1-r)\cos\theta+a\cos\dfrac{r-1}{r}\theta=(1-r)+a & \cdots\cdots②\\ (1-r)\sin\theta+a\sin\dfrac{r-1}{r}\theta=0 & \cdots\cdots③\end{cases}$$

が同時に成立する.

②において, $1-r>0$, $a>0$, $\cos\theta\leqq 1$, $\cos\frac{r-1}{r}\theta\leqq 1$ であることに注意すると,

■ このとき③も成立する.

$$② \iff \underbrace{(1-r)}_{\oplus}\underbrace{(1-\cos\theta)}_{0以上}+\underset{\oplus}{a}\underbrace{\left(1-\cos\frac{r-1}{r}\theta\right)}_{0以上}=0$$

■ $0<r<1$ なので $\frac{r-1}{r}<0$ に注意せよ.

$$\iff \cos\theta=1 \wedge \cos\frac{r-1}{r}\theta=1$$

$\iff$ 正整数 m, n が存在して

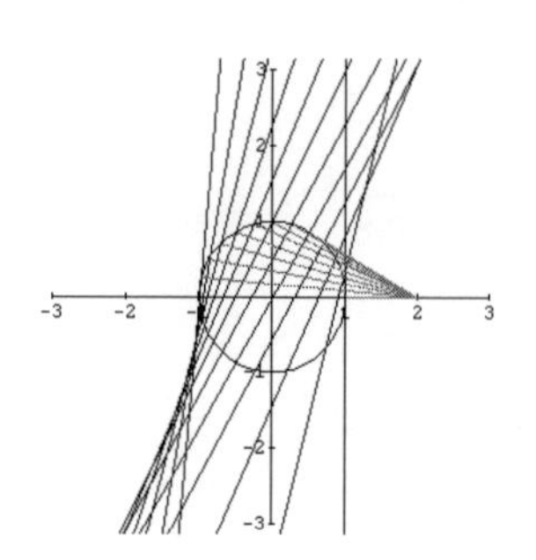

$$\theta = 2m\pi \ \wedge \ \frac{r-1}{r}\theta = -2n\pi$$ と表せる．

パラメータ θ を消去すると，

$$\frac{r-1}{r}\cdot 2m\pi = -2n\pi$$

$$1-\frac{1}{r} = -\frac{n}{m}$$

$$\frac{1}{r} = 1+\frac{n}{m}$$

$$r = \frac{m}{m+n}$$

逆にこのとき，ある θ において②∧③が成立するから，十分である．求める条件は，

「ある正整数 m, n を用いて $r=\dfrac{m}{m+n}$ とおけること」

すなわち，**r が $0<r<1$ をみたす有理数であること**

(3) $r=\dfrac{1}{2}$ のとき①は，

$$\overrightarrow{\mathrm{OP}(\theta)} = \frac{1}{2}\begin{pmatrix}\cos\theta \\ \sin\theta\end{pmatrix} + a\begin{pmatrix}\cos(-\theta) \\ \sin(-\theta)\end{pmatrix}$$
$$= \begin{pmatrix}(\frac{1}{2}+a)\cos\theta \\ (\frac{1}{2}-a)\sin\theta\end{pmatrix}$$

となる．a のとる値は $0<a\leqq r=\dfrac{1}{2}$ であることに注意すると，点 P の軌跡は次のように分類される．

$0<a<\dfrac{1}{2}$ のとき　楕円 $\dfrac{\boldsymbol{x}^2}{\left(\frac{1}{2}+\boldsymbol{a}\right)^2}+\dfrac{\boldsymbol{y}^2}{\left(\frac{1}{2}-\boldsymbol{a}\right)^2}=\mathbf{1}$

$a=\dfrac{1}{2}$ のとき　線分 $\boldsymbol{y}=\mathbf{0} \ \wedge \ -\mathbf{1}\leqq \boldsymbol{x}\leqq \mathbf{1}$

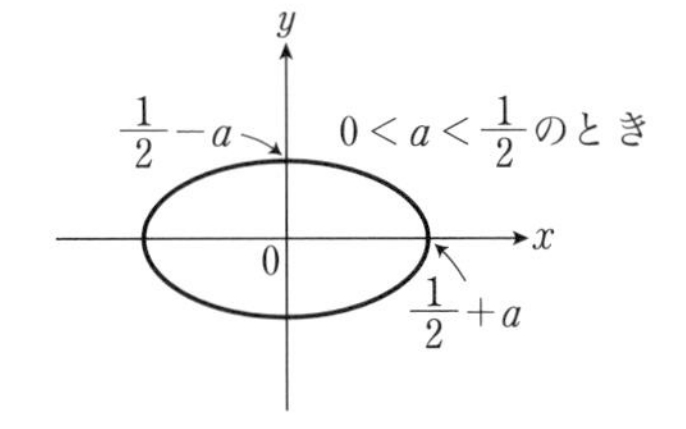

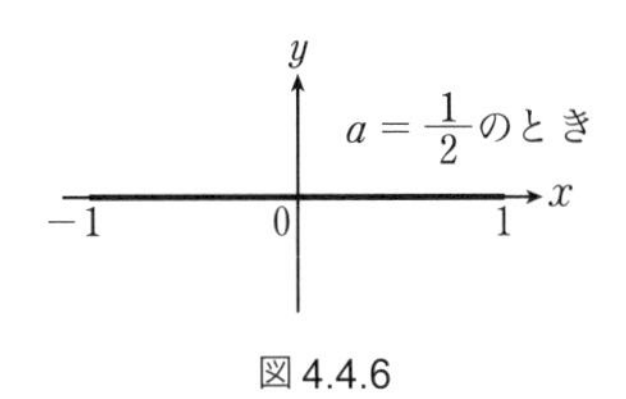

図 4.4.6

(注) 図 4.4.7 は，$(r,\ a)=\left(\dfrac{1}{2},\ \dfrac{1}{4}\right)$ のときの円盤 D のころがる様子．図 4.4.8 は，$(r,\ a)=\left(\dfrac{1}{2},\ \dfrac{1}{2}\right)$ のときの円盤 D のころがる様子である．

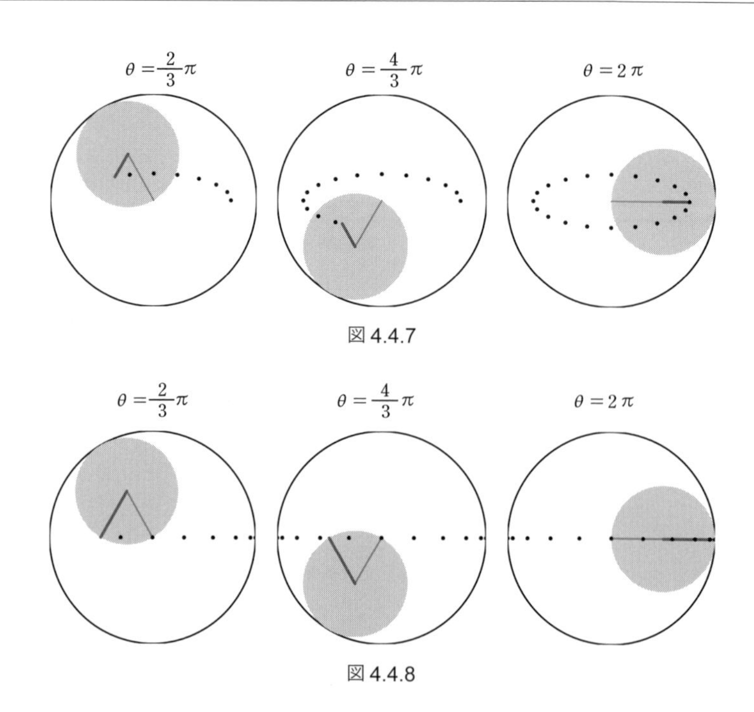

図 4.4.7

図 4.4.8

本問で扱った点 P の軌跡を描くおもちゃ（図 4.4.9）が，露店等で売られている．点 P の軌跡①は，一般にはトロコイド（trochoid）と呼ばれる曲線である．(2) でわかったことは，

> 外側の固定された円（本問では単位円）と，
> 内側を回転する円板（本問では円板 D）との
> 半径比 r が有理数であるとき（およびそのときに限り）
> 点 P の軌跡は閉じて周期性をもつ

ということである．

■ 近年は，百円ショップでも見かけるようになった．

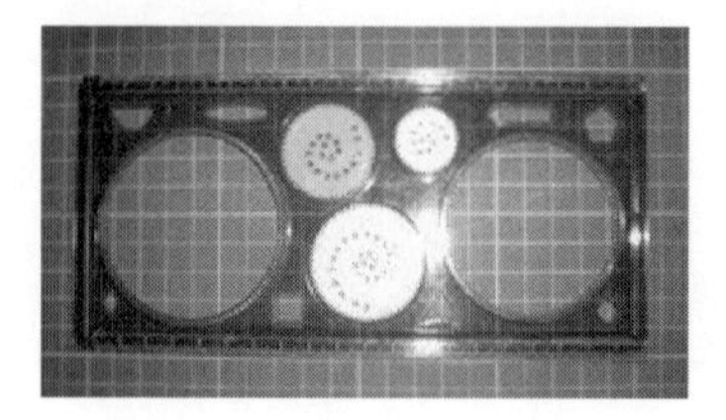

図 4.4.9

例えば $(r,\ a)=\left(\dfrac{1}{2\sqrt{2}},\ \dfrac{1}{5}\right)$ で，$0 \leqq \theta \leqq 10\pi$ の範囲で点 P の軌跡を作図すると図 4.4.10 のようになるが，(2) の結果によればこの先 $\theta \longrightarrow \infty$ として作図を続けても，点 P は最初の位置に戻らないことになる．

図 4.4.11 から図 4.4.14 までは，有理数 r についていくつかの例である．

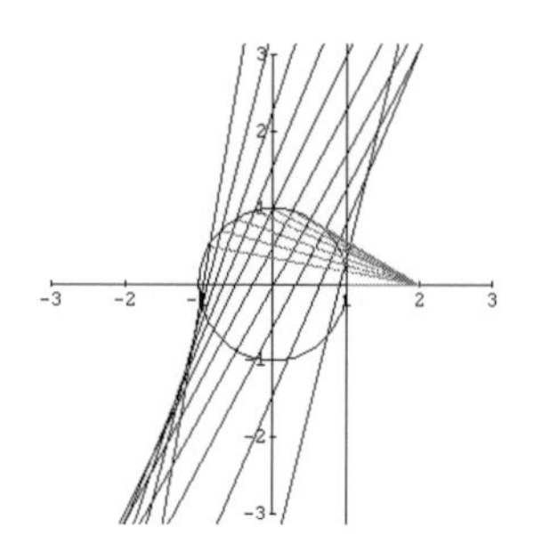

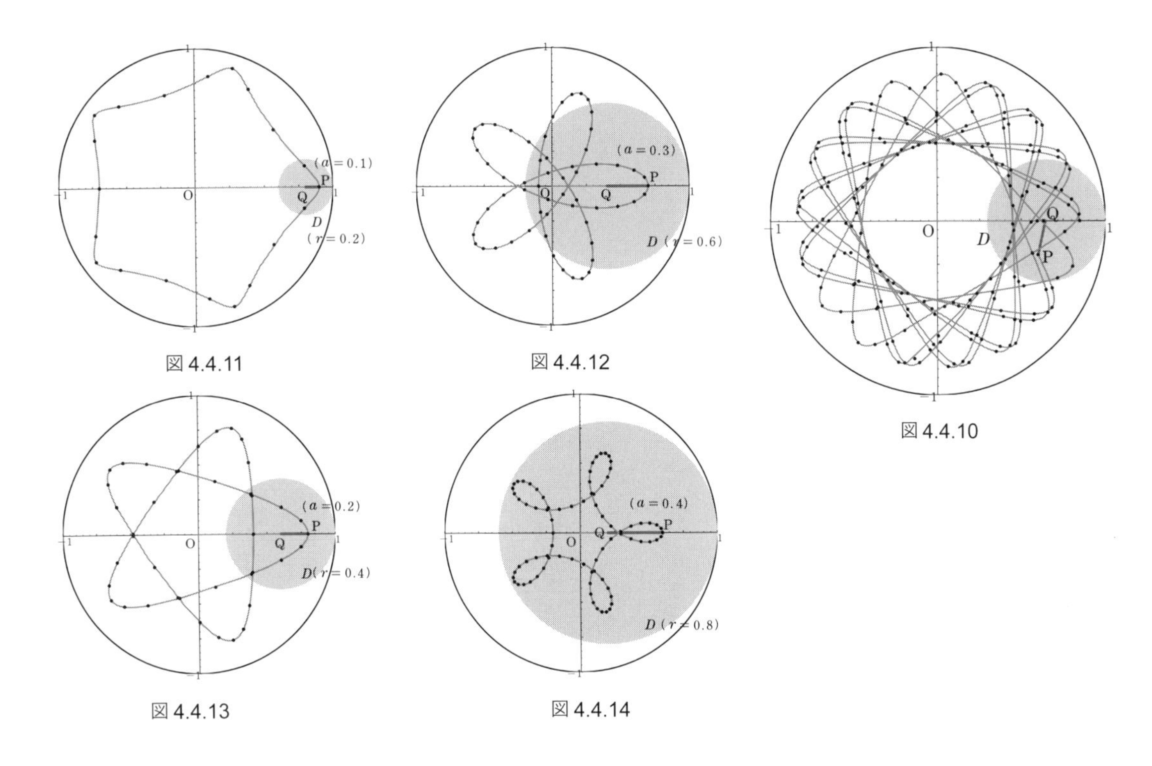

図 4.4.11

図 4.4.12

図 4.4.10

図 4.4.13

図 4.4.14

とくに $a = r$ とすれば，点 P が円板 D の周囲にあり，内サイクロイド（ハイポサイクロイド，hypocycloid）となる．図 4.4.15 は $r = a = 0.2$ の例である．

通常のサイクロイドは，

$$x = \theta - \sin\theta$$
$$y = 1 - \cos\theta$$

と表される．これは，x 軸上をころがる単位円周上の点の軌跡である．ここで，長さ 2π の直線 ℓ 上を半径 0.2 の円板 D がすべらずにころがる場合を考えてみる．半径 0.2 の円板の円周の長さは 0.4π なので，D は ℓ 上を 5 周する．そのパラメータ表示は，

$$x = 0.2(\theta - \sin\theta)$$
$$y = 0.2(1 - \cos\theta)$$

となる（図 4.4.16）．

図 4.4.16 の長さ 2 π の線分を円形に巻き付けると，半径 1 の円内

に5周期分のサイクロイドが巻き込まれて，図4.4.15のような形になると考えられる．

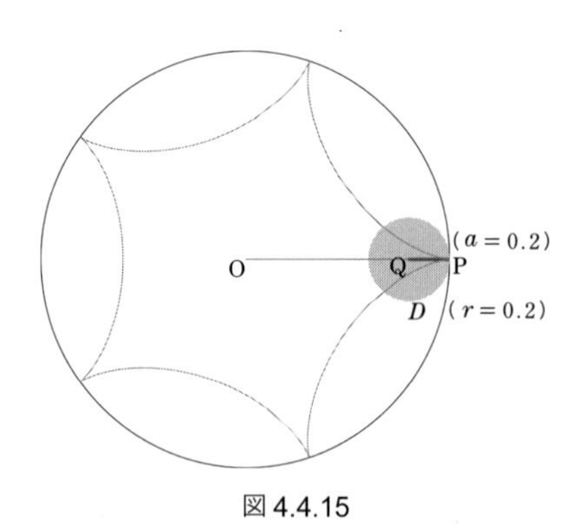

図 4.4.15

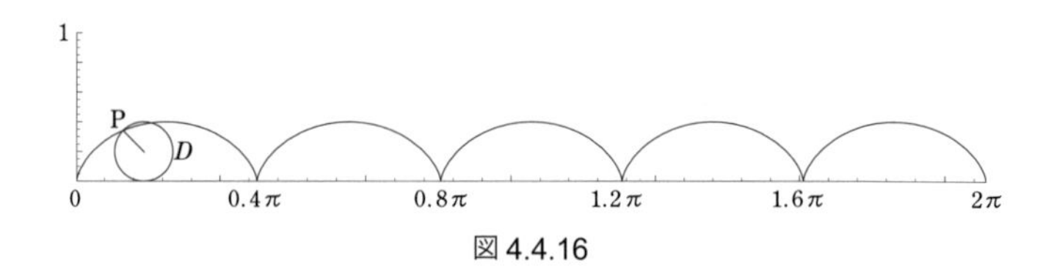

図 4.4.16

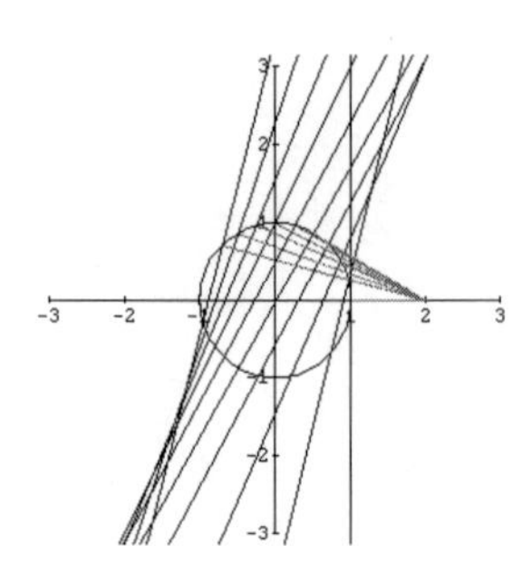

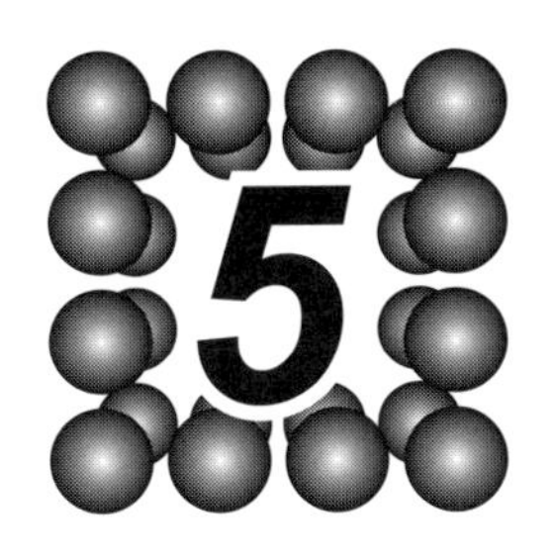

値域と掃過領域

この章で扱う「関数の値域」と「曲線群の掃過領域」の調べ方の原理は，第 4 章で検討した「点の軌跡」の求め方の原理の延長線上にある．この章では，次の 2 つの類型を検討する．

1° 関数 $y=f(x)$ と定義域 D が与えられたときの値域
2° パラメータ a を含む曲線 $y=f(x, a)$ と，パラメータ a の変域 D が与えられたときの曲線の掃過領域

■ 1° $y=f(x)$ のグラフが描きにくいような場合に威力を発揮する
2° 曲線の表示が $g(x, y, a)=0$ のような陰関数表示であっても，原理は同じである．

5.1 値域を求める原理

$x\in\mathbb{R}$ のもとで，関数 $y=\dfrac{x+1}{x^2-2x+2}$ の値域を調べよ．

微積分の手法を用いれば，与えられた分数関数のグラフを描くことができ，その極値を計算することによって関数の値域を求めることもたやすい．しかし，ここでは「グラフを描かずに」関数の値域を求める手法を検討する．

まず，分母は $x^2-2x+2=(x-1)^2+1>0$ なので，変数 x の値はたしかに実数全体にわたることができる．このときの値域を W として，具体的な値 $y=1,\ 0,\ -1$ が値域 W に属するか否かを判定することから始めよう．

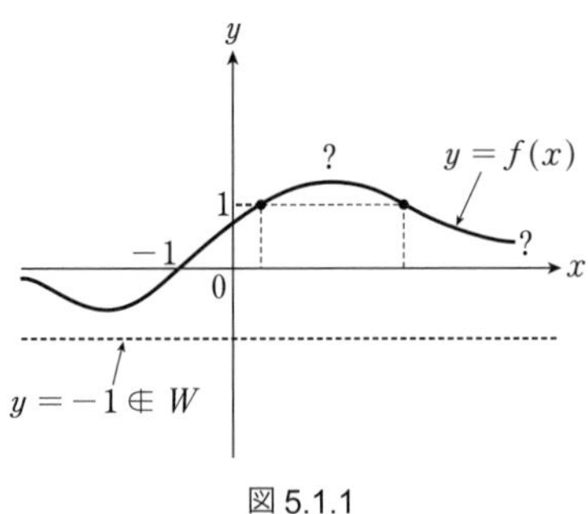

図 5.1.1

(例 1) $1 \in W$ か？

「$1 = \dfrac{x+1}{x^2-2x+2}$ を解いてみると

$x^2-3x+1=0$, $x = \dfrac{3 \pm \sqrt{5}}{2}$ となる.

このとき確かに $y=1$ となる」

ので Yes!

(例 2) $0 \in W$ か？

「与式をみると $x=-1$ で $y=0$ とわかる」

ので Yes!

(例 3) $-1 \in W$ か？

「$-1 = \dfrac{x+1}{x^2-2x+2}$ を解いてみると,

$x^2-x+3=0$, 判別式 $D=1-12<0$ なので

$y=-1$ に対応する実数解が存在しない」

ので No!

このように考えると，ある y の値が値域 W に属しているか否かの判定条件は,

$$
\begin{aligned}
y \in W &\iff \exists x \in \mathbb{R}, \quad y = \frac{x+1}{x^2-2x+2} \\
&\iff \exists x \in \mathbb{R}, \quad (x^2-2x+2)y = x+1 \\
&\iff \exists x \in \mathbb{R}, \quad yx^2-(2y+1)x+(2y-1)=0
\end{aligned}
$$

となることがわかる.

■解答

求める値域を W とする．ある y が値域 W に属するための必要十分条件は,

「$y = \dfrac{x+1}{x^2-2x+2}$ によって対応する x が定義域 R 内に存在する」

すなわち,

「x についての方程式 $yx^2-(2y+1)x+(2y-1)=0$ ……① が実数解をもつ」

■ $x \in \mathbb{R}$ において分母が 0 となることはない．よって，分母を払って①のように変形しても同値性が保たれる.

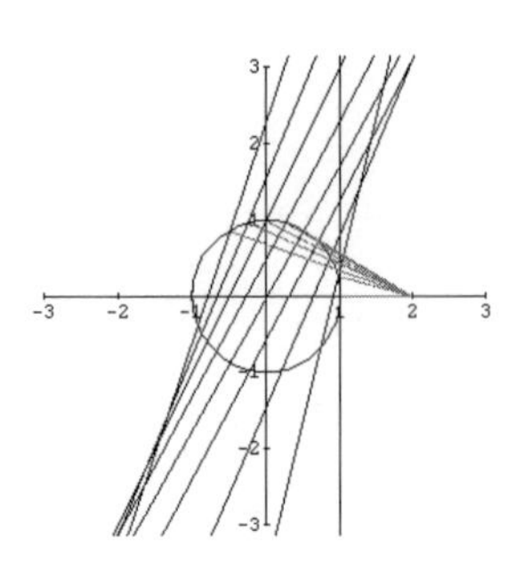

ことである．

（i）$y=0$ のとき①は $-x-1=0$

$x=-1$ のとき $y=0$ となるから $0\in W$

（ii）$y\neq 0$ のとき，2次方程式①の判別式を考えて，

$$(2y+1)^2-4y(2y-1)\geqq 0$$
$$\Longleftrightarrow 4y^2-8y-1\leqq 0$$
$$\Longleftrightarrow \frac{2-\sqrt{5}}{2}\leqq y\leqq\frac{2+\sqrt{5}}{2}\quad (y\neq 0)$$

（i）（ii）を合わせて考えると，

$$\boldsymbol{y\in W \Longleftrightarrow \frac{2-\sqrt{5}}{2}\leqq y\leqq\frac{2+\sqrt{5}}{2}}$$

（例題5-1）で考えたことを一般化してみよう．

定義域 D における関数 $y=f(x)$ の値域を W とすると，

$$y\in W \Longleftrightarrow \exists x\in \boldsymbol{D},\quad y=f(x)$$

（y に対する x の値が定義域 D に存在していること）

■ 4.2節「軌跡の求め方の原理」と比較してみよう．

5.2 掃過領域を求める原理

パラメータ a を含む曲線群が与えられたとき，曲線の通過する範囲（掃過領域）を求める事例については，次の原理を用いて考えることができる．

パラメータ a の定義域が D であるとき，曲線群 $y=f(x,\ a)$ の通過する領域を W とすると，

$$(x,\ y)\in W \Longleftrightarrow \exists a\in D,\quad y=f(x,\ a)$$

パラメータ a の定義域が D であるとき，曲線群 $g(x,\ y,\ a)=0$ の通過する領域を W とすると，

$$(x,\ y)\in W \Longleftrightarrow \exists a\in D,\quad g(x,\ y,\ a)=0$$

これら 2 つの原理は，式の形は異なるが，内容は同じである．

「パラメータ a の値に対応して，点 $(x,\ y)$ の集合 $\begin{cases} y=f(x,\ a) \\ g(x,\ y,\ a)=0 \end{cases}$ が定まる」と考えることにすれば，

「a が D 内を動くとき，点 $(x,\ y)$ の集合が W」

ということになるから，5.1 節での「領域の求め方の原理」と本質は変わらない．次の例題で，この原理の使い方を実践してみよう．

■ 5.1 節では「独立変数 x の値に対応して．値 $y\,(=f(x))$ が定まる」
「x が D を動くとき，y の全体が W」

例題 5-2

a が $1<a<2$ の範囲の値をとるとき，xy 平面の直線

ℓ_a : $ax+y=a$ ……②

の通り得る範囲を求め，図示せよ．

■解答 1

xy 平面の直線 ℓ_a は，

$y=-a(x-1)$

と表されるから，定点 $(1,\ 0)$ を通ることがわかる．その傾きは①により $-2<-a<-1$ の範囲にあるから，ℓ_a の通過する範囲として直ちに図 5.2.1 を得る．境界は点 $(1,\ 0)$ のみ含み，他は含まない．

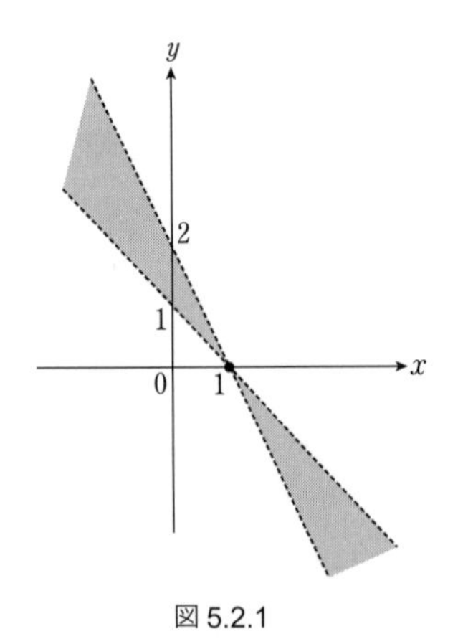

図 5.2.1

■解答 2

①のもとで②の掃過領域を W とすると，

$(x,\ y)\in W \iff \exists a,\ 1<a<2 \wedge ax+y=a$

であるから，

「a についての方程式

$(x-1)a+y=0$ ……②'

が区間 $1<a<2$ に実数解をもつ」

ような文字 x, y についての条件を求めるとよい．

（i）$x=1$ のとき，方程式②'は，

$0\cdot a+y=0$

$y=0$ のとき，任意の実数 a が解となるから，$(1,\ 0)\in W$

■ $y\neq 0$ のとき解は存在しない．

（ii）$x\neq 1$ のとき，方程式②'は a についての 1 次方程式で，左辺を

$f(a)=(x-1)a+y$

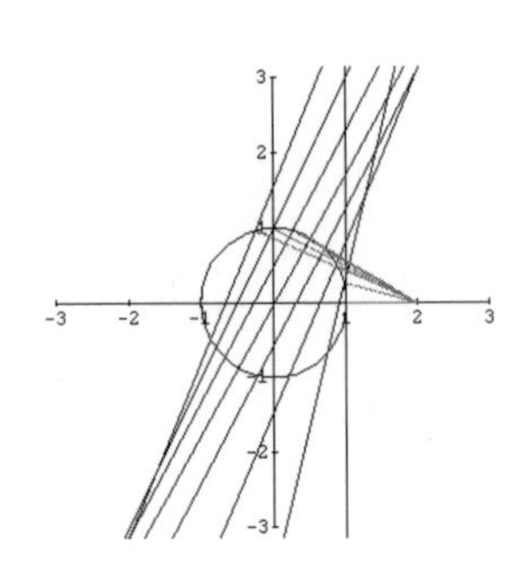

とおくと，$1<a<2$ に実数解をもつ条件は

$$f(1)\cdot f(2)=(x+y-1)(2x+y-2)<0$$

である（図 5.2.2）．

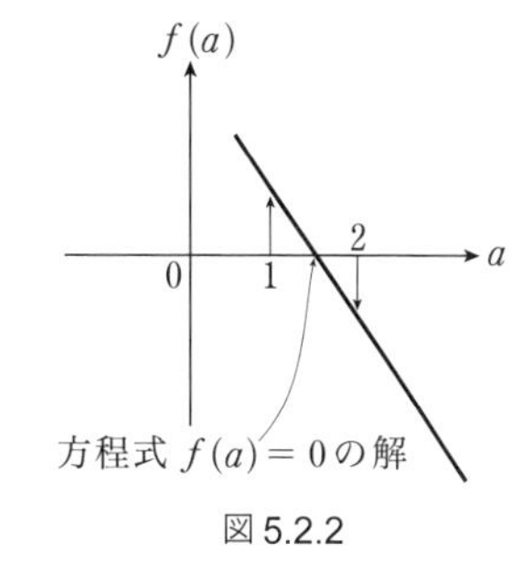

図 5.2.2

（i）（ii）から，

$$(x,\ y)\in W \iff (x,\ y)=(1,\ 0)\ \vee\ (x+y-1)(2x+y-2)<0$$

となり，これを図示すると図 5.2.1 を得る．

例題 5-3

> パラメータ a, b が，
> $0<a<1$ ……①，　$0<b<1$ ……②をみたすとき，
> 　直線　$y=ax+a+b$　　　　……③
> の通り得る範囲を図示せよ．

パラメータが a, b の 2 つになった．3.1 節では「独立 2 変数のときは片方の文字を固定して 1 変数化する」という手法が功を奏したことを思い出そう．

解答 1 では，「先に b を止めて a のみ動かし，後で b も動かす」という，いわゆる「**予選・決勝法**」を用いる．

解答 2 では，2 つのパラメータ a, b に関して，先に述べた「掃過領域を求める原理」を用いてみる．本問に限っていえば解答 1 の方が実用的で計算量も少ないのだが，より複雑な問題になるほど，根本的な原理にしたがって解くことが有効になるので，あえて 2 つの方法にトライしてみようということである．

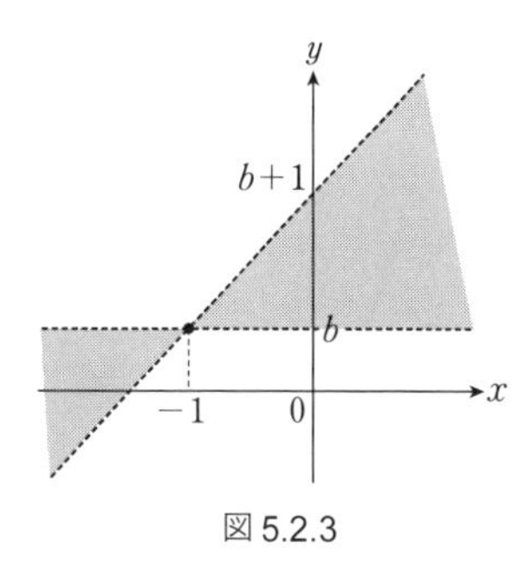

図 5.2.3

■解答 1

まず b を②の範囲で固定し，パラメータ a のみを①の範囲で動かしてみる．

$$③ \iff y=a(x+1)+b$$

は定点 $(-1,\ b)$ を通り，傾きは $0<a<1$ だから，このときの直線③の通過領域としては図 5.2.3 を得る．

さらに b を②の範囲で動かすことにより，図 5.2.3 で得られた領域を上下に平行移動させると，図 5.2.4 のような領域が得られる．境界は含まない．

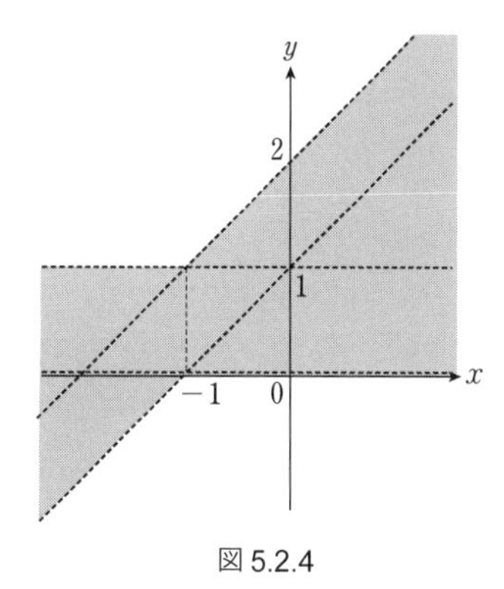

図 5.2.4

■解答 2

①∧②のもとで③の掃過領域を W とすると，

$$(x,\ y)\in W \iff \exists(a,\ b),\ 0<a<1 \wedge 0<b<1 \wedge y=ax+a+b$$

である．まず，③を a についての 1 次方程式とみなすと，

$$(x+1)a+(b-y)=0 \quad \cdots\cdots ③'$$

が $0<a<1$ に解をもつことが必要である．ここで，③' の左辺を

$$f(a)=(x+1)a+(b-y)$$

とおく．

■「$f(a)=0$ ……③' が $0<a<1$ に解をもつような，文字 $x,\ y,\ b$ についての条件」……(☆)
を必要条件として求め，さらに，
「(☆)をみたす b が $0<b<1$ に存在するような文字 $x,\ y$ についての条件」……(☆☆)
を求めれば十分である．

(Ⅰ) $x=-1$ のとき③' は

$$f(a)=0\cdot a+(b-y)=0$$

なので，$b-y=0$ ……④のとき，任意の実数 a が③' の解となる．
さらに，

「④をみたす b が $0<b<1$ に存在する」

すなわち $0<y<1$ のとき，$(-1,\ y)\in W$ となる．

(Ⅱ) $x\neq-1$ のとき③' は a についての 1 次方程式である．
これが $0<a<1$ に解をもつ条件は，

$$f(0)\cdot f(1)=(b-y)(x+1+b-y)<0 \quad \cdots\cdots ⑤$$

さらに，「⑤をみたす b が $0<b<1$ に存在する」
ような $(x,\ y)$ についての条件を求める．
⑤の左辺を b の 2 次式とみて

$$g(b)=(b-y)(b+x-y+1)$$

とおく．$g(b)=0$ となる 2 つの値 $b=y,\ y-x-1$ の大小関係で分類して調べる．

(Ⅱ－ⅰ) $x<-1$ のとき $(-x-1>0)$

2 次関数 $f(b)$ のグラフは図 5.2.5 のようになる．
$f(b)<0$ となる区間 $y<b<y-x-1$ ……⑥と区間 $0<b<1$ ……②とが，共通部分をもてばよい．

「②と⑥が共通部分をもたない」

$$\iff y-x-1\leqq 0 \vee 1\leqq y$$

これを否定すると

「②と⑥が共通部分をもつ」

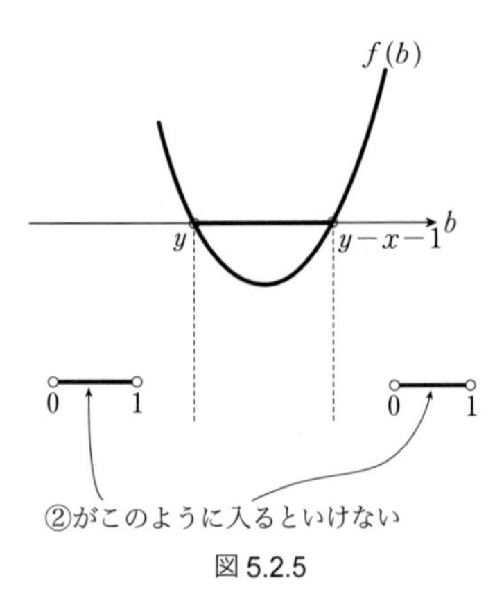

図 5.2.5

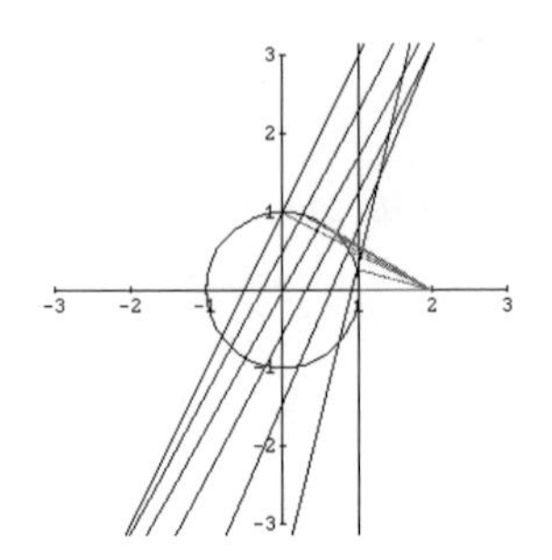

$\iff y>x+1 \land 1>y$

(Ⅱ－ⅱ) $-1<x$ のとき $(-x-1<0)$

2次関数 $f(b)$ のグラフは図5.2.6のようになる．

$f(b)<0$ となる区間 $y-x-1<b<y$ ……⑥' と②とが，共通部分をもてばよい．

「②と⑥'が共通部分をもつ」

$\iff y>0 \land 2+x>y$

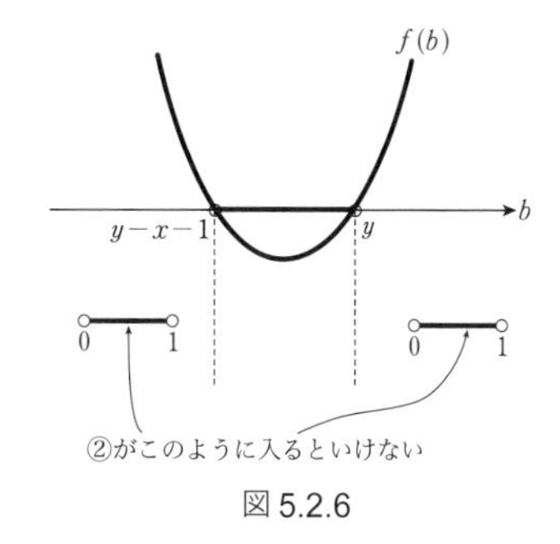

図5.2.6

以上から，求める領域 W を表す不等式は

$$(x,\ y)\in W$$
$$\iff (x=-1 \land 0<y<1) \lor$$
$$(x<-1 \land x+1<y<1) \lor$$
$$(-1<x \land 0<y<2+x)$$

となり，これを図示すると図5.2.4を得る．

例題 5-4

> 実数 k に対して，曲線
>
> C_k : $x^2+y^2+3kx+(k-2)y-6k-4=0$ を考える．
>
> (1) 任意の実数 k に対して C_k は円を表すことを証明し，k を動かしたときの C_k の中心の軌跡を求めよ．
>
> (2) すべての C_k が通る点があれば，それをすべて求めよ．
>
> (3) どの C_k も通らない点があれば，それをすべて求めよ．

■解答

(1) $x^2+y^2+3kx+(k-2)y-6k-4=0$ ……①

$$\iff \left(x+\frac{3k}{2}\right)^2+\left(y+\frac{k-2}{2}\right)^2=\left(\frac{3k}{2}\right)^2+\left(\frac{k-2}{2}\right)^2+6k+4$$

$$\iff \left(x+\frac{3k}{2}\right)^2+\left(y+\frac{k-2}{2}\right)^2=\frac{5}{2}\{(k+1)^2+1\} \quad \cdots\cdots②$$

任意の実数 k に対して②の右辺は正の値をとるから，

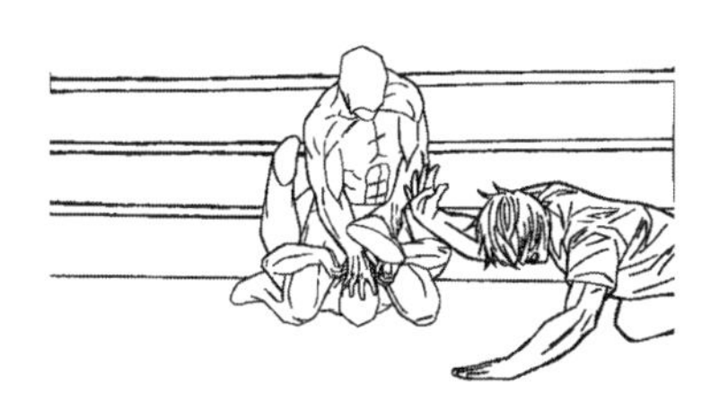

C_k は中心 $(X,\ Y)=\left(-\dfrac{3k}{2},\ \dfrac{2-k}{2}\right)$

半径 $\sqrt{\dfrac{5}{2}\{(k+1)^2+1\}}$ (>0) の円を表す.

中心の軌跡を求めるために,

$$k=-\frac{2}{3}X,\quad 2Y=2-k$$

を用いて k を消去すると,

$$2Y=2+\frac{2}{3}X$$

$$\therefore\quad X-3Y+3=0$$

ここで, k は全実数値をとれることから, X も全実数値をとれることに注意すると, 求める軌跡は

直線 $x-3y+3=0$ の全体である.

(2) ①を k の1次式と考えて整理すると,

$$(x^2+y^2-2y-4)+k(3x+y-6)=0 \qquad \cdots\cdots③$$

「すべての C_k が通る」点とは,

■(2)では, ③が k についての恒等式となるように係数を与える.

「任意の実数 k に対して等式③が成立するような $(x,\ y)$」

すなわち

「$x^2+y^2-2y-4=0\ \wedge\ 3x+y-6=0$ をみたす $(x,\ y)$」

のことで, 解いてみると

$(x,\ y)=(1,\ 3),\ (2,\ 0)$ の2点である.

(3) 「どの C_k も通らない点」とは,

「任意の実数 k に対して等式③が成立しないような $(x,\ y)$」

すなわち

「$x^2+y^2-2y-4\neq 0\ \wedge\ 3x+y-6=0$ をみたす $(x,\ y)$」

のことで, 解いてみると,

■(3)では, k の1次方程式③が不能方程式となるように係数を与える.

直線 $3x+y-6=0$ 上の点のうち2点 $(1,\ 3),\ (2,\ 0)$ を除いたものである(図5.2.7).

(注) k の値を実数全体にわたって動かすことにより①(あるいは③)は,

「$x^2+y^2-2y-4=0$ と $3x+y-6=0$ の

2つの交点を含む任意の円」

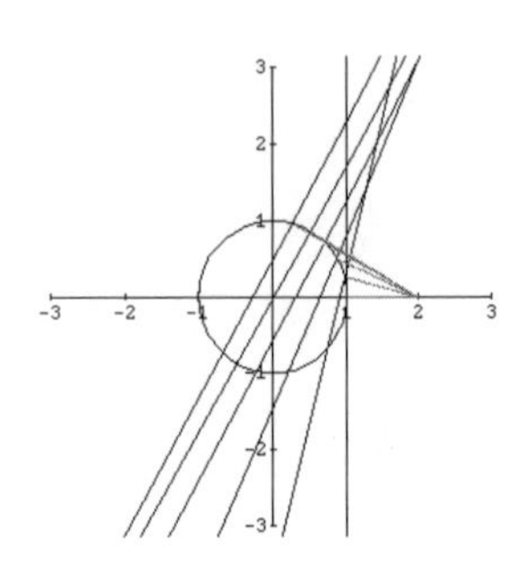

を表すことができる．その様子は図 5.2.8 のようになっている．

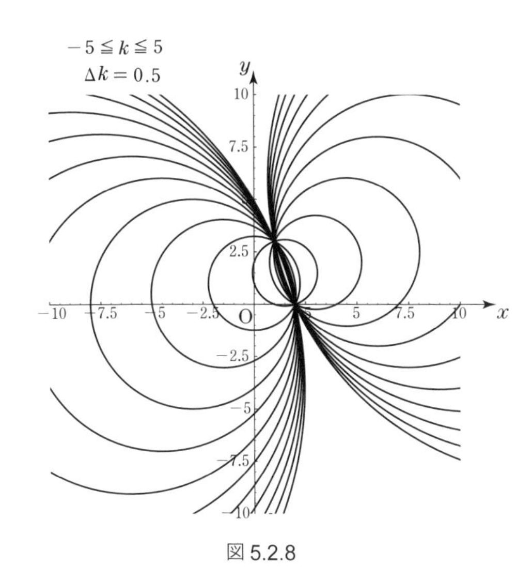

図 5.2.8

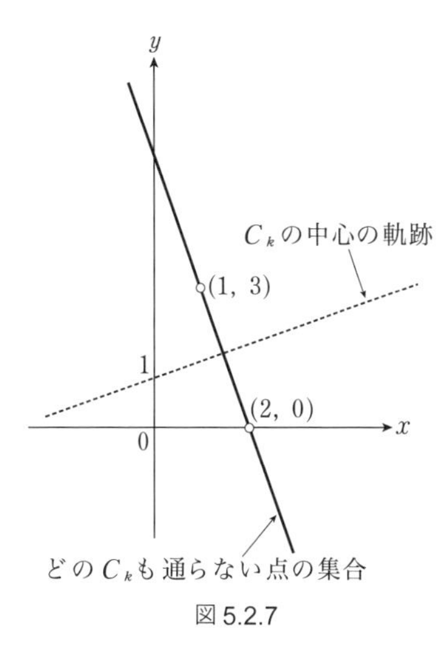

図 5.2.7

例題 5-5

> (1) a がすべての実数を動くとき，
> 円 C_a : $(x-a)^2+(y-a)^2=a^2+1$ が動く範囲を図示せよ．
> (2) a が 0 以上のすべての実数を動くとき，C_a が動く範囲を図示せよ．

■解答

円 C_a の方程式を文字 a の 2 次式として整理すると

$$f(a)=a^2-2(x+y)a+(x^2+y^2-1)=0$$

となる．

(1) $a\in\mathbb{R}$ のもとでの円 C_a の動く領域を W_1 とすると，

$$\begin{aligned}(x,\ y)\in W_1 &\iff \exists a\in\mathbb{R},\quad f(a)=0\\ &\iff \text{判別式 } D/4=(x+y)^2-(x^2+y^2-1)\geqq 0\\ &\iff 2xy+1\geqq 0 \qquad \cdots\cdots ①\end{aligned}$$

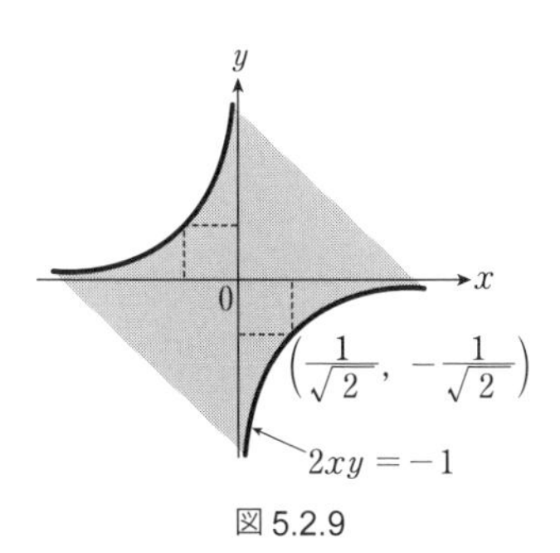

図 5.2.9

領域 W_1 を図示すると図 5.2.9 の網目部のようになる．境界は含

む．

■ (2)で求める条件は「a の 2 次方程式 $f(a)=0$ が，(少なくとも 1 つ) 0 以上の実数解をもつこと」

(2) $a \geqq 0$ のもとでの円 C_a の動く領域を W_2 とすると，

$$(x,\ y) \in W_2 \iff \exists a,\ a \geqq 0 \ \wedge\ f(a)=0$$

この条件は，次の(ｉ)又は(ii)と同値である．

(ｉ) $a=0$ が解となるかまたは一方の解だけ正となるとき

$$(2\text{ 解の積}=)\ x^2+y^2-1 \leqq 0 \qquad \cdots\cdots②$$

■ ②のとき，条件①はみたされる．

(ii) 2 解とも正となるとき，①が必要で，このもとで

$$(2\text{ 解の和}=)\ 2(x+y)>0 \qquad \cdots\cdots③$$

$$(2\text{ 解の積}=)\ x^2+y^2-1>0 \qquad \cdots\cdots④$$

よって求める条件は次のように書き直される．

$$(x,\ y) \in W_2 \iff ② \vee (① \wedge ③ \wedge ④)$$

領域 W_2 を図示すると図 5.2.10 の網目部のようになる．境界は含む．

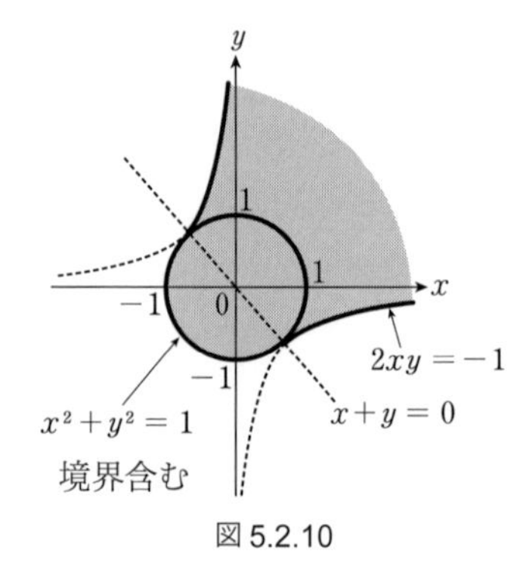

図 5.2.10

(注) 図 5.2.11 は，領域 W_1 に属するいくつかの円 C_a を同時に描いたものである．図 5.2.12 は，領域 W_2 に属するいくつかの円 C_a $(a \geqq 0)$ である．

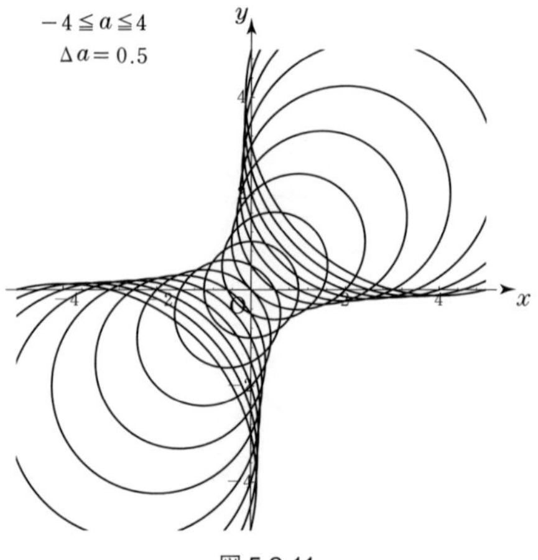

図 5.2.11

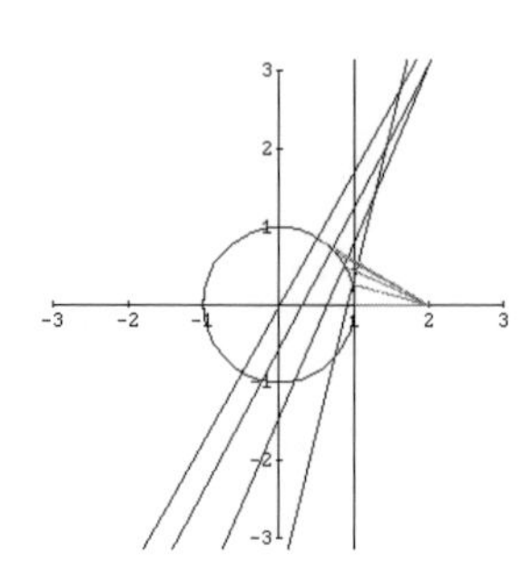

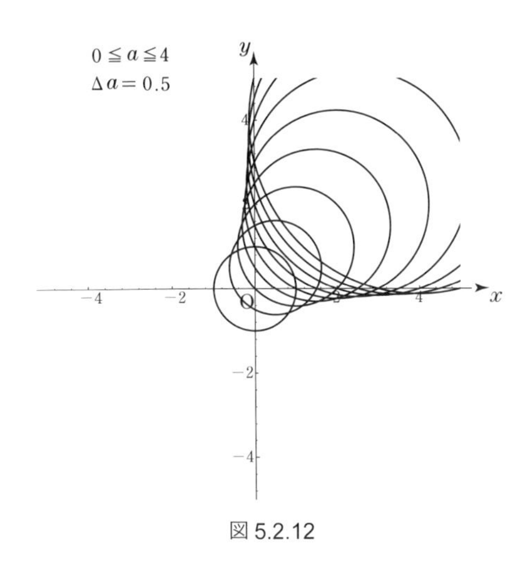

図 5.2.12

図 5.2.13 から図 5.2.15 は,

$$f(a) = a^2 - 2(x+y)a + (x^2+y^2-1) = 0$$

を「3 変数 x, y, a の間の関係式」と考えて，この条件をみたす点 $(x,\ a,\ y)$ の集合を 3 次元表示したものである.

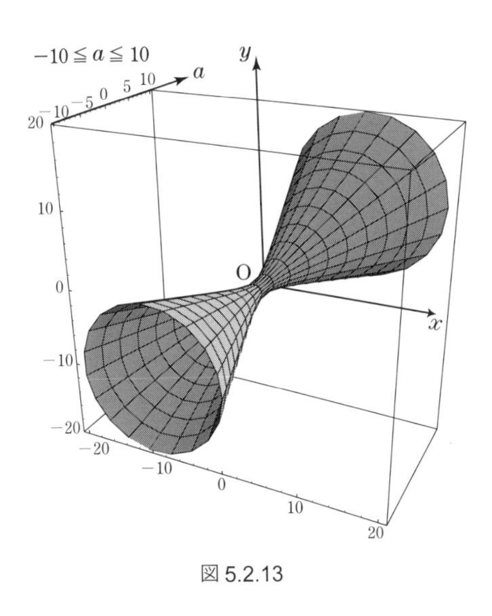

図 5.2.13

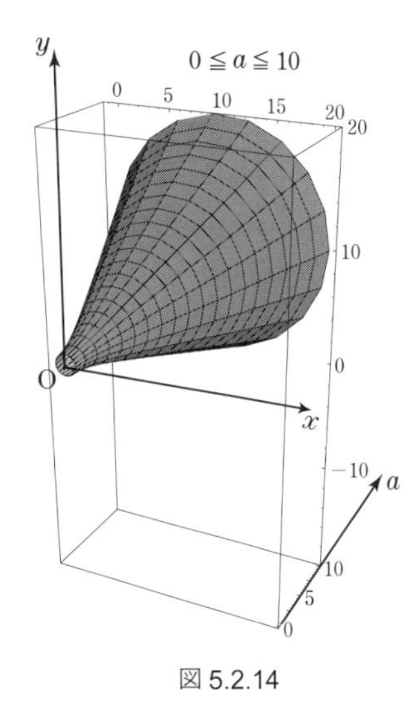

図 5.2.14

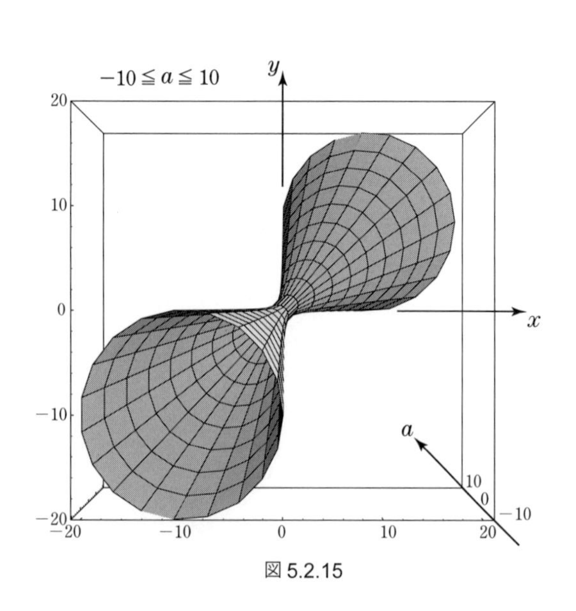

図 5.2.15

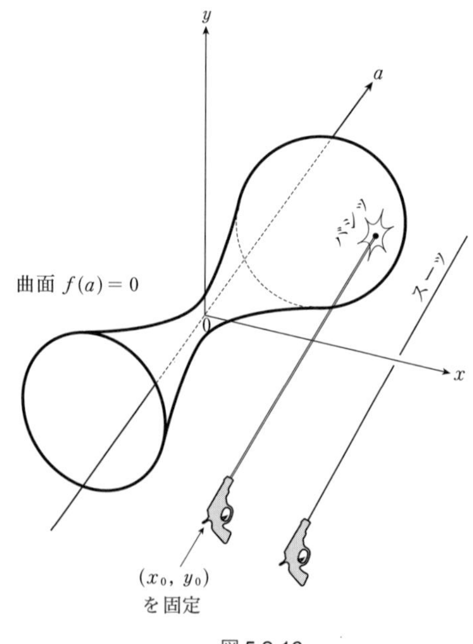

図 5.2.16

図 5.2.13 は図 5.2.10 を拡張したもの，図 5.2.14 は図 5.2.11 を拡張したものである．これらの図を用いて，改めて (1) の考え方を見直してみよう．

「$a \in \mathbb{R}$ のもとでの円 C_a の動く範囲を W_1 とすると，

$(x,\ y) \in W_1 \iff \exists a \in \mathbb{R},\quad a^2-2(x+y)a+(x^2+y^2-1)=0$」

とは 2 変数 $(x,\ y)$ についての条件であって，文字 a は実質的に条件における変数にはなっていないことに気をつけよう．

■ 1.4 節では，このような文字 a を束縛変数と呼んだ．

「$(x,\ y)$ に具体的な $(x_0,\ y_0)$ を与えて

$(x_0,\ y_0) \in W_1$ か？　$(x_0,\ y_0) \notin W_1$ か？　を判定する」

とは，

「空間内の直線 $(x,\ y)=(x_0,\ y_0)$，(a は任意の実数)が，

空間内の曲面 $f(a)=0$ と共通点を持つか？　持たないか？

を判定する」

ことと同じである（図 5.2.16）．

このように考えて図 5.2.13 の直方体を a 軸負の方向から見ると，

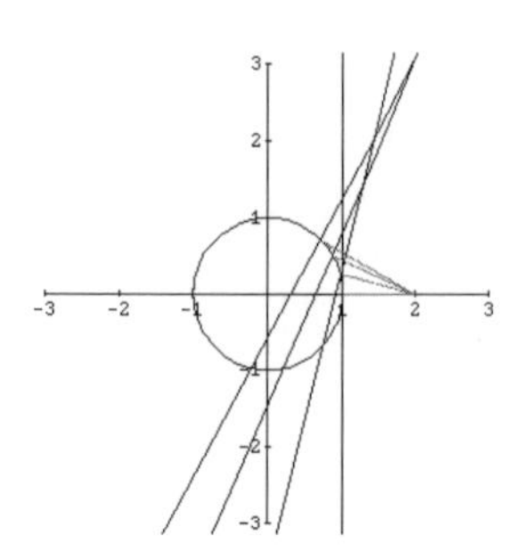

図 5.2.15 のようになる．図 5.2.15 の中に，図 5.2.10 に描いた領域 W_1 がそのまま見えてくることに注意すると，(1)でとった解法の意味がハッキリとわかってくる．

5.3 図形への応用

それでは，これまでに検討した「掃過領域を求める原理」を，具体的な応用問題に適用してみることにしよう．

例題 5-6

> AB を直径とする半円がある．周上の弧 PQ を弦 PQ で折り返したとき，折り返された弧が AB に接したとする．このような弦 PQ の存在する範囲を求めて図示せよ．

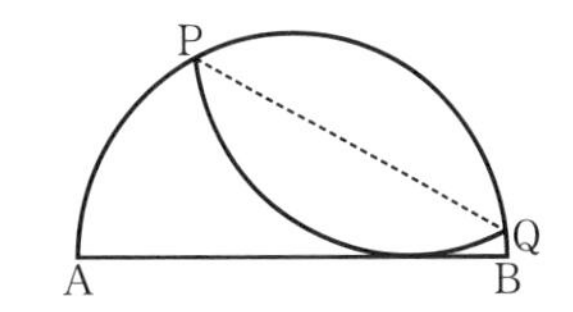

いろいろな弦 PQ を区別するような補助変数（パラメータ）をどのように導入するとよいだろうか．

■解答

半円の半径を 1 としても一般性を失わない．図 5.3.1 のような座標軸と補助円を入れる．補助円の中心を C$(t,\ 1)$ とするとき，題意から t の変域は

$$-1 \leqq t \leqq 1 \quad \cdots\cdots①$$

と考えてよい．直線 PQ は，線分 OC の垂直 2 等分線であるから，

$$\overrightarrow{\mathrm{OC}} = \begin{pmatrix} t \\ 1 \end{pmatrix} \perp \begin{pmatrix} x-\dfrac{t}{2} \\ y-\dfrac{1}{2} \end{pmatrix}$$

$$\Longleftrightarrow\ t\left(x-\frac{1}{2}\right)+1\cdot\left(y-\frac{1}{2}\right)=0$$

$$\text{直線 PQ}:\ tx+y-\frac{t^2+1}{2}=0 \quad \cdots\cdots②$$

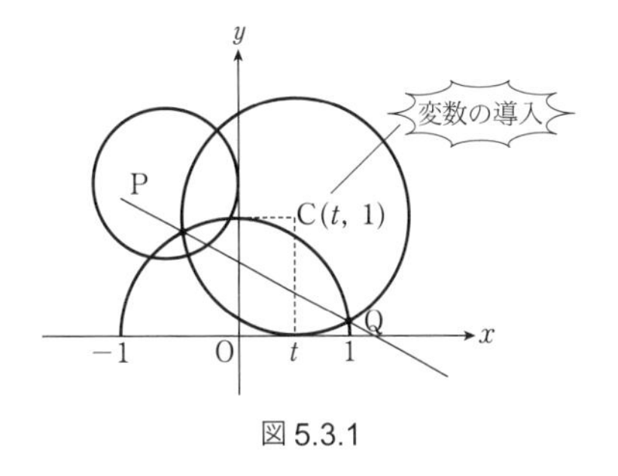

図 5.3.1

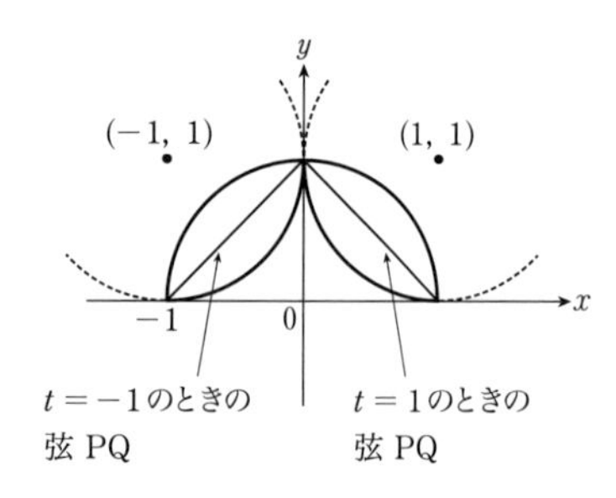

図 5.3.2

求める範囲とは，

「条件①のもとでの直線②の通り得る範囲 W と，

半円板 $x^2+y^2\leqq 1 \wedge y\geqq 0$ との共通部分」

である．

$$(x,\ y)\in W \iff \exists t,\ ① \wedge ②$$

$$\iff \exists t,\quad -1\leqq t\leqq 1 \wedge$$

$$t^2-2xt+(1-2y)=0 \qquad \cdots\cdots②'$$

②'の左辺を $f(t)$ とおき，

「2 次方程式 $f(t)=0$ が $-1\leqq t\leqq 1$ に解をもつ条件」

を求めると領域 W が得られる．

$$f(-1)=2+2x-2y$$

$$f(1)=2-2x-2y$$

の符号に注意すると，次の (i) または (ii) のケースを考えればよいことがわかる(図 5.3.3)．

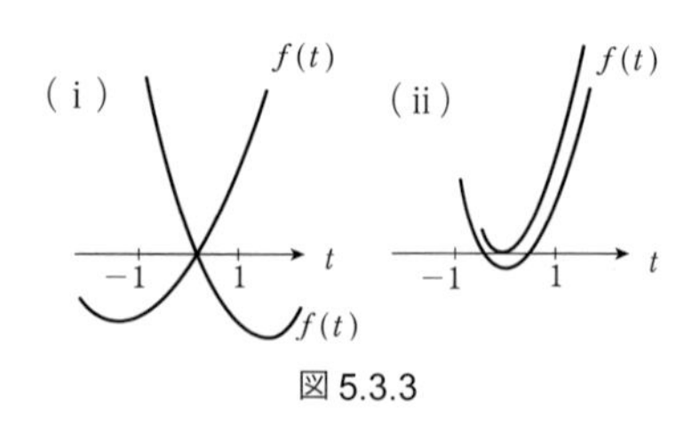

図 5.3.3

(i) 1 つの解だけが $-1\leqq t\leqq 1$ にある(重解を除く)ための条件：

$$f(-1)<0\leqq f(1) \vee f(1)<0\leqq f(-1)$$

$$1+x<y\leqq 1-x \vee 1-x<y\leqq 1+x$$

この条件をみたす点 $(x,\ y)$ の集合は図 5.3.4 の網目部．境界は太線部のみ含み，他は含まない．

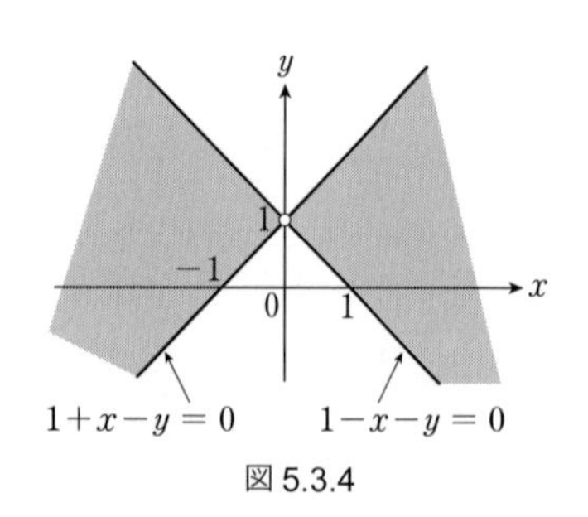

図 5.3.4

(ii) 2 つの解 (重解を含む) がともに $-1\leqq t\leqq 1$ にあるための条件：

②'の判別式 $D/4=x^2-(1-2y)\geqq 0$ かつ

$f(-1)\geqq 0$ かつ $f(1)\geqq 0$ かつ

($f(t)$ の表す放物線の軸の位置) $-1\leqq x\leqq 1$

すなわち

$$y\geqq -\frac{1}{2}x^2+\frac{1}{2} \wedge y\leqq 1+x \wedge y\leqq 1-x \wedge$$

$$-1\leqq x\leqq 1$$

この条件をみたす点 $(x,\ y)$ の集合は図 5.3.5 の網目部．境界含む．

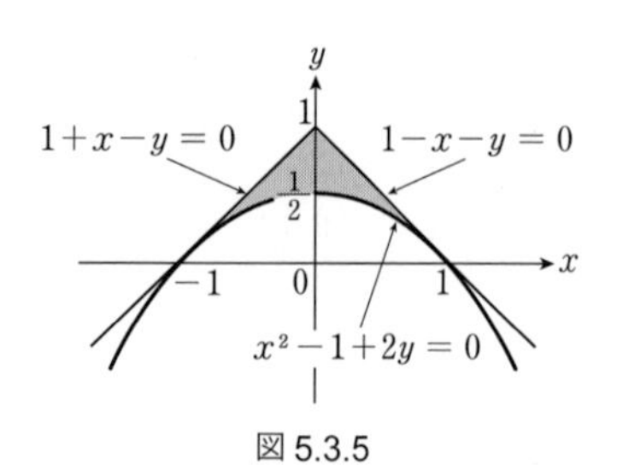

図 5.3.5

以上の (i) または (ii) が W を表す．さらに与えられた半円との共通部分を考えることにより，求める範囲は図 5.3.6 の網目部の

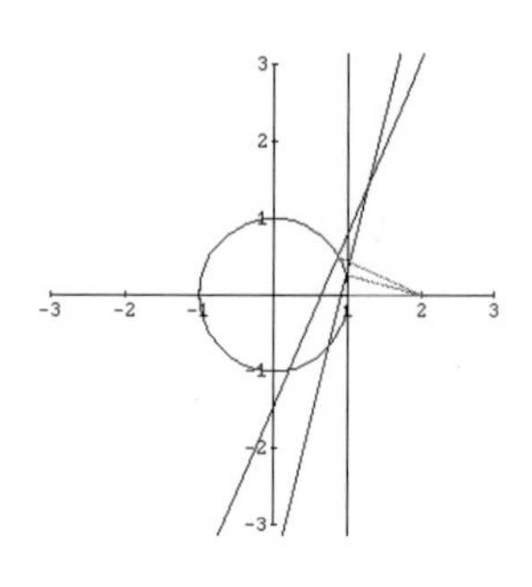

ようになる．境界含む．

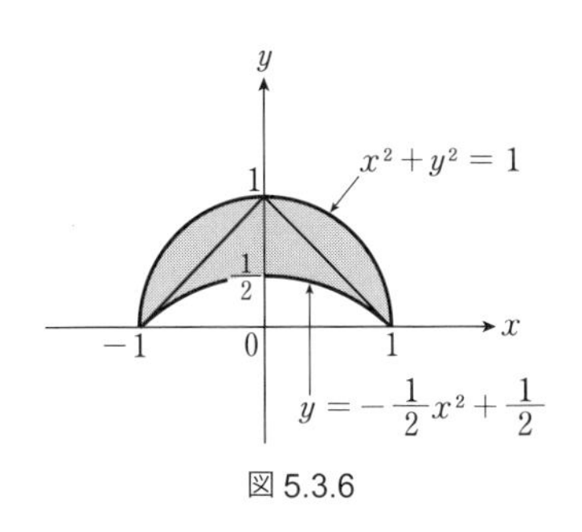

図 5.3.6

(注) 直線 PQ の方程式②を

$$y=-tx+\frac{t^2+1}{2}$$

と変形してから，文字 t の 2 次式として平方完成すると，

$$y=\frac{1}{2}(t^2-2xt)+\frac{1}{2}$$

$$=\frac{1}{2}(t-x)^2-\frac{1}{2}x^2+\frac{1}{2} \quad \cdots\cdots③$$

となるが，xy 平面における直線③は，つねに放物線

$$y=-\frac{1}{2}x^2+\frac{1}{2} \quad \cdots\cdots④$$

と接している．なぜなら，③，④を連立して y を消去すると，

$$③-④：\ 0=\frac{1}{2}(t-x)^2$$

となり，$x=t$ が重解となるからである．ここから③と④の接点は $\left(t,\ -\frac{1}{2}t^2+\frac{1}{2}\right)$ であることもわかる．以上のことに注意して，傾き $-1 \leqq t \leqq 1$ における直線②の動きを考えると，図 5.3.7 のようになる．これは領域 W を表している．放物線④を，直線群②の**包絡線** (envelope) という．

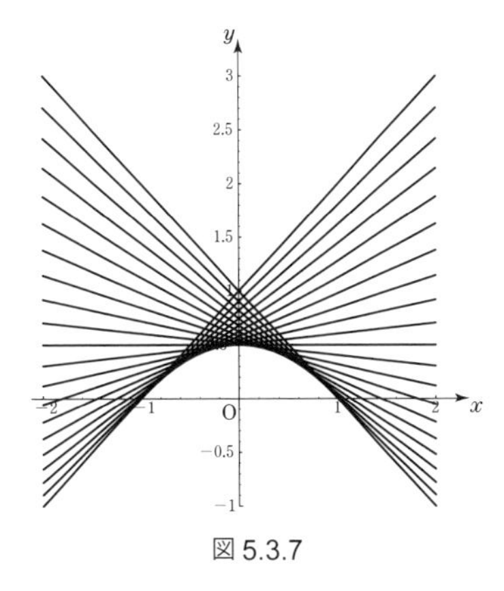

図 5.3.7

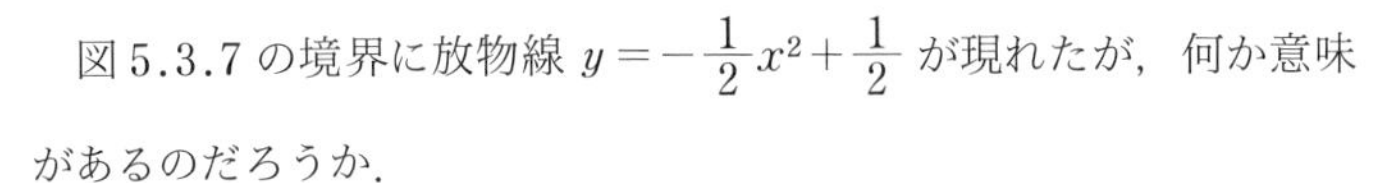

図 5.3.7 の境界に放物線 $y=-\frac{1}{2}x^2+\frac{1}{2}$ が現れたが，何か意味があるのだろうか．

図 5.3.8 のように，補助円と直線 AB との接点を T とし，半径 CT と弦 PQ との交点を X とする．「OX を弦 PQ に関して折り返すと CX に重なる」のだから，

$$\mathrm{OX}=\mathrm{CX},\quad \angle\mathrm{OXP}=\angle\mathrm{CXP}$$

である．よって，

> 点 X は，O を焦点として ℓ を準線とする放物線を描くこと，弦 PQ はその放物線上の点 X における接線であること

がわかる．これが，図 5.3.8 の直線群と包絡線の正体である．

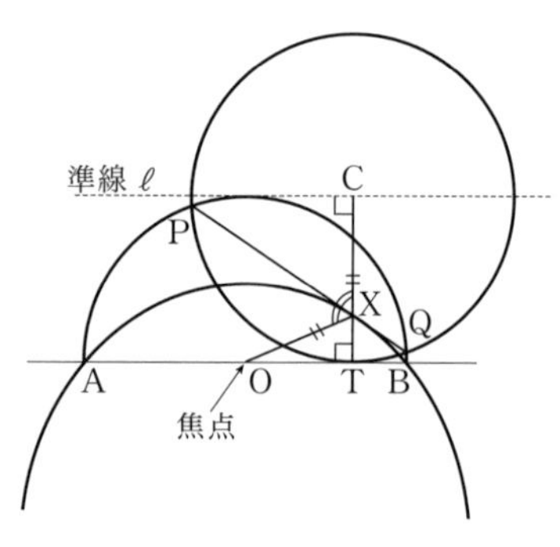

図 5.3.8

例題 5-7 xy 平面に，円 $C : x^2+y^2=1$ と定点 $A(a,\ 0)$ がある．ただし，a は 1 と異なる正の定数である．C 上に点 P をとり，P を通り線分 AP に垂直な直線を ℓ とする．P が C 上を 1 周するとき ℓ が通過する範囲を不等式で表し，図示せよ．

■ $\overrightarrow{\mathrm{AP}}=\begin{pmatrix}u-a\\v\end{pmatrix}$ が ℓ の法線ベクトル

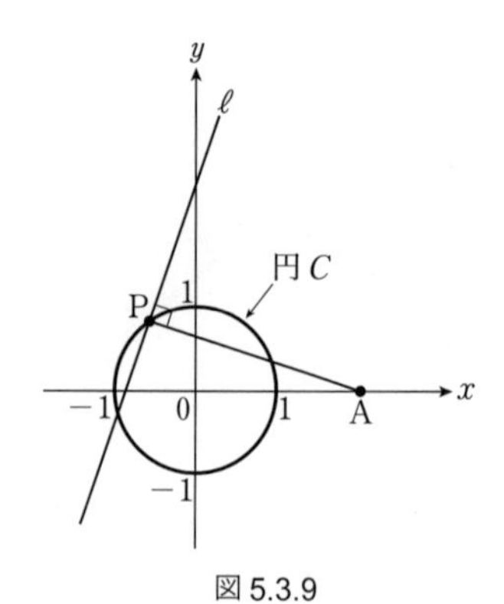

図 5.3.9

■解答

P$(u,\ v)$ とおいて，直線 ℓ の方程式を作る．

ℓ 上の点 $(x,\ y)$ のみたすべき条件は，

$$\begin{pmatrix}x-u\\y-v\end{pmatrix}\perp\begin{pmatrix}u-a\\v\end{pmatrix}$$

であるから，

$$(u-a)(x-u)+v(y-u)=0$$

$$\iff (u-a)x+vy=u^2+v^2-au$$

ここで，P$(u,\ v)$ は円 C 上の点であるから $u^2+v^2=1$ となり，

$$\ell\ :\ (u-a)x+vy=1-au \qquad \cdots\cdots①$$

求める領域は，

「条件 $u^2+v^2=1$ ……②のもとで，関係式①によって定まる直線 ℓ の通過する領域」

である．これを W とすると，

■ ①は $(x,\ y)$ についての 1 次式という意識で式を立てたが，②は $(u,\ v)$ につい

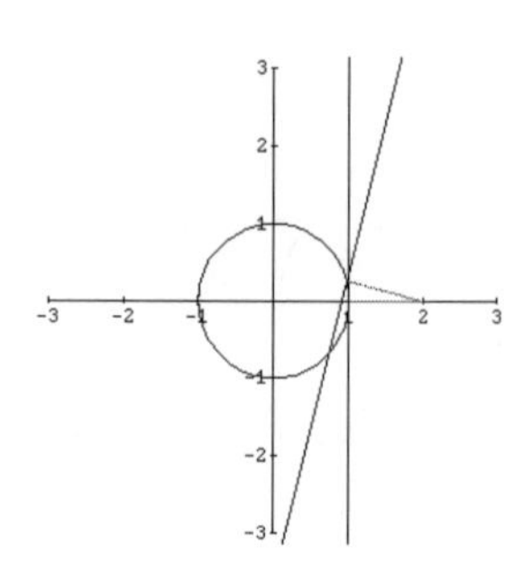

$$(x,\ y) \in W \iff \exists(u,\ v),\ ①\wedge②$$

①を $(u,\ v)$ についての1次式と考えて書き直すと，

$$(x+a)u+yv-(ax+1)=0 \qquad \cdots\cdots①'$$

となるから，

$(x,\ y) \in W \iff$「uv 平面における直線①' と単位円②が共有点 $(u,\ v)$ をもつ」

$$\iff \frac{|ax+1|}{\sqrt{(x+a)^2+y^2}} \leqq 1$$

$$\iff (ax+1)^2 \leqq (x+a)^2+y^2$$

$$\iff \boldsymbol{(1-a^2)x^2+y^2 \geqq 1-a^2} \qquad \cdots\cdots③$$

(ⅰ) $0<a<1$ のとき

$1-a^2>0$ に注意して③を変形すると，

$$x^2+\left(\frac{y}{\sqrt{1-a^2}}\right)^2 \geqq 1$$

これを図示すると，図5.3.10の網目部のようになる．境界含む．

(ⅱ) $1<a$ のとき

$1-a^2<0$ に注意して③を変形すると，

$$x^2-\left(\frac{y}{\sqrt{a^2-1}}\right)^2 \leqq 1$$

これを図示すると，図5.3.11の網目部のようになる．境界含む．

(注) $a=\dfrac{1}{\sqrt{2}}$，2として，線分APと直線 ℓ の例をいくつか描いたものが，図5.3.12，5.3.13である．

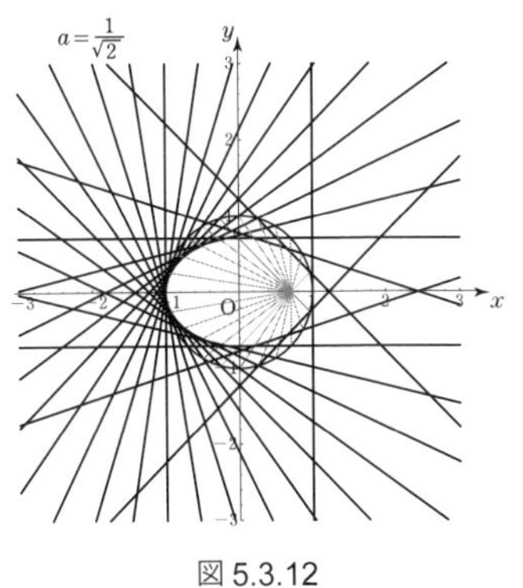

図 5.3.12

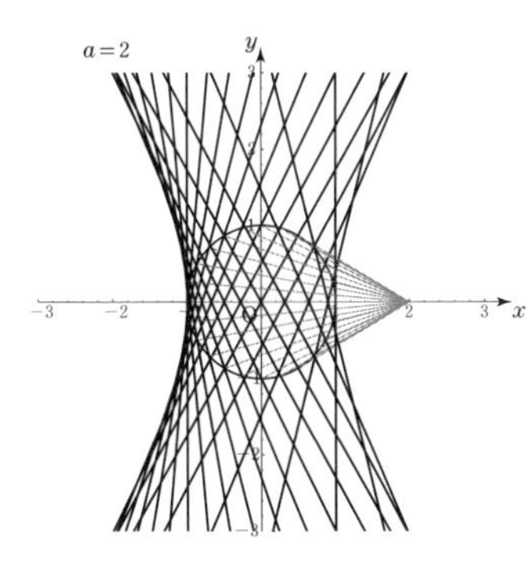

図 5.3.13

ての1次式とみている．

■ 円②の中心と直線①' との距離が，②の半径以下であること．

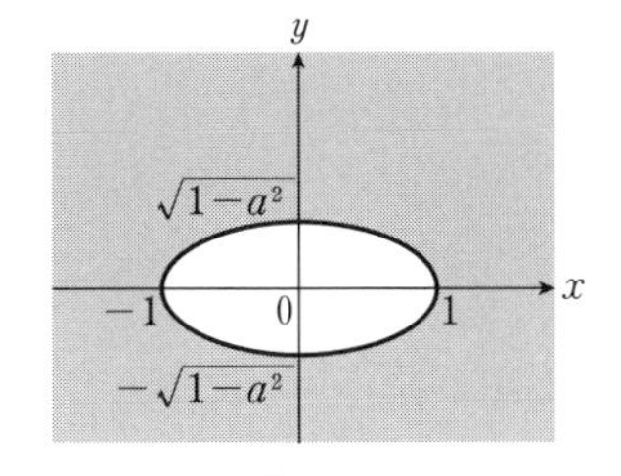

図 5.3.10

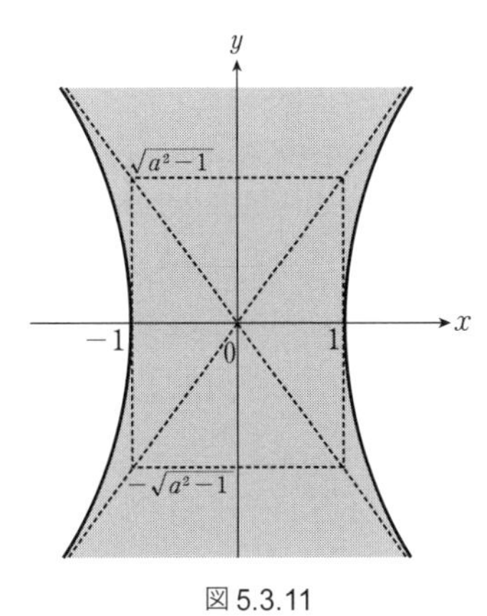

図 5.3.11

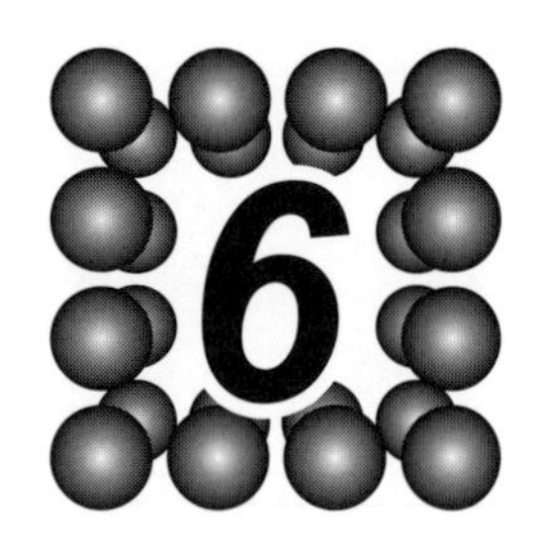

1 次変換から線形代数へ

2 組の変数の組 $(x,\ y)$, $(x',\ y')$ の間に定める写像 f のうちでも，最もシンプルな構造をもつものが，**1 次変換** (linear transformation) である．その具体形は，

$$\begin{pmatrix} x \\ y \end{pmatrix} \overset{f}{\longmapsto} \begin{pmatrix} x' \\ y' \end{pmatrix} = \begin{pmatrix} ax+by \\ cx+dy \end{pmatrix}$$

のように，「2 変数 x', y' を，2 変数 x, y の 1 次式で，定数項をもたないものとして表す」ものである．この章では，

> 点 $(x,\ y)$ のもつ性質・みたす条件が，
> 1 次変換 f によってどのように伝達されていくのか

という観点から検討を加えていくことにする．

6.1 線形性が変数を伝達する

行列 $A=\begin{pmatrix} a & b \\ c & d \end{pmatrix}$ によって表される 1 次変換を f とする．

f によって列ベクトル $\vec{x}=\begin{pmatrix} x \\ y \end{pmatrix}$ が $\vec{x}'=\begin{pmatrix} x' \\ y' \end{pmatrix}$ に移されるとき，

$$\vec{x} \overset{f}{\longmapsto} \vec{x}'=A\vec{x}$$

と書く．成分表示をすると，

$$\begin{pmatrix} x \\ y \end{pmatrix} \overset{f}{\longmapsto} \begin{pmatrix} x' \\ y' \end{pmatrix} = \begin{pmatrix} a & b \\ c & d \end{pmatrix}\begin{pmatrix} x \\ y \end{pmatrix}$$

である．次の性質 1°, 2°を線形性という．

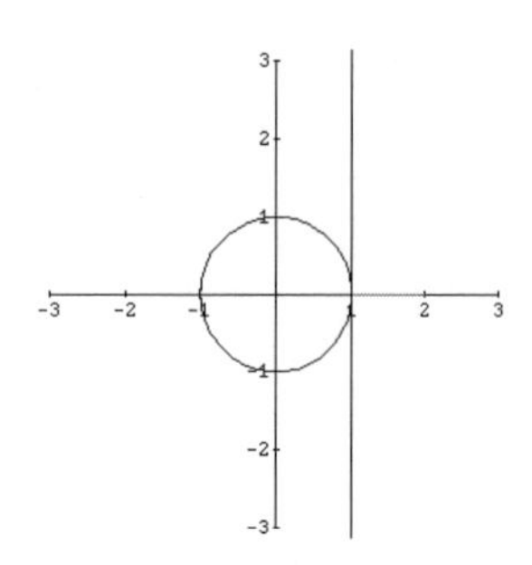

行列計算における線形性

1° $A(\vec{x}_1+\vec{x}_2)=A\vec{x}_1+A\vec{x}_2$

2° $A(\alpha\vec{x}_1)=\alpha(A\vec{x}_1)$

ここに，A は行列，$\vec{x}_1$，$\vec{x}_2$ は列ベクトル，α は実数である．

1次変換fにおける線形性

1° $f(\vec{x}_1+\vec{x}_2)=f(\vec{x}_1)+f(\vec{x}_2)$

2° $f(\alpha\vec{x}_1)=\alpha f(\vec{x}_1)$

これを言い換えると，次のようになる．

1° $\vec{x}_1 \overset{f}{\longmapsto} \vec{x}'_1$

$+)\ \vec{x}_2 \overset{f}{\longmapsto} \vec{x}'_2$ のとき，

$\vec{x}_1+\vec{x}_2 \overset{f}{\longmapsto} \vec{x}'_1+\vec{x}'_2$ のような加法ができる．

2° $\vec{x}_1 \overset{f}{\longmapsto} \vec{x}'_1$ のとき，

$\alpha\vec{x}_1 \overset{f}{\longmapsto} \alpha\vec{x}'_1$ のような実数倍ができる．

線形性の 1°，2°をまとめて一行で表すと，

3° $f(\alpha\vec{x}_1+\beta\vec{x}_2)=\alpha f(\vec{x}_1)+\beta f(\vec{x}_2)\quad(\alpha,\ \beta\in\mathbb{R})$

この性質を使って「パラメータ α，β をfが伝達する」とはどういうことかを考えてみよう．いま特に，

$$\vec{x}_1=\begin{pmatrix}1\\0\end{pmatrix},\quad \vec{x}_2=\begin{pmatrix}0\\1\end{pmatrix}$$

とおくことにする．fを表す行列は $A=\begin{pmatrix}a & b\\ c & d\end{pmatrix}$ であったから，

$$\begin{pmatrix}1\\0\end{pmatrix} \overset{f}{\longmapsto} \begin{pmatrix}a\\c\end{pmatrix}$$

$$\begin{pmatrix}0\\1\end{pmatrix} \overset{f}{\longmapsto} \begin{pmatrix}b\\d\end{pmatrix}$$

■ 1次変換を表す行列の成分は，

$$\left(\boxed{\begin{matrix}a\\c\end{matrix}}\ \vdots\ \boxed{\begin{matrix}b\\d\end{matrix}}\right)$$

↑ ↑

$\begin{pmatrix}1\\0\end{pmatrix}$の像 $\begin{pmatrix}0\\1\end{pmatrix}$の像

このように並んでいる．

である．ここに，線形性の 3°を用いてみると，

$$\underbrace{x\begin{pmatrix}1\\0\end{pmatrix}+y\begin{pmatrix}0\\1\end{pmatrix}}_{\parallel} \overset{f}{\longmapsto} \underbrace{x\begin{pmatrix}a\\c\end{pmatrix}+y\begin{pmatrix}b\\d\end{pmatrix}}_{\parallel}$$

$$\begin{pmatrix}x\\y\end{pmatrix} \overset{f}{\longmapsto} \begin{pmatrix}x'\\y'\end{pmatrix}=\begin{pmatrix}a & b\\c & d\end{pmatrix}\begin{pmatrix}x\\y\end{pmatrix}$$

となる．この様子を図示した例が図 6.1.1 である．

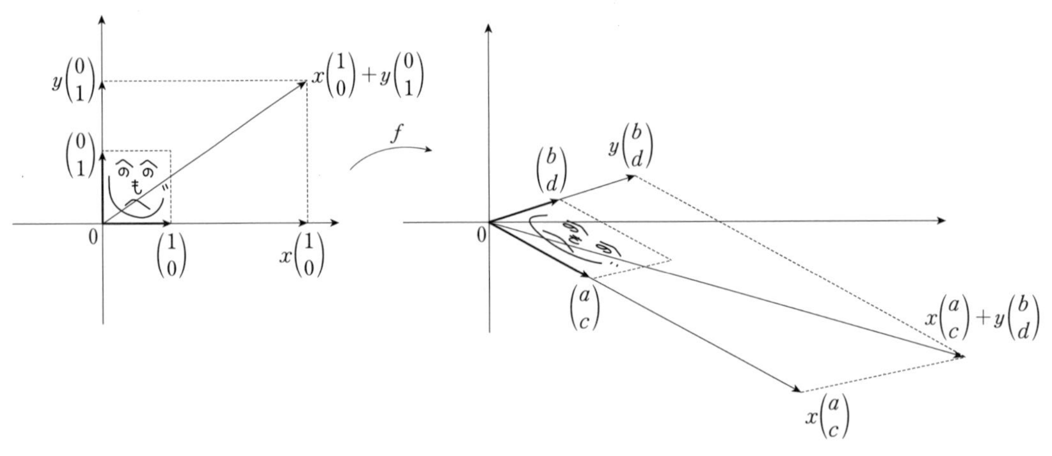

図 6.1.1

また，$\vec{x}_1$，$\vec{x}_2$ を一般の列ベクトルとして

$$\vec{x}_1=\begin{pmatrix}p\\q\end{pmatrix},\quad \vec{x}_2=\begin{pmatrix}r\\s\end{pmatrix}$$

とおくと，

$$\begin{pmatrix}p\\q\end{pmatrix} \overset{f}{\longmapsto} A\begin{pmatrix}p\\q\end{pmatrix}$$

$$\begin{pmatrix}r\\s\end{pmatrix} \overset{f}{\longmapsto} A\begin{pmatrix}r\\s\end{pmatrix}$$

■ $A\begin{pmatrix}p\\q\end{pmatrix}$，$A\begin{pmatrix}r\\s\end{pmatrix}$ は列ベクトルであることに注意．

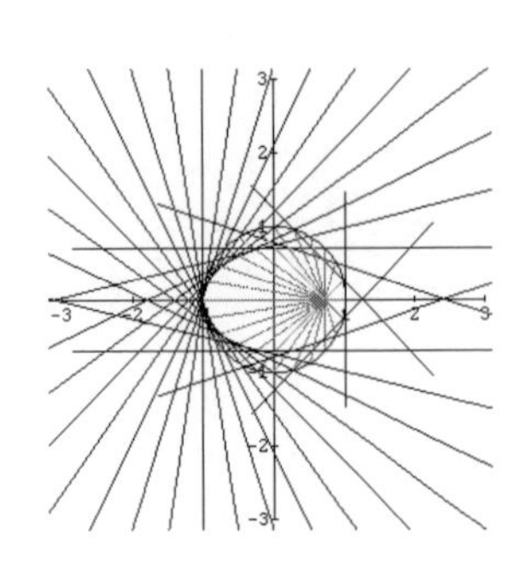

$$\underbrace{\alpha\begin{pmatrix}p\\q\end{pmatrix}+\beta\begin{pmatrix}r\\s\end{pmatrix}}_{\parallel} \overset{f}{\longmapsto} \underbrace{\alpha\cdot A\begin{pmatrix}p\\q\end{pmatrix}+\beta\cdot A\begin{pmatrix}r\\s\end{pmatrix}}_{\parallel}$$

$$\begin{pmatrix}x\\y\end{pmatrix} \overset{f}{\longmapsto} \begin{pmatrix}x'\\y'\end{pmatrix}=A\left\{\alpha\begin{pmatrix}p\\q\end{pmatrix}+\beta\begin{pmatrix}r\\s\end{pmatrix}\right\}$$

■ α が定数，β が変数なら，点 $(x,\ y)$ は直線を描く．(直線のパラメータ表示)

■ $\alpha,\ \beta$ 共に変数なら，点 $(x,\ y)$ は 2 次元領域を描く．

となる．ここで行列 $A=\begin{pmatrix}a & b\\c & d\end{pmatrix}$，列ベクトル $\vec{x}_1=\begin{pmatrix}p\\q\end{pmatrix}$，$\vec{x}_2=\begin{pmatrix}r\\s\end{pmatrix}$ の各成分はすべて定数であると考えておこう．すると，

「変数の組 $(x,\ y)$ が，f によって変数の組 $(x',\ y')$ に対応する」

と考えることができる．大学入試の「1 次変換」の分野でよくある出題のパターンは，次のようなものである．

「1 次変換 f : $\begin{pmatrix}x'\\y'\end{pmatrix}=A\begin{pmatrix}x\\y\end{pmatrix}$ において，点 $(x,\ y)$ が条件 C をみたしているとき，$(x',\ y')$ のみたすべき条件は何か？」

■ 条件 C は，何らかの不等式であったり，曲線の方程式であったりする．

このような問に対応する方法として，主に次の 3 点を列挙できる．

<u>方法 1°</u>　4.3 節（変数の組を書き換える）で練習した「軌跡・領域を求める原理」を利用する．

■ 方法 1°の例は（例題 6–2）（例題 6–3）

<u>方法 2°</u>　文字 $(x,\ y)$ についての条件 C を

$$\begin{pmatrix}x\\y\end{pmatrix}=\alpha\begin{pmatrix}p\\q\end{pmatrix}+\beta\begin{pmatrix}r\\s\end{pmatrix}$$

における文字 $(\alpha,\ \beta)$ の条件に書き換えてから，f を用いて

$$\begin{pmatrix}x'\\y'\end{pmatrix}=\alpha\cdot A\begin{pmatrix}p\\q\end{pmatrix}+\beta\cdot A\begin{pmatrix}r\\s\end{pmatrix}$$

のみたす条件に直すよう伝達する．

■ 方法 2°の例は（例題 6–1）

<u>方法 3°</u>　1 次変換 f が特別な性質をもっているときには，それを生かす．例えば回転移動・対称移動とか，固有ベクトルが判明している場合など．

次の節で，方法 2°について具体的に検討していく．

6.2 1次式の伝達

例題 6-1

行列 $\begin{pmatrix} 0 & 2 \\ -1 & 3 \end{pmatrix}$ で表される1次変換 f がある．

(1) 直線 ℓ : $y=mx+n$ の f による像 $f(\ell)$ を，パラメータ表示を利用して求めよ．

(2) $\ell /\!/ f(\ell)$ となるような，文字 m, n についての条件を求めよ．

(3) $\ell = f(\ell)$ となるような，文字 m, n についての条件を求めよ．

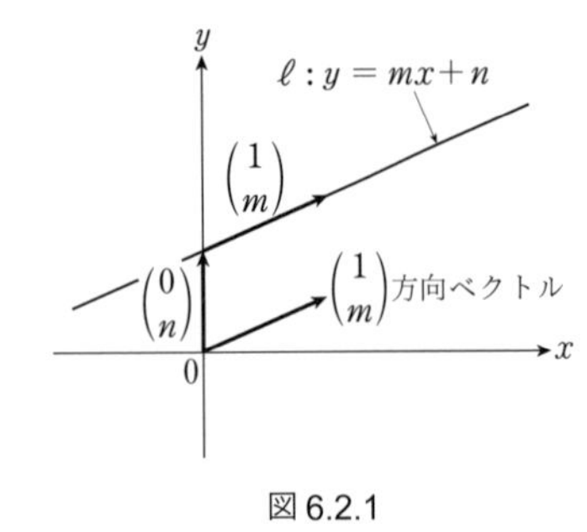

図 6.2.1

■解答

(1) 点 (x, y) が ℓ 上の点であるとき，ある実数 t を用いて

$$\begin{pmatrix} x \\ y \end{pmatrix} = \begin{pmatrix} 0 \\ n \end{pmatrix} + t\begin{pmatrix} 1 \\ m \end{pmatrix}$$

とおくことができる．点 (x, y) の f による像を (x', y') とすると，

$$\underbrace{1\cdot\begin{pmatrix} 0 \\ n \end{pmatrix} + t\begin{pmatrix} 1 \\ m \end{pmatrix}}_{\parallel} \overset{f}{\longmapsto} \underbrace{1\cdot\begin{pmatrix} 0 & 2 \\ -1 & 3 \end{pmatrix}\begin{pmatrix} 0 \\ n \end{pmatrix} + t\cdot\begin{pmatrix} 0 & 2 \\ -1 & 3 \end{pmatrix}\begin{pmatrix} 1 \\ m \end{pmatrix}}_{\parallel}$$

$$\begin{pmatrix} x \\ y \end{pmatrix} \overset{f}{\longmapsto} \begin{pmatrix} x' \\ y' \end{pmatrix} = \begin{pmatrix} 2n \\ 3n \end{pmatrix} + t\begin{pmatrix} 2m \\ 3m-1 \end{pmatrix}$$

■ これは $f(\ell)$ のパラメータ表示

$$\therefore \begin{pmatrix} x'-2n \\ y'-3n \end{pmatrix} /\!/ \begin{pmatrix} 2m \\ 3m-1 \end{pmatrix}$$

$$(3m-1)(x'-2n) = 2m(y'-3n)$$

$$\boldsymbol{f(\ell) : (3m-1)x'-2my'+2n+6mn=0}$$

■ $m \neq 0$ ならば

$$f(\ell) : y = \frac{3m-1}{2m}(x-2n)+3n$$

■ $\begin{pmatrix} 2m \\ 3m-1 \end{pmatrix} \neq \begin{pmatrix} 0 \\ 0 \end{pmatrix}$ は $f(\ell)$ が1点につぶれないための条件．本問の f には逆変換 f^{-1} が存在するので，心配しなくてよい．

(2) $\ell /\!/ f(\ell)$ となるためには，ℓ と $f(\ell)$ の方向ベクトルが平行となることが必要である．

$$\begin{pmatrix} 1 \\ m \end{pmatrix} /\!/ \begin{pmatrix} 2m \\ 3m-1 \end{pmatrix} \neq \begin{pmatrix} 0 \\ 0 \end{pmatrix}$$

$$2m^2-3m+1=0$$

$$(2m-1)(m-1)=0, \qquad \therefore\ m=\frac{1}{2},\ 1$$

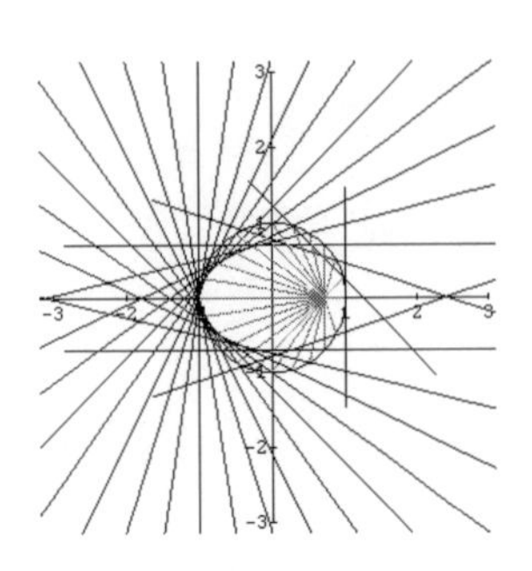

(i) $m=\frac{1}{2}$ のとき

$$f(\ell):y=\frac{1}{2}x+2n,\quad \ell:y=\frac{1}{2}x+n$$

が平行となる条件は $n\neq 0$

(ii) $m=1$ のとき

$f(\ell):y=x+n$ は ℓ と一致する.

以上から，求める条件は

$$\boldsymbol{m=\frac{1}{2}\ \wedge\ n\neq 0}$$

■ ℓ と $f(\ell)$ とが一致する場合は，平行とはみなさない.

(3) $\ell=f(\ell)$ となるためには，$m=\frac{1}{2}$, 1 であることが必要である.

さらに,

『ℓ 上の点 $(0,\ n)$ の像 $(2n,\ 3n)$ が再び ℓ 上に乗る』

とき，十分である.

(i) $m=\frac{1}{2}$ のとき

$\ell:y=\frac{1}{2}x+n$ 上に点 $(2n,\ 3n)$ が乗る条件は,

$$3n=\frac{1}{2}\cdot 2n+n\qquad\therefore\quad n=0$$

(ii) $m=1$ のとき

$\ell:y=x+n$ 上に点 $(2n,\ 3n)$ が乗る条件は,

$3n=2n+n\qquad\therefore\quad n$ は任意の実数でよい.

以上から，求める条件は

$$\boldsymbol{(m,\ n)=\left(\frac{1}{2},\ 0\right)\ \vee\ m=1}$$

■ ℓ と $f(\ell)$ とが一致する場合は，平行とはみなさない.

(注) 一般に1次変換 f があって，直線 ℓ の像を $f(\ell)$ とするとき，$\ell=f(\ell)$ となる直線 ℓ を「f の不動直線」という．本問の (2), (3) で調べたように,

> ある直線 ℓ が f の不動直線である
>
> $\Longleftrightarrow\begin{cases}1^\circ\ \ell\text{ の方向ベクトル }\vec{\ell}\text{ について }\vec{\ell}\,/\!/\,f(\vec{\ell})\neq\vec{0}\text{ かつ}\\ 2^\circ\ \ell\text{ 上にある点 P が存在して }f(\mathrm{P})\in\ell\end{cases}$

■ f に逆変換が存在しないときは，$f(\vec{\ell})=\vec{0}$ となることが起こり得る.

例題 6-2

行列 $A=\begin{pmatrix}3 & 1\\ 2 & 1\end{pmatrix}$ で表される1次変換 f がある．

(1) 直線 $\ell : x+2y=6$ の像 $f(\ell)$ を求めよ．

(2) 直線 ℓ の逆像 $f^{-1}(\ell)$ を求めよ．ただし，

$f^{-1}(\ell)=\{(x,\ y)\mid f(x,\ y)\in\ell\}$ である．

■解答

1次変換 f によって点 $(x,\ y)$ が点 $(x',\ y')$ に移るとすると，

$$\begin{pmatrix}x\\ y\end{pmatrix}\overset{f}{\longmapsto}\begin{pmatrix}x'\\ y'\end{pmatrix}=\begin{pmatrix}3 & 1\\ 2 & 1\end{pmatrix}\begin{pmatrix}x\\ y\end{pmatrix}$$

$$\begin{pmatrix}x'\\ y'\end{pmatrix}\overset{f}{\longmapsto}\begin{pmatrix}x\\ y\end{pmatrix}=\begin{pmatrix}3 & 1\\ 2 & 1\end{pmatrix}^{-1}\begin{pmatrix}x'\\ y'\end{pmatrix}=\begin{pmatrix}1 & -1\\ -2 & 3\end{pmatrix}\begin{pmatrix}x'\\ y'\end{pmatrix}$$

の関係がある．

■ 直線 $ax+by=c$ は，行ベクトル $(a\ \ b)$ と列ベクトル $\begin{pmatrix}x\\ y\end{pmatrix}$ とを用いて

$$(a\ \ b)\begin{pmatrix}x\\ y\end{pmatrix}=c$$

と表現できる．解答中ではこの表現を用いることにより，代入操作を見やすくした．

(1) 点 $(x,\ y)$ が直線

$$\ell : (1\ \ 2)\begin{pmatrix}x\\ y\end{pmatrix}=6$$

上を動くときの，対応点 $(x',\ y')$ の軌跡を求めたい．

■ 求めている条件は『f により $(x',\ y')$ に対応するもとの点 $(x,\ y)$ が，直線 ℓ 上に乗っていること』

4.3節(変数の組を書き換える)を参照．

$$\begin{aligned}(x',\ y')\in f(\ell) &\iff \exists(x,\ y)\in\ell,\ \ (x',\ y')=f(x,\ y)\\ &\iff (x,\ y)=f^{-1}(x',\ y')\in\ell\\ &\iff \begin{pmatrix}1 & -1\\ -2 & 3\end{pmatrix}\begin{pmatrix}x'\\ y'\end{pmatrix}\in\ell\\ &\iff (1\ \ 2)\begin{pmatrix}1 & -1\\ -2 & 3\end{pmatrix}\begin{pmatrix}x'\\ y'\end{pmatrix}=6\\ &\iff (-3\ \ 5)\begin{pmatrix}x'\\ y'\end{pmatrix}=6\end{aligned}$$

■ 行ベクトルと行列の積は

$$(1\ \ 2)\begin{pmatrix}1 & -1\\ -2 & 3\end{pmatrix}$$
$$=(1\cdot1+2\cdot(-2)\ \ 1\cdot(-1)+2\cdot3)$$
$$=(-3\ \ 5)$$

のように計算する．

よって，像 $f(\ell)$ を表す方程式は

$$f(\ell) : \boldsymbol{-3x+5y=6}$$

(2) 点 $(x',\ y')$ が直線 ℓ 上を動くときの，f^{-1} による対応点 $(x,\ y)$ の軌跡 $f^{-1}(\ell)$ を求めたい．

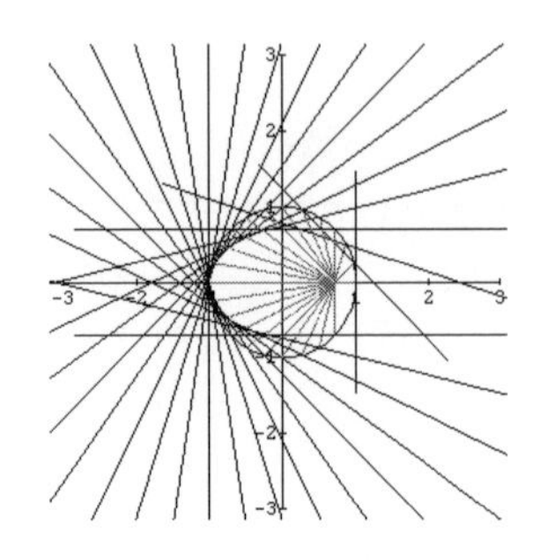

$$
\begin{aligned}
(x,\ y)\in f^{-1}(\ell) &\iff \exists(x',\ y')\in\ell,\quad (x',\ y')=f(x,\ y)\\
&\iff (x',\ y')=f(x,\ y)\in\ell\\
&\iff \begin{pmatrix}3&1\\2&1\end{pmatrix}\begin{pmatrix}x\\y\end{pmatrix}\in\ell\\
&\iff (1\quad 2)\begin{pmatrix}3&1\\2&1\end{pmatrix}\begin{pmatrix}x\\y\end{pmatrix}=6\\
&\iff (7\quad 3)\begin{pmatrix}x\\y\end{pmatrix}=6
\end{aligned}
$$

よって，逆像 $f^{-1}(\ell)$ を表す方程式は

$f^{-1}(\ell)$: $\boldsymbol{7x+3y=6}$

(注) 以上で行なったことは，要するに次のような作業である．

(1) $f(\ell)$ を求めるために $(x,\ y)=f^{-1}(x',\ y')=(x'-y',\ -2x'+3y')$ を ℓ の式に代入した．

(2) $f^{-1}(\ell)$ を求めるために $(x',\ y')=f(x,\ y)=(3x+y,\ 2x+y)$ を ℓ の式に代入した．

これら 2 つの作業の意味を理解し，違いを意識しよう．

例題 6-3

> 1 次変換 f は，
> 直線 ℓ : $x+y-1=0$ を直線 $f(\ell)$: $2x+3y-7=0$ に，直線 m : $2x-y-1=0$ を直線 $f(m)$: $x-1=0$ に移すという．f を表す行列を求めよ．

■解答

求める行列を A とおく．1 次変換 f によって点 $(x,\ y)$ が点 $(x',\ y')$ に移るとすると，

$$
\begin{pmatrix}x\\y\end{pmatrix}\overset{f}{\longmapsto}\begin{pmatrix}x'\\y'\end{pmatrix}=A\begin{pmatrix}x\\y\end{pmatrix}
$$

の関係がある．

■ 逆行列 A^{-1} を求めずに済ませたいので (例題 6-2) の (2) にならってみよう．

(i) 点 $(x',\ y')$ が直線 $f(\ell):(2\ \ 3)\begin{pmatrix}x'\\y'\end{pmatrix}=7$ 上を動くときの対応

点 $(x,\ y)$ の軌跡が ℓ である．

$$(x,\ y)\in\ell \iff \begin{pmatrix}x'\\y'\end{pmatrix}=A\begin{pmatrix}x\\y\end{pmatrix}\in f(\ell)$$

$$\iff (2\ \ 3)A\begin{pmatrix}x\\y\end{pmatrix}=7 \qquad \cdots\cdots①$$

①が，直線

$$\ell:(1\ \ 1)\begin{pmatrix}x\\y\end{pmatrix}=1 \iff (7\ \ 7)\begin{pmatrix}x\\y\end{pmatrix}=7 \qquad \cdots\cdots②$$

と一致するから，①，②の x, y の係数が一致して

$$(2\ \ 3)A=(7\ \ 7) \qquad \cdots\cdots③$$

(ii) 点 $(x',\ y')$ が直線 $f(m):(1\ \ 0)\begin{pmatrix}x'\\y'\end{pmatrix}=1$ 上を動くときの対応

点 $(x,\ y)$ の軌跡が m である．

$$(x\ \ y)\in m \iff \begin{pmatrix}x'\\y'\end{pmatrix}=A\begin{pmatrix}x\\y\end{pmatrix}\in f(m)$$

$$\iff (1\ \ 0)A\begin{pmatrix}x\\y\end{pmatrix}=1 \qquad \cdots\cdots④$$

④が，直線

$$m:(2\ \ -1)\begin{pmatrix}x\\y\end{pmatrix}=1 \qquad \cdots\cdots⑤$$

と一致するから，④，⑤の x, y の係数が一致して

$$(1\ \ 0)A=(2\ \ -1) \qquad \cdots\cdots⑥$$

③，⑥をまとめて書くと，

$$\begin{pmatrix}2&3\\1&0\end{pmatrix}A=\begin{pmatrix}7&7\\2&-1\end{pmatrix}$$

$$\therefore\ A=\begin{pmatrix}2&3\\1&0\end{pmatrix}^{-1}\begin{pmatrix}7&7\\2&-1\end{pmatrix}$$

$$=\frac{1}{3}\begin{pmatrix}0&3\\1&-2\end{pmatrix}\begin{pmatrix}7&7\\2&-1\end{pmatrix}$$

$$=\begin{pmatrix}2&-1\\1&3\end{pmatrix}$$

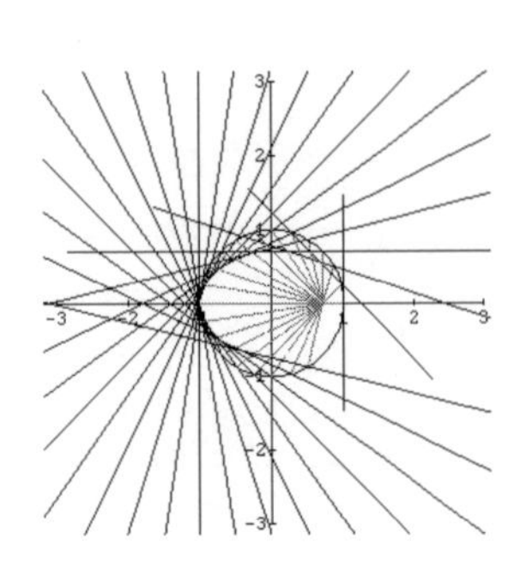

6.3 条件の伝達

例題 6-4

行列 $A=\begin{pmatrix}0 & 1\\ -1 & 1\end{pmatrix}$ による1次変換 $\begin{pmatrix}X\\ Y\end{pmatrix}=A\begin{pmatrix}x\\ y\end{pmatrix}$ を考える．a を任意の実数として，2直線

$$\ell : x+(a-1)y=a, \quad m : ax-(a+1)y=-a$$

をこの変換で移した図形をそれぞれ L, M とする．

(1) L, M はそれぞれ a と無関係に定点を通ることを示せ．

(2) a を動かしたとき，L と M の交点の軌跡を求めよ．

■解答

(1) 題意の1次変換を f と名づける．すなわち，

$$\begin{pmatrix}x\\ y\end{pmatrix}\stackrel{f}{\longmapsto}\begin{pmatrix}X\\ Y\end{pmatrix}=\begin{pmatrix}0 & 1\\ -1 & 1\end{pmatrix}\begin{pmatrix}x\\ y\end{pmatrix}$$

である．ℓ, m を文字 a の1次式とみなして書きかえると，

$$\ell : (y-1)a+(x-y)=0$$

$$m : (x-y+1)a-y=0$$

となるから，

ℓ は $y-1=x-y=0$ となる点 $(1,\ 1)$ をつねに通り，

m は $x-y+1=y=0$ となる点 $(-1,\ 0)$ をつねに通る．

よって，

L は $(1,\ 1)$ の f による像 $\mathrm{B}(1,\ 0)$ をつねに通り，

M は $(-1,\ 0)$ の f による像 $\mathrm{C}(-1,\ 0)$ をつねに通る．

(2) ℓ, m の方向ベクトルを f によって移してみる．

$$\ell /\!/ \begin{pmatrix}1-a\\ 1\end{pmatrix}\stackrel{f}{\longmapsto}\begin{pmatrix}1\\ a\end{pmatrix}/\!/ L$$

$$m /\!/ \begin{pmatrix}a+1\\ a\end{pmatrix}\stackrel{f}{\longmapsto}\begin{pmatrix}a\\ -1\end{pmatrix}/\!/ M$$

ここで $\begin{pmatrix}1\\ a\end{pmatrix}\perp\begin{pmatrix}a\\ -1\end{pmatrix}$ すなわち $L\perp M$ に注意すると，

■ 逆(十分性)はいえない.

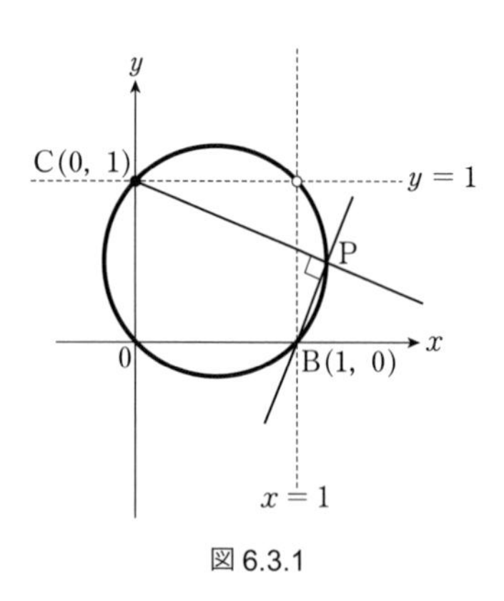

図 6.3.1

「ある点 P が L, M の交点となるならば, P は BC を直径とする円周上に乗ることが必要である」

ことがわかる.

ここで, a が全実数にわたって動くとき,

$$L \mathbin{/\!/} \begin{pmatrix}1\\a\end{pmatrix} \not\parallel \begin{pmatrix}0\\1\end{pmatrix},\quad M \mathbin{/\!/} \begin{pmatrix}a\\-1\end{pmatrix} \not\parallel \begin{pmatrix}0\\1\end{pmatrix}$$

であるから,

「L は B を通る直線のうち $x=1$ にだけはならない.
M は C を通る直線のうち $y=1$ にだけはならない.」

「L と M の交点 P は BC を直径とする円周上の点のうち (1, 1) にだけはならない」

とわかる. 求める軌跡は

円 $\left(x-\frac{1}{2}\right)^2+\left(y-\frac{1}{2}\right)^2=\frac{1}{2}$ から 1 点 (1, 1) を抜いたもの

■別解

(2) 直線 L, M の方程式を求めて, a について整理してみると,

$$L : y=a(x-1) \quad \cdots\cdots①$$

$$M : a(y-1)=-x \quad \cdots\cdots②$$

求める軌跡 W とは

「$a\in\mathbb{R}$ のもとで①, ②の交点 $\mathrm{P}(x, y)$ の全体」

であるから,

$$(x, y)\in W \iff \exists a\in\mathbb{R},\quad ①\wedge②$$

■ 求める条件は
「a についての連立方程式として①, ②が共通解をもつ」
ような文字 (x, y) についての条件である.

(i) $x\neq1 \wedge y\neq1$ のとき

a の 1 次方程式としての①, ②の解が一致すればよい.

$$(a=)\ \frac{y}{x-1}=\frac{-x}{y-1}$$

$$\therefore\ x(x-1)+y(y-1)=0$$

(ii) $x=1$ のとき

①より $y=0$ が必要で, このとき

②より $-a=-1$ $\quad\therefore\ a=1$ が存在するから,

$(1, 0)\in W$ である.

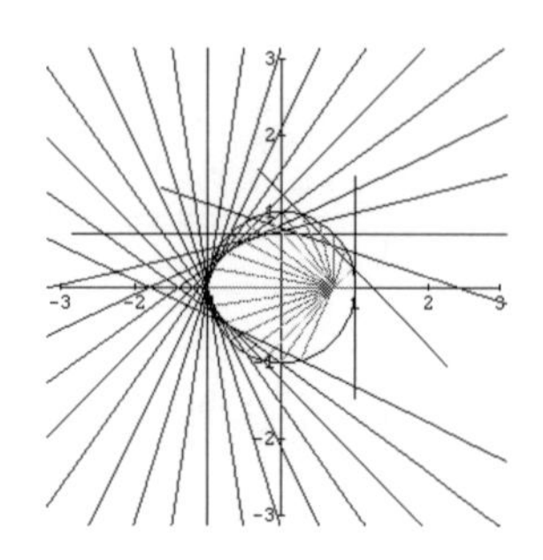

（iii）$y=1$ のとき

②より $x=0$ が必要で，このとき

①より $1=-a$　　$\therefore\ a=-1$ が存在するから

$(0,\ 1)\in W$ である.

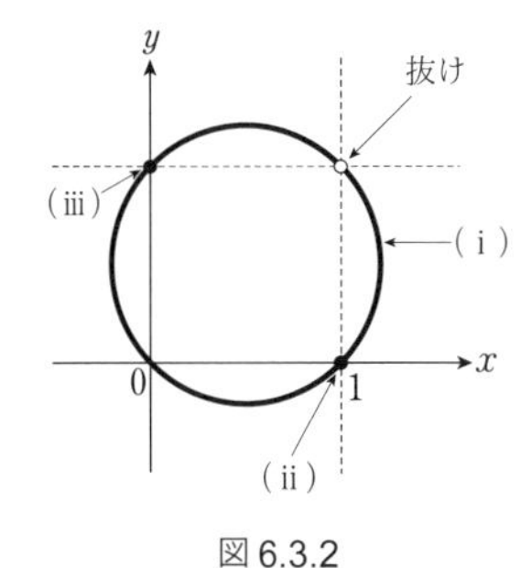

図 6.3.2

以上（i）～（iii）から W を図示すると，図 6.3.2 のように円周 $x(x-1)+y(y-1)=0$ から 1 点 $(1,\ 1)$ を抜いたものが得られる.

(注) 連立方程式① ∧ ②を解いてみると

$$(x,\ y)=\left(\frac{a+a^2}{1+a^2},\ \frac{-a+a^2}{1+a^2}\right)\quad (a\in\mathbb{R})$$

となるが，これは (例題 4-4) で現れたパラメータ表示と似ているではないか．そこで，

$$a=\tan\frac{\theta}{2}\quad (-\pi<\theta<\pi)$$

とおくと，$\dfrac{1}{1+a^2}=\cos^2\dfrac{\theta}{2}$ となるから，

$$x=\cos^2\frac{\theta}{2}\left(\tan\frac{\theta}{2}+\tan^2\frac{\theta}{2}\right)=\cos\frac{\theta}{2}\sin\frac{\theta}{2}+\sin^2\frac{\theta}{2}$$

$$=\frac{1}{2}\sin\theta+\frac{1}{2}(1-\cos\theta)$$

$$y=\cos^2\theta\left(-\tan\frac{\theta}{2}+\tan^2\frac{\theta}{2}\right)=-\cos\frac{\theta}{2}\sin\frac{\theta}{2}+\sin^2\frac{\theta}{2}$$

$$=-\frac{1}{2}\sin\theta+\frac{1}{2}(1-\cos\theta)$$

$$\begin{pmatrix}x\\y\end{pmatrix}=\frac{1}{2}\begin{pmatrix}1\\1\end{pmatrix}+\frac{1}{2}\begin{pmatrix}-1&1\\-1&-1\end{pmatrix}\begin{pmatrix}\cos\theta\\\sin\theta\end{pmatrix}$$

$$=\frac{1}{2}\begin{pmatrix}1\\1\end{pmatrix}+\frac{1}{\sqrt{2}}\begin{pmatrix}\cos\frac{5}{4}\pi&-\sin\frac{5}{4}\pi\\\sin\frac{5}{4}\pi&\cos\frac{5}{4}\pi\end{pmatrix}\begin{pmatrix}\cos\theta\\\sin\theta\end{pmatrix}$$

$$=\frac{1}{2}\begin{pmatrix}1\\1\end{pmatrix}+\frac{1}{\sqrt{2}}\begin{pmatrix}\cos\left(\theta+\frac{5}{4}\pi\right)\\\sin\left(\theta+\frac{5}{4}\pi\right)\end{pmatrix}$$

これは円のパラメータ表示であり，θ の変域 $-\pi<\theta<\pi$ を考えると，$\theta=\pm\pi$ に対応する点 $(1,\ 1)$ が抜けることがわかる.

■ ①，②を行列で表すと

$$\begin{pmatrix}a&-1\\1&a\end{pmatrix}\begin{pmatrix}x\\y\end{pmatrix}=\begin{pmatrix}a\\a\end{pmatrix}$$

$$\therefore\ \begin{pmatrix}x\\y\end{pmatrix}=\frac{1}{1+a^2}\begin{pmatrix}a&1\\-1&a\end{pmatrix}\begin{pmatrix}a\\a\end{pmatrix}$$

■ $-\infty<a<+\infty$ と，$-\pi<\theta<\pi$ とが対応する.

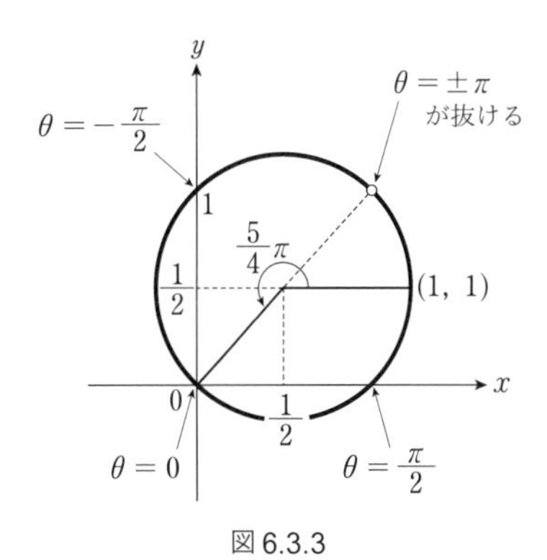

図 6.3.3

例題 6-5

非負整数 t に対して，行列 $\begin{pmatrix} 1+t & \sqrt{3}\,t \\ \sqrt{3}\,t & 1-t \end{pmatrix}$ で定義される平面上の1次変換を f_t とする．

(1) 原点を通るある直線 ℓ は t にある値を入れたときの f_t によって原点に移される．このときの t の値と ℓ の方程式を求めなさい．ここで求めた t の値を s とおき，次の(2)(3)で使う．

(2) 点 $(1,\ 0)$，$(0,\ \sqrt{3})$ を結ぶ線分を L とする．L を f_t で移した図形 L_t を考えるとき，0から s までの t による L_t の集合を図示し，その面積を求めなさい．

(3) 点 $(1,\ 0)$，$(-1,\ 0)$，$(0,\ \sqrt{3})$ を頂点とする三角形の周上を R とする．R を f_t で移した図形 R_t を考えるとき，0から s までの t による R_t の集合を図示し，その面積を求めなさい．

行列･1次変換にパラメータ t が入るという設定であるが，問題文中にもそのことがハッキリと書かれている．

■解答

(1) ある直線 ℓ が原点に移されるとき，逆変換 f_t^{-1} が存在しないから，

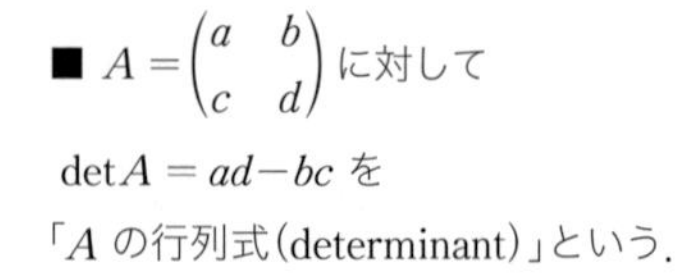

■ $A=\begin{pmatrix} a & b \\ c & d \end{pmatrix}$ に対して

$\det A = ad-bc$ を

「A の行列式(determinant)」という．

$$\det\begin{pmatrix} 1+t & \sqrt{3}\,t \\ \sqrt{3}\,t & 1-t \end{pmatrix} = (1+t)(1-t)-(\sqrt{3}\,t)^2$$

$$= 1-4t^2$$

$$= 0$$

ここで $t \geqq 0$ に注意すると　$\boldsymbol{t=\frac{1}{2}\,(=s)}$

このとき行列は $\frac{1}{2}\begin{pmatrix} 3 & \sqrt{3} \\ \sqrt{3} & 1 \end{pmatrix}$ となり，

直線 ℓ 上の点は $\frac{1}{2}\begin{pmatrix} 3 & \sqrt{3} \\ \sqrt{3} & 1 \end{pmatrix}\begin{pmatrix} x \\ y \end{pmatrix}=\begin{pmatrix} 0 \\ 0 \end{pmatrix}$ をみたすから，

$\boldsymbol{\ell : \sqrt{3}\,x+y=0}$

(2) 線分 L 上の f_t による像 L_t もまた線分となることに注意して，線分の端点について調べる．

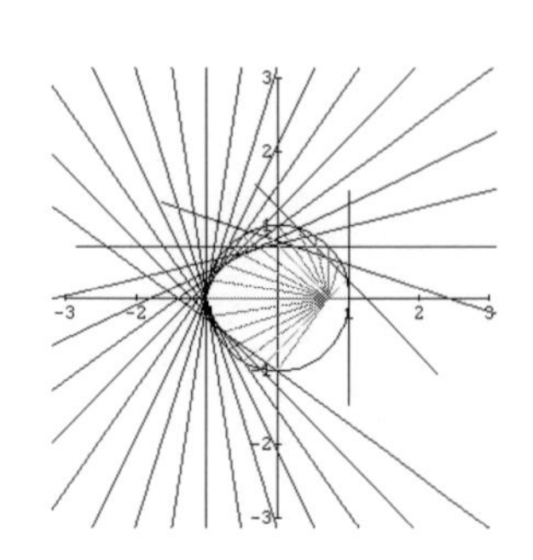

$$\left.\begin{array}{l}\begin{pmatrix}1\\0\end{pmatrix}\xmapsto{f_t}\begin{pmatrix}1+t\\\sqrt{3}\,t\end{pmatrix}=\begin{pmatrix}1\\0\end{pmatrix}+t\begin{pmatrix}1\\\sqrt{3}\end{pmatrix}\\[2mm]\begin{pmatrix}0\\\sqrt{3}\end{pmatrix}\xmapsto{f_t}\sqrt{3}\begin{pmatrix}\sqrt{3}\,t\\1-t\end{pmatrix}=\begin{pmatrix}0\\\sqrt{3}\end{pmatrix}+t\begin{pmatrix}3\\-\sqrt{3}\end{pmatrix}\end{array}\right\}\ L_t\text{ の端点}$$

$0\leqq t\leqq\dfrac{1}{2}$ にわたって t を動かすと，線分 L_t の両端は

$t=0$ のとき	$t=s=\dfrac{1}{2}$ のとき
点 $(1,\ 0)$ $\longrightarrow$	点 $\left(\dfrac{3}{2},\ \dfrac{\sqrt{3}}{2}\right)$
点 $(0,\ \sqrt{3})$ $\longrightarrow$	点 $\left(\dfrac{3}{2},\ \dfrac{\sqrt{3}}{2}\right)$

のように動くから，$0\leqq t\leqq\dfrac{1}{2}$ における L_t の集合は図 6.3.4 の三角形のようになる．その面積は

$$\frac{1}{2}\left|\det\begin{pmatrix}-1 & \dfrac{1}{2}\\ \sqrt{3} & \dfrac{\sqrt{3}}{2}\end{pmatrix}\right|=\frac{1}{2}\left|-\sqrt{3}\right|=\boldsymbol{\frac{\sqrt{3}}{2}}$$

(3) R の頂点のうちの 2 つは(2)で調べた点である．第 3 の頂点について調べてみる．

$$\begin{pmatrix}-1\\0\end{pmatrix}\xmapsto{f_t}\begin{pmatrix}-1-t\\-\sqrt{3}\,t\end{pmatrix}=\begin{pmatrix}-1\\0\end{pmatrix}+t\begin{pmatrix}-1\\-\sqrt{3}\end{pmatrix}$$

$0\leqq t\leqq\dfrac{1}{2}$ にわたって t を動かすと，

$t=0$ のとき	$t=s=\dfrac{1}{2}$ のとき
点 $(-1,\ 0)$ $\longrightarrow$	点 $\left(-\dfrac{3}{2},\ -\dfrac{\sqrt{3}}{2}\right)$

のように直線運動するから，$0\leqq t\leqq\dfrac{1}{2}$ における R_t の集合は図 6.3.6 のようになる．その面積は，

$$=\frac{\sqrt{3}}{2}+\sqrt{3}+\frac{\sqrt{3}}{4}$$

$$=\boldsymbol{\frac{7\sqrt{3}}{4}}$$

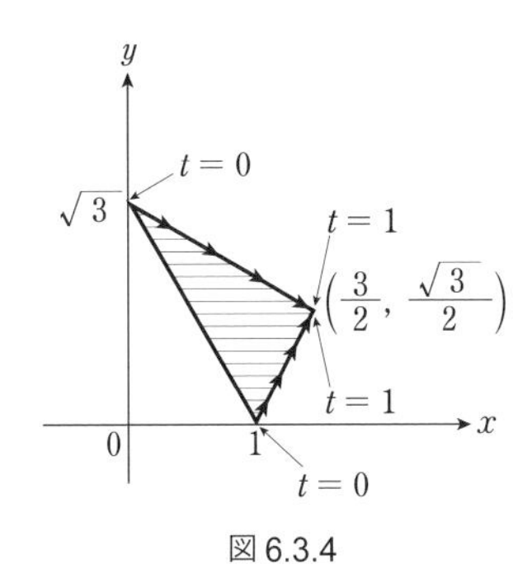

図 6.3.4

■ 2 つのベクトル $\begin{pmatrix}a\\c\end{pmatrix}$, $\begin{pmatrix}b\\d\end{pmatrix}$ の張り出す三角形の面積は

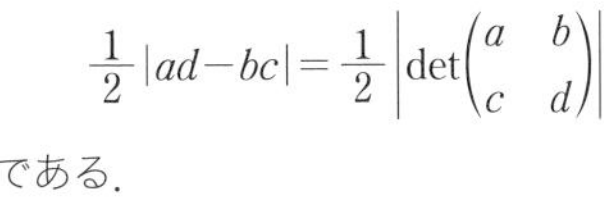

$$\frac{1}{2}|ad-bc|=\frac{1}{2}\left|\det\begin{pmatrix}a & b\\ c & d\end{pmatrix}\right|$$

である．

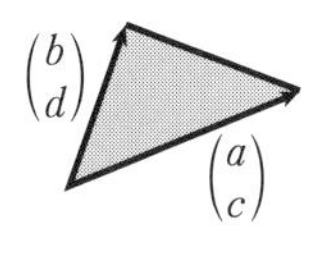
図 6.3.5

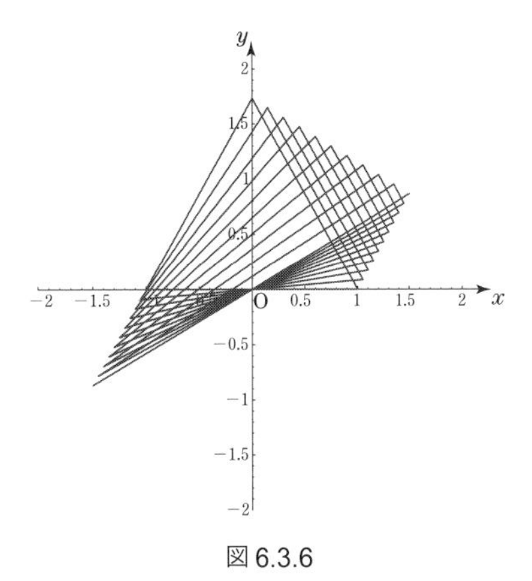

図 6.3.6

例題 6-6

> xy 平面上の，1次変換 f を表す行列を $\begin{pmatrix} a & 0 \\ b & 1 \end{pmatrix}$ とする．
>
> また，領域 A, B, C を
>
> $A=\{(x,\ y) \mid y \geqq x^2+1\}$,
>
> $B=\{(x,\ y) \mid y \geqq x^2\}$,
>
> $C=\{(x,\ y) \mid y \geqq 0\}$
>
> と定め，f により A が A' に移るとする．このとき
>
> $A' \subseteq C$ であるための a, b の条件は［ア］,
>
> $A' \subseteq B$ であるための a, b の条件は［イ］,
>
> $A' \subseteq A$ であるための a, b の条件は［ウ］
>
> である．

領域 A, B, C の関係は

$A \subseteq B \subseteq C$ であるから，［ウ］が最も”厳しい”条件，［ア］が最も”緩い”条件となるはずである．

■ $A' \subseteq C$ とは

「領域 A' における点 $(x,\ y)$ はすべて，領域 C に属する」ということ．記号で書くと，

$$(x,\ y) \in A' \Longrightarrow (x,\ y) \in C$$

■解答

1次変換 f によって点 $(x,\ y)$ が点 $(x',\ y')$ に移るとすると，

$$\begin{pmatrix} x \\ y \end{pmatrix} \overset{f}{\longmapsto} \begin{pmatrix} x' \\ y' \end{pmatrix} = \begin{pmatrix} a & 0 \\ b & 1 \end{pmatrix}\begin{pmatrix} x \\ y \end{pmatrix}$$

$$= \begin{pmatrix} ax \\ bx+y \end{pmatrix}$$

(ア) $A' \subseteq C$

$\Longleftrightarrow$「$(x,\ y)$ が $y \geqq x^2+1$ をみたしているとき，

像 $(x',\ y')=(ax,\ bx+y)$ の集合が

$y' \geqq 0$ に含まれている」

$\Longleftrightarrow$「$y \geqq x^2+1$ のもとで必ず $bx+y \geqq 0$ が成立」

$\Longleftrightarrow \forall x \in \mathbb{R},\quad x^2+1 \geqq -bx$

$\Longleftrightarrow \forall x \in \mathbb{R},\quad x^2+bx+1 \geqq 0$

$\Longleftrightarrow$ (判別式 $D=$) $b^2-4 \leqq 0$

$\Longleftrightarrow \boldsymbol{-2 \leqq b \leqq 2}$ ……［ア］

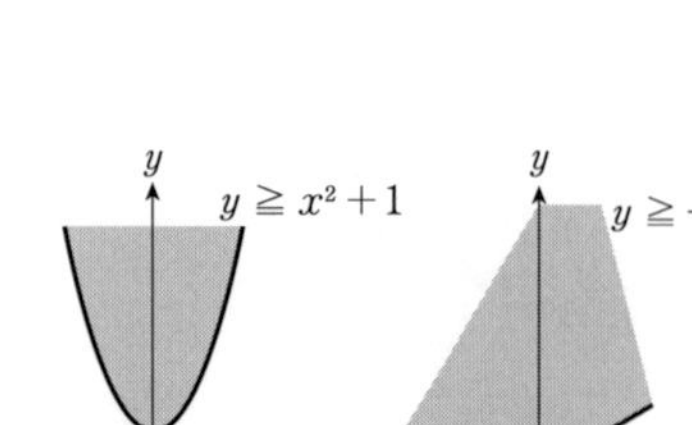

図 6.3.7

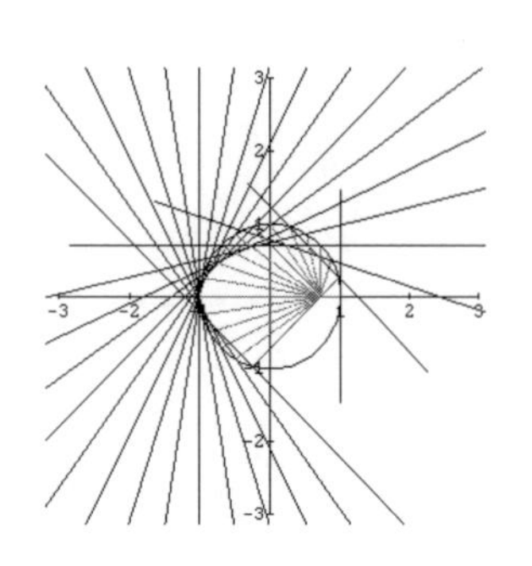

（イ） $A' \subseteq B$

$\Longleftrightarrow$「$(x,\ y)$ が $y \geqq x^2+1$ をみたしているとき，

像 $(x',\ y')=(ax,\ bx+y)$ の集合が

$y' \geqq (x')^2$ に含まれている」

$\Longleftrightarrow$「$y \geqq x^2+1$ のもとで必ず $bx+y \geqq a^2x^2$ が成立」

$\Longleftrightarrow \forall x \in \mathbb{R}, \quad x^2+1 \geqq a^2x^2-bx$

$\Longleftrightarrow \forall x \in \mathbb{R}, \quad (1-a^2)x^2+bx+1 \geqq 0$

$\Longleftrightarrow (1-a^2=0 \ \wedge \ b=0) \ \vee$

$(1-a^2>0 \ \wedge \ b^2-4(1-a^2) \leqq 0)$

$\Longleftrightarrow (a=\pm 1 \ \wedge \ b=0) \ \vee \ (-1<a<1 \ \wedge \ 4a^2+b^2 \leqq 4)$

$\Longleftrightarrow \boldsymbol{a^2+\dfrac{b^2}{4} \leqq 1}$ ……［イ］

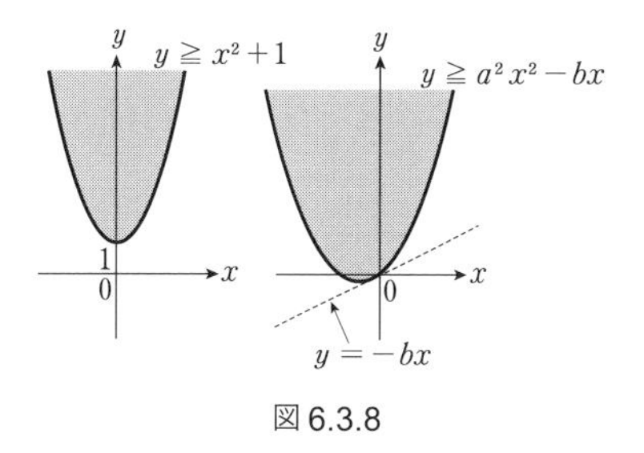

図 6.3.8

（ウ） $A' \subseteq A$

$\Longleftrightarrow$「$(x,\ y)$ が $y \geqq x^2+1$ をみたしているとき，

像 $(x',\ y')=(ax,\ bx+y)$ の集合が

$y' \geqq (x')^2+1$ に含まれている」

$\Longleftrightarrow$「$y \geqq x^2+1$ のもとで必ず $bx+y \geqq a^2x^2+1$ が成立」

$\Longleftrightarrow \forall x \in \mathbb{R}, \quad x^2+1 \geqq a^2x^2+1-bx$

$\Longleftrightarrow \forall x \in \mathbb{R}, \quad (1-a^2)x^2+bx \geqq 0$

$\Longleftrightarrow (1-a^2=0 \ \wedge \ b=0) \ \vee \ (1-a^2>0 \ \wedge \ b^2 \leqq 0)$

$\Longleftrightarrow \boldsymbol{-1 \leqq a \leqq 1 \ \wedge \ b=0}$ ……［ウ］

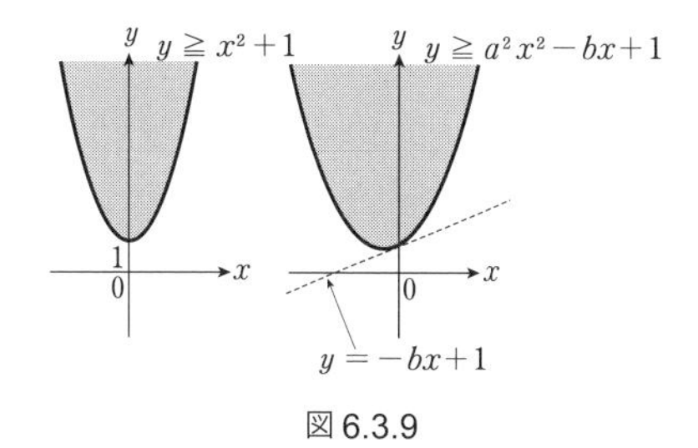

図 6.3.9

（注） もとめた条件を ab 平面に図示すると，図 6.3.10 のようになる．これをみても，条件［ウ］が最も“厳しく”，条件［ア］が最も“緩い”ことが確かめられる．

$$\begin{pmatrix}1\\0\end{pmatrix} \stackrel{f}{\longmapsto} \begin{pmatrix}a\\b\end{pmatrix}, \quad \begin{pmatrix}0\\1\end{pmatrix} \stackrel{f}{\longmapsto} \begin{pmatrix}0\\1\end{pmatrix}$$

$$x\begin{pmatrix}1\\0\end{pmatrix}+y\begin{pmatrix}0\\1\end{pmatrix} \stackrel{f}{\longmapsto} x\begin{pmatrix}a\\b\end{pmatrix}+y\begin{pmatrix}0\\1\end{pmatrix}$$

に注意すると，

「与えられた $(a,\ b)$ に対して，領域 A の像 $A'=f(A)$ はどのような領域となるか」

がわかる．

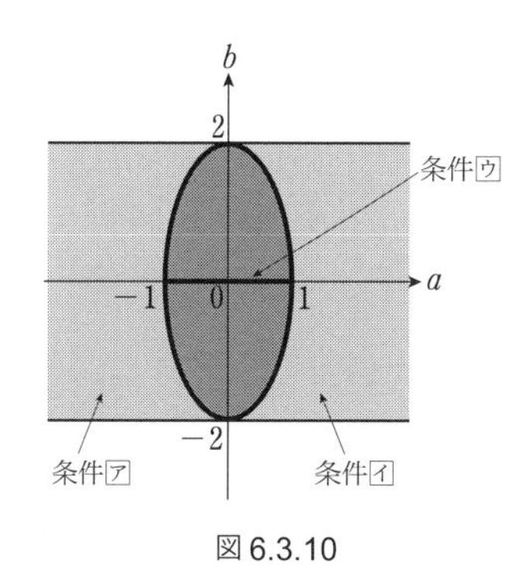

図 6.3.10

図 6.3.11 は単位格子と領域 A を示している．

図 6.3.12 は，$(a,\ b)=(1,\ 2)$ としたときの例で，単位格子の f による像と，領域 A' を表す．

放物線は放物線に移り，その接線は移った先でも接線となっているが，頂点は頂点に移らないことにも注意しよう．

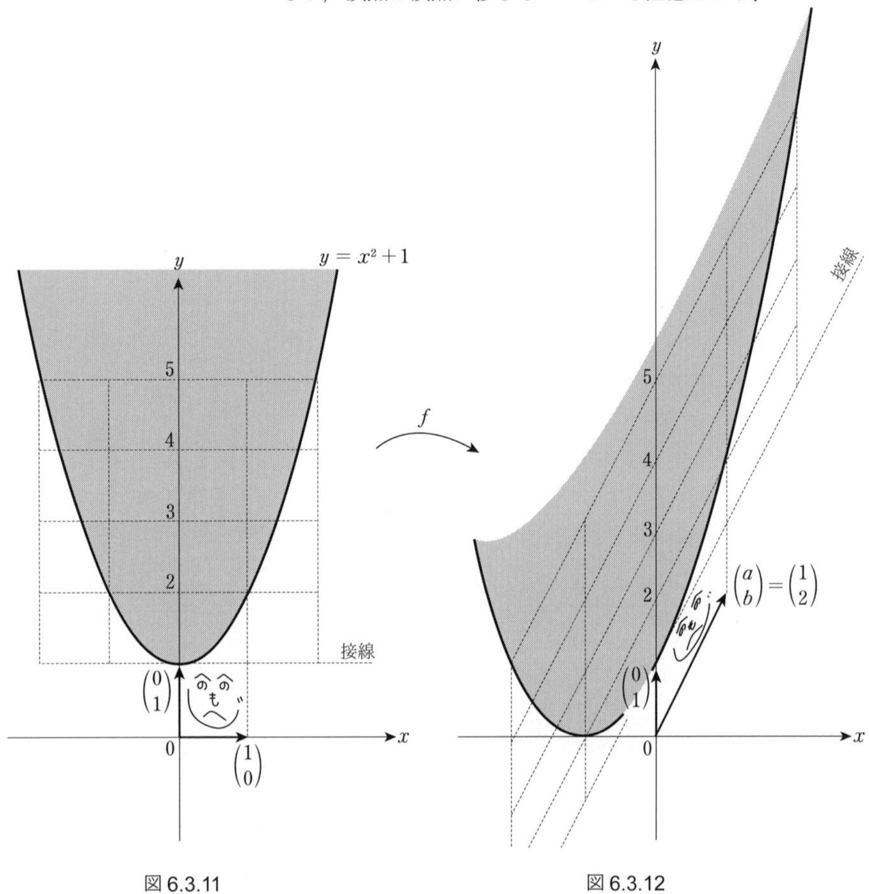

図 6.3.11　　図 6.3.12

図 6.3.13－図 6.3.20 の 8 枚の図は，条件［ イ ］の境界として現れる楕円上の点 $(a,\ b)$ についての例である．各図に書きこんであるものは，

1) 領域 A の境界となる放物線 $y=x^2+1$

2) 領域 A' の境界となる放物線

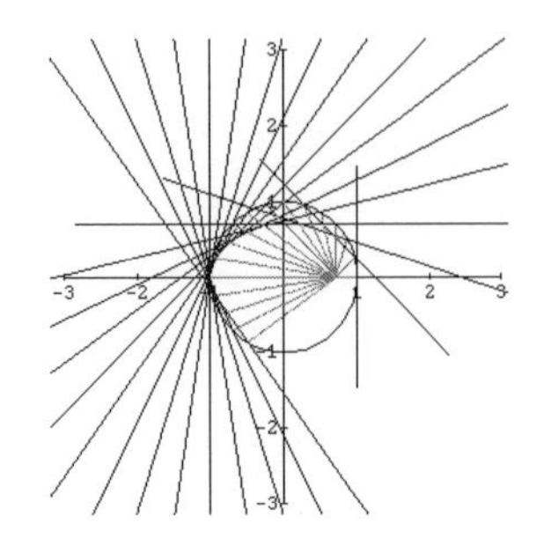

3) 領域 B の境界となる放物線 $y = x^2$

4) $\begin{pmatrix}1\\0\end{pmatrix}$, $\begin{pmatrix}0\\1\end{pmatrix}$ の張る単位正方形

$$\begin{pmatrix}a\\b\end{pmatrix}=\begin{pmatrix}\cos 0\\2\sin 0\end{pmatrix}=\begin{pmatrix}1\\0\end{pmatrix}$$

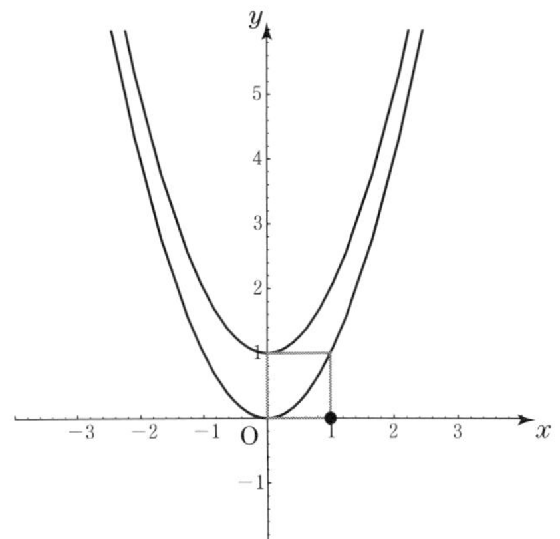

図 6.3.13

$$\begin{pmatrix}a\\b\end{pmatrix}=\begin{pmatrix}\cos\frac{\pi}{4}\\2\sin\frac{\pi}{4}\end{pmatrix}=\begin{pmatrix}\frac{1}{\sqrt{2}}\\\sqrt{2}\end{pmatrix}$$

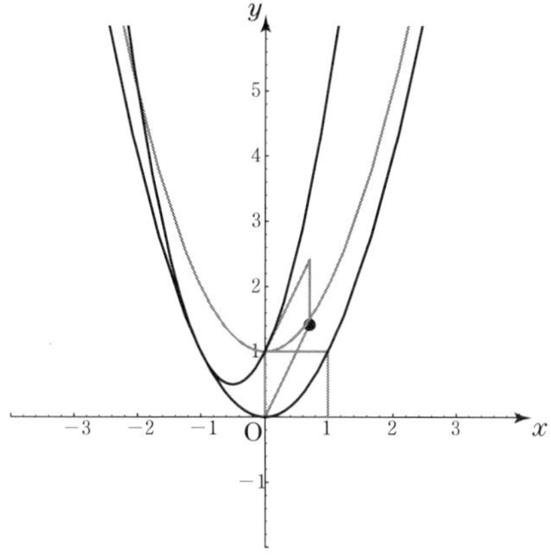

図 6.3.14

$$\begin{pmatrix}a\\b\end{pmatrix}=\begin{pmatrix}\cos\frac{\pi}{2}\\2\sin\frac{\pi}{2}\end{pmatrix}=\begin{pmatrix}0\\2\end{pmatrix}$$

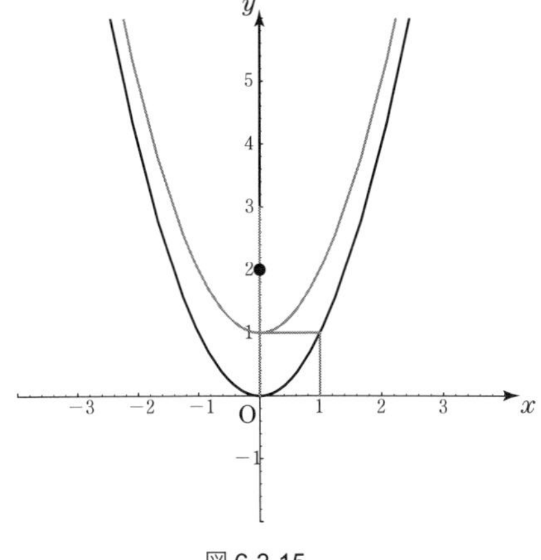

図 6.3.15

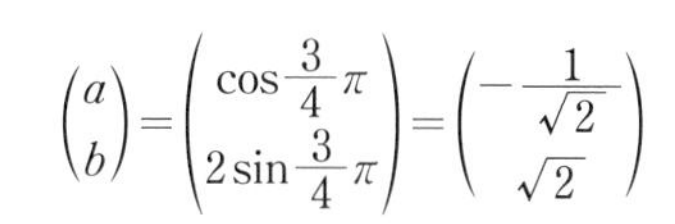

$$\begin{pmatrix}a\\b\end{pmatrix}=\begin{pmatrix}\cos\frac{3}{4}\pi\\2\sin\frac{3}{4}\pi\end{pmatrix}=\begin{pmatrix}-\frac{1}{\sqrt{2}}\\\sqrt{2}\end{pmatrix}$$

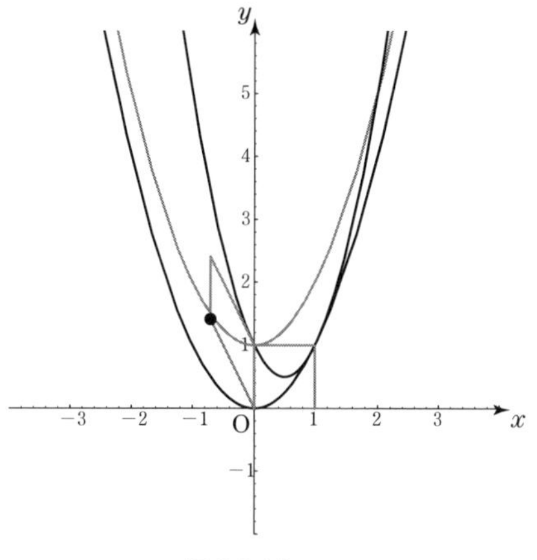

図 6.3.16

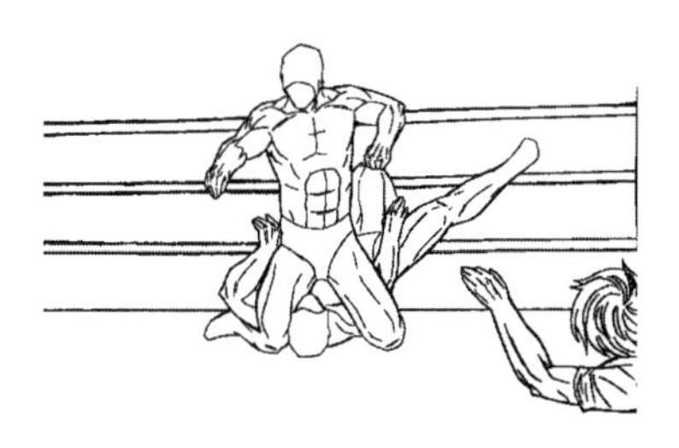

5) $\begin{pmatrix} a \\ b \end{pmatrix}$, $\begin{pmatrix} 0 \\ 1 \end{pmatrix}$ の張る平行四辺形(または線分につぶれたもの)を表す．なお黒丸は点 $(a,\ b)$ である．

$$\begin{pmatrix} a \\ b \end{pmatrix} = \begin{pmatrix} \cos\pi \\ 2\sin\pi \end{pmatrix} = \begin{pmatrix} -1 \\ 0 \end{pmatrix}$$

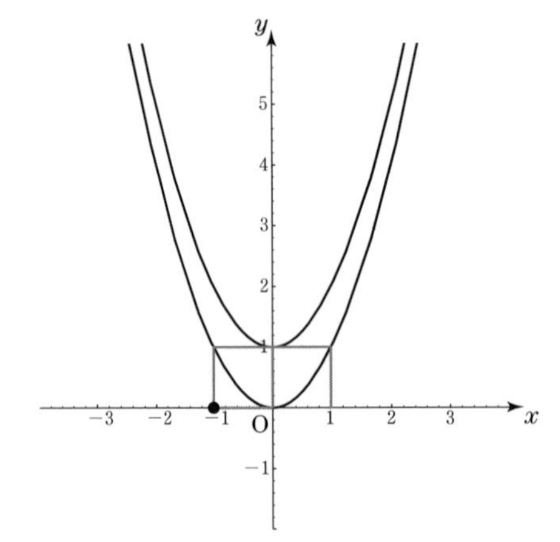

図 6.3.17

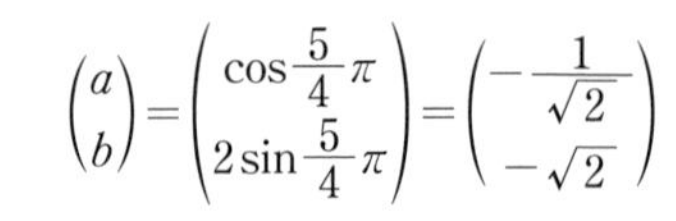

$$\begin{pmatrix} a \\ b \end{pmatrix} = \begin{pmatrix} \cos\frac{5}{4}\pi \\ 2\sin\frac{5}{4}\pi \end{pmatrix} = \begin{pmatrix} -\frac{1}{\sqrt{2}} \\ -\sqrt{2} \end{pmatrix}$$

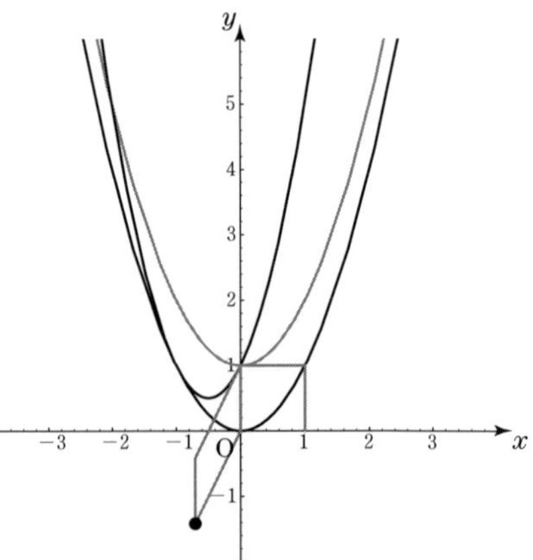

図 6.3.18

$$\begin{pmatrix} a \\ b \end{pmatrix} = \begin{pmatrix} \cos\frac{3}{2}\pi \\ 2\sin\frac{3}{2}\pi \end{pmatrix} = \begin{pmatrix} 0 \\ -2 \end{pmatrix}$$

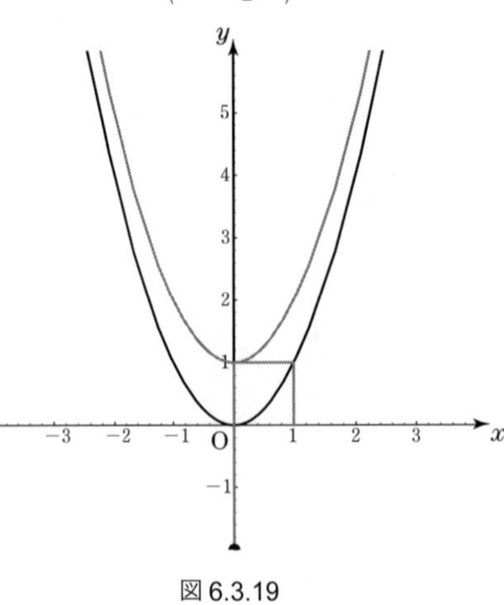

図 6.3.19

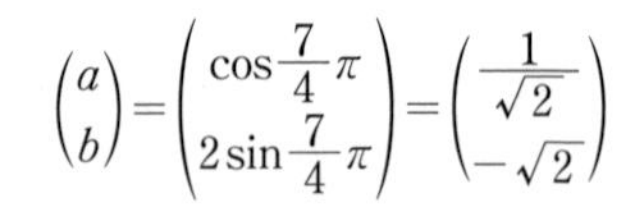

$$\begin{pmatrix} a \\ b \end{pmatrix} = \begin{pmatrix} \cos\frac{7}{4}\pi \\ 2\sin\frac{7}{4}\pi \end{pmatrix} = \begin{pmatrix} \frac{1}{\sqrt{2}} \\ -\sqrt{2} \end{pmatrix}$$

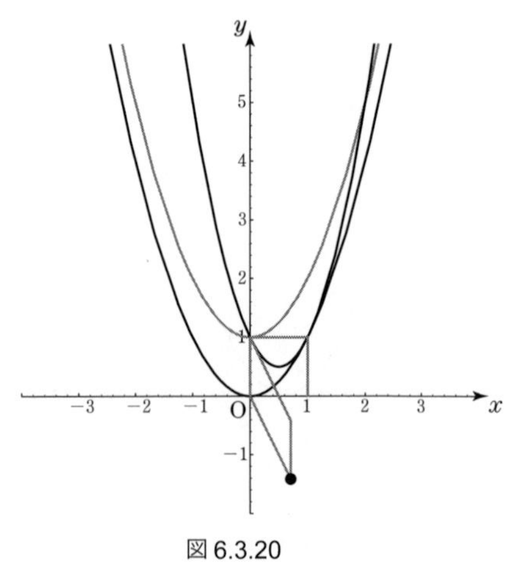

図 6.3.20

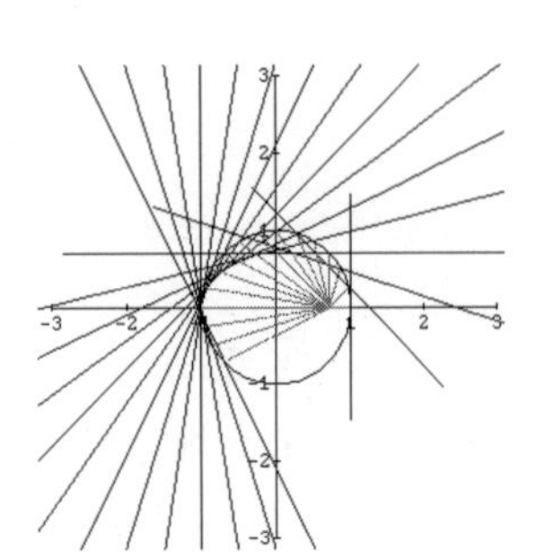

6.4 曲線の回転

例題 6-7

平面上の曲線 C_1 を原点のまわりに $\frac{\pi}{4}$ 回転させると曲線 $C_2: 5x^2-6xy+5y^2=8$ に一致するという．

(1) 曲線 C_1 の方程式を求めよ．

(2) 行列 $A=\begin{pmatrix} a & b \\ b & a \end{pmatrix}$ $(a>b>0)$ の定める1次変換 f により，円 $x^2+y^2=4$ が曲線 C_2 に移されるという．a, b の値を求めよ．

■解答

(1) 点 (x, y) を原点のまわりに $\frac{\pi}{4}$ 回転させると点 (x', y') に移るとすると，

$$\begin{pmatrix} x' \\ y' \end{pmatrix}=\begin{pmatrix} \cos\frac{\pi}{4} & -\sin\frac{\pi}{4} \\ \sin\frac{\pi}{4} & \cos\frac{\pi}{4} \end{pmatrix}\begin{pmatrix} x \\ y \end{pmatrix}=\frac{1}{\sqrt{2}}\begin{pmatrix} 1 & -1 \\ 1 & 1 \end{pmatrix}\begin{pmatrix} x \\ y \end{pmatrix}$$

となる．いま，点 (x, y) が曲線 C_1 上を動くとき，対応点，(x', y') は曲線 C_2 上を動くので，

$$(x, y)\in C_1 \iff (x', y')=\left(\frac{x-y}{\sqrt{2}}, \frac{x+y}{\sqrt{2}}\right)\in C_2$$

$$\iff 5\left(\frac{x-y}{\sqrt{2}}\right)^2-6\left(\frac{x-y}{\sqrt{2}}\right)\left(\frac{x+y}{\sqrt{2}}\right)+5\left(\frac{x+y}{\sqrt{2}}\right)^2=8$$

$$\iff 5(x^2-2xy+y^2)-6(x^2-y^2)+5(x^2+2xy+y^2)=16$$

$$\iff x^2+4y^2=4$$

$$\therefore\ C_1: \boldsymbol{\frac{x^2}{4}+y^2=1}$$

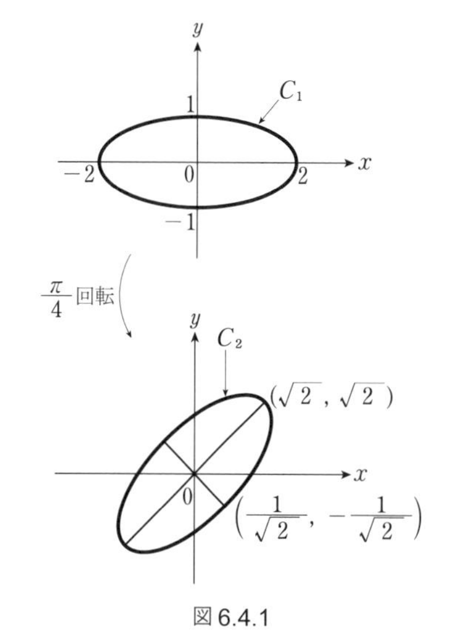

図 6.4.1

(2) 1次変換 f によって，点 (x, y) が点 (x', y') に移るとすると，

$$\begin{pmatrix} x \\ y \end{pmatrix} \overset{f}{\longmapsto} \begin{pmatrix} x' \\ y' \end{pmatrix}=\begin{pmatrix} a & b \\ b & a \end{pmatrix}\begin{pmatrix} x \\ y \end{pmatrix}$$

となる．いま，点 (x, y) が円 $x^2+y^2=4$ ……① 上を動くとき，対応点 (x', y') は曲線 C_2 上を動くので，

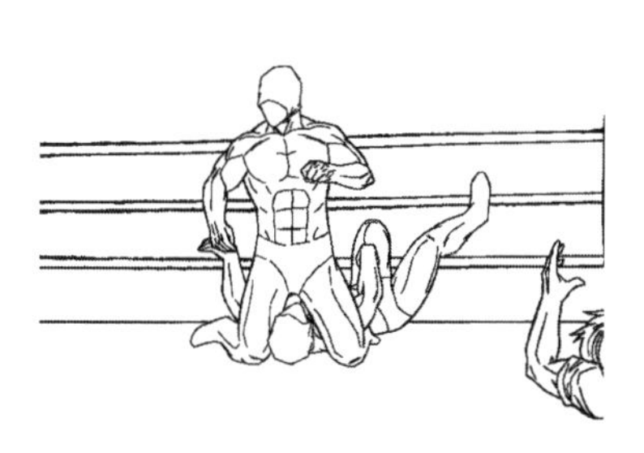

$$
\begin{aligned}
&(x,\ y)\in ①\\
\iff &(x',\ y')=(ax+by,\ bx+ay)\in C_2\\
\iff &5(ax+by)^2-6(ax+by)(bx+ay)+5(bx+ay)^2=8\\
\iff &(5a^2-6ab+5b^2)x^2+(20ab-6a^2-6b^2)xy\\
&\qquad +(5a^2-6ab+5b^2)y^2=8 \qquad \cdots\cdots ②
\end{aligned}
$$

②は，① $\iff$ $2x^2+2y^2=8$ と同じ曲線を表すから，

$$
\begin{cases}
5a^2-6ab+5b^2=2 & \cdots\cdots ③\\
3a^2-10ab+3b^2=0 & \cdots\cdots ④
\end{cases}
$$

④ $\iff$ $(3a-b)(a-3b)=0$

ここで $a>b>0$ に注意すると　$a=3b$

③に代入して

$$45b^2-18b^2+5b^2=2$$

$$16b^2=1$$

$b>0$ より $\boldsymbol{b=\frac{1}{4}}$，$\boldsymbol{a=\frac{3}{4}}$

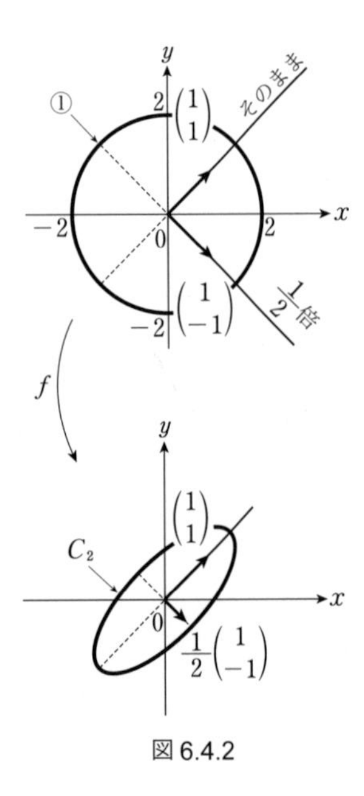

図 6.4.2

(注) 行列 $A=\begin{pmatrix}a&b\\b&a\end{pmatrix}=a\begin{pmatrix}1&0\\0&1\end{pmatrix}+b\begin{pmatrix}0&1\\1&0\end{pmatrix}$ において，

$$A\begin{pmatrix}1\\1\end{pmatrix}=a\begin{pmatrix}1&0\\0&1\end{pmatrix}\begin{pmatrix}1\\1\end{pmatrix}+b\begin{pmatrix}0&1\\1&0\end{pmatrix}\begin{pmatrix}1\\1\end{pmatrix}=(a+b)\begin{pmatrix}1\\1\end{pmatrix}$$

$$A\begin{pmatrix}1\\-1\end{pmatrix}=a\begin{pmatrix}1&0\\0&1\end{pmatrix}\begin{pmatrix}1\\-1\end{pmatrix}+b\begin{pmatrix}0&1\\1&0\end{pmatrix}\begin{pmatrix}1\\-1\end{pmatrix}=(a-b)\begin{pmatrix}1\\-1\end{pmatrix}$$

に注意すると，(2)の結果から

$$A\begin{pmatrix}1\\1\end{pmatrix}=\begin{pmatrix}1\\1\end{pmatrix},\quad A\begin{pmatrix}1\\-1\end{pmatrix}=\frac{1}{2}\begin{pmatrix}1\\-1\end{pmatrix}$$

となる．そこで，

$$\alpha\begin{pmatrix}1\\1\end{pmatrix}+\beta\begin{pmatrix}1\\-1\end{pmatrix}\overset{f}{\longmapsto}\alpha\begin{pmatrix}1\\1\end{pmatrix}+\frac{1}{2}\beta\begin{pmatrix}1\\-1\end{pmatrix}$$

とわかるから，円①から C_2 への変換 f を，図 6.4.2 のように作図することができる．

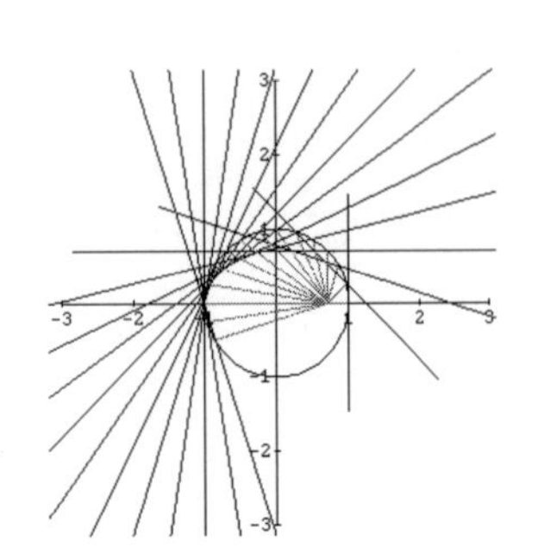

例題 6-8

実数 a に対し，$R(\alpha)=\begin{pmatrix}\cos\alpha & -\frac{1}{2}\sin\alpha \\ 2\sin\alpha & \cos\alpha\end{pmatrix}$ とおく．集合 $\{R(\alpha)\,|\,\alpha$ は実数$\}$ を M とするとき，次の各問に答えよ．

(1) 実数 α, β に対し，行列の積 $R(\alpha)R(\beta)$ は M の要素であることを示せ．

(2) $R(\alpha)$ の逆行列 $R(\alpha)^{-1}$ を求め，$R(\alpha)^{-1}$ が M の要素であることを示せ．

(3) $R(\alpha)$ で表される1次変換は，平面上の楕円 $E: x^2+\frac{y^2}{4}=1$ 上の点を E 上の点にうつすことを示せ．

「楕円が不動」という設定は珍しい．どのような構造になっているのだろうか．

■解答

(1) 三角関数の加法定理を利用すると，

$$R(\alpha)\cdot R(\beta)=\begin{pmatrix}\cos\alpha & -\frac{1}{2}\sin\alpha \\ 2\sin\alpha & \cos\alpha\end{pmatrix}\begin{pmatrix}\cos\beta & -\frac{1}{2}\sin\beta \\ 2\sin\beta & \cos\beta\end{pmatrix}$$

$$=\begin{pmatrix}\cos\alpha\cos\beta-\sin\alpha\sin\beta & -\frac{1}{2}\cos\alpha\sin\beta-\frac{1}{2}\sin\alpha\cos\beta \\ 2\sin\alpha\cos\beta+2\cos\alpha\sin\beta & -\sin\alpha\sin\beta+\cos\alpha\cos\beta\end{pmatrix}$$

$$=\begin{pmatrix}\cos(\alpha+\beta) & -\frac{1}{2}\sin(\alpha+\beta) \\ 2\sin(\alpha+\beta) & \cos(\alpha+\beta)\end{pmatrix}$$

$$=R(\alpha+\beta)\in M$$

(2) (1)の結果で $\beta=-\alpha$ とおくと，

$$R(\alpha)\cdot R(-\alpha)=R(0)=\begin{pmatrix}1 & 0 \\ 0 & 1\end{pmatrix}$$

となるから，

$$R(\alpha)^{-1}=R(-\alpha)=\begin{pmatrix}\cos\alpha & \frac{1}{2}\sin\alpha \\ -2\sin\alpha & \cos\alpha\end{pmatrix}\in M$$

■ $\det R(\alpha)=\cos^2\alpha+\sin^2\alpha=1$ を用いて，成分から $R(\alpha)^{-1}$ を作ってもよい．

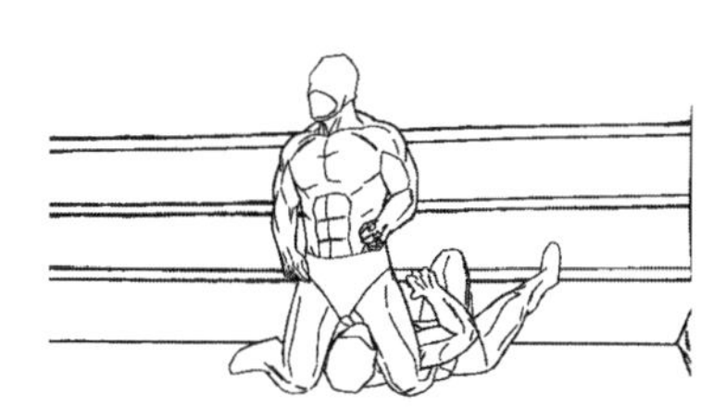

(3) 行列 $R(\alpha)$ で表される1次変換を f_α とする．

f_α によって点 $(x,\ y)$ が点 $(x',\ y')$ に移されるとすると，

$$\begin{pmatrix} x \\ y \end{pmatrix} \overset{f_\alpha}{\longmapsto} \begin{pmatrix} x' \\ y' \end{pmatrix} = R(\alpha)\begin{pmatrix} x \\ y \end{pmatrix}$$

である．いま，点 $(x,\ y)$ が，楕円 E 上を動くとき，対応点 $(x',\ y')$ の軌跡 $f_\alpha(E)$ を求め，$f_\alpha(E)=E$ を示す．

■ 問題文を文字通り読むと，

$$f_\alpha(E) \subseteq E$$

を示せばよいことになる．

$$(x',\ y') \in f_\alpha(E) \iff \exists(x,\ y)\in E,\quad f_\alpha\begin{pmatrix} x \\ y \end{pmatrix} = \begin{pmatrix} x' \\ y' \end{pmatrix}$$

$$\iff \begin{pmatrix} x \\ y \end{pmatrix} = R(\alpha)^{-1}\begin{pmatrix} x' \\ y' \end{pmatrix} \in E$$

$$\iff \begin{pmatrix} \cos\alpha & \frac{1}{2}\sin\alpha \\ -2\sin\alpha & \cos\alpha \end{pmatrix}\begin{pmatrix} x' \\ y' \end{pmatrix} \in E$$

$$\iff \left(x'\cos\alpha + \frac{1}{2}y'\sin\alpha\right)^2 + \frac{1}{4}(-2x'\sin\alpha + y'\cos\alpha)^2 = 1$$

$$\iff (\cos^2\alpha + \sin^2\alpha)(x')^2 + \frac{1}{4}(\cos^2\alpha + \sin^2\alpha)(y')^2 = 1$$

$$\iff (x')^2 + \frac{1}{4}(y')^2 = 1$$

■ $(x',\ y') \in f_\alpha(E) \iff (x',\ y') \in E$ がいえたので，

$f_\alpha(E) = E$ (集合として一致)

とわかった．

よって，$f_\alpha(E)=E$ が示された．

(注) 図6.4.3，図6.4.4は，$\alpha = \frac{\pi}{3}$，$\frac{2\pi}{3}$ における1次変換 f_α によるベクトル $\overrightarrow{\mathrm{P}f_\alpha(\mathrm{P})}$ を図示したものである．ただし，始点のPとしては，領域 $-2 \leqq x \leqq 2$，$-2 \leqq y \leqq 2$ に属する25個の格子点を選んである．

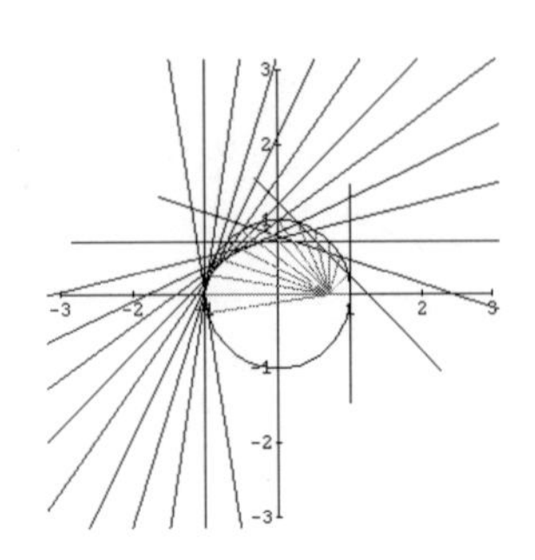

$\alpha=\frac{\pi}{3}$, $R\left(\frac{\pi}{3}\right)=\begin{pmatrix}\frac{1}{2} & -\frac{\sqrt{3}}{4}\\ \sqrt{3} & \frac{1}{2}\end{pmatrix}$　　$\alpha=\frac{2}{3}\pi$, $R\left(\frac{2\pi}{3}\right)=\begin{pmatrix}-\frac{1}{2} & -\frac{\sqrt{3}}{4}\\ \sqrt{3} & -\frac{1}{2}\end{pmatrix}$

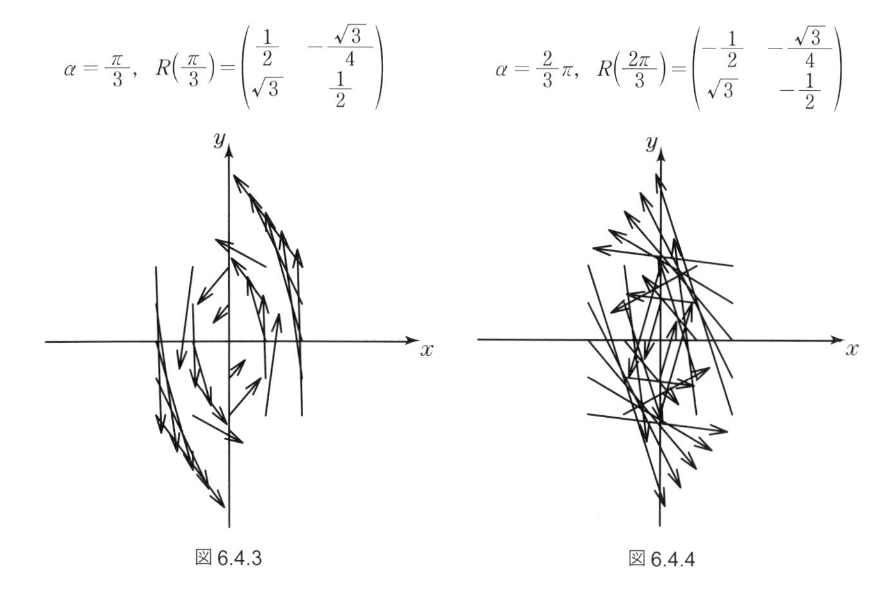

図6.4.3　　図6.4.4

さて，1次変換 f_α により，楕円 E が不動であるとの結論が出たが，本当だろうか．図6.4.5の6枚の図は，いくつかの α の値に対して，「楕円 E とそれを囲む8個の単位正方形」の f_α による像を描いたものである．$\alpha=0$ のときは $R(0)=\begin{pmatrix}1 & 0\\ 0 & 1\end{pmatrix}$ だから，楕円 E 上のすべての点が不動点である．その他の図では，楕円 E 上の各点は f_α によって移動しているが，楕円 E 全体の像は楕円 E 自身と一致している．

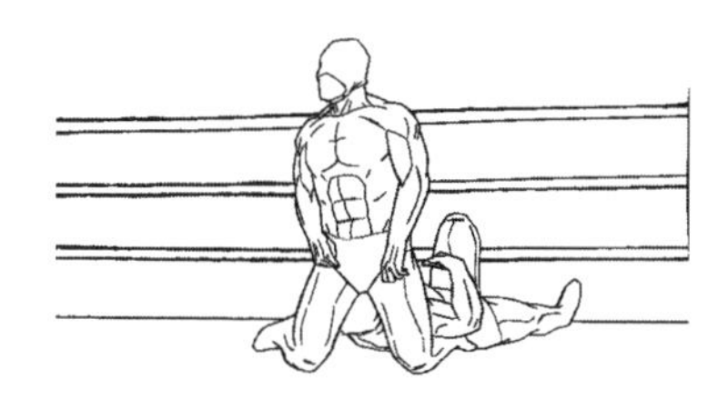

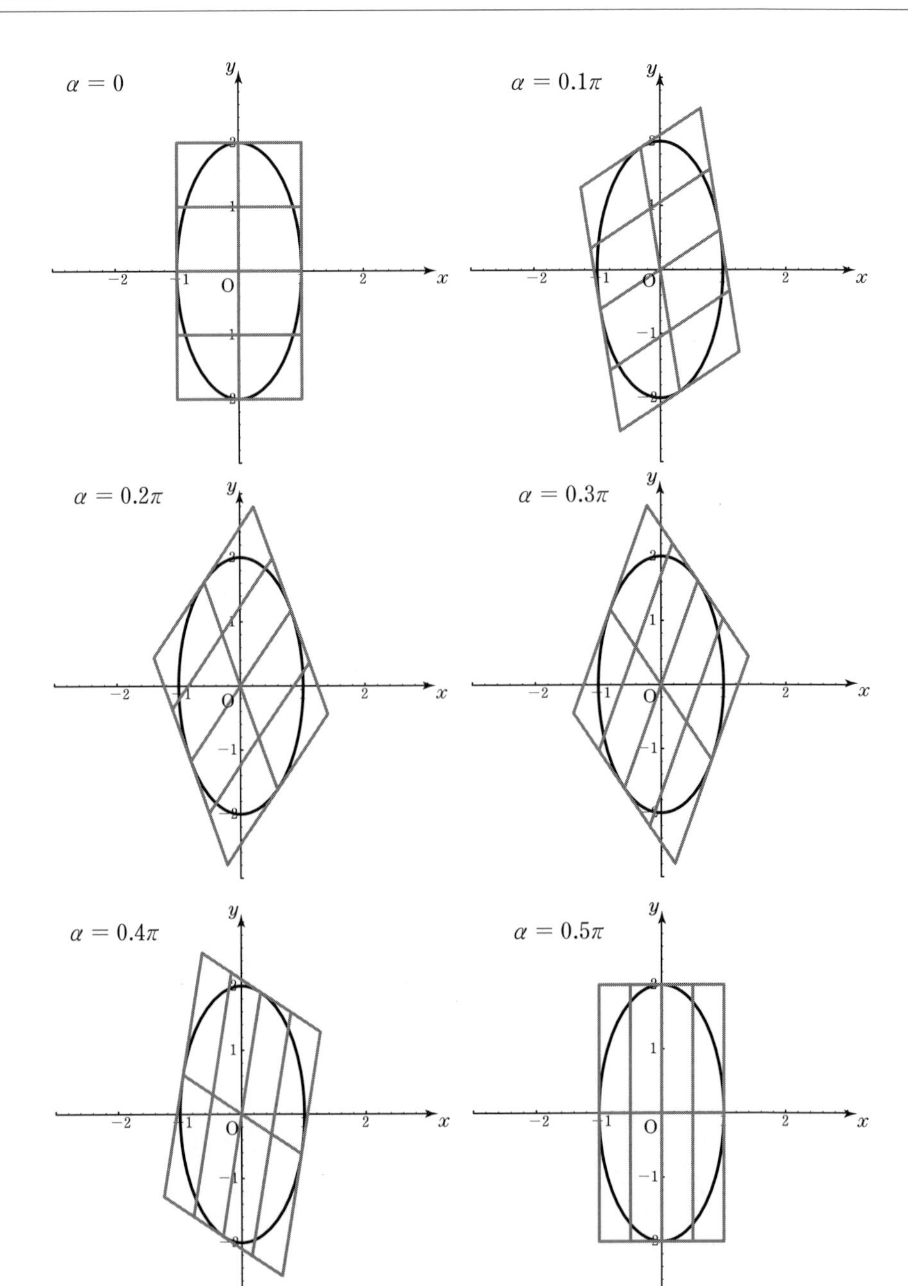

図 6.4.5

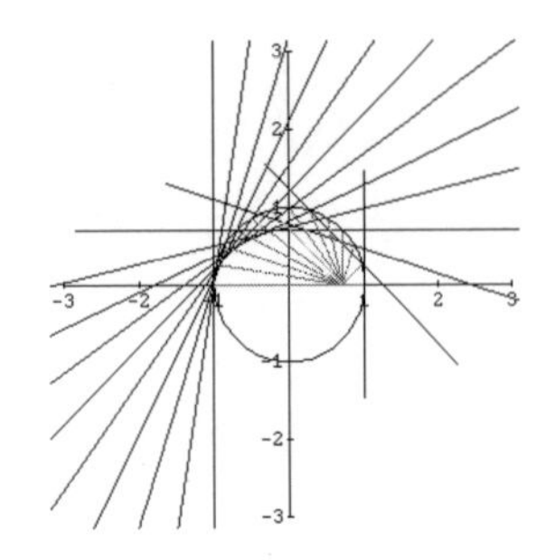

このような現象の起こる仕組みはどうなっているのだろうか.

$$
\begin{aligned}
R(\alpha) &= \begin{pmatrix} \cos\alpha & -\frac{1}{2}\sin\alpha \\ 2\sin\alpha & \cos\alpha \end{pmatrix} \\
&= \begin{pmatrix} \frac{1}{2} & 0 \\ 0 & 1 \end{pmatrix}\begin{pmatrix} 2\cos\alpha & -\sin\alpha \\ 2\sin\alpha & \cos\alpha \end{pmatrix} \\
&= \begin{pmatrix} \frac{1}{2} & 0 \\ 0 & 1 \end{pmatrix}\begin{pmatrix} \cos\alpha & -\sin\alpha \\ \sin\alpha & \cos\alpha \end{pmatrix}\begin{pmatrix} 2 & 0 \\ 0 & 1 \end{pmatrix}
\end{aligned}
$$

と考えることにより, f_α を3つの1次変換に分解することができる. その様子を図 6.4.6 に描いた. これを見ると, 楕円が不動であることがハッキリと納得できるだろう.

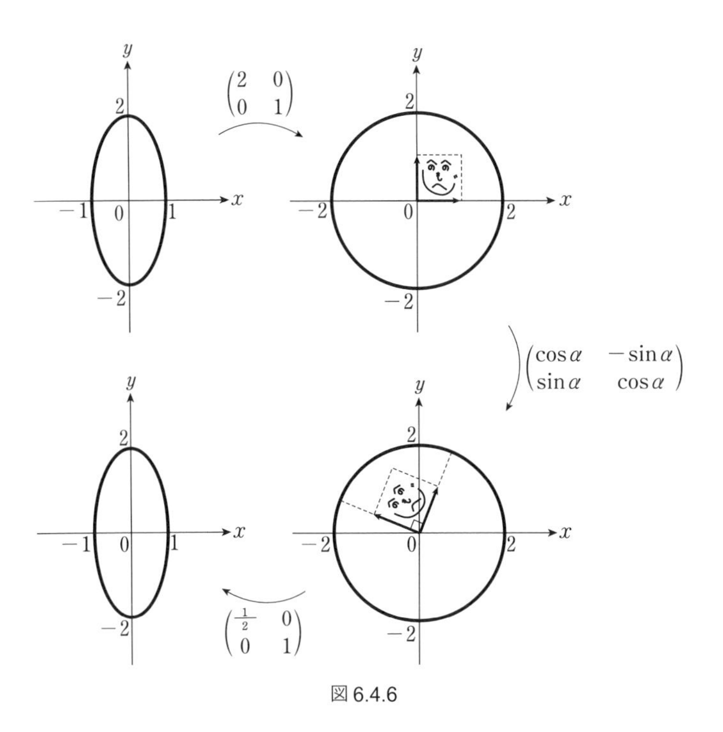

図 6.4.6

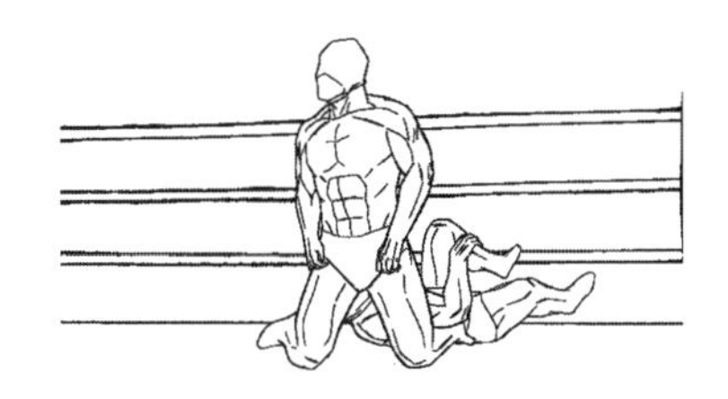

例題 6-9

放物線 $x^2-2xy+y^2-\sqrt{2}\,x-\sqrt{2}\,y-2=0$ …①を原点を中心として，角 θ $\left(0\leqq\theta\leqq\frac{\pi}{2}\right)$ だけ回転して得られる曲線の方程式を $ax^2+bxy+cy^2+dx+ey+f=0$ とするとき

(1) b を θ で表せ．更に，$b=0$ となる θ の値を求めよ．

(2) 放物線①の焦点と準線を求めよ．

■**解答**

■ $(x',\ y')\in W$
$\Longleftrightarrow \exists(x,\ y)\in$①,
$(x',\ y')=f(x,\ y)$

(1) 点 $(x,\ y)$ を原点のまわりに角 θ だけ回転させると点 $(x',\ y')$ に移るとすると，

$$\begin{pmatrix}x'\\y'\end{pmatrix}=\begin{pmatrix}\cos\theta & -\sin\theta\\ \sin\theta & \cos\theta\end{pmatrix}\begin{pmatrix}x\\y\end{pmatrix}$$

$$\Longleftrightarrow \begin{pmatrix}x\\y\end{pmatrix}=\begin{pmatrix}\cos\theta & \sin\theta\\ -\sin\theta & \cos\theta\end{pmatrix}\begin{pmatrix}x'\\y'\end{pmatrix}$$

となっている．ここで，点 $(x,\ y)$ が放物線①上を動くときの，対応点 $(x',\ y')$ の軌跡を W とすると，

$(x',\ y')\in W \Longleftrightarrow \begin{pmatrix}x\\y\end{pmatrix}=\begin{pmatrix}x'\cos\theta+y'\sin\theta\\ -x'\sin\theta+y'\cos\theta\end{pmatrix}$ が①上にある．

$$\begin{aligned}\Longleftrightarrow\ &(x'\cos\theta+y'\sin\theta)^2\\ &-2(x'\cos\theta+y'\sin\theta)(-x'\sin\theta+y'\cos\theta)\\ &+(-x'\sin\theta+y'\sin\theta)^2-\sqrt{2}(x'\cos\theta+y'\sin\theta)\\ &-\sqrt{2}(-x'\sin\theta+y'\cos\theta)-2=0 \qquad \cdots\cdots②\end{aligned}$$

②式の $x'y'$ の係数が b となるから，

$$\begin{aligned}b&=2\cos\theta\sin\theta-2(\cos^2\theta-\sin^2\theta)-2\cos\theta\sin\theta\\ &=\boldsymbol{-2\cos 2\theta}\end{aligned}$$

$b=0$ となる θ を $0\leqq 2\theta\leqq\pi$ の範囲で求めると，

$$2\theta=\frac{\pi}{2},\quad \boldsymbol{\theta=\frac{\pi}{4}}$$

(2) $\theta=\frac{\pi}{4}$, $\cos\theta=\sin\theta=\frac{1}{\sqrt{2}}$ を②に代入すると，

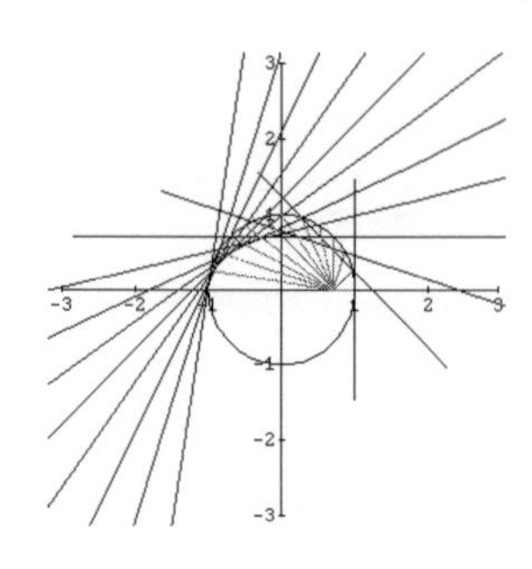

$$\left(\frac{x'+y'}{\sqrt{2}}\right)^2-2\left(\frac{x'+y'}{\sqrt{2}}\right)\left(\frac{y'-x'}{\sqrt{2}}\right)+\left(\frac{y'-x'}{\sqrt{2}}\right)^2$$
$$-\sqrt{2}\left(\frac{x'+y'}{\sqrt{2}}\right)-\sqrt{2}\left(\frac{y'-x'}{\sqrt{2}}\right)-2=0$$

これを整理すると，

$$(x')^2-y'-1=0 \qquad \cdots\cdots②'$$

変換後の放物線②' は，図 6.4.7 のようになっていて，その焦点は $\left(0,\ -\dfrac{3}{4}\right)$，準線は $y=-\dfrac{5}{4}$ である．これらを原点のまわりに $-\dfrac{\pi}{4}$ 回転すると，放物線①の焦点と準線を得る．（図 6.4.8）

①の焦点は $\left(-\dfrac{3\sqrt{2}}{8},\ -\dfrac{3\sqrt{2}}{8}\right)$，準線は $\boldsymbol{x+y=-\dfrac{5\sqrt{2}}{4}}$

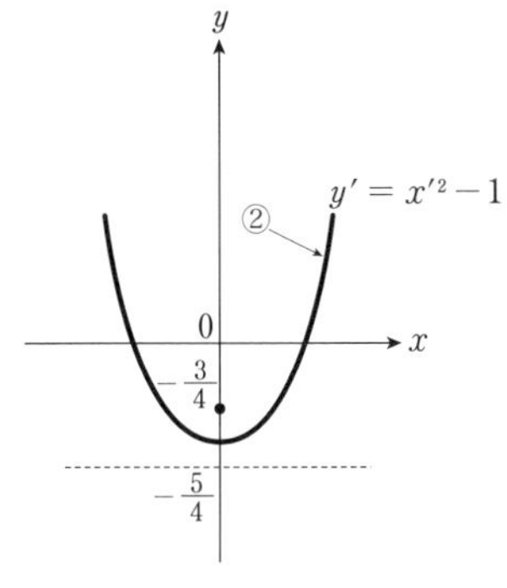

図 6.4.7

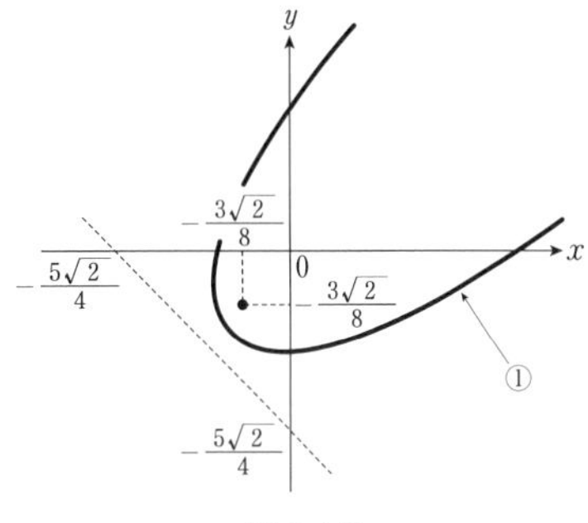

図 6.4.8

6.5 2 次式の変数変換

> 変数 x, y の 2 次の等式
>
> $$P(x,\ y)=ax^2+2hxy+by^2+2fx+2gy+c=0$$
>
> は，3 次正方行列を利用して
>
> $$(x\ \ y\ \ 1)\begin{pmatrix} a & h & f \\ h & b & g \\ f & g & c \end{pmatrix}\begin{pmatrix} x \\ y \\ 1 \end{pmatrix}=0 \qquad \cdots\cdots(*)$$
>
> と書ける．

実際，(∗)の左辺は

$$(x\ \ y\ \ 1)\begin{pmatrix} ax+hy+f \\ hx+by+g \\ fx+gy+c \end{pmatrix}$$
$$=x(ax+hy+f)+y(hx+by+g)+1(fx+gy+c)$$
$$=P(x,\ y)$$

■ 3 次行列の計算は，2 次行列の計算と同様にできる．

となる．このことを利用して，(例題 6−9) の放物線①を (∗) の形に表してみる．

$$x^2-2xy+y^2-\sqrt{2}\,x-\sqrt{2}\,y-2=0$$

$$\Longleftrightarrow (x\ \ y\ \ 1)\underbrace{\begin{pmatrix} 1 & -1 & -\frac{\sqrt{2}}{2} \\ -1 & 1 & -\frac{\sqrt{2}}{2} \\ -\frac{\sqrt{2}}{2} & -\frac{\sqrt{2}}{2} & -2 \end{pmatrix}}_{\text{この行列を}M\text{と名づける}}\begin{pmatrix} x \\ y \\ 1 \end{pmatrix}=0 \quad \cdots\cdots①$$

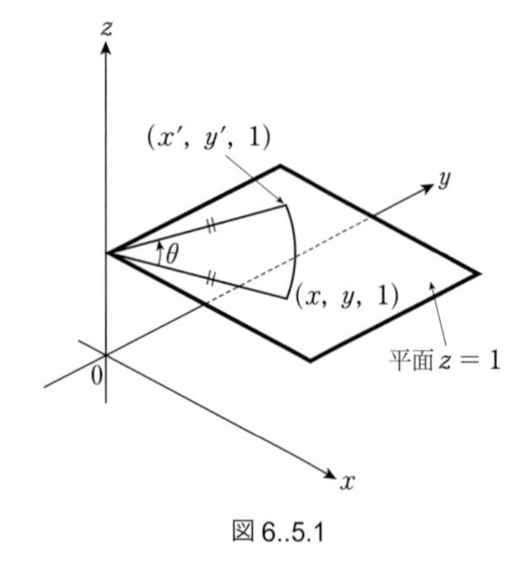

図 6..5.1

いま，①上の点 $(x,\ y)$ を（xy 平面において）原点のまわりに角 θ だけ回転すると点 $(x',\ y')$ に移るものとすると，

$$\begin{pmatrix} x \\ y \end{pmatrix} \xmapsto[\theta\text{回転}]{\text{原点まわり}} \begin{pmatrix} x' \\ y' \end{pmatrix}=\begin{pmatrix} \cos\theta & -\sin\theta \\ \sin\theta & \cos\theta \end{pmatrix}\begin{pmatrix} x \\ y \end{pmatrix}$$

のような関係式が成り立っている．これを，

『xyz 空間内で，点 $(x,\ y,\ 1)$ を平面 $z=1$ 内で z 軸のまわりに角 θ だけ回転すると点 $(x',\ y',\ 1)$ にうつる』

と考えると，3 次正方行列を用いて

$$\begin{pmatrix} x \\ y \\ 1 \end{pmatrix} \xmapsto[\theta\text{回転}]{z\text{軸まわり}} \begin{pmatrix} x' \\ y' \\ 1 \end{pmatrix}=\underbrace{\begin{pmatrix} \cos\theta & -\sin\theta & 0 \\ \sin\theta & \cos\theta & 0 \\ 0 & 0 & 1 \end{pmatrix}}_{\text{この行列を}R_\theta\text{と名づける}}\begin{pmatrix} x \\ y \\ 1 \end{pmatrix}$$

と表すことができる．これは，書き方を変えると

$$(x'\ \ y'\ \ 1)=(z\ \ y\ \ 1)\underbrace{\begin{pmatrix} \cos\theta & \sin\theta & 0 \\ -\sin\theta & \cos\theta & 0 \\ 0 & 0 & 1 \end{pmatrix}}_{\text{この行列を}{}^tR_\theta\text{と名づける}}$$

と表すこともできる．ここに，${}^tR_\theta$ は行列 R_θ の**転置行列** (transposed matrix) である．

■ 一般に行列 A の (i–j 成分) と (j–i 成分) を交換してできる行列を ${}^tA$ と書き，「A の転置行列」という．

さて，(例題 6−9) の設定では，

『点 $(x,\ y)$ が放物線①上で動くとき，角 θ の回転による対応点 $(x',\ y')$ の軌跡を表す式が

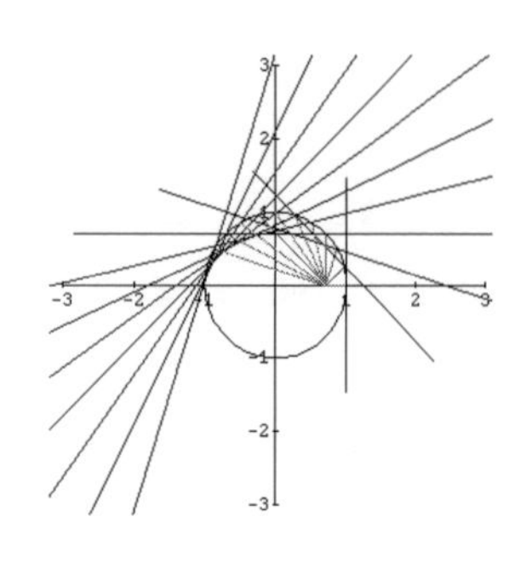

$a(x')^2+bx'y'+c(y')^2+dx'+ey'+f=0$

$$\iff (x' \ y' \ 1)\underbrace{\begin{pmatrix} a & \frac{b}{2} & \frac{d}{2} \\ \frac{b}{2} & c & \frac{e}{2} \\ \frac{d}{2} & \frac{e}{2} & f \end{pmatrix}}_{\text{この行列を}A\text{と名づける}}\begin{pmatrix} x' \\ y' \\ 1 \end{pmatrix}=0 \cdots\cdots ②\text{である}$$

』

となっていた．ここまででわかっていることを整理すると，次のような図式になる．

点 $(x,\ y)$ のみたす式は，

$$(x \ y \ 1)M\begin{pmatrix} x \\ y \\ 1 \end{pmatrix}=0 \cdots\cdots ①$$

点 $(x',\ y')$ のみたす式は

$$(x',\ y' \ 1)A\begin{pmatrix} x' \\ y' \\ 1 \end{pmatrix}=0 \cdots\cdots ②$$

点 $(x,\ y)$ と点 $(x',\ y')$ の関係は

$$\begin{pmatrix} x' \\ y' \\ 1 \end{pmatrix}=R_\theta\begin{pmatrix} x \\ y \\ 1 \end{pmatrix} \iff (x' \ y' \ 1)=(x \ y \ 1)\,{}^tR_\theta \quad \cdots\cdots ③$$

すると，

「点 $(x,\ y)$ が①上に乗る」

$\iff$「③によって対応する点 $(x',\ y')$ が②上に乗る」

であるから，③を②に代入して得られる $(x,\ y)$ についての等式は，①と一致する．実際に計算してみると，

$$(x \ y \ 1)\,{}^tR_\theta\cdot A\cdot R_\theta\begin{pmatrix} x \\ y \\ 1 \end{pmatrix}=0 \qquad \cdots\cdots ④$$

■ ③を②に代入した式が④である．

となる．ここで，行列とベクトルの積においては結合法則が成り立つから，

$$④ \iff (x \ y \ 1)({}^tR_\theta\cdot A\cdot R_\theta)\begin{pmatrix} x \\ y \\ 1 \end{pmatrix}=0$$

であり，これが①と一致するから，行列についての等式

$$M={}^tR_\theta\cdot A\cdot R_\theta \qquad \cdots\cdots ⑤$$

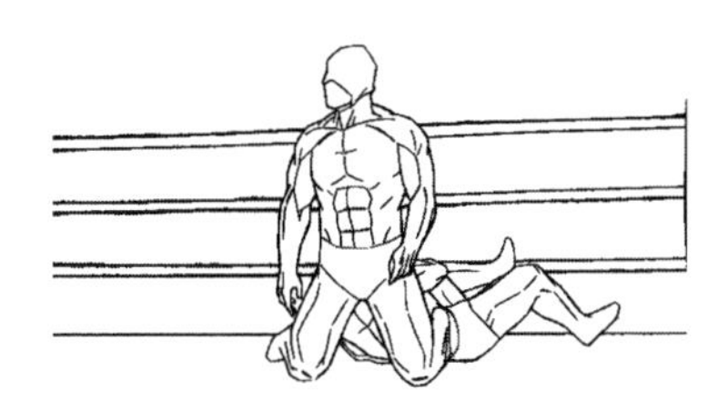

を得る．いま，

■ ⑤が，回転による変数変換を行列で表現する等式である．

$$R_\theta \cdot {}^tR_\theta = \begin{pmatrix} \cos\theta & -\sin\theta & 0 \\ \sin\theta & \cos\theta & 0 \\ 0 & 0 & 1 \end{pmatrix} \begin{pmatrix} \cos\theta & \sin\theta & 0 \\ -\sin\theta & \cos\theta & 0 \\ 0 & 0 & 1 \end{pmatrix}$$
$$= \begin{pmatrix} 1 & 0 & 0 \\ 0 & 1 & 0 \\ 0 & 0 & 1 \end{pmatrix}$$

に注意すると，

『R_θ と ${}^tR_\theta$ は3次正方行列として互いに逆行列である』

ことがわかる．このことを使って⑤を書きかえると

$$⑤ \iff R_\theta \cdot M \cdot {}^tR_\theta = (R_\theta \cdot {}^tR_\theta) \cdot A \cdot (R_\theta \cdot {}^tR_\theta)$$
$$\iff R_\theta \cdot M \cdot {}^tR_\theta = A$$

となり，これを成分表示すると次のようになる．

$$\begin{pmatrix} \cos\theta & -\sin\theta & 0 \\ \sin\theta & \cos\theta & 0 \\ 0 & 0 & 1 \end{pmatrix} \begin{pmatrix} 1 & -1 & -\frac{\sqrt{2}}{2} \\ -1 & 1 & -\frac{\sqrt{2}}{2} \\ -\frac{\sqrt{2}}{2} & -\frac{\sqrt{2}}{2} & -2 \end{pmatrix} \begin{pmatrix} \cos\theta & \sin\theta & 0 \\ -\sin\theta & \cos\theta & 0 \\ 0 & 0 & 1 \end{pmatrix}$$

$$= \begin{pmatrix} a & \frac{b}{2} & \frac{d}{2} \\ \frac{b}{2} & c & \frac{e}{2} \\ \frac{d}{2} & \frac{e}{2} & f \end{pmatrix} \qquad \cdots\cdots ⑤'$$

⑤' の左辺では，成分に0が多いおかげで，計算してみると2次正方行列の等式

■ ⑤'を展開して確かめてみよ．

$$\begin{pmatrix} \cos\theta & -\sin\theta \\ \sin\theta & \cos\theta \end{pmatrix} \begin{pmatrix} 1 & -1 \\ -1 & 1 \end{pmatrix} \begin{pmatrix} \cos\theta & \sin\theta \\ -\sin\theta & \cos\theta \end{pmatrix}$$
$$= \begin{pmatrix} a & \frac{b}{2} \\ \frac{b}{2} & c \end{pmatrix} \qquad \cdots\cdots ⑥$$

がスッポリと入っていることがわかる．

ここで（例題6-9）の設問(1)をみると，「$b=0$ となる θ の値を求めよ」とある．すなわち，

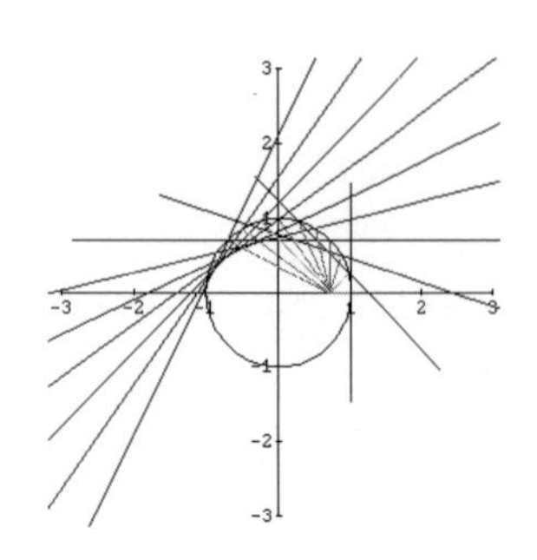

適当な回転行列 $R=\begin{pmatrix}\cos\theta & -\sin\theta \\ \sin\theta & \cos\theta\end{pmatrix}$ を用いて，⑥を

$$R\begin{pmatrix}1 & -1 \\ -1 & 1\end{pmatrix}R^{-1}=\begin{pmatrix}a & 0 \\ 0 & c\end{pmatrix}$$

の形にせよ．ただし $0 \leqq \theta \leqq \frac{\pi}{2}$ である．

（要するに $\begin{pmatrix}1 & -1 \\ -1 & 1\end{pmatrix}$ を対角化せよということ）

という問題と本質的に同じである．ここで，行列

$$B=\begin{pmatrix}1 & -1 \\ -1 & 1\end{pmatrix}$$

の固有値，固有ベクトルを求めてみると，

■ 求め方は 6.6 節を参照

$$B\begin{pmatrix}1 \\ -1\end{pmatrix}=2\begin{pmatrix}1 \\ -1\end{pmatrix}, \quad B\begin{pmatrix}1 \\ 1\end{pmatrix}=0\begin{pmatrix}1 \\ 1\end{pmatrix}$$

とわかる．まとめて書くと，

$$B\begin{pmatrix}1 & 1 \\ -1 & 1\end{pmatrix}=\begin{pmatrix}2\cdot 1 & 0\cdot 1 \\ 2\cdot(-1) & 0\cdot 1\end{pmatrix}$$

$$B\cdot\frac{1}{\sqrt{2}}\begin{pmatrix}1 & 1 \\ -1 & 1\end{pmatrix}=\frac{1}{\sqrt{2}}\begin{pmatrix}1 & 1 \\ -1 & 1\end{pmatrix}\cdot\begin{pmatrix}2 & 0 \\ 0 & 0\end{pmatrix} \quad \cdots\cdots⑦$$

なので，$\theta=\frac{\pi}{4}$ にとれば

$$R^{-1}=\begin{pmatrix}\cos\left(-\frac{\pi}{4}\right) & -\sin\left(-\frac{\pi}{4}\right) \\ \sin\left(-\frac{\pi}{4}\right) & \cos\left(-\frac{\pi}{4}\right)\end{pmatrix}=\frac{1}{\sqrt{2}}\begin{pmatrix}1 & 1 \\ -1 & 1\end{pmatrix}$$

となって，

$$⑦ \iff B\cdot R^{-1}=R^{-1}\cdot\begin{pmatrix}2 & 0 \\ 0 & 0\end{pmatrix}$$

$$\iff R\cdot B\cdot R^{-1}=\begin{pmatrix}2 & 0 \\ 0 & 0\end{pmatrix}$$

■ $a=2$，$c=0$ となった．これらは，行列 B の 2 つの固有値である．

のように，対角化ができた．

次に，$\theta=\frac{\pi}{4}$ を⑤'に代入して，d，e，f の値を求めてみる．

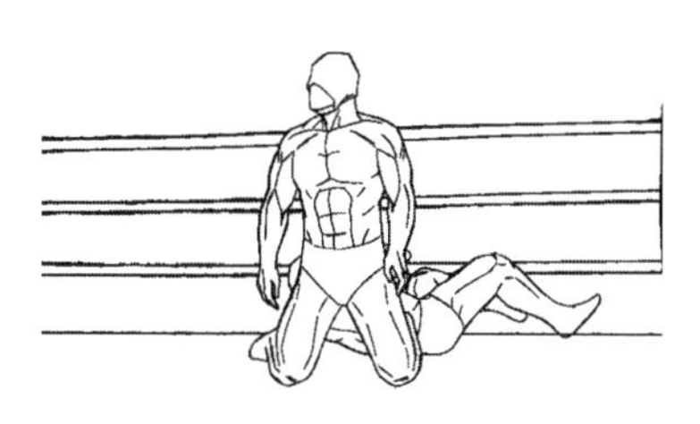

$$A = R_{\frac{\pi}{4}} \cdot M \cdot {}^{t}R_{\frac{\pi}{4}}$$

$$= \begin{pmatrix} \frac{1}{\sqrt{2}} & -\frac{1}{\sqrt{2}} & 0 \\ \frac{1}{\sqrt{2}} & \frac{1}{\sqrt{2}} & 0 \\ 0 & 0 & 1 \end{pmatrix} \begin{pmatrix} 1 & -1 & -\frac{1}{\sqrt{2}} \\ -1 & 1 & -\frac{1}{\sqrt{2}} \\ -\frac{1}{\sqrt{2}} & -\frac{1}{\sqrt{2}} & -2 \end{pmatrix}$$

$$\times \begin{pmatrix} \frac{1}{\sqrt{2}} & \frac{1}{\sqrt{2}} & 0 \\ -\frac{1}{\sqrt{2}} & \frac{1}{\sqrt{2}} & 0 \\ 0 & 0 & 1 \end{pmatrix}$$

$$= \begin{pmatrix} 2 & 0 & 0 \\ 0 & 0 & -1 \\ 0 & -1 & -2 \end{pmatrix}$$

となったから，$\theta = \frac{\pi}{4}$ のとき

$$(a, b, c) = (2, 0, 0), \quad (d, e, f) = (0, -2, -2)$$

である．曲線②の方程式は，

$$(x' \ \ y' \ \ 1) \begin{pmatrix} 2 & 0 & 0 \\ 0 & 0 & -1 \\ 0 & -1 & -2 \end{pmatrix} \begin{pmatrix} x' \\ y' \\ 1 \end{pmatrix} = 2(x')^2 - 2y' - 2 = 0$$

$$\iff y' = (x')^2 - 1 \qquad \cdots\cdots②$$

となる．

この先の疑問として，例えば

「方程式①が放物線であることはなぜわかるのか？」

「一般の 2 次式 $f(x, y) = 0$ ……(∗)が表す曲線の種類をどのように判定するのか？」

「今回の回転による⑤式のような変数変換は，一般にはどうなるのか？」

「回転によって保存される量は何か？」

といったものがあるが，これらは「線形代数学」の領域となる．

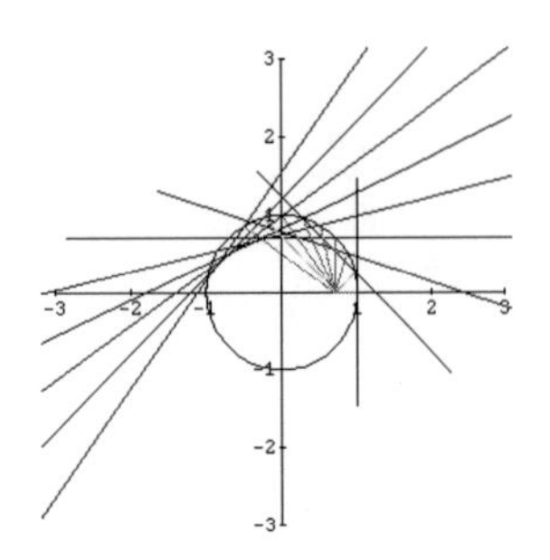

(注) ⑤'から⑥を導く部分は次のように確かめられる.

$$A=R_\theta\cdot M\cdot {}^tR_\theta$$

$$=\left(\begin{array}{cc|c}\cos\theta & -\sin\theta & 0\\ \sin\theta & \cos\theta & 0\\ \hline 0 & 0 & 1\end{array}\right)\left(\begin{array}{cc|c}1 & -1 & -\frac{\sqrt{2}}{2}\\ -1 & 1 & -\frac{\sqrt{2}}{2}\\ \hline -\frac{\sqrt{2}}{2} & \frac{\sqrt{2}}{2} & -2\end{array}\right)$$

$$\times\left(\begin{array}{cc|c}\cos\theta & \sin\theta & 0\\ -\sin\theta & \cos\theta & 0\\ \hline 0 & 0 & 1\end{array}\right)$$

$$=\left(\begin{array}{c|c}R & \vec{0}\\ \hline {}^t\vec{0} & 1\end{array}\right)\left(\begin{array}{c|c}B & \vec{a}\\ \hline {}^t\vec{a} & f\end{array}\right)\left(\begin{array}{c|c}R^{-1} & \vec{0}\\ \hline {}^t\vec{0} & 1\end{array}\right)$$

$$=\left(\begin{array}{c|c}RB & R\vec{a}\\ \hline {}^t\vec{0}B+{}^t\vec{a} & {}^t\vec{0}\vec{a}+f\end{array}\right)\left(\begin{array}{c|c}R^{-1} & \vec{0}\\ \hline {}^t\vec{0} & 1\end{array}\right)$$

$$=\left(\begin{array}{c|c}RB & R\vec{a}\\ \hline {}^t\vec{a} & f\end{array}\right)\left(\begin{array}{c|c}R^{-1} & \vec{0}\\ \hline {}^t\vec{0} & 1\end{array}\right)$$

$$=\left(\begin{array}{c|c}RBR^{-1} & R\vec{a}\\ \hline {}^t\vec{a}R^{-1} & f\end{array}\right)$$

特に $\theta=\frac{\pi}{4}$ のとき,

$$RBR^{-1}=\begin{pmatrix}2 & 0\\ 0 & 0\end{pmatrix}$$

と対角化され, その他の部分も

$$R\vec{a}=\frac{1}{\sqrt{2}}\begin{pmatrix}1 & -1\\ 1 & 1\end{pmatrix}\cdot\frac{1}{\sqrt{2}}\begin{pmatrix}-1\\ -1\end{pmatrix}=\begin{pmatrix}0\\ -1\end{pmatrix}$$

$${}^t\vec{a}R^{-1}=\left(-\frac{1}{\sqrt{2}}\quad -\frac{1}{\sqrt{2}}\right)\cdot\frac{1}{\sqrt{2}}\begin{pmatrix}1 & 1\\ -1 & 1\end{pmatrix}=(0\quad -1)$$

となり,

$$A=\left(\begin{array}{cc|c}2 & 0 & 0\\ 0 & 0 & -1\\ \hline 0 & -1 & -2\end{array}\right)$$

を求めることができた.

■ $R,\ B,\ R^{-1}$ は先に定義した2次正方行列.

$\vec{a}=\begin{pmatrix}-\frac{\sqrt{2}}{2}\\ -\frac{\sqrt{2}}{2}\end{pmatrix}$ は列ベクトル

${}^t\vec{a}=\left(-\frac{\sqrt{2}}{2}\quad -\frac{\sqrt{2}}{2}\right)$ は行ベクトルで, $\vec{a}$ を転置したものである

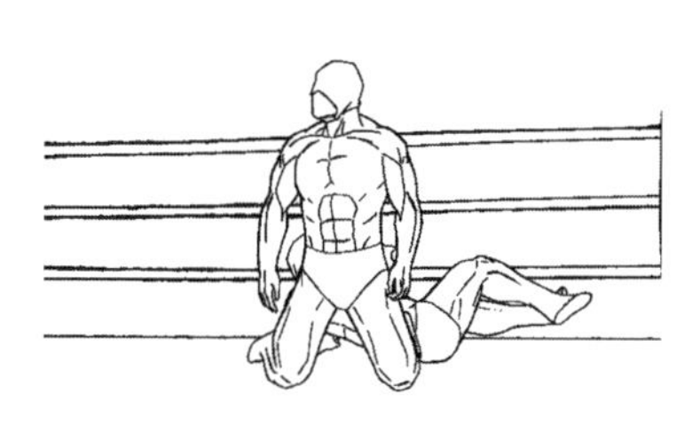

6.6 固有ベクトルの使い方

$A=\begin{pmatrix} a & b \\ c & d \end{pmatrix}$, $\vec{x}=\begin{pmatrix} x \\ y \end{pmatrix}$ について,

$$A\vec{x}=k\vec{x} \land \vec{x}\neq\vec{0}$$

をみたす $\vec{x}$ が存在するような数 k を「行列 A の**固有値**(eigenvalue)」といい，対応するベクトル $\vec{x}$ をその固有値に属する「**固有ベクトル**(eigenvector)」という.

具体的に A が与えられたとき，k と $\vec{x}$ を求めるには，次の手順をとるとよい.

■(理由)
もし $\det(A-kE)\neq 0$ なら $(A-kE)^{-1}$ が存在するから,

$$\vec{x}=(A-kE)^{-1}(A-kE)\vec{x}$$
$$=(A-kE)^{-1}\vec{0}$$

$\therefore\ \vec{x}=\vec{0}$ となってしまう.

Step 1 $A\vec{x}=k\vec{x} \iff (A-kE)\vec{x}=\vec{0}$
となる $\vec{0}$ でないベクトル $\vec{x}$ が存在するためには,
$\det(A-kE)=0$ が必要である.

Step 2 $\det(A-kE)$ を成分で展開してみると,

$$\det\begin{pmatrix} a-k & b \\ c & d-k \end{pmatrix}=(a-k)(d-k)-bc$$
$$=k^2-(a+d)k+(ad-bc)$$

となる．しばしばこの2次式を $\varphi(k)$ と書いて,「行列 A の**固有多項式**(eigen-polynomial)」という.

■ A と $\vec{x}$ の成分を R (実数全体)の中で考えるとき，もし $\varphi(k)=0$ が実根 k を持たなければ，固有ベクトルはないということになる.

Step 3 **固有方程式**(eigen equation) $\varphi(k)=0$ を解く.
その2解を k_1, k_2 とする.

Step 4 $A-k_1E=\begin{pmatrix} a-k_1 & b \\ c & d-k_1 \end{pmatrix}$ が逆行列をもたないことに注意して,

$$\begin{pmatrix} a-k_1 & b \\ c & d-k_1 \end{pmatrix}\begin{pmatrix} x \\ y \end{pmatrix}=\begin{pmatrix} 0 \\ 0 \end{pmatrix}$$

となる $\vec{x}=\begin{pmatrix} x \\ y \end{pmatrix}$ を見つける．実際には,

$$(a-k_1\quad b)\begin{pmatrix} x \\ y \end{pmatrix}=(a-k_1)x+by=0$$

となるものを見つければよい．k_2 についても同様である.

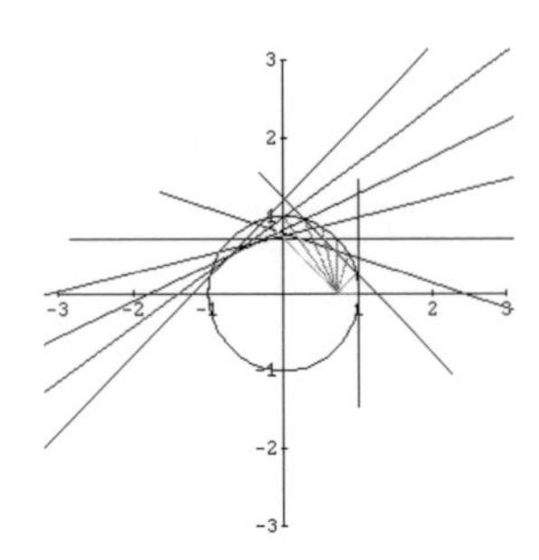

例題 6-10

次の行列の固有値・固有ベクトルを求めよ．

(1) $\begin{pmatrix} 0 & 2 \\ -1 & 3 \end{pmatrix}$　　(2) $\begin{pmatrix} a & b \\ b & a \end{pmatrix}$

(3) $\begin{pmatrix} k-2 & 1-k \\ 4 & 3k-2 \end{pmatrix}$

(1) は(例題 6-1)で，(2)は(例題 6-7)で現れたもの．
(3)は(例題 6-11)，(例題 6-12)で扱うものである．
前ページの手順の <u>Step 3</u> から始めて解答する．

■ 入試などの場での答案では Step 1 → 4 の順にたどっていくのが無難である．

■解答

(1) 固有方程式は

$$\varphi_1(x) = x^2 - 3x + 2 = (x-1)(x-2) = 0$$

となる．

固有値 $x = \mathbf{1}$ に属する固有ベクトルは

$$\begin{pmatrix} 0 & 2 \\ -1 & 3 \end{pmatrix} - 1 \cdot \begin{pmatrix} 1 & 0 \\ 0 & 1 \end{pmatrix} = \begin{pmatrix} -1 & 2 \\ -1 & 2 \end{pmatrix} \text{により} \begin{pmatrix} \mathbf{2} \\ \mathbf{1} \end{pmatrix}$$

固有値 $x = \mathbf{2}$ に属する固有ベクトルは

$$\begin{pmatrix} 0 & 2 \\ -1 & 3 \end{pmatrix} - 2 \cdot \begin{pmatrix} 1 & 0 \\ 0 & 1 \end{pmatrix} = \begin{pmatrix} -2 & 2 \\ -1 & 1 \end{pmatrix} \text{により} \begin{pmatrix} \mathbf{1} \\ \mathbf{1} \end{pmatrix}$$

(2) 固有方程式は

$$\varphi_2(x) = x^2 - 2ax + (a^2 - b^2)$$
$$= \{x - (a+b)\}\{x - (a-b)\} = 0$$

となる．

固有値 $x = \boldsymbol{a+b}$ に属する固有ベクトルは

$$\begin{pmatrix} a & b \\ b & a \end{pmatrix} - (a+b) \begin{pmatrix} 1 & 0 \\ 0 & 1 \end{pmatrix} = \begin{pmatrix} -b & b \\ b & -b \end{pmatrix} \text{により} \begin{pmatrix} \mathbf{1} \\ \mathbf{1} \end{pmatrix}$$

固有値 $x = \boldsymbol{a-b}$ に属する固有ベクトルは

$$\begin{pmatrix} a & b \\ b & a \end{pmatrix} - (a-b) \begin{pmatrix} 1 & 0 \\ 0 & 1 \end{pmatrix} = \begin{pmatrix} b & b \\ b & b \end{pmatrix} \text{により} \begin{pmatrix} \mathbf{1} \\ \mathbf{-1} \end{pmatrix}$$

(3) 固有方程式は

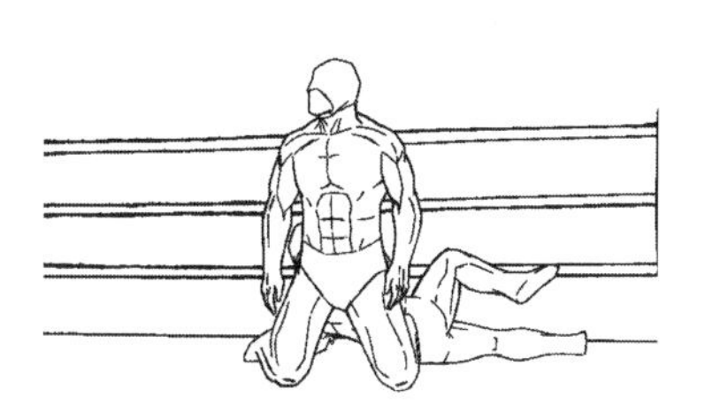

$$\varphi_3(x)=x^2-(4k-4)x+(k-2)(3k-2)-4(1-k)$$
$$=x^2-(4k-4)x+k(3k-4)$$
$$=(x-k)\{x-(3k-4)\}$$

となる．

固有値 $x=\boldsymbol{k}$ に属する固有ベクトルは，

$$\begin{pmatrix} k-2 & 1-k \\ 4 & 3k-2 \end{pmatrix}-k\begin{pmatrix} 1 & 0 \\ 0 & 1 \end{pmatrix}=\begin{pmatrix} -2 & 1-k \\ 4 & 2k-2 \end{pmatrix} \text{により} \begin{pmatrix} \boldsymbol{1-k} \\ \boldsymbol{2} \end{pmatrix}$$

固有値 $x=\boldsymbol{3k-4}$ に属する固有ベクトルは，

$$\begin{pmatrix} k-2 & 1-k \\ 4 & 3k-2 \end{pmatrix}-(3k-4)\begin{pmatrix} 1 & 0 \\ 0 & 1 \end{pmatrix}=\begin{pmatrix} -2k+2 & 1-k \\ 4 & 2 \end{pmatrix}$$

$$\text{により} \begin{pmatrix} \boldsymbol{1} \\ \boldsymbol{-2} \end{pmatrix}$$

例題 6-11

> 行列 $A=\begin{pmatrix} k-2 & 1-k \\ 4 & 3k-2 \end{pmatrix}$ によって表される1次変換 f について次の問に答えよ．
> (1) 点 $(1,\ -2)$ が f によって動かないという．k の値を求めよ．
> (2) (1)のとき，f によって自分自身に移される直線をすべて求めよ．

(2)の設定は(例題 6-1)と同じであるが，ここでは別の解法をとることにする．

■ A の固有値，固有ベクトルは前問(3)で求められている．ここでは

「$\begin{pmatrix} 1 \\ -2 \end{pmatrix}$ が固有値1に属する固有ベクトルになるように k を定めよ」

ということから，

$$3k-4=1 \qquad \therefore\ k=\frac{5}{3}$$

とすることもできる．

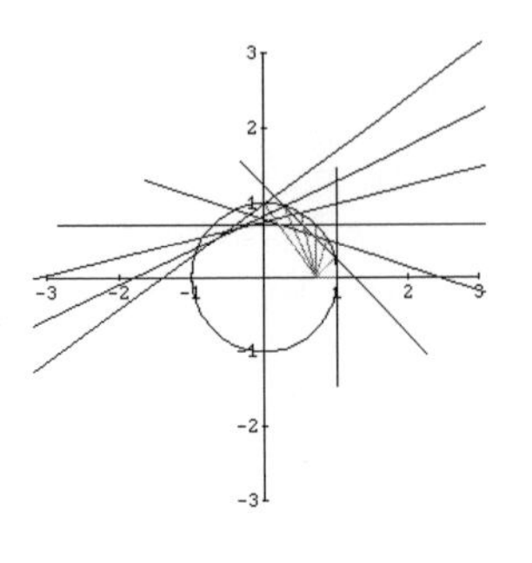

■解答

(1) $\begin{pmatrix} 1 \\ -2 \end{pmatrix} \overset{f}{\longmapsto} \begin{pmatrix} k-2 & 1-k \\ 4 & 3k-2 \end{pmatrix}\begin{pmatrix} 1 \\ -2 \end{pmatrix}=\begin{pmatrix} 3k-4 \\ -6k+8 \end{pmatrix}=\begin{pmatrix} 1 \\ -2 \end{pmatrix}$

を解いて，$\boldsymbol{k=\frac{5}{3}}$

(2) (1)のとき $A=\begin{pmatrix} -\frac{1}{3} & -\frac{2}{3} \\ 4 & 3 \end{pmatrix}$

(例題 6–10) (3) の結果を用いると

$$\begin{cases} A\begin{pmatrix} -\frac{2}{3} \\ 2 \end{pmatrix} = \frac{5}{3}\begin{pmatrix} -\frac{2}{3} \\ 2 \end{pmatrix} /\!/ \begin{pmatrix} 1 \\ 3 \end{pmatrix} \\ A\begin{pmatrix} 1 \\ -2 \end{pmatrix} = 1\begin{pmatrix} 1 \\ -2 \end{pmatrix} \end{cases}$$

となり，A の固有ベクトルとなる 2 つの方向が求められた．

「f によって自分自身に移される直線 ℓ」

(すなわち $\ell = f(\ell)$ となる直線 ℓ) の方向ベクトルは，固有ベクトル方向であることが必要である．よって求める直線 ℓ の形は，次の (i), (ii) のどちらかにより与えられる．

(i) ある **定数 α と，変数 β** によって

$$\begin{pmatrix} x \\ y \end{pmatrix} = \alpha\begin{pmatrix} 1 \\ -3 \end{pmatrix} + \beta\begin{pmatrix} 1 \\ -2 \end{pmatrix} \quad (\alpha \in \mathbb{R})$$

とパラメータ表示できるもの．

■ $\begin{pmatrix} 1 \\ -2 \end{pmatrix}$ が方向ベクトル

β がパラメータ

(ii) ある **定数 β と，変数 α** によって，

$$\begin{pmatrix} x \\ y \end{pmatrix} = \alpha\begin{pmatrix} 1 \\ -3 \end{pmatrix} + \beta\begin{pmatrix} 1 \\ -2 \end{pmatrix}$$

とパラメータ表示できるもの．

■ $\begin{pmatrix} 1 \\ -3 \end{pmatrix}$ が方向ベクトル

α がパラメータ

ここで $\begin{pmatrix} 1 \\ -3 \end{pmatrix} \overset{f}{\longmapsto} \frac{5}{3}\cdot\begin{pmatrix} 1 \\ -3 \end{pmatrix}$

$\begin{pmatrix} 1 \\ -2 \end{pmatrix} \overset{f}{\longmapsto} 1\cdot\begin{pmatrix} 1 \\ -2 \end{pmatrix}$

に注意してみると，(i), (ii) どちらの場合も f によって

$$\alpha\begin{pmatrix} 1 \\ -3 \end{pmatrix} + \beta\begin{pmatrix} 1 \\ -2 \end{pmatrix} \overset{f}{\longmapsto} \frac{5}{3}\alpha\begin{pmatrix} 1 \\ -3 \end{pmatrix} + \beta\begin{pmatrix} 1 \\ -2 \end{pmatrix}$$

のように変換される．

(i) 又は (ii) の形にパラメータ表示される ℓ については，

$\ell /\!/ f(\ell)$ は保証されているので，あとは，

『ℓ 上のある点 P について $f(P) \in \ell$』

となる条件を求めればよい．

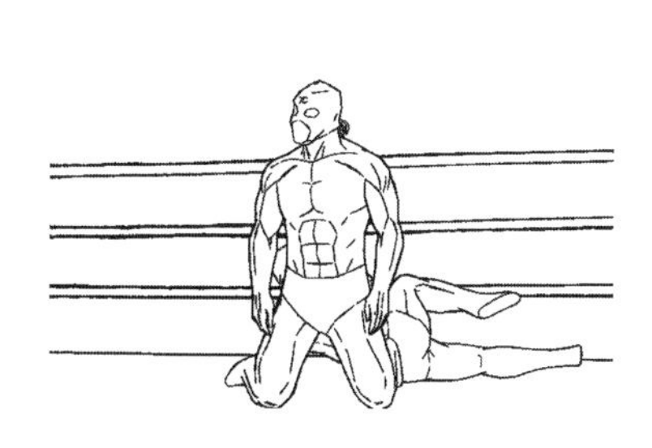

(ｉ)のとき,

$$\ell : \begin{pmatrix} x \\ y \end{pmatrix} = \underbrace{\alpha\begin{pmatrix} 1 \\ -3 \end{pmatrix}}_{l\text{上のある点}} + \underbrace{\beta\begin{pmatrix} 1 \\ -2 \end{pmatrix}}_{l\text{の方向ベクトル}} \quad (\beta \in \mathbb{R}\ \text{はパラメータ})$$

この直線 ℓ 上の点 $(\alpha,\ -3\alpha)$ を f で移すと

$$\alpha\begin{pmatrix} 1 \\ -3 \end{pmatrix} \overset{f}{\longmapsto} \frac{5}{3}\alpha\begin{pmatrix} 1 \\ -3 \end{pmatrix}$$

となる．像 $\left(\frac{5}{3}\alpha,\ -5\alpha\right)$ が再び ℓ 上に乗る条件は,

$$\alpha = 0$$

すなわち

$$\ell : \begin{pmatrix} x \\ y \end{pmatrix} = \begin{pmatrix} 0 \\ 0 \end{pmatrix} + \beta\begin{pmatrix} 1 \\ -2 \end{pmatrix} \quad (\beta \in \mathbb{R})$$

$$\ell : \boldsymbol{y = -2x}$$

■ $\left(\frac{5}{3}\alpha,\ -5\alpha\right)$ を ℓ のパラメータ表示に代入すると,

$$\frac{5}{3}\alpha\begin{pmatrix} 1 \\ -3 \end{pmatrix} = \alpha\begin{pmatrix} 1 \\ -3 \end{pmatrix} + \beta\begin{pmatrix} 1 \\ -2 \end{pmatrix}$$

$$\frac{2}{3}\alpha\begin{pmatrix} 1 \\ -3 \end{pmatrix} = \beta\begin{pmatrix} 1 \\ -2 \end{pmatrix}$$

いま $\begin{pmatrix} 1 \\ -3 \end{pmatrix} \not\parallel \begin{pmatrix} 1 \\ -2 \end{pmatrix}$ だから

$$\alpha = 0 \wedge \beta = 0$$

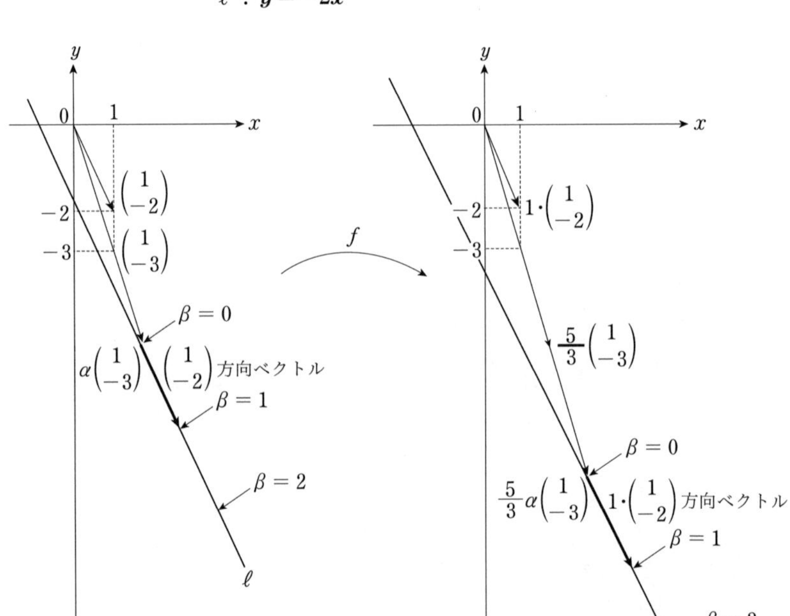

図 6.6.1

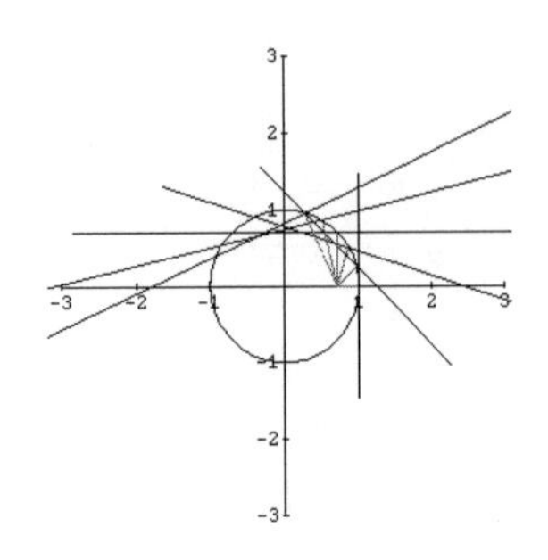

(ii)のとき

$$\ell:\begin{pmatrix}x\\y\end{pmatrix}=\underbrace{\alpha\begin{pmatrix}1\\-3\end{pmatrix}}_{l\text{の方向ベクトル}}+\underbrace{\beta\begin{pmatrix}1\\-2\end{pmatrix}}_{l\text{上のある点}}\quad(\alpha\in\mathbb{R}\text{ はパラメータ})$$

この直線 ℓ 上の点 $(\beta,\ -2\beta)$ は f によって動かないから，任意の実数 α に対して，この形の ℓ（傾き -3 の直線）は $\ell=f(\ell)$ をみたす．

$$\ell:\boldsymbol{y=-3x+c}\quad(c\text{ は任意の実数})$$

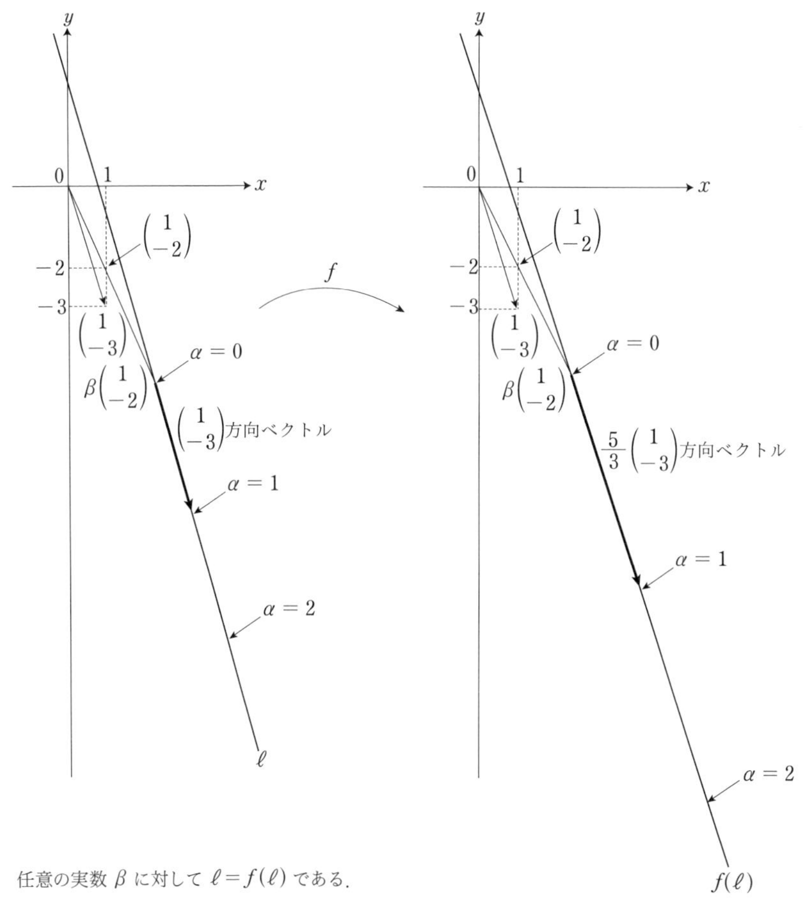

図 6.6.2

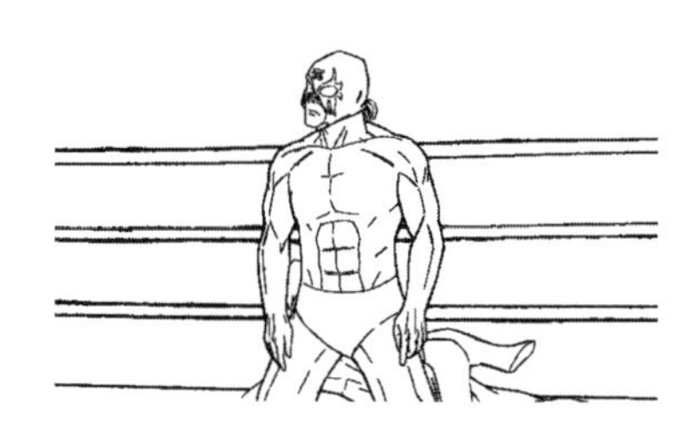

例題 6-12

1次変換fを表す行列は $A=\begin{pmatrix} k-2 & 1-k \\ 4 & 3k-2 \end{pmatrix}$ である．一般のkに対して，「fによって自分自身に移される直線」の本数を，kの値で分類して答えよ．

■解答

fの固有値・固有ベクトルの様子は，(例題 6–10)(3)により

$$\begin{pmatrix} 1-k \\ 2 \end{pmatrix} \overset{f}{\longmapsto} k\begin{pmatrix} 1-k \\ 2 \end{pmatrix}$$

$$\begin{pmatrix} 1 \\ -2 \end{pmatrix} \overset{f}{\longmapsto} (3k-4)\begin{pmatrix} 1 \\ -2 \end{pmatrix}$$

となっている．以下，特に

「固有値 k, $3k-4$ の一方が 0 又は 1 となる場合」

「固有値が一致して $k=3k-4$ となる場合」

に注意して調べると，次の表のようになる．

固有値 k	k に属する固有ベクトル $\begin{pmatrix} 1-k \\ 2 \end{pmatrix}$	固有値 $3k-4$	$3k-4$ に属する固有ベクトル $\begin{pmatrix} 1 \\ -2 \end{pmatrix}$	不動直線の本数
1	$\begin{pmatrix} 0 \\ 2 \end{pmatrix}$	-1	$\begin{pmatrix} 1 \\ -2 \end{pmatrix}$	∞
$\frac{5}{3}$	$\begin{pmatrix} -\frac{2}{3} \\ 2 \end{pmatrix} /\!/ \begin{pmatrix} 1 \\ -3 \end{pmatrix}$	1	$\begin{pmatrix} 1 \\ -2 \end{pmatrix}$	∞
2	$\begin{pmatrix} -1 \\ 2 \end{pmatrix}$	2	$\begin{pmatrix} 1 \\ -2 \end{pmatrix}$	1
0	$\begin{pmatrix} 1 \\ 2 \end{pmatrix}$	-4	$\begin{pmatrix} 1 \\ -2 \end{pmatrix}$	1
$\frac{4}{3}$	$\begin{pmatrix} -\frac{1}{3} \\ 2 \end{pmatrix} /\!/ \begin{pmatrix} -1 \\ 6 \end{pmatrix}$	0	$\begin{pmatrix} 1 \\ -2 \end{pmatrix}$	1
その他の k	$\begin{pmatrix} 1-k \\ 2 \end{pmatrix}$	その他の $3k-4$	$\begin{pmatrix} 1 \\ -2 \end{pmatrix}$	2

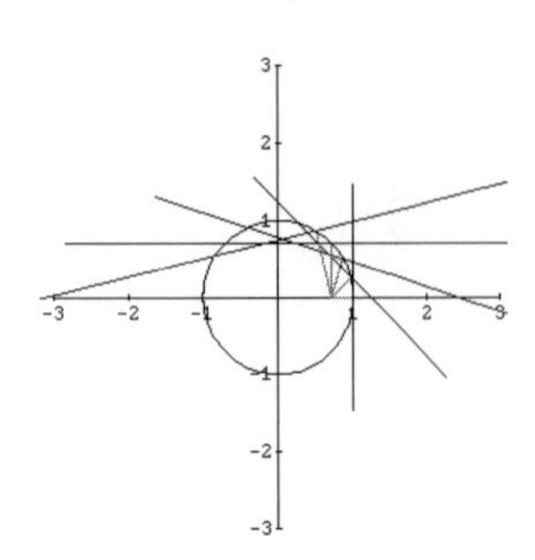

以下に，理由を説明する．

(ⅰ) $k=1$ or $\frac{5}{3}$ のとき，固有値の組は

$$(k,\ 3k-4)=(1,\ -1)\ \text{or}\ \left(\frac{5}{3},\ 1\right)$$

となる．このように，「一方の固有値だけが 1 で，もう一方は 0 でない」ときには不動直線の本数は有限でない．その理由は，(例題 6 −11) の (2) で調べた通りである．

(ⅱ) $k=2$ のとき，固有値の組は

$$(k,\ 3k-4)=(2,\ 2)$$

となるから，固有ベクトルは実質的に $\begin{pmatrix}1\\-2\end{pmatrix}$ だけである．

■ ケーリー・ハミルトンの定理によれば
$$A^2-4A+4E=O$$
$$(A-2E)^2=O$$

行列は $A=\begin{pmatrix}0&-1\\4&4\end{pmatrix}$ であり，

$$A\begin{pmatrix}1\\-2\end{pmatrix}=2\begin{pmatrix}1\\-2\end{pmatrix}$$

に注意する．不動直線となり得る方向ベクトルは $\begin{pmatrix}1\\-2\end{pmatrix}$ しかないので，傾き -2 の直線 ℓ を，$\begin{pmatrix}1\\-2\end{pmatrix}$ と 1 次独立な定ベクトル $\begin{pmatrix}0\\c\end{pmatrix}$ と，パラメータ t を用いて

$$\ell : \begin{pmatrix}x\\y\end{pmatrix}=\begin{pmatrix}0\\c\end{pmatrix}+t\begin{pmatrix}1\\-2\end{pmatrix}\quad (t\in\mathbb{R})$$

のようにパラメーター表示することができる．f によって変換を施すと，

$$\begin{pmatrix}0\\c\end{pmatrix}+t\begin{pmatrix}1\\-2\end{pmatrix}\overset{f}{\longmapsto}\begin{pmatrix}-c\\4c\end{pmatrix}+2t\begin{pmatrix}1\\-2\end{pmatrix}$$

となる．あとは

『ℓ 上のある点 $(0,\ c)$ の像 $(-c,\ 4c)$ が再び ℓ 上に乗る』

ための文字 c についての条件を求める．

特に $t=\frac{c}{2}$ とすると，$\begin{pmatrix}0\\2c\end{pmatrix}$ が $f(\ell)$ 上に乗るから，

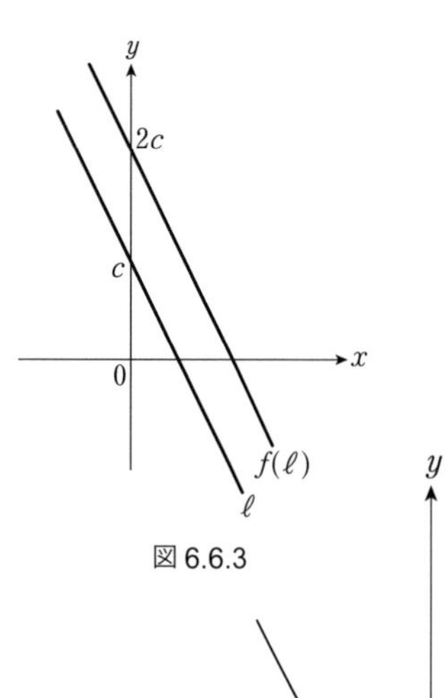

図 6.6.3

『$f(\ell)$ と原点との距離は，ℓ と原点との距離の 2 倍』

である．（図 6.6.3，図 6.6.4）

よって $c=0$ のとき $\ell=f(\ell)$ となる．

よって，$\ell: y=-2x$ の 1 本だけが不動直線となる．

$c=0$ のとき $\ell=f(\ell)$，$c\neq 0$ のとき $\ell\neq f(\ell)$ である．

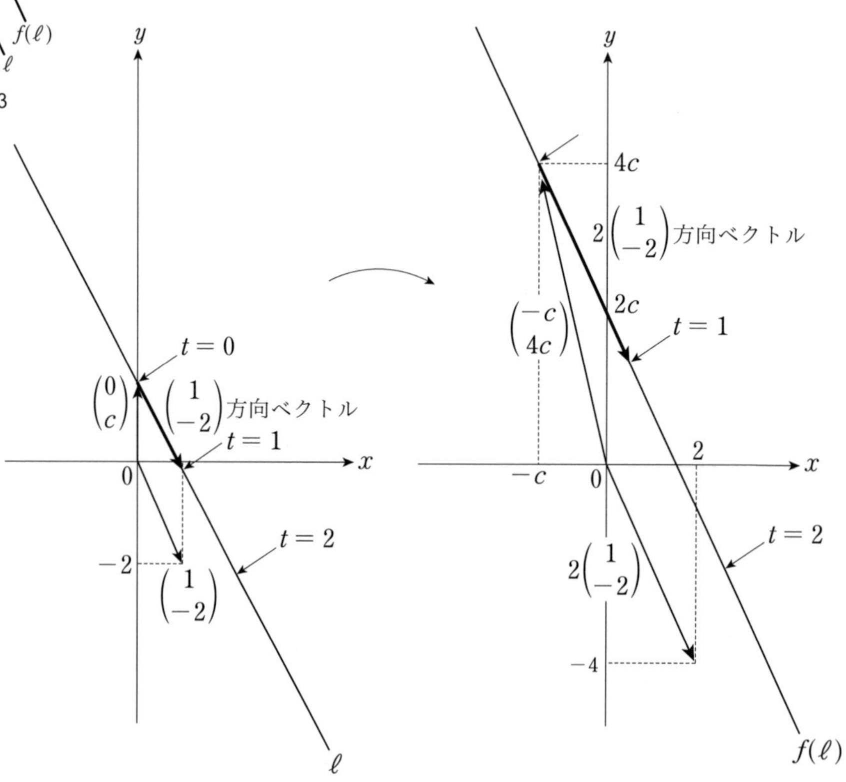

図 6.6.4

（iii）$k=0$ or $\dfrac{4}{3}$ のとき，固有値の組は

$$(k,\ 3k-4)=(0,\ -4)\ \text{or}\ \left(\frac{4}{3},\ 0\right)$$

となる．このように，「一方の固有値だけが 0」のときには，不動直

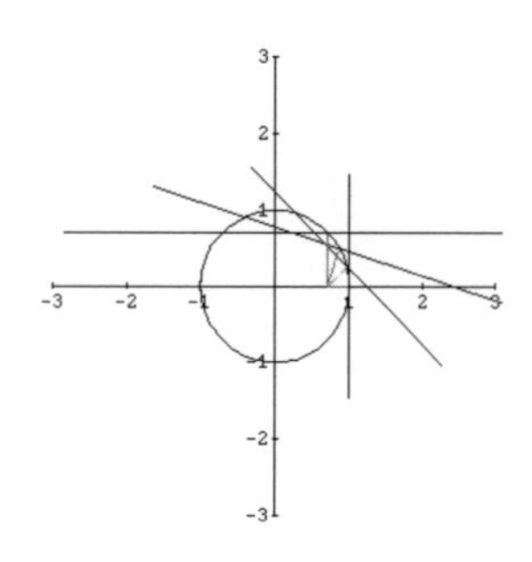

線の本数は一本である．その理由を $k=0$ の場合について以下に述べる．

行列は $A=\begin{pmatrix}-2 & 1\\ 4 & -2\end{pmatrix}$ であり，

$$A\begin{pmatrix}1\\2\end{pmatrix}=\begin{pmatrix}0\\0\end{pmatrix},\quad A\begin{pmatrix}1\\-2\end{pmatrix}=(-4)\begin{pmatrix}1\\-2\end{pmatrix}$$

に注意する．

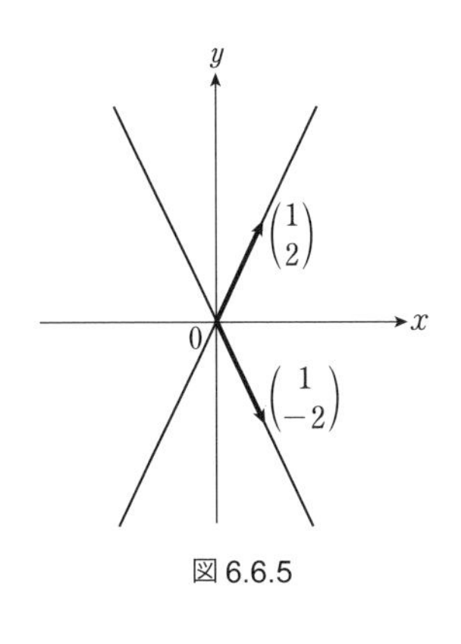

図 6.6.5

平面上の任意の点 $(x,\ y)$ は，1 次独立なベクトル $\begin{pmatrix}1\\2\end{pmatrix}$, $\begin{pmatrix}1\\-2\end{pmatrix}$

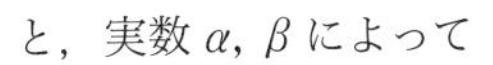

と，実数 α, β によって

$$\begin{pmatrix}x\\y\end{pmatrix}=\alpha\begin{pmatrix}1\\2\end{pmatrix}+\beta\begin{pmatrix}1\\-2\end{pmatrix}$$

とおける．これを f によって移すと，

$$\alpha\begin{pmatrix}1\\2\end{pmatrix}+\beta\begin{pmatrix}1\\-2\end{pmatrix}\overset{f}{\longmapsto}\alpha\begin{pmatrix}0\\0\end{pmatrix}+(-4)\beta\begin{pmatrix}1\\-2\end{pmatrix}$$

となるから，

『xy 平面全体は，f によって直線 $\ell: y=-2x$ に移る』

とわかり，不動直線はこの ℓ 唯一本である．

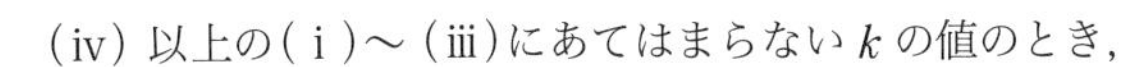

(iv) 以上の (i)〜 (iii) にあてはまらない k の値のとき，

固有値の組は $(k,\ 3k-4)$ で，

『どちらの値も 1 でも 0 でもなく，一致もしない』

ことに注意すると，不動直線 ℓ は

『2 つの固有ベクトルの方向をもつ，原点を通る 2 本の直線』

だけであることがわかる．実際に，$k=-1$ として例を作ってみると，次のようになる．

行列は $A=\begin{pmatrix}-3 & 2\\ 4 & -5\end{pmatrix}$ であり，

$$A\begin{pmatrix}2\\2\end{pmatrix}=(-1)\begin{pmatrix}2\\2\end{pmatrix},\quad A\begin{pmatrix}1\\-2\end{pmatrix}=(-7)\begin{pmatrix}1\\-2\end{pmatrix}$$

に注意すると，

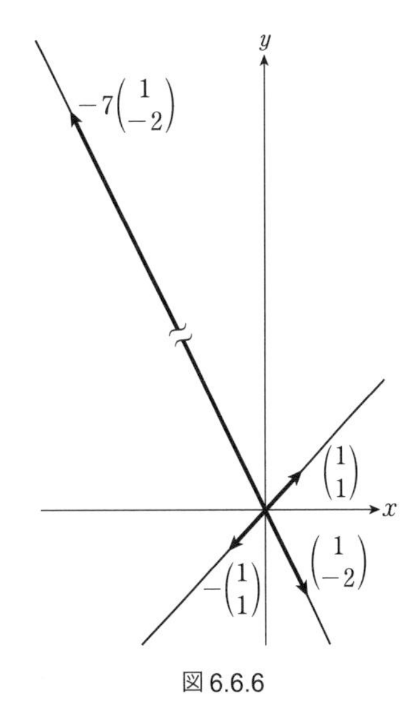

図 6.6.6

$$\alpha\begin{pmatrix}1\\1\end{pmatrix}+\beta\begin{pmatrix}1\\-2\end{pmatrix}\stackrel{f}{\longmapsto}(-\alpha)\begin{pmatrix}1\\1\end{pmatrix}+(-7\beta)\begin{pmatrix}1\\-2\end{pmatrix}$$

となる．不動直線 ℓ の傾きは 1 又は -2 となることが必要であるが，原点を通らないとき，

比 $\dfrac{f(\ell)\text{と原点との距離}}{\ell\text{と原点との距離}}$ の値は，

ℓ の傾きが 1 のとき $|-7|=7$

ℓ の傾きが -2 のとき $|-1|=1$

となって，$\ell=f(\ell)$ とならないことがわかる．
（どちらの場合も，ℓ と $f(\ell)$ は原点に関して互いに反対側になる．）

（注） 図 6.6.7 から図 6.6.12 までは，各 k の値における 1 次変換 f によるベクトル $\overrightarrow{\mathrm{P}f(\mathrm{P})}$ を図示したものである．ただし，始点の P としては，領域 $-2\leqq x\leqq 2$，$-2\leqq y\leqq 2$ に属する 25 個の格子点を選んである．これらの図を見て，本問で扱った例を再検討してみるとよい．

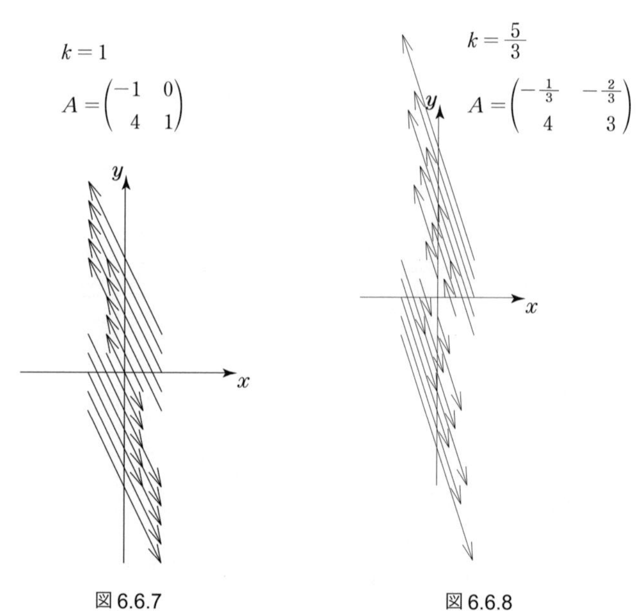

図 6.6.7　　図 6.6.8

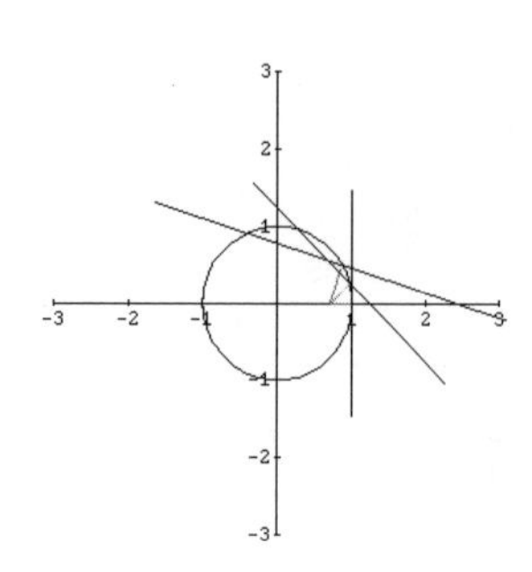

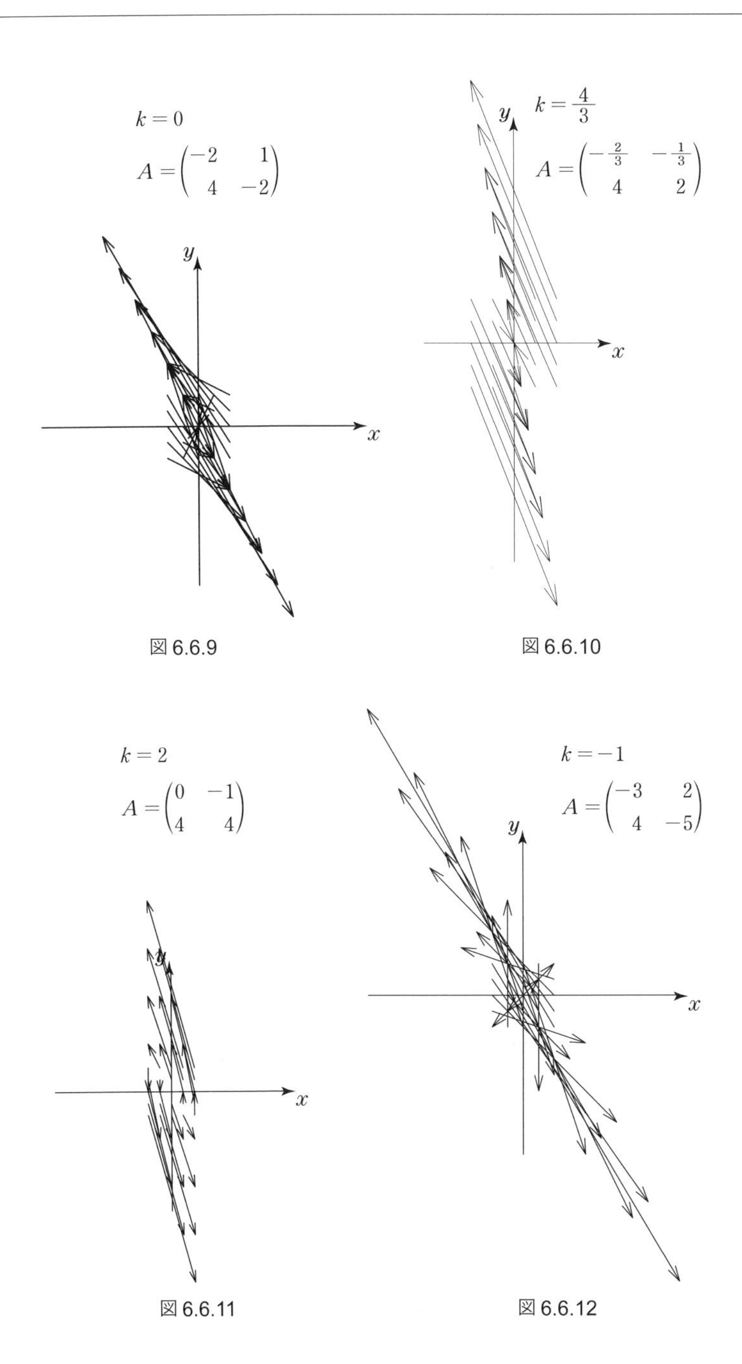

図 6.6.9

図 6.6.10

図 6.6.11

図 6.6.12

6.7 漸化式と固有値問題

次の例題は一見すると数列の漸化式の問題であるが，内容はまさに線形代数に現れる固有値問題である．

例題 6-13

3つの市 A，B，C の間で毎年人口の移動がある．A 市の人口の 20 % が B 市へ，10 % が C 市へ移り，B 市の人口の 20 % が A 市へ，C 市の人口の 20 % が B 市へ移る．A，B，C 市の人口の総和を a とするとき，次の問いに答えよ．ただし，人口は連続的な量とみなし，出生・死亡は無視する．

(1) n 年後の A，B，C 市の人口をそれぞれ x_n，y_n，z_n $(n=0,1,2,\cdots)$ とするとき，x_{n+1}，y_{n+1}，z_{n+1} を x_n，y_n，z_n の式で表せ．

(2) (1)の y_n を a，n および y_0 の式で表せ．

(3) 非常に長い年数が経過したとき，A，B，C 市の人口はどうなるか．

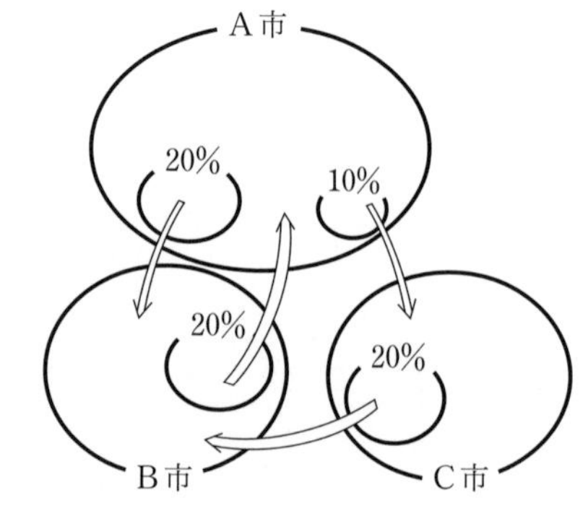

図 6.7.1

■解答

(1) $x_{n+1}=\frac{7}{10}x_n+\frac{1}{5}y_n$ ……① （70 %残留，B 市の 20 %流入）

$y_{n+1}=\frac{1}{5}x_n+\frac{4}{5}y_n+\frac{1}{5}z_n$ ……②

（80 %残留，A 市の 20 %と C 市の 20 %が流入）

$z_{n+1}=\frac{1}{10}x_n+\frac{4}{5}z_n$ ……③ （80 %残留，A 市の 10 %流入）

(2) A，B，C 市の人口の総和 a は変化しないから，

$$x_n+y_n+z_n=a \quad \cdots\cdots④$$

②，④から x_n，z_n を消去すると，

$$y_{n+1}=\frac{4}{5}y_n+\frac{1}{5}(x_n+z_n)=\frac{4}{5}y_n+\frac{1}{5}(a-y_n)$$

$$\therefore\ y_{n+1}=\frac{3}{5}y_n+\frac{1}{5}a$$

■

$$y_{n+1}=\frac{3}{5}y_n+\frac{1}{5}a$$

$$-)\quad \alpha=\frac{3}{5}\cdot\alpha+\frac{1}{5}a$$

$$(y_{n+1}-\alpha)=\frac{3}{5}(y_n-\alpha)$$

このような α として，$\alpha=\frac{a}{2}$ がとれる．

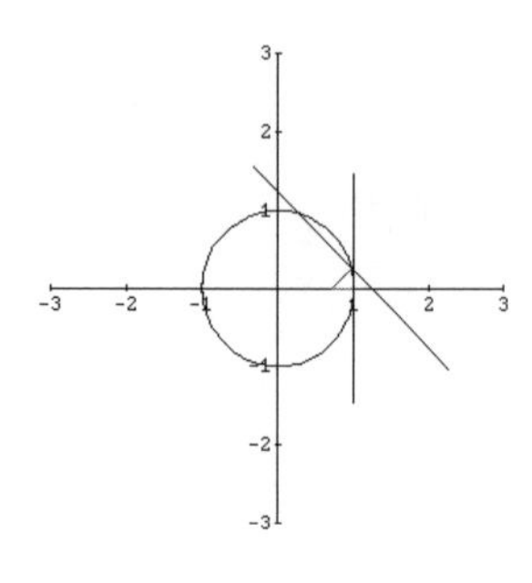

変形すると，

$$y_{n+1}-\frac{a}{2}=\frac{3}{5}=\frac{3}{5}\left(y_n-\frac{a}{2}\right)$$

となる．数列 $\left\{y_n-\frac{a}{2}\right\}$ $(n=0,1,2,\cdots)$ は，初項 $y_0-\frac{a}{2}$，

公比 $\frac{3}{5}$ の等比数列であるから，

$$y_n-\frac{a}{2}=\left(\frac{3}{5}\right)^n\left(y_0-\frac{a}{2}\right)$$

$$\boldsymbol{y_n=\left(\frac{3}{5}\right)^n\left(y_0-\frac{a}{2}\right)+\frac{a}{2}}$$

(3) まず(2)の結果から，$\lim_{n\to\infty}y_n=\frac{a}{2}$ とわかる．

十分大きな n においては $y_n=\frac{a}{2}$ を①に代入して，

$$x_{n+1}=\frac{7}{10}x_n+\frac{a}{10}$$

と考えても差し支えない．変形すると，

$$x_{n+1}-\frac{a}{3}=\frac{7}{10}\left(x_n-\frac{a}{3}\right)$$

$$\therefore\quad x_n-\frac{a}{3}=\left(\frac{7}{10}\right)^n\left(x_0-\frac{a}{3}\right)\xrightarrow[n\to\infty]{}0$$

$$\therefore\quad \lim_{n\to\infty}x_n=\frac{a}{3}$$

■
$$\begin{array}{rl} & x_{n+1}=\frac{7}{10}x_n+\frac{a}{10} \\ -) & \beta=\frac{7}{10}\beta+\frac{a}{10} \\ \hline & x_{n+1}-\beta=\frac{7}{10}(x_n-\beta) \end{array}$$

このような β として，$\beta=\frac{a}{3}$ がとれる．

さらに④から，

$$\lim_{n\to\infty}z_n=\lim_{n\to\infty}(a-x_n-y_n)=a-\frac{a}{3}-\frac{a}{2}=\frac{a}{6}$$

となる．非常に長い年月が経過したとき，A，B，C 市の人口はそれぞれ，$\boldsymbol{\frac{a}{3}}$，$\boldsymbol{\frac{a}{2}}$，$\boldsymbol{\frac{a}{6}}$ となっていく．

(注) (1)で立てた漸化式①，②，③を行列で表すと，

$$\begin{pmatrix}x_{n+1}\\y_{n+1}\\z_{n+1}\end{pmatrix}=\frac{1}{10}\begin{pmatrix}7&2&0\\2&8&2\\1&0&8\end{pmatrix}\begin{pmatrix}x_n\\y_n\\z_n\end{pmatrix}$$

となる．現れた 3 次正方行列を

■ ベクトル $\vec{x}_n=\begin{pmatrix}x_n\\y_n\\z_n\end{pmatrix}$ の列 $\{\vec{x}_n,\ \vec{x}_2,\ \cdots,\ \vec{x}_n,\ \cdots\}$ は，「$\overrightarrow{x_{n+1}}$ がそれに先立つ $\vec{x}_n$ に依存して決まる確率的な時系列データ」となっている．このような確率過程を「マルコフ過程」という．

■ 行列 A を，このマルコフ過程の推移行列という．

$$A=\frac{1}{10}\begin{pmatrix}7&2&0\\2&8&2\\1&0&8\end{pmatrix}$$

とおく．現在の人口 $(x_0,\ y_0,\ z_0)$ を用いて，n 年後の人口は

$$\begin{pmatrix}x_n\\y_n\\z_n\end{pmatrix}=A^n\begin{pmatrix}x_0\\y_0\\z_0\end{pmatrix}$$

となるから，行列 A^n を求めることを当面の目標としよう．

(3)の解答中，

「数列 $\left\{x_n-\frac{a}{3}\right\}$ は公比 $\frac{7}{10}$ の等比数列である」

というくだりがあったので，

■ 3次正方行列においても，固有値・固有ベクトルの定義は，6.6節において定めたものと同様である．

$\frac{7}{10}$ は，行列 A の固有値ではないか？

と思われる．そこで，

■ ここで E は単位行列

$$E=\begin{pmatrix}1&0&0\\0&1&0\\0&0&1\end{pmatrix}$$

$$A\vec{x}=\frac{7}{10}\vec{x} \iff \left(A-\frac{7}{10}E\right)\vec{x}=\vec{0}$$

となる3次元の列ベクトル $\vec{x}$ が存在するかどうか調べてみる．（もし見つかれば，この $\vec{x}$ が固有ベクトルである．）

$$A-\frac{7}{10}E=\frac{1}{10}\begin{pmatrix}0&2&0\\2&1&2\\1&0&1\end{pmatrix}$$

成分に0が多いことを生かして探すと，

$$\vec{u}=\begin{pmatrix}1\\0\\-1\end{pmatrix} にとると \left(A-\frac{7}{10}E\right)\vec{u}=\vec{0}$$

とわかる．よって，

$$A\begin{pmatrix}1\\0\\-1\end{pmatrix}=\frac{7}{10}\begin{pmatrix}1\\0\\-1\end{pmatrix}\cdots\cdots⑤$$

また，(2)の解答中でも

「数列 $\left\{y_n-\frac{a}{2}\right\}$ は公比 $\frac{3}{5}$ の等比数列である」

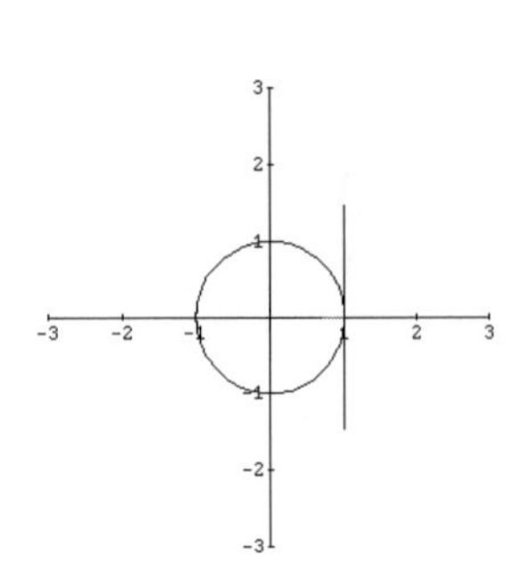

というくだりがあった．同様に，

> $\frac{3}{5}$ もまた，行列 A の固有値ではないか？

と考える．

$$A-\frac{3}{5}E=\frac{1}{10}\begin{pmatrix}1&2&0\\2&2&2\\1&0&2\end{pmatrix}$$

の成分をよく見て，

$$\vec{v}=\begin{pmatrix}2\\-1\\-1\end{pmatrix}\text{ にとると }\left(A-\frac{3}{5}E\right)\vec{v}=\vec{0}$$

すなわち，

$$A\begin{pmatrix}2\\-1\\-1\end{pmatrix}=\frac{3}{5}\begin{pmatrix}2\\-1\\-1\end{pmatrix}\cdots\cdots⑥$$

とわかる．さて，実は 3 次正方行列 A には 3 つ目の固有値として 1 がある．実際，

■その理由，あるいは 3 次行列の一般的扱いについては，線形代数学の領域である．

$$A-1\cdot E=\frac{1}{10}\begin{pmatrix}-3&2&0\\2&-2&2\\1&0&-2\end{pmatrix}$$

に対して，

$$\vec{w}=\begin{pmatrix}2\\3\\1\end{pmatrix}\text{ にとると }(A-1\cdot E)\vec{w}=\vec{0}$$

すなわち

$$A\begin{pmatrix}2\\3\\1\end{pmatrix}=1\cdot\begin{pmatrix}2\\3\\1\end{pmatrix}\cdots\cdots⑦$$

となる．そこで⑤，⑥，⑦を一つの等式にまとめてみる．

$$A\begin{pmatrix}1&2&2\\0&-1&3\\-1&-1&1\end{pmatrix}=\left(\frac{7}{10}\begin{pmatrix}1\\0\\-1\end{pmatrix}\;\vdots\;\frac{3}{5}\begin{pmatrix}2\\-1\\-1\end{pmatrix}\;\vdots\;1\begin{pmatrix}2\\3\\1\end{pmatrix}\right)$$

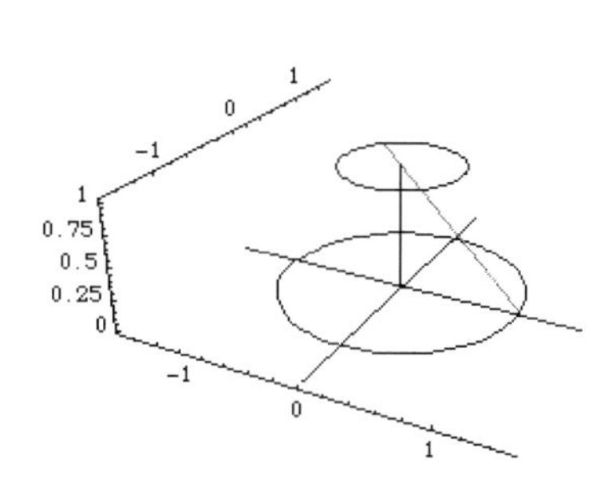

$$=\begin{pmatrix}1 & 2 & 2\\ 0 & -1 & 3\\ -1 & -1 & 1\end{pmatrix}\begin{pmatrix}\frac{7}{10} & 0 & 0\\ 0 & \frac{3}{5} & 0\\ 0 & 0 & 1\end{pmatrix}$$

■ 3つの固有ベクトル $\vec{u}$, $\vec{v}$, $\vec{w}$ は1次独立である.

$$P=(\vec{u}\quad \vec{v}\quad \vec{w})$$

そこで，固有ベクトル3つを並べてできる行列を，

$$P=\begin{pmatrix}1 & 2 & 2\\ 0 & -1 & 3\\ -1 & -1 & 1\end{pmatrix}$$

とおくと，

■ 行列 P が対角化されている.

$$AP=P\begin{pmatrix}\frac{7}{10} & 0 & 0\\ 0 & \frac{3}{5} & 0\\ 0 & 0 & 1\end{pmatrix} \iff P^{-1}AP=\begin{pmatrix}\frac{7}{10} & 0 & 0\\ 0 & \frac{3}{5} & 0\\ 0 & 0 & 1\end{pmatrix} \quad \cdots\cdots ⑧$$

⑧の右辺の対角行列を B とおくと，$A=PBP^{-1}$ である.

n 乗すると，

$$A^n=(PBP)^n=PB^nP^{-1}$$

となる．ここに，

■ 対角行列の n 乗が計算しやすいのは，2次正方行列のときと同じである.

$$B^n=\begin{pmatrix}\left(\frac{7}{10}\right)^n & 0 & 0\\ 0 & \left(\frac{3}{5}\right)^n & 0\\ 0 & 0 & 1^n\end{pmatrix}, \quad P^{-1}=\frac{1}{6}\begin{pmatrix}-2 & 4 & -8\\ 3 & -3 & 3\\ 1 & 1 & 1\end{pmatrix}$$

である.

■ 逆行列 P^{-1} の求め方は，ここでは触れない．とりあえず，

$$P\cdot P^{-1}=P^{-1}\cdot P=E$$

を確かめておけばよい.

さて，本問の設問(3)で求めたかったものは，

$$\lim_{n\to\infty}\begin{pmatrix}x_n\\ y_n\\ z_n\end{pmatrix}=\lim_{n\to\infty}A^n\begin{pmatrix}x_0\\ y_0\\ z_0\end{pmatrix}=\lim_{n\to\infty}PB^nP^{-1}\begin{pmatrix}x_0\\ y_0\\ z_0\end{pmatrix}$$

$$=P\cdot\left(\lim_{n\to\infty}B^n\right)\cdot P^{-1}\begin{pmatrix}x_0\\ y_0\\ z_0\end{pmatrix} \quad \cdots\cdots ⑨$$

であった．いま，3つの固有値のうちの2つは

$$\left|\frac{7}{10}\right|<1, \quad \left|\frac{3}{5}\right|<1$$

となっているから，

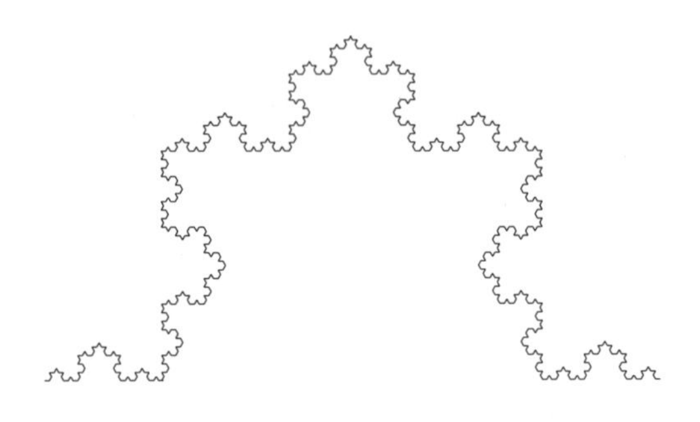

$$\lim_{n\to\infty} B^n = \begin{pmatrix} 0 & 0 & 0 \\ 0 & 0 & 0 \\ 0 & 0 & 1 \end{pmatrix}$$

である．⑨に戻すと，

$$\lim_{n\to\infty}\begin{pmatrix} x_n \\ y_n \\ z_n \end{pmatrix} = \begin{pmatrix} 1 & 2 & 2 \\ 0 & -1 & 3 \\ -1 & -1 & 1 \end{pmatrix}\begin{pmatrix} 0 & 0 & 0 \\ 0 & 0 & 0 \\ 0 & 0 & 1 \end{pmatrix}$$

$$\cdot\frac{1}{6}\begin{pmatrix} -2 & 4 & -8 \\ 3 & -3 & 3 \\ 1 & 1 & 1 \end{pmatrix}\begin{pmatrix} x_0 \\ y_0 \\ z_0 \end{pmatrix}$$

$$= \frac{1}{6}\begin{pmatrix} 2 & 2 & 2 \\ 3 & 3 & 3 \\ 1 & 1 & 1 \end{pmatrix}\begin{pmatrix} x_0 \\ y_0 \\ z_0 \end{pmatrix} = \frac{1}{6}\begin{pmatrix} 2(x_0+y_0+z_0) \\ 3(x_0+y_0+z_0) \\ 1(x_0+y_0+z_0) \end{pmatrix}$$

$$= \frac{1}{6}\begin{pmatrix} 2a \\ 3a \\ a \end{pmatrix}$$

■ ④を用いた．

したがって，「非常に長い年月が経過したとき，A，B，C 市の人口はそれぞれ $\frac{a}{3}$，$\frac{a}{2}$，$\frac{a}{6}$ になっていく」という結論が再び得られた．

さて，今度は（例題 6–11）にならって，

> 初期値 $\begin{pmatrix} x_0 \\ y_0 \\ z_0 \end{pmatrix}$ を，3 つの固有ベクトルの 1 次結合の形
>
> $$\begin{pmatrix} x_0 \\ y_0 \\ z_0 \end{pmatrix} = \alpha\begin{pmatrix} 1 \\ 0 \\ -1 \end{pmatrix} + \beta\begin{pmatrix} -2 \\ -1 \\ -1 \end{pmatrix} + \gamma\begin{pmatrix} 2 \\ 3 \\ 1 \end{pmatrix} \quad \cdots\cdots⑩$$
>
> に分解してから，行列 A の表す 1 次変換を繰り返し施してみる

■ $\begin{pmatrix} x_0 \\ y_0 \\ z_0 \end{pmatrix} = \alpha\vec{u} + \beta\vec{v} + \gamma\vec{w}$

ことを考えてみよう．まず，a を求めるには

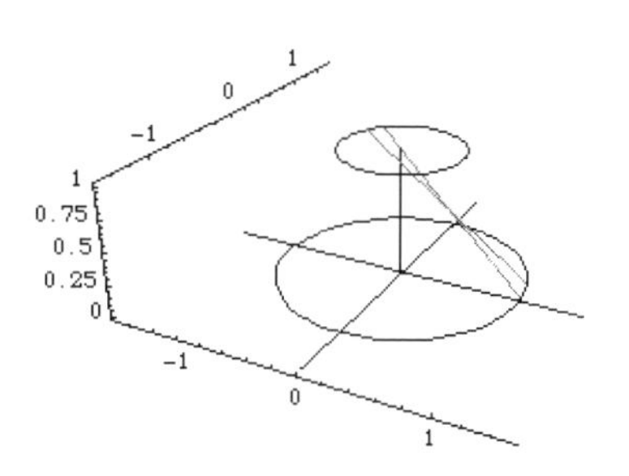

$\begin{pmatrix} 2 \\ -1 \\ -1 \end{pmatrix}$ を $\begin{pmatrix} 2 \\ 3 \\ 1 \end{pmatrix}$ の両方に直交する $\begin{pmatrix} 1 \\ -2 \\ 4 \end{pmatrix}$ を⑩の両辺に内積する.

$$\begin{pmatrix} 1 \\ -2 \\ 4 \end{pmatrix} \cdot \begin{pmatrix} x_0 \\ y_0 \\ z_0 \end{pmatrix} = \alpha \begin{pmatrix} 1 \\ -2 \\ 4 \end{pmatrix} \cdot \begin{pmatrix} 1 \\ 0 \\ -1 \end{pmatrix}$$

$$\therefore \quad \alpha = -\frac{1}{3}(x_0 - 2y_0 + 4z_0)$$

■ 内積に使った3つのベクトル

$$\begin{pmatrix} 1 \\ -2 \\ 4 \end{pmatrix}, \quad \begin{pmatrix} 1 \\ -1 \\ 1 \end{pmatrix}, \quad \begin{pmatrix} 1 \\ 1 \\ 1 \end{pmatrix}$$

を転置すると, P^{-1} の行ベクトルと平行になっている.

$$\frac{1}{6}(-2 \quad 4 \quad 8) \,/\!\!/\, (1 \quad -2 \quad 4)$$

$$\frac{1}{6}(3 \quad -3 \quad 3) \,/\!\!/\, (1 \quad -1 \quad 1)$$

$$\frac{1}{6}(1 \quad 1 \quad 1) \,/\!\!/\, (1 \quad 1 \quad 1)$$

同様にして,

$\begin{pmatrix} 1 \\ 0 \\ -1 \end{pmatrix}$ と $\begin{pmatrix} 2 \\ 3 \\ 1 \end{pmatrix}$ の両方に直交する $\begin{pmatrix} 1 \\ -1 \\ 1 \end{pmatrix}$ と,

$\begin{pmatrix} 1 \\ 0 \\ -1 \end{pmatrix}$ と $\begin{pmatrix} 2 \\ -1 \\ -1 \end{pmatrix}$ の両方に直交する $\begin{pmatrix} 1 \\ 1 \\ 1 \end{pmatrix}$ とを,

それぞれ⑩の両辺に内積することにより,

$$\beta = \frac{1}{2}(x_0 - y_0 + z_0)$$

$$\gamma = \frac{1}{6}(x_0 + y_0 + z_0)$$

を得る. すると⑩は,

$$\begin{pmatrix} x_0 \\ y_0 \\ z_0 \end{pmatrix} = \frac{x_0 - 2y_0 + 4z_0}{-3} \begin{pmatrix} 1 \\ 0 \\ -1 \end{pmatrix} + \frac{x_0 - y_0 + z_0}{2} \begin{pmatrix} 2 \\ -1 \\ -1 \end{pmatrix}$$

$$+ \frac{x_0 + y_0 + z_0}{6} \begin{pmatrix} 2 \\ 3 \\ 1 \end{pmatrix}$$

となる. 式の表現が長くなるので, 以下では⑩式を

$$\begin{pmatrix} x_0 \\ y_0 \\ z_0 \end{pmatrix} = \alpha \vec{u} + \beta \vec{v} + \gamma \vec{w}$$

と書いて, 両辺に行列 A を繰り返しかけていく.

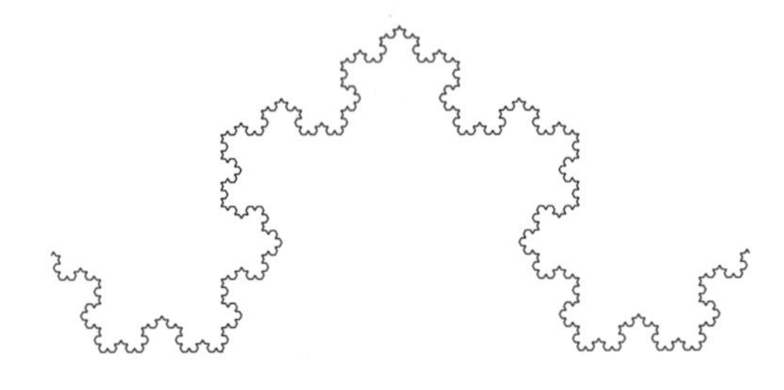

$$\begin{pmatrix} x_1 \\ y_1 \\ z_1 \end{pmatrix} = A\begin{pmatrix} x_0 \\ y_0 \\ z_0 \end{pmatrix} = \alpha A\vec{u} + \beta A\vec{v} + \gamma A\vec{w}$$

$$= \frac{7}{10}\alpha\vec{u} + \frac{3}{5}\beta\vec{v} + 1\cdot\gamma\vec{w}$$

■ ⑤，⑥，⑦を用いた．

$$\begin{pmatrix} x_2 \\ y_2 \\ z_2 \end{pmatrix} = A\begin{pmatrix} x_1 \\ y_1 \\ z_1 \end{pmatrix} = \frac{7}{10}\alpha A\vec{u} + \frac{3}{5}\beta A\vec{v} + 1\cdot\gamma A\vec{w}$$

$$= \left(\frac{7}{10}\right)^2\alpha\vec{u} + \left(\frac{3}{5}\right)^2\beta\vec{v} + 1^2\gamma\vec{w}$$

繰り返すと，

$$\begin{pmatrix} x_n \\ y_n \\ z_n \end{pmatrix} = \left(\frac{7}{10}\right)^n\alpha\vec{u} + \left(\frac{3}{5}\right)^n\beta\vec{v} + 1^n\gamma\vec{w}$$

$n\to\infty$ として極限をとると，

$$\lim_{n\to\infty}\begin{pmatrix} x_n \\ y_n \\ z_n \end{pmatrix} = r\vec{w} = \frac{x_0+y_0+z_0}{6}\begin{pmatrix} 2 \\ 3 \\ 1 \end{pmatrix} = \frac{a}{6}\begin{pmatrix} 2 \\ 3 \\ 1 \end{pmatrix}$$

■ 実は，α と β は求めなくてもよかったことがわかる．

となり，やはり同じ結論が得られる．漸化式①，②，③で与えられる人口移動のシステムにおいては，

> $n\to\infty$ のもとで，絶対値が1より小さい固有値に属する固有ベクトル方向は減衰して失われる．固有値1に属する固有ベクトルだけが残り，その成分の比 2:3:1 が，人口比 $x_n:y_n:z_n$ の収束する比である．

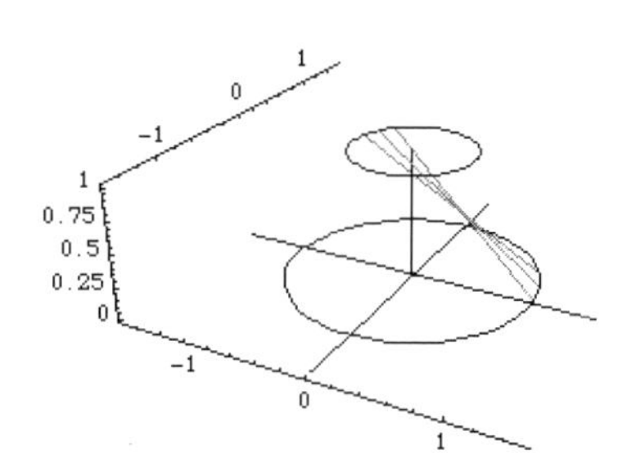

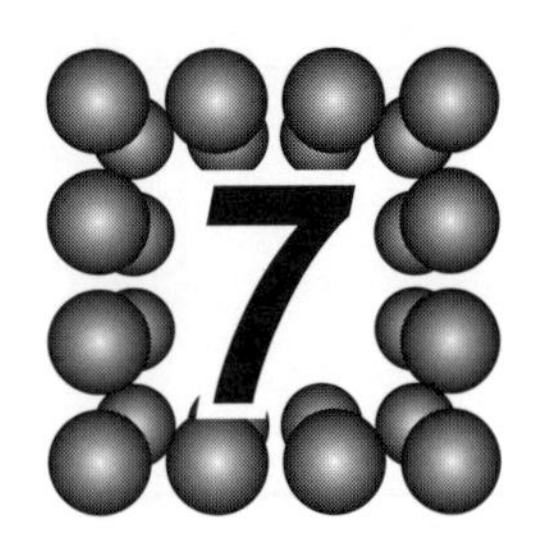

立体をとらえる

第7章では立体図形を扱いながら，ここまでに出てきた手法を用いる演習問題に取組んでみる．7.1節では求積問題を，7.2節では円錐曲線に関する問題を取り扱うこととする．

 変数固定で切断せよ

本節の底に流れる思想は，すでに

3.1節（変数も，値を止めれば定数だ）

に現れている．これを，いくつかのタイプの求積問題に応用していく．

例題 7-1

xyz 空間の中の2点 A(1, 0, 1)，B(−1, 0, 1) を結ぶ線分を L とし，xy 平面における円板 $x^2+y^2 \leqq 1$ を D とする．点Pが L 上を動き，点Qが D 上を動くとき，線分PQが動いてできる立体を H とする．平面 $z=t$ $(0 \leqq t \leqq 1)$ による立体 H の切口 H_t の面積 S_t と H の体積 V を求めよ．

■解答

■ s と θ は独立なパラメータ．よって2点P，Qは互いに独立に動く，こんなときは，一方を固定して考えよう．

線分 L 上の動点Pは，パラメータ s を用いて

$$\mathrm{P}(s,\ 0,\ 1),\quad -1 \leqq s \leqq 1$$

と表せる．また，点Qが特に円板 D の周囲を動くとき，

$$\mathrm{Q}(\cos\theta,\ \sin\theta,\ 0),\quad 0 \leqq \theta \leqq 2\pi$$

とパラーメータ表示できる．

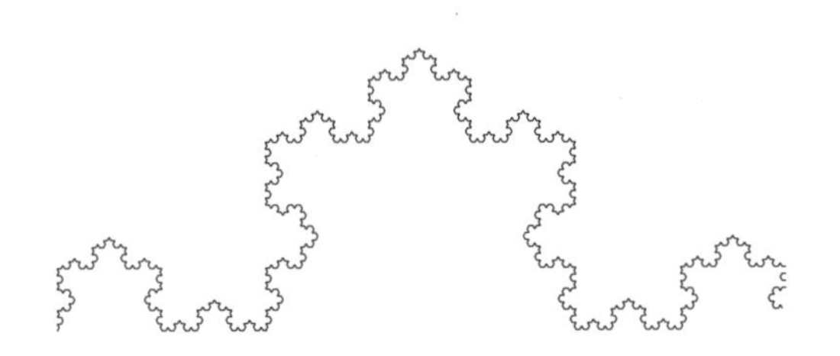

まず点Pを固定して点Qだけを動かしてみる．線分PQと平面 $z=t$ $(0\leqq t\leqq 1)$ の交点Rは，QPを $t:1-t$ に内分するから，

$$\overrightarrow{\mathrm{OR}}=t\overrightarrow{\mathrm{OP}}+(1-t)\overrightarrow{\mathrm{OQ}}=\begin{pmatrix} ts+(1-t)\cos\theta \\ (1-t)\sin\theta \\ t \end{pmatrix}$$

となる．Rの軌跡は「点 $(ts,\ 0,\ t)$ を中心とする半径 $1-t$ の円」である．この円周と内部からなる円板を $-1\leqq s\leqq 1$ にわたって動かすと，立体 H の切口 H_t を得る．(図7.1.2)

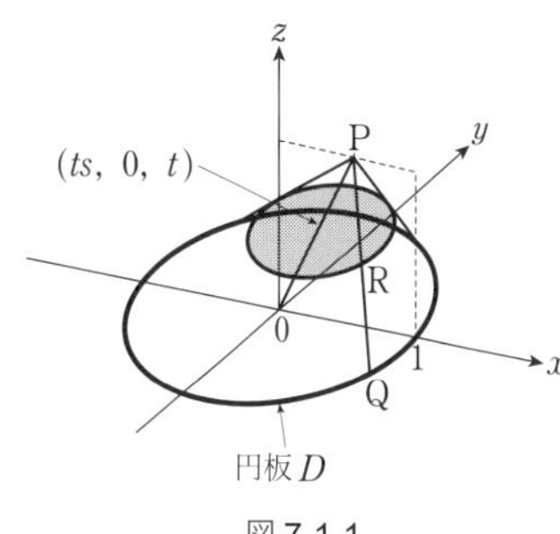

図7.1.1

その面積は

$$S_t=\pi(1-t)^2+2t\cdot 2(1-t)$$
$$=\boldsymbol{\pi(1-t)^2+4t(1-t)}$$

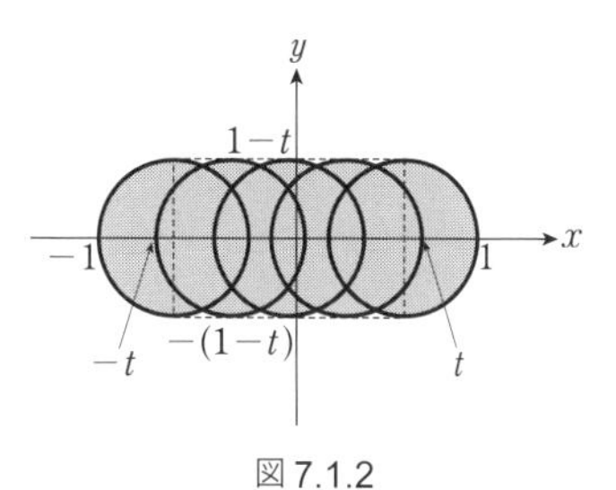

図7.1.2

立体 H の体積 V は

$$V=\int_0^1 S_t\,dt=\left[-\frac{\pi}{3}(1-t)^3+2t^2-\frac{4}{3}t^3\right]_0^1$$
$$=\frac{\pi+2}{3}$$

(注) 図7.1.3は，点PをBに固定して，点Qを動かしたときの線分PQの集合を描いたもの．

図7.1.4は，さらに点Pを動かすことにより，図7.1.3で描いた図形をずらして重ねたものである．

図7.1.3

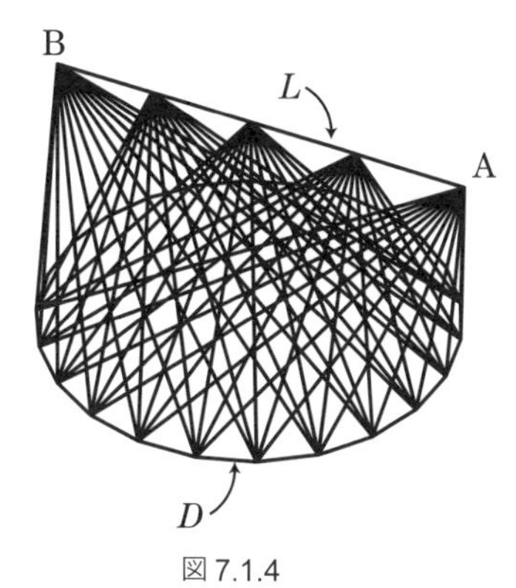

図7.1.4

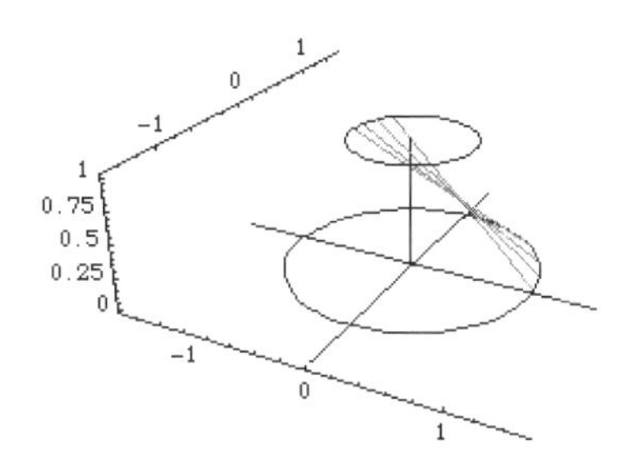

例題 7-2 連立不等式 $0 \leqq x \leqq \pi$, $0 \leqq y \leqq \pi$, $0 \leqq z \leqq \sin(x+y)$ をみたす点 (x, y, z) 全体からなる空間図形を D とする．D の体積 V を求めよ．

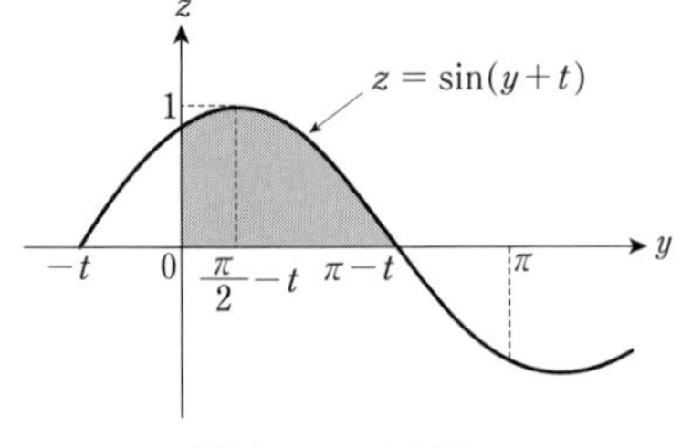

平面 $x=t$ での切り口

図 7.1.5

■解答

$$\begin{cases} 0 \leqq x \leqq \pi & \cdots\cdots ① \\ 0 \leqq y \leqq \pi & \cdots\cdots ② \\ 0 \leqq z \leqq \sin(x+y) & \cdots\cdots ③ \end{cases}$$

①をみたす範囲で，x 軸と垂直な平面 $x=t$ による立体 D の切り口を考え（図 7.1.5），その面積を $S(t)$ とする．（ただし $0 \leqq t \leqq \pi$）

$0 \leqq y \leqq \pi - t$ のとき，$0 \leqq \sin(y+t)$ なので

③をみたす範囲は $0 \leqq z \leqq \sin(y+t)$

$\pi - t \leqq y \leqq \pi$ のとき，$\sin(y+t) \leqq 0$ なので，

立体 D の断面は現れない．

■ $\int_0^{\pi-t} f(y, t)dy$ は t の関数であった．1.5 節（残る変数と消える変数）参照

よって断面積は

$$S(t) = \int_0^{\pi-t} \sin(y+t)dy$$
$$= [-\cos(y+t)]_0^{\pi-t}$$
$$= 1 + \cos t$$

となる．①をみたす区間 $0 \leqq t \leqq \pi$ にわたって $S(t)dt$ を積み上げることにより，求める体積 V を得る．

$$V = \int_0^{\pi} s(t)dt$$
$$= \int_0^{\pi} (1 + \cos t)dt$$
$$= [t + \sin t]_0^{\pi}$$
$$= \pi$$

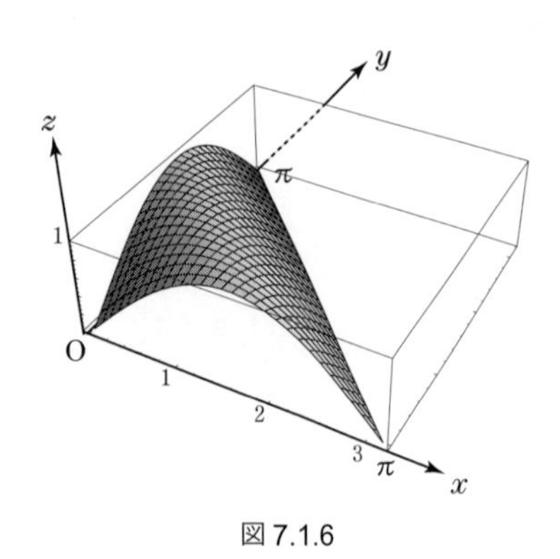

図 7.1.6

(注) 図 7.1.6 は，① ∧ ② ∧ $(0 \leqq z)$ の範囲での曲面 $z = \sin(x+y)$ の 3 次元プロットである．

求めたものは，この曲面と xy 平面ではさまれる部分の体積である．

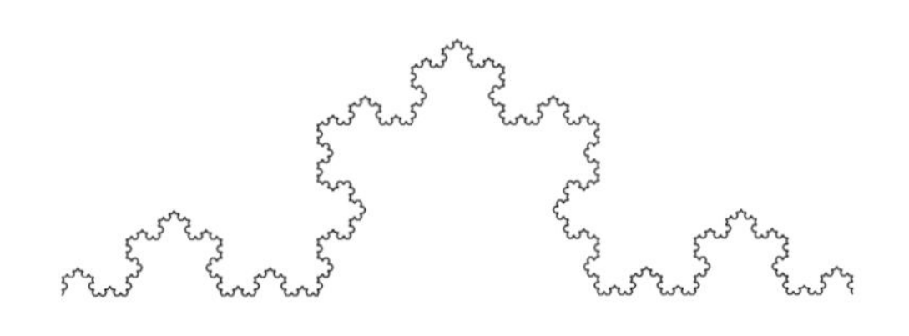

今の解答で行なった定積分は，次のような**二重積分**（double integral）を2つのステップに分けて実行したものである．

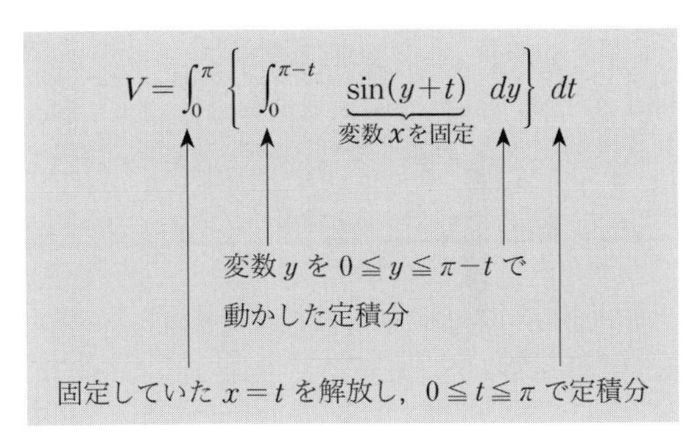

$V=\int_0^{\pi}\left\{\int_0^{\pi-t}\underbrace{\sin(y+t)}_{変数xを固定}dy\right\}dt$
変数 y を $0\leqq y\leqq\pi-t$ で
動かした定積分
固定していた $x=t$ を解放し，$0\leqq t\leqq\pi$ で定積分

■ 3.1節（変数も値を止めれば定数だ）の考え方と見比べてみよ．

■ 大学教養課程の微積分では，

$$\iint_D \sin(x+y)dxdy$$

$$D: 0\leqq x \wedge 0\leqq y \wedge 0\leqq x+y\leqq\pi$$

のような書き方をする．

その様子を図示したものが，図7.1.8，図7.1.9である．

図7.1.8にあるような微小体積

$$S(x)\cdot\Delta x \quad (=(断面積)\times(微小幅))$$

を，$0\leqq x\leqq\pi$ にわたって足し合わせたもの

$$\sum_{x=0}^{x=\pi} S(x)\cdot\Delta x$$

に対して，$\Delta x\longrightarrow 0$ なる極限をとったものが求める V である．

$$V=\lim_{\Delta x\to 0}\left(\sum_{x=0}^{x=\pi} S(x)\cdot\Delta x\right)=\int_0^{\pi} S(x)dx$$

■別解

平面 $x+y=u$（一定値）（ただし $0\leqq u\leqq\pi$）

で立体 D を切ると，断面は長方形である，その面積は

$$S(u)=\sqrt{2}\,u\cdot\sin u$$

z 軸と断面との距離は $\dfrac{u}{\sqrt{2}}$ である．

区間 $0\leqq u\leqq\pi \iff 0\leqq\dfrac{u}{\sqrt{2}}\leqq\dfrac{\pi}{\sqrt{2}}$ にわたって

$S(u)\cdot d\left(\dfrac{u}{\sqrt{2}}\right)$ を積み上げることにより，求める体積 V を得る．

$$V=\int_0^{\frac{\pi}{\sqrt{2}}}\sqrt{2}\,u\sin u\cdot d\left(\frac{u}{\sqrt{2}}\right)=\int_0^{\pi}u\sin u du$$

$$=[\sin u-u\cos u]_0^{\pi}=\boldsymbol{\pi}$$

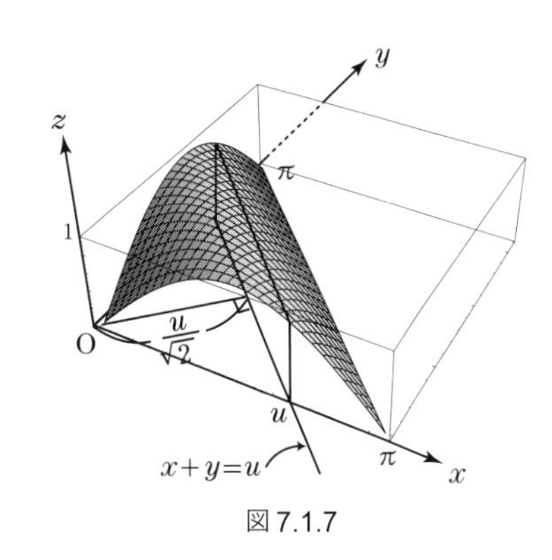

図7.1.7

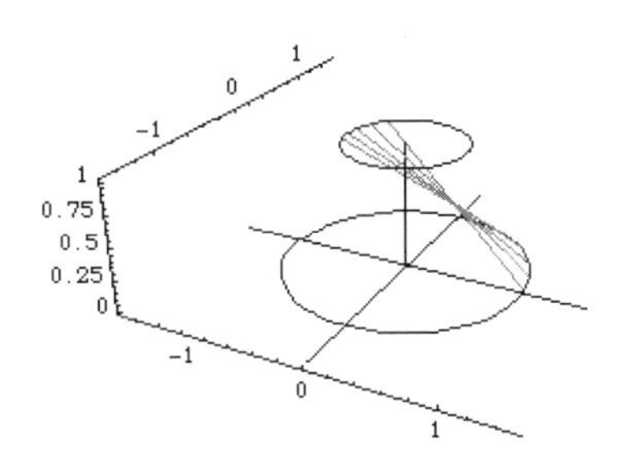

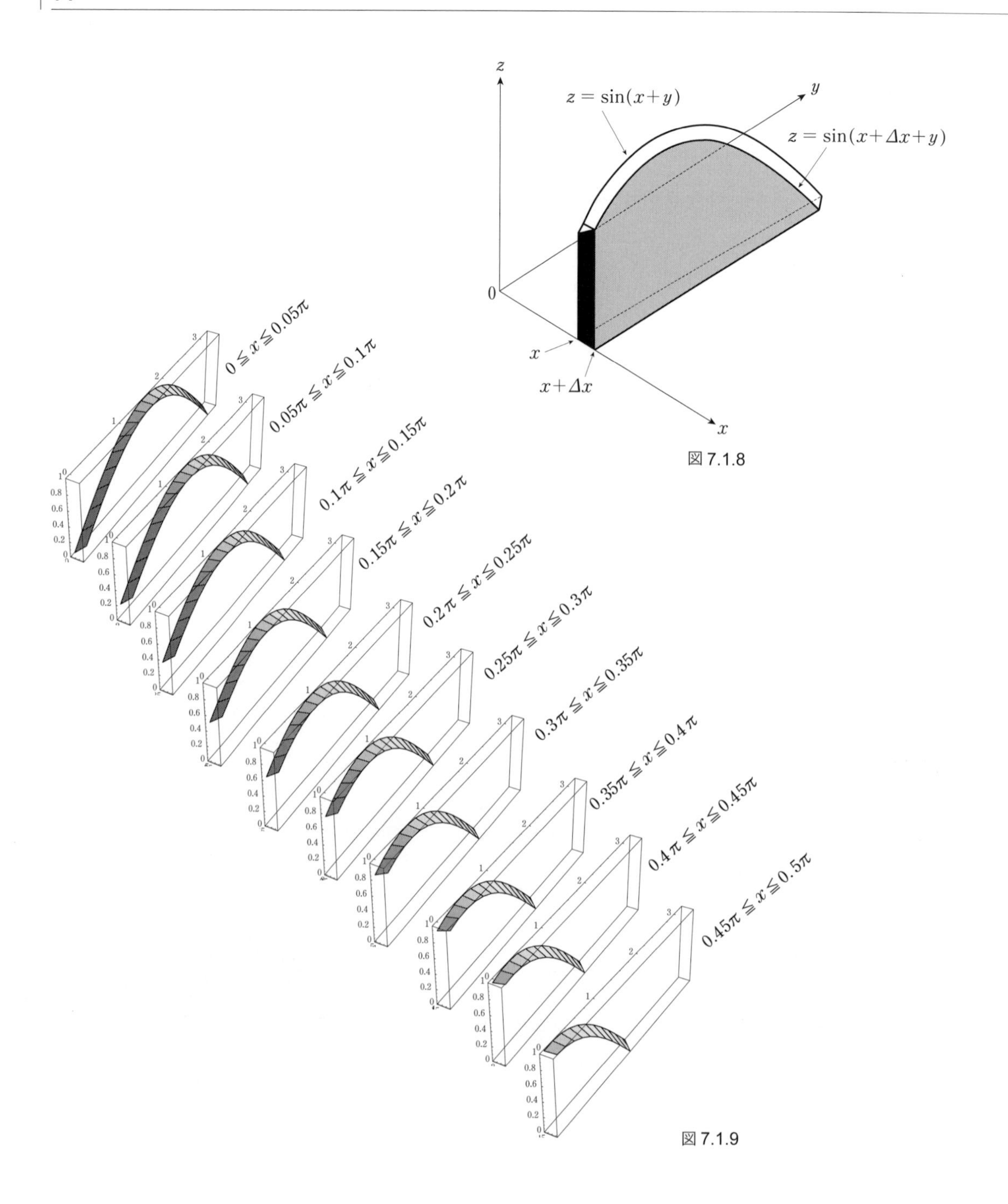
z
y
$z = \sin(x+y)$
$z = \sin(x+\Delta x+y)$
0
x
$x+\Delta x$
x
$0 \leqq x \leqq 0.05\pi$
$0.05\pi \leqq x \leqq 0.1\pi$
$0.1\pi \leqq x \leqq 0.15\pi$
$0.15\pi \leqq x \leqq 0.2\pi$
$0.2\pi \leqq x \leqq 0.25\pi$
$0.25\pi \leqq x \leqq 0.3\pi$
$0.3\pi \leqq x \leqq 0.35\pi$
$0.35\pi \leqq x \leqq 0.4\pi$
$0.4\pi \leqq x \leqq 0.45\pi$
$0.45\pi \leqq x \leqq 0.5\pi$

図 7.1.8

図 7.1.9

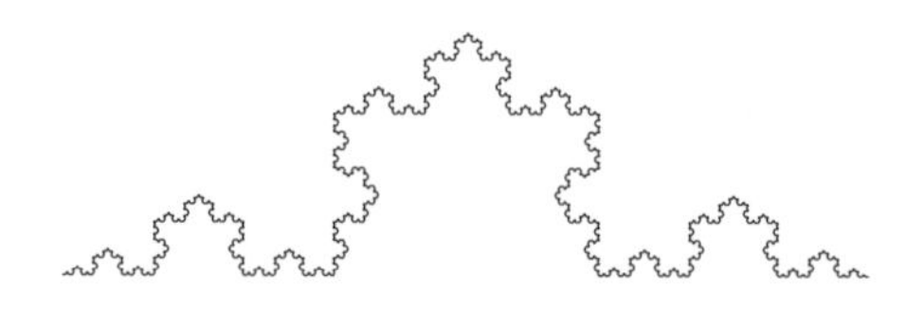

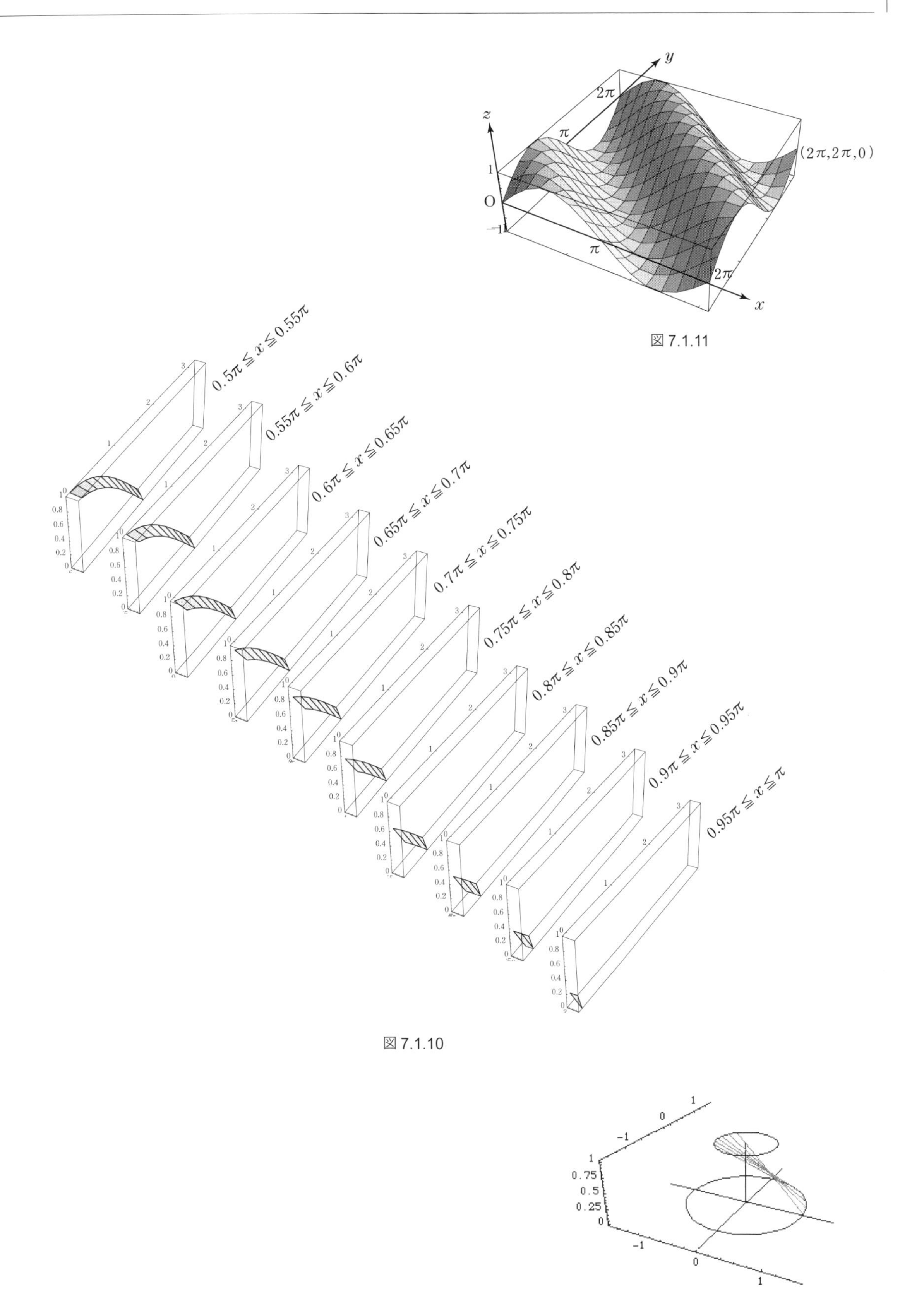
y
2π
z
π
(2π,2π,0)
1
O
−1
π
2π
x
0.5π ≦ x ≦ 0.55π
0.55π ≦ x ≦ 0.6π
0.6π ≦ x ≦ 0.65π
0.65π ≦ x ≦ 0.7π
0.7π ≦ x ≦ 0.75π
0.75π ≦ x ≦ 0.8π
0.8π ≦ x ≦ 0.85π
0.85π ≦ x ≦ 0.9π
0.9π ≦ x ≦ 0.95π
0.95π ≦ x ≦ π

図 7.1.11

図 7.1.10

例題 7-3

(1) 座標空間において，放物面
$z=-px^2-py^2+q$ $(p, q>0)$ と xy 平面で囲まれた立体の体積 $V(p,\ q)$ を求めよ．

(2) 放物面 $z=-6(x+1)^2-6(y-1)^2+30$ と xy 平面で囲まれた立体を A とする，また，2つの放物面 $z=5x^2+5y^2+30$ と $z=-(x+6)^2-(y-6)^2+120$ で囲まれた立体を B とする．平面 $x=c$（c は定数）で A, B を切った断面の面積をそれぞれ α_c, β_c とするとき，$\alpha_c=\beta_c$ であることを証明せよ．

(3) B の体積 V を求めよ．

まず，解答に入る前に，与えられた式がなぜ「放物面」を表すのかを明らかにしておこう．

$$z=-p(x^2+y^2)+q \quad \cdots\cdots①$$

において，z は2つの独立変数 x, y をもつ関数である．①式をみたす点 $(x,\ y,\ z)$ の集合となる曲面を，

「点 $(x,\ y)$ を与えると"高さ" z が決まる」

と考えることによって構成することができる．

1° $(x,\ y)=(0,\ 0)$ において z が最大値 q をとること

2° 点 $(x,\ y)$ と $(0,\ 0)$ の距離 $r=\sqrt{x^2+y^2}$ を用いて，
高さ z は
$$z=-pr^2+q$$
のように"r の関数"となること．

に注意すると，図 7.1.12 のような回転放物面が得られる．

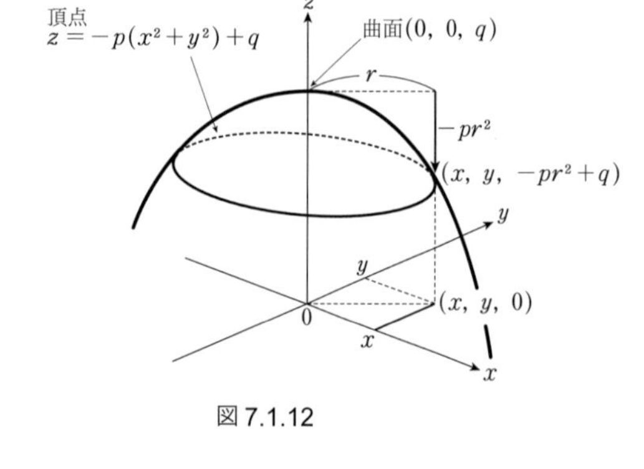

図 7.1.12

また，

$$z=-6(x+1)^2-6(y-1)^2+30 \quad \cdots\cdots②$$

の例なら，頂点は $(-1,\ 1,\ 30)$ で，点 $(-1,\ 1)$ と $(x,\ y)$ との距離

$r=\sqrt{(x+1)^2+(y-1)^2}$ を用いることにより

$z=-6r^2+30$

と表される放物線が回転したものである．

設問 (2)，(3) の本質は，前問の二重積分を使って表現す

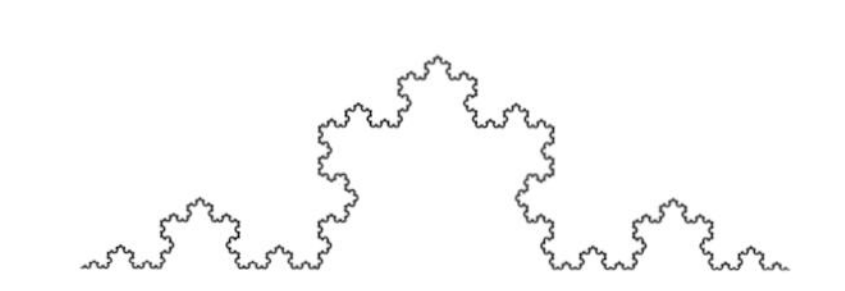

れば，次のように要約される．

> xy 平面内のある領域 D において，2 枚の曲面
> $$z=f(x,\ y),\quad z=g(x,\ y)$$
> にはさまれる部分の体積は
> $$\iint_D |f(x,\ y)-g(x,\ y)|dxdy$$
> である．

■ 面積だけでなく，体積を求めるときでも「差の積分」が有効なのである．

■解答

(1) $\begin{cases} z=-p(x^2+y^2)+q \\ z=0 \end{cases}$

で囲まれた立体を，平面 $z=t$（一定値）で切ったときの切り口は，

$$t=-p(x^2+y^2)+q \ \wedge\ z=t$$

$$\Longleftrightarrow x^2+y^2=\frac{q-t}{p}\ \wedge\ z=t$$

により与えられる円周とその内部である．その面積は

$$\pi\left(\frac{q-t}{p}\right)$$

であり，切り口の存在する t の範囲は $0\leqq t\leqq q$ である．

求める体積は

$$V(p,\ q)=\int_0^q \pi\left(\frac{q-t}{p}\right)dt=\pi\left[\frac{q}{p}t-\frac{1}{2p}t^2\right]_0^q$$

$$=\boldsymbol{\frac{q^2}{2p}\pi}\quad (p,q>0)$$

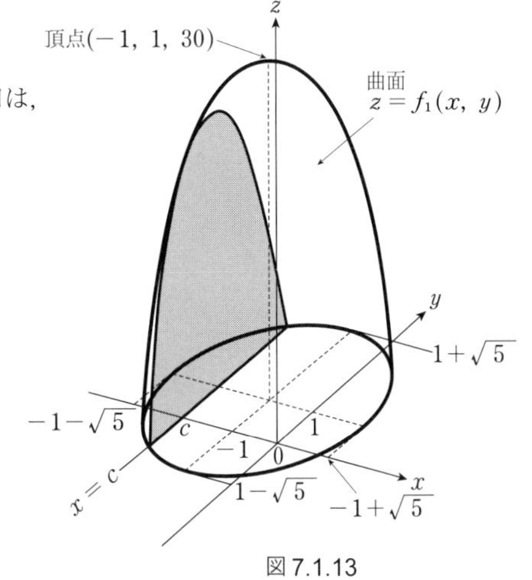

図 7.1.13

(2) A は

$$\begin{cases} z=0 \\ z=f_1(x,\ y)=-6(x+1)^2-6(y-1)^2+30 \end{cases}$$

で囲まれ，B は

$$\begin{cases} z=f_2(x,\ y)=5x^2+5y^2+30 \\ z=f_3(x,\ y)=-(x+6)^2-(y-6)^2+120 \end{cases}$$

で囲まれている，

$x=c$ で立体 A を切った断面は，不等式

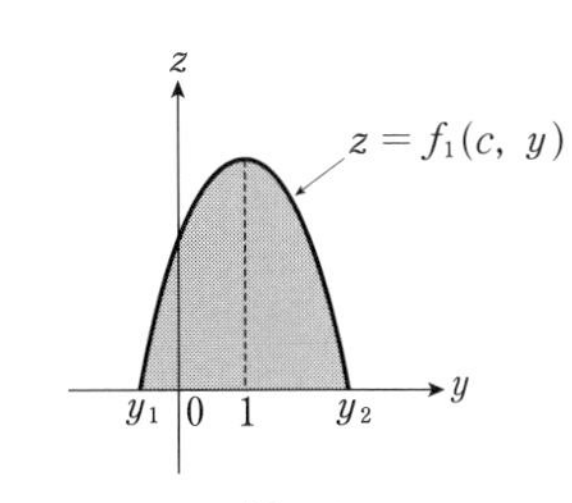

図 7.1.14

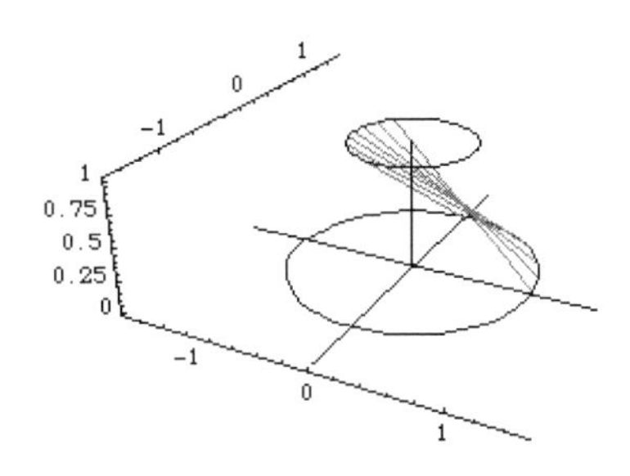

$$0 \leqq z \leqq f_1(c,\ y)\ \wedge\ x = c$$

で与えられる．切り口が存在するような c の値の範囲は，

「y の 2 次方程式 $f_1(c,\ y)=0$ が実根をもつような c」

の範囲である．

$$\begin{aligned} f_1(c,\ y) &= -6(y-1)^2-6(c+1)^2+30 \\ &= -6(y^2-2y+c^2+2c-3) \end{aligned}$$

の判別式をとると，

$$\begin{aligned} D/4 &= (-1)^2-(c^2+2c-3) \\ &= -(c^2+2c-4) \geqq 0 \end{aligned}$$

$$\therefore\ \ -1-\sqrt{5} \leqq c \leqq -1+\sqrt{5}$$

この範囲で切断するとき切り口が存在し，その面積は

$$\alpha_c = \int_{y_1}^{y_2} f_1(c,\ y)dy$$

（ただし，y_1，y_2 は 2 次方程式 $f_1(c,\ y)=0$ の 2 根で $y_1 \leqq y_2$）

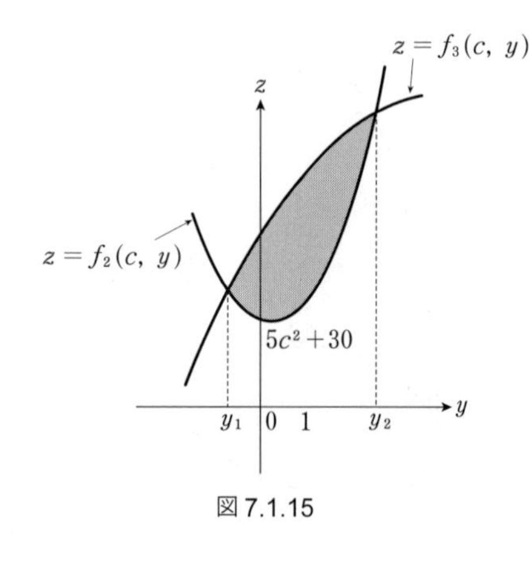

図 7.1.15

次に，$x=c$ で立体 B を切った断面について考えてみる．

断面は，不等式

$$f_2(c,\ y) \leqq z \leqq f_3(c,\ y)\ \wedge\ x = c$$

で与えられる．ここで

$$\begin{aligned} & f_3(x,\ y)-f_2(x,\ y) \\ &= -6x^2-12x-36-6y^2+12y-36+120-30 \\ &= -6(x+1)^2-6(y-1)^2+30 \\ &= f_1(x,\ y) \end{aligned}$$

であることに注意する，すると，断面が存在するような c の値の範囲は

$$-1-\sqrt{5} \leqq c \leqq -1+\sqrt{5}$$

であり，このときの断面積は先と同じ y_1，y_2 を用いて

$$\begin{aligned} \beta_c &= \int_{y_1}^{y_2} \{f_3(c,\ y)-f_2(c,\ y)\}dy \\ &= \int_{y_1}^{y_2} f_1(c,\ y)dy \end{aligned}$$

となる．よって，$\alpha_c=\beta_c$ が示された．

(3) 立体 B の体積 V は

$$V = \int_{-1-\sqrt{5}}^{-1+\sqrt{5}} \beta_c dc = \int_{-1-\sqrt{5}}^{-1+\sqrt{5}} \alpha_c dc$$

なので，立体 A の体積と一致する．その値は (1) の結果で $(p,\ q)=(6,\ 30)$ とおくことにより求められる．

$$V=V(6,\ 30)=\frac{30^2}{2\cdot 6}\pi=\mathbf{75\pi}$$

(注) 本問で扱った放物面や立体 A，B の様子は，図 7.1.16～図 7.1.19 に示す通りである．答案中，最も本質に迫る式は

恒等式　$f_3(x,\ y)-f_2(x,\ y)\equiv f_1(x,\ y)$

である．ここから，

Step 1°　x をとめて，変数 y について $y_1\leqq y\leqq y_2$ で定積分した値 (図 7.1.14，図 7.1.15 における断面積) が等しいから

$\alpha_c=\beta_c$

Step 2°　さらに x を解放して，変数 x について $-1-\sqrt{5}\leqq x\leqq -1+\sqrt{5}$ で定積分した値も等しい．

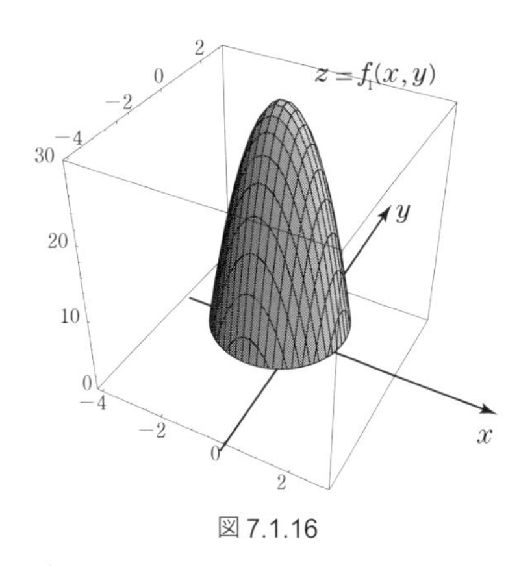

図 7.1.16

ということがわかる (「カヴァリエリ (Cavalieri) の原理」という．)

Step 2°での定積分の様子を図示したものが，図 7.1.20－図 7.1.21 の 10 枚の図である．

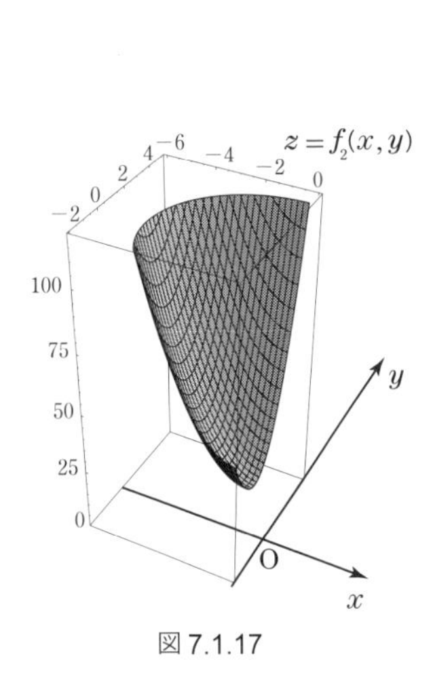

図 7.1.17

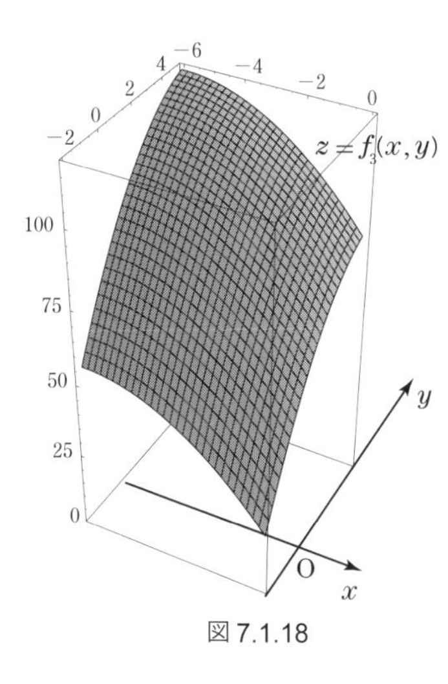

図 7.1.18

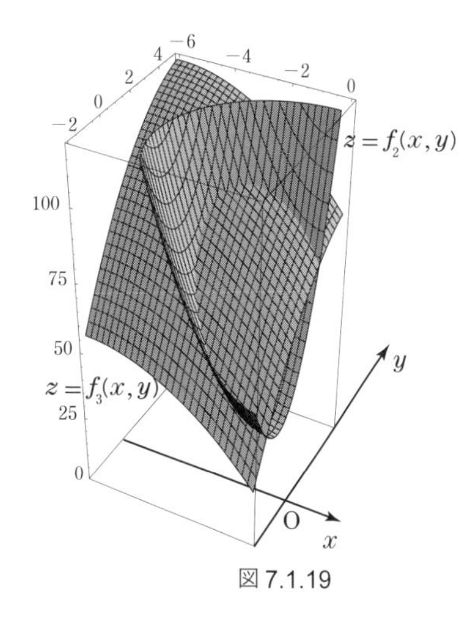

図 7.1.19

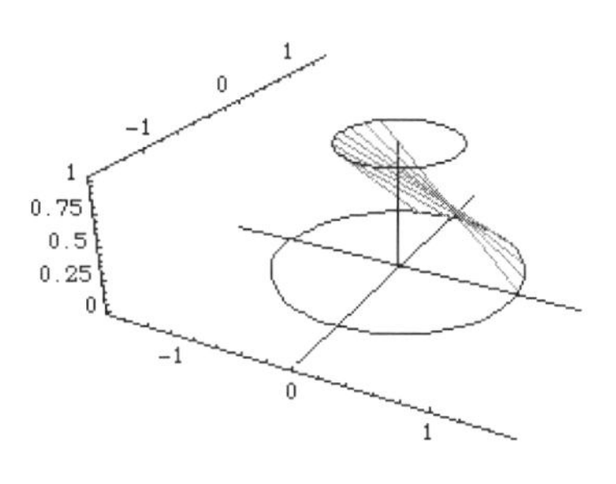

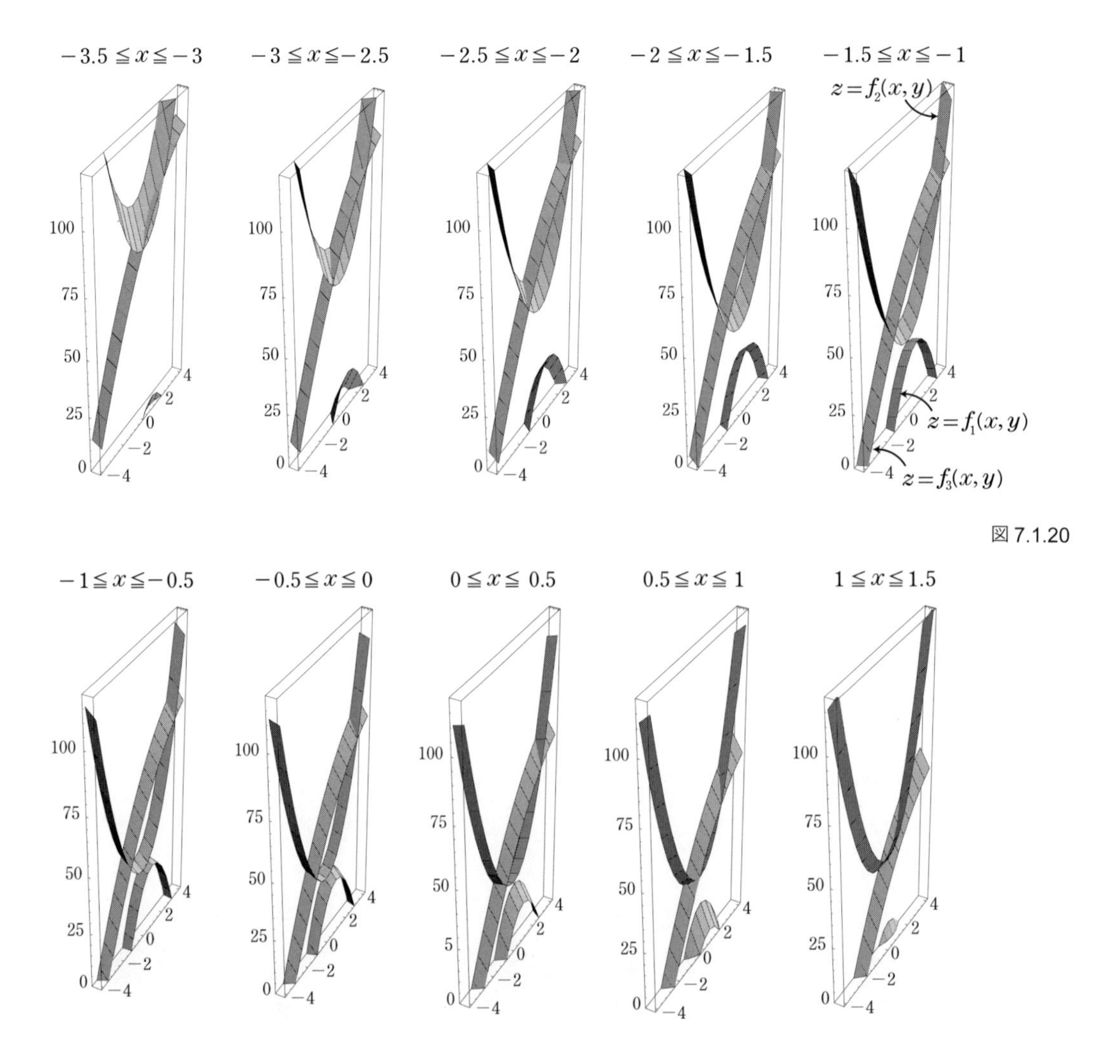
$-3.5 \leqq x \leqq -3$
$-3 \leqq x \leqq -2.5$
$-2.5 \leqq x \leqq -2$
$-2 \leqq x \leqq -1.5$
$-1.5 \leqq x \leqq -1$
$z=f_2(x,y)$
$z=f_1(x,y)$
$z=f_3(x,y)$
$-1 \leqq x \leqq -0.5$
$-0.5 \leqq x \leqq 0$
$0 \leqq x \leqq 0.5$
$0.5 \leqq x \leqq 1$
$1 \leqq x \leqq 1.5$

図 7.1.20

図 7.1.21

例題 7−4 座標空間において，動点 P は平面 $z=0$ 上で中心 O$(0,\ 0,\ 0)$，半径 a の円周上を回転し，また，動点 Q は平面 $z=1$ 上で中心 O$'(0,\ 0,\ 1)$，半径 b の円周上を回転している．ただし，$a>b>0$ とし，動径 OP, O′Q は z 軸の上方から見て一定の角 α $(0<\alpha<\pi)$ を保っているとする．このとき，線分 PQ の軌跡と 2 つの平面 $z=0$, $z=1$ で囲まれる立体を K とする．

(1) 平面 $z=t$ $(0\leqq t\leqq 1)$ による K の切口 $S(t)$ はどのような図形か．

(2) K の体積を求めよ．

(3) $S(t)$ の面積が最小となる t の値を求めよ．

■**解答**

まず，動点 P, Q を時刻 θ をパラメータとして含むように表示することを考える．

$\theta=0$ において P$(a,\ 0,\ 0)$，Q$(b\cos\alpha,\ b\sin\alpha,\ 1)$

と表すことができて，これらを z 軸のまわりで角 θ 回転させることにより，

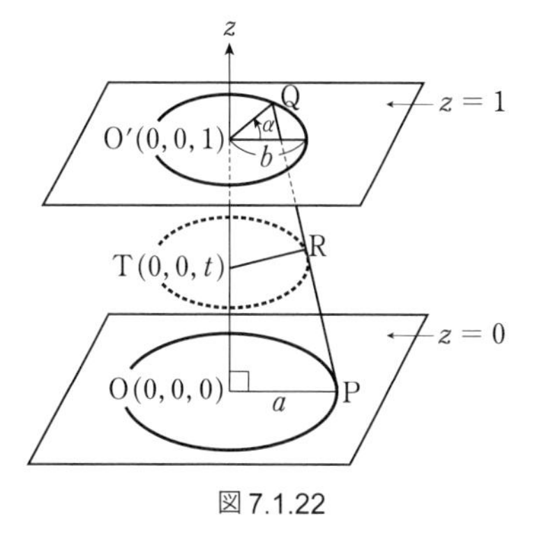

図 7.1.22

$$\begin{pmatrix} a \\ 0 \\ 0 \end{pmatrix} \xmapsto{\theta\text{まわす}} \begin{pmatrix} a\cos\theta \\ a\sin\theta \\ 0 \end{pmatrix} = \overrightarrow{\mathrm{OP}}$$

$$\begin{pmatrix} b\cos\alpha \\ b\sin\alpha \\ 0 \end{pmatrix} \xmapsto{\theta\text{まわす}} \begin{pmatrix} b\cos(\alpha+\theta) \\ b\sin(\alpha+\theta) \\ 1 \end{pmatrix} = \overrightarrow{\mathrm{OQ}}$$

と表すことができる．

(1) 平面 $z=t$ による K の切り口とは，

「線分 PQ を $t:1-t$ に内分する点 R が，平面 $z=t$ 内で z 軸のまわりを回転して描く円周とその内部」

である．

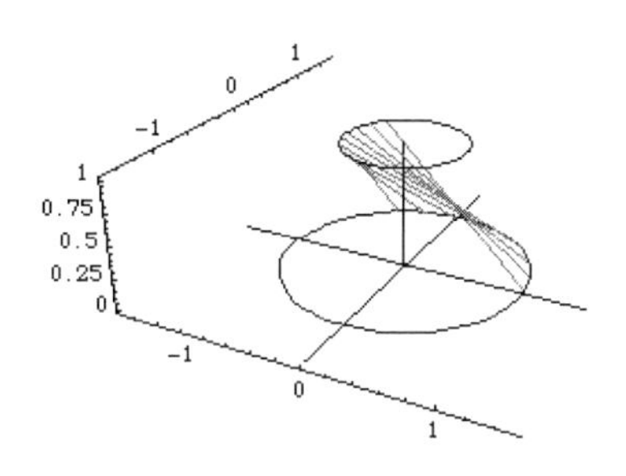

$$\overrightarrow{\mathrm{OR}}=(1-t)\overrightarrow{\mathrm{OP}}+t\overrightarrow{\mathrm{OQ}}$$
$$=(1-t)\begin{pmatrix}a\cos\theta\\ a\sin\theta\\ 0\end{pmatrix}+t\begin{pmatrix}b\cos(\alpha+\theta)\\ b\sin(\alpha+\theta)\\ 1\end{pmatrix}$$
$$=\begin{pmatrix}(1-t)a\cos\theta+tb\cos(\alpha+\theta)\\ (1-t)a\sin\theta+tb\sin(\alpha+\theta)\\ t\end{pmatrix}$$

円の中心は $\mathrm{T}(0,\ 0,\ t)$

半径 TR は，特に $\theta=0$ のときの

$$\mathrm{R}((1-t)a+tb\cos\alpha,\ tb\sin\alpha,\ t)$$

を用いて調べてもよく，

$$\mathrm{TR}=\sqrt{\{(1-t)a+tb\cos\alpha\}^2+\{tb\sin\alpha\}^2}$$
$$=\sqrt{(a^2+b^2-2ab\cos\alpha)t^2-2(a^2-ab\cos\alpha)t+a^2}$$

である．

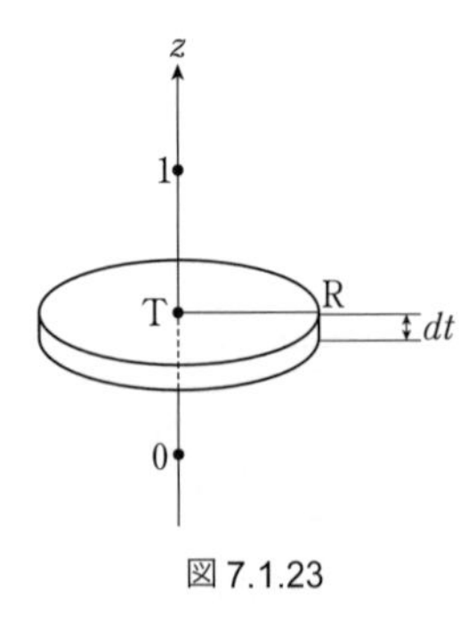

図 7.1.23

(2) $S(t)$ の断面積は $\pi\cdot\mathrm{TR}^2$

切口が存在する t の値は　$0\leqq t\leqq 1$

K の体積は

$$\int_0^1 \pi\cdot\mathrm{TR}^2dt$$
$$=\pi\left[\frac{1}{3}(a^2+b^2-2ab\cos\alpha)t^3-(a^2-ab\cos\alpha)t^2+a^2t\right]_0^1$$
$$=\boldsymbol{\frac{\pi}{3}(a^2+b^2+ab\cos\alpha)}$$

(3) 求める t とは

「区間 $0\leqq t\leqq 1$ 内で，2 次関数

$$f(t)=\mathrm{TR}^2$$
$$=(a^2+b^2-2ab\cos\alpha)t^2-2(a^2-ab\cos\alpha)t+a^2$$

を最小とする t」

である．ここで，$0<\alpha<\pi$，$a>b>0$ により，

$$2\text{ 次の係数}=a^2+b^2-2ab\cos\alpha$$
$$=(a-b\cos\alpha)^2+(b\sin\alpha)^2$$
$$>0$$

■ 2 次関数 $f(t)$ の対称軸は

$$t=-\frac{-2(a^2-ab\cos\alpha)}{2(a^2+b^2-2ab\cos\alpha)}$$
$$=\frac{a^2-ab\cos\alpha}{a^2+b^2-2ab\cos\alpha}$$

であり，この値は正である．

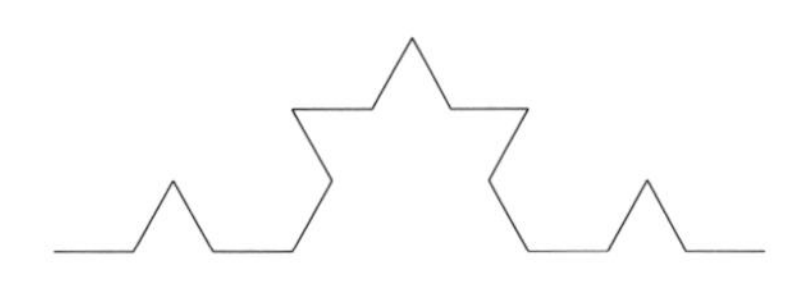

$$1\text{次の係数} = -2a(a-b\cos\alpha)<0$$

となることに注意すると，次の(ⅰ)，(ⅱ)の場合が考えられる．

2 次関数 $f(t)$ の対称軸の位置を考える．

(ⅰ) $\dfrac{a^2-ab\cos\alpha}{a^2+b^2-2ab\cos\alpha} \leqq 1 \iff b^2 \geqq ab\cos\alpha$

$$\iff \frac{\boldsymbol{b}}{\boldsymbol{a}} \geqq \cos\alpha\ \text{のとき}$$

$f(t)$ は，$\boldsymbol{t}=\dfrac{\boldsymbol{a^2-ab\cos\alpha}}{\boldsymbol{a^2+b^2-2ab\cos\alpha}}$ において最小．

(ⅱ) $1 \leqq \dfrac{a^2-ab\cos\alpha}{a^2+b^2-2ab\cos\alpha} \iff \dfrac{\boldsymbol{b}}{\boldsymbol{a}} \leqq \cos\alpha$ **のとき**

$f(t)$ は，$\boldsymbol{t=1}$ において最小．

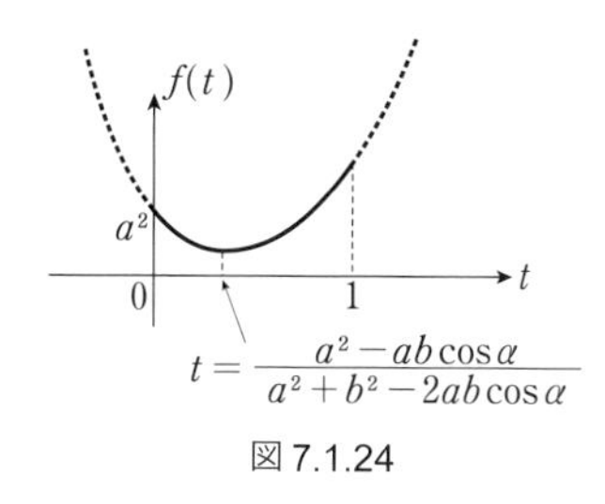

図 7.1.24

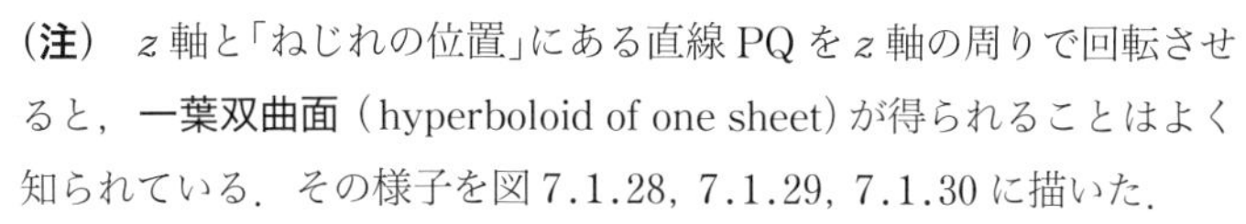

(注) z 軸と「ねじれの位置」にある直線 PQ を z 軸の周りで回転させると，**一葉双曲面**（hyperboloid of one sheet）が得られることはよく知られている．その様子を図 7.1.28, 7.1.29, 7.1.30 に描いた．

$(a,\ b)=\left(a,\ \dfrac{1}{2}\right)$ としてある．

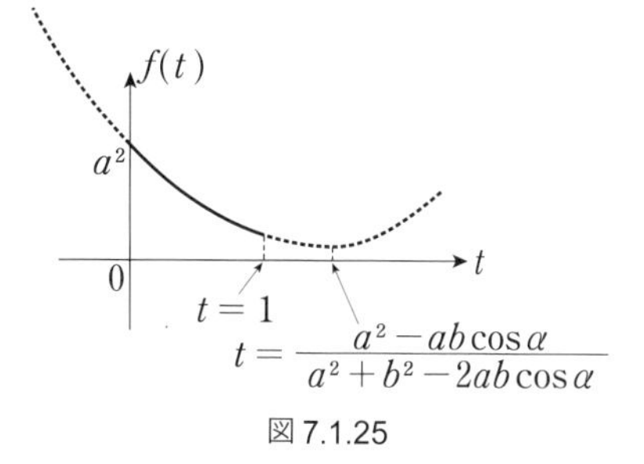

図 7.1.25

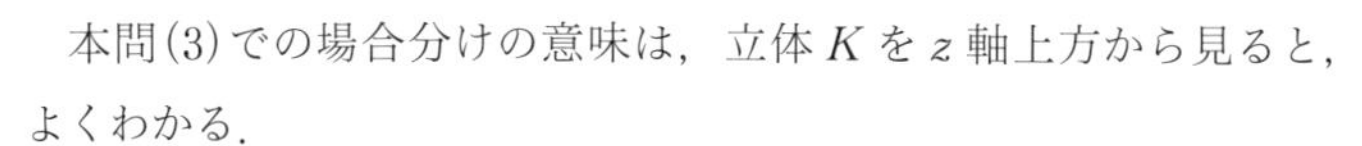

本問(3)での場合分けの意味は，立体 K を z 軸上方から見ると，よくわかる．

「$S(t)$ の面積が最小となる t」とは，

「一葉双曲面が最も"くびれて"いる t」のことである．

(ⅰ)のとき，線分 PQ と z 軸の位置関係は図 7.1.26 のようになっている．T から PQ への垂線の足 H が線分 PQ 上に乗っていて，半径 TR の最小値が TH となっている．このときの立体 K の例は図 7.1.28 である．

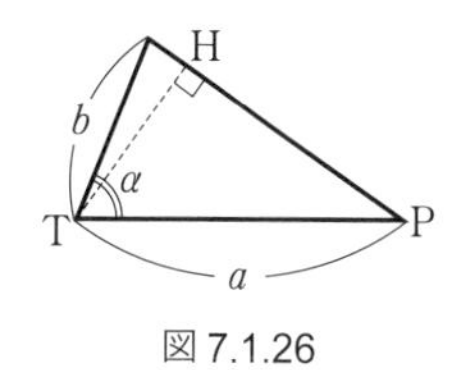

図 7.1.26

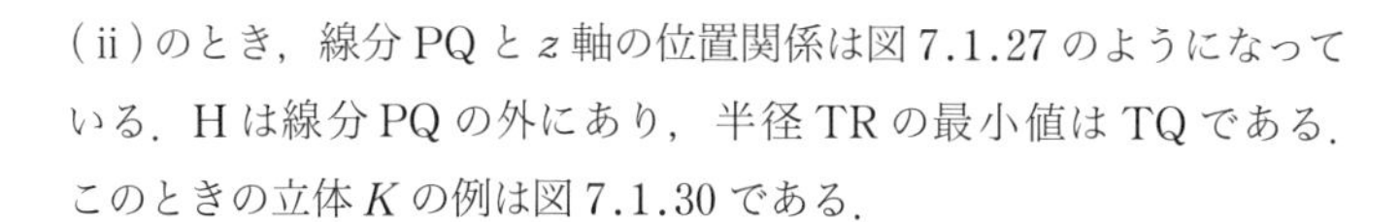

(ⅱ)のとき，線分 PQ と z 軸の位置関係は図 7.1.27 のようになっている．H は線分 PQ の外にあり，半径 TR の最小値は TQ である．このときの立体 K の例は図 7.1.30 である．

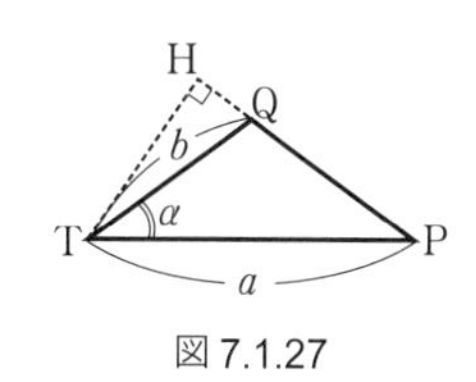

図 7.1.27

図 7.1.28～図 7.1.30 は $a=1,\ b=\dfrac{1}{2}$ として作図した．

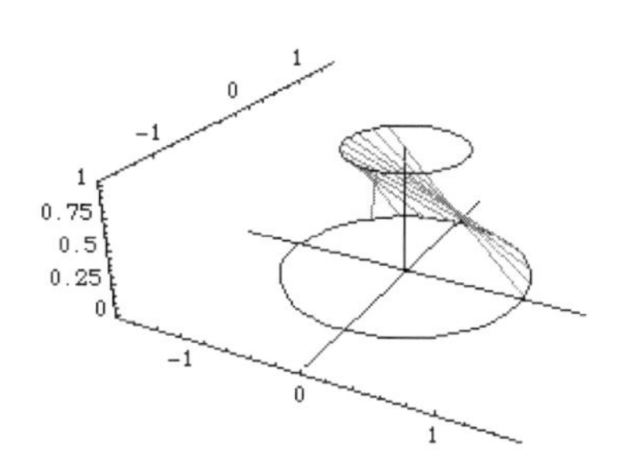

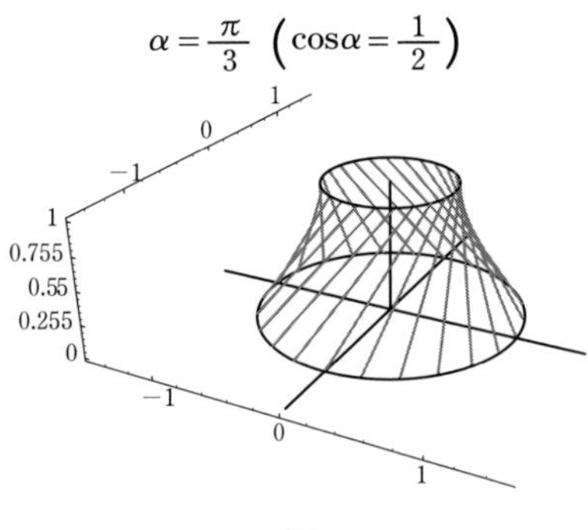

図 7.1.28

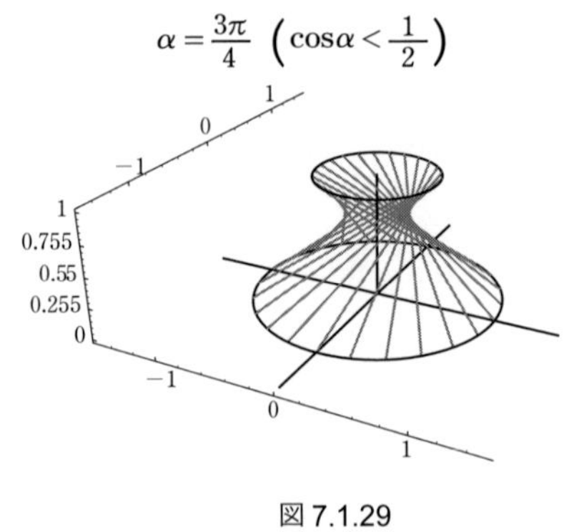

図 7.1.29

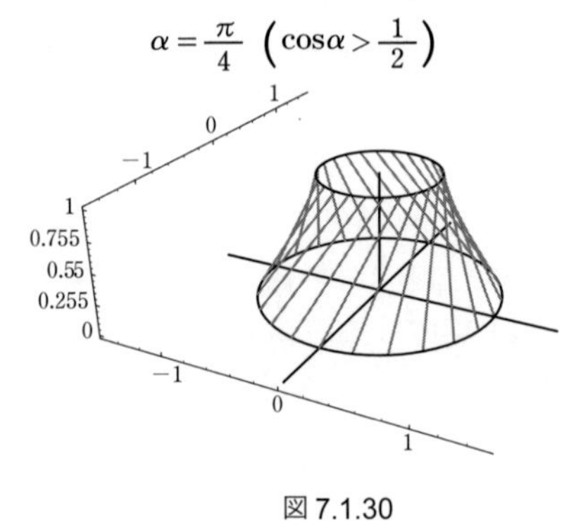

図 7.1.30

7.2 円錐曲線

> 1点Oで交わる2直線 ℓ, m がある．m を軸として ℓ を回転させたとき得られる曲面を**円錐**（circular cone）という O を**頂点**（vertex），ℓ を**母線**（generator），m を**軸**(axis)という．
>
> 円錐と平面の交わりとして現れる曲線を**円錐曲線**(conic section)という．

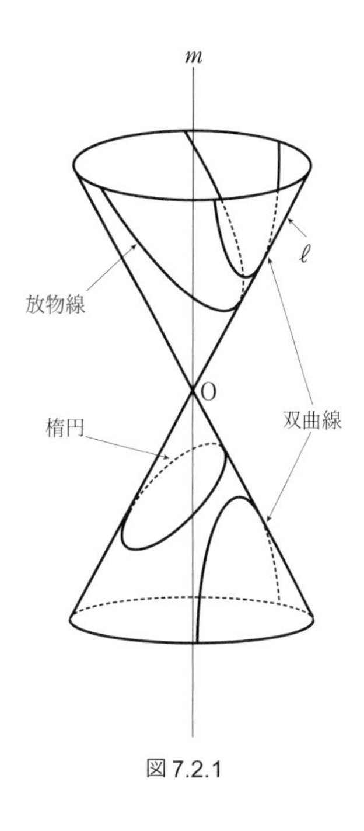

図 7.2.1

この円錐に，平面 π が交わって現れる円錐曲線は，次のように分類される．

(i) 楕円(ellipse)

π がOを含まず，円錐の片側だけで交わり，ℓ と平行でないとき．

(ii) 放物線

π が ℓ と平行で，ℓ を含まないとき．

(iii) 双曲線(hyperbola)

π が m と平行で，m を含まないとき．

(iv) 交わる2直線

π が m を含むとき．

このことを題材とした大学入試問題を以下に2題扱ってみる．どれも，

4.3節(変数の組を書き換える)

で考えた原理を空間版として拡張することによって解決する．

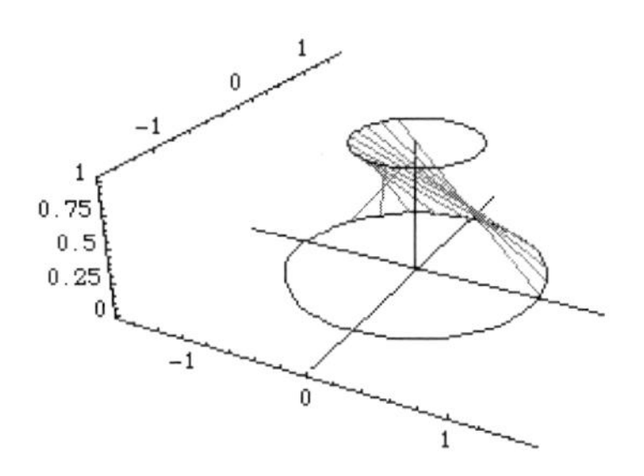

例題 7-5

高さ h，頂角 2θ の二等辺三角形を頂角の二等分線を軸として回転し円錐を作る．頂点を O とし，回転軸上 $\mathrm{OA}=r_1$，$\mathrm{OB}=r_2$ の位置に点 A, B をとる．ただし $0<r_1<r_2<h$ とする．A, Bを中心とし，(底面をのぞく) 円錐面に内接する球 S_A，S_B を，円錐内に互いに交わらないように配置したい．これが可能なための条件を r_1，r_2，h，θ を用いて表せば，

$$r_1\times\frac{1+\sin\theta}{\boxed{\text{ア}}}<r_2\leqq\frac{h}{\boxed{\text{イ}}}$$

となる．このとき，2 つの球 S_A と S_B に接するような平面 Ω がとれる．この平面 Ω が円錐面と交わってできる曲線上の任意の点を P とし，直線 OP と S_A の接点を H とする．さらに，平面 Ω と球 S_A の接点を F，球 S_B との接点を G とすれば，PH と PF との比較などによって PF+PG は P によらない一定の値 $\boxed{\text{ウ}}$ であることがわかる．つまりこの曲線は楕円である．

また， $\mathrm{PF}=\sqrt{(r_1-r_2)^2-\boxed{\text{エ}}}$ であることから，この楕円の長径は**ウ**，短径は $\boxed{\text{オ}}$ であることもわかる．

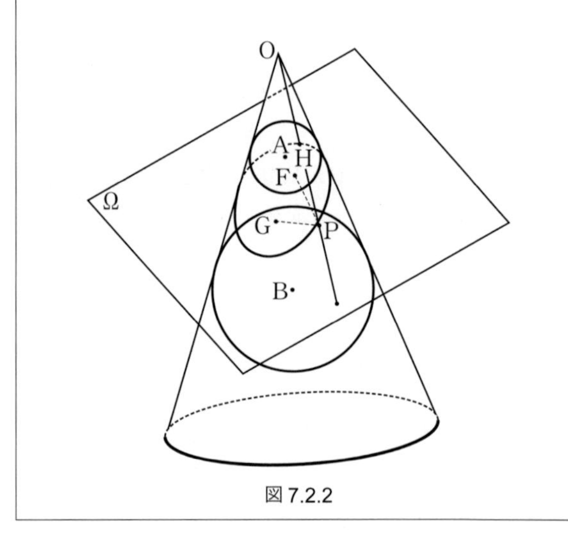

図 7.2.2

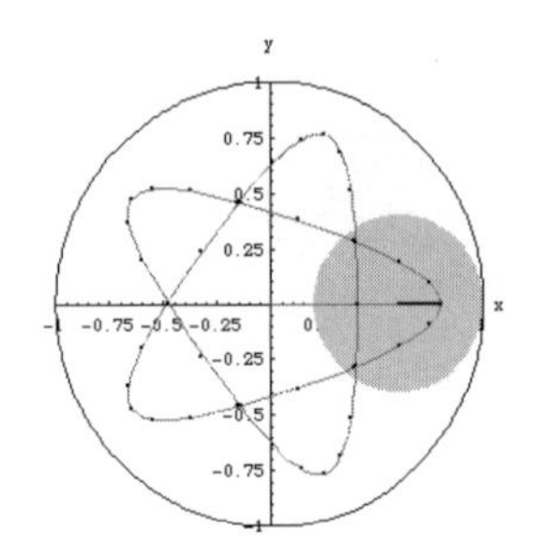

■解答

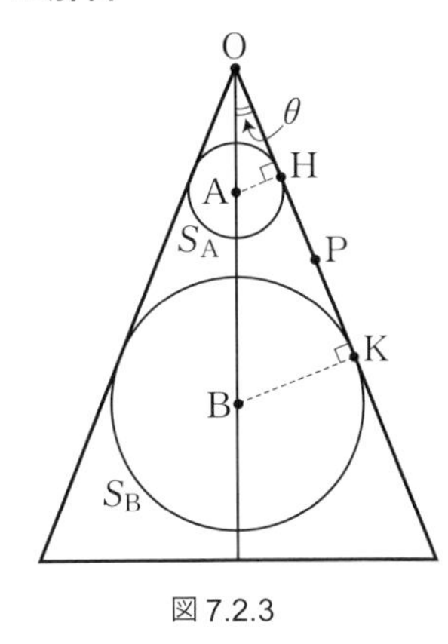

図 7.2.3

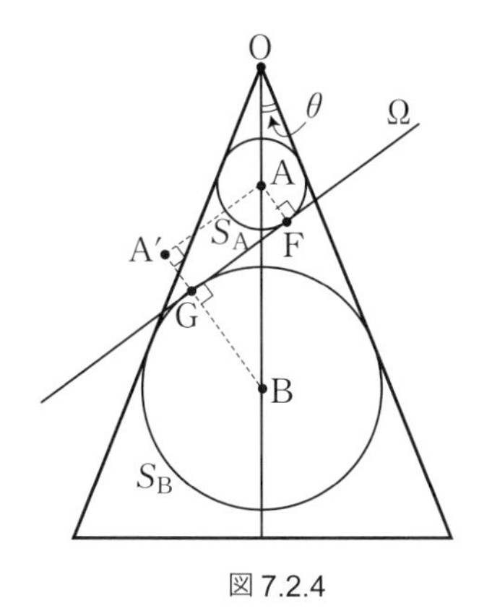

図 7.2.4

S_A, S_B の半径を R_A, R_B, 直線 OP と S_B の接点を K とすると，

$$R_A = AH = OA\sin\theta = r_1\sin\theta$$

$$R_B = BK = OB\sin\theta = r_2\sin\theta$$

よって，S_A, S_B を円錐内に互いに交わらないように配置できる条件は，

$$AB > R_A + R_B \text{ かつ } OB + R_B \leqq h$$

$$\iff r_2 - r_1 > r_1\sin\theta + r_2\sin\theta \text{ かつ } r_2 + r_2\sin\theta \leqq h$$

$$\iff r_1 \times \frac{1+\sin\theta}{1-\sin\theta} < r_2 \leqq \frac{h}{1+\sin\theta}$$

いま，直線 PHは H において S_A と接し，直線 PF は S_A の F における接平面上にあることにより，F において S_A と接するから，PH=PF

同様に　PK=PG

よって，P が線分 HK 上にあることに注意して，

$$\begin{aligned} PF+PG &= PH+PK = HK = OK-OH \\ &= OB\cos\theta - OA\cos\theta \\ &= (r_2-r_1)\cos\theta \end{aligned} \quad \cdots\cdots①$$

また，Aから直線 BGに下ろした垂線の足を　A′ とすると，

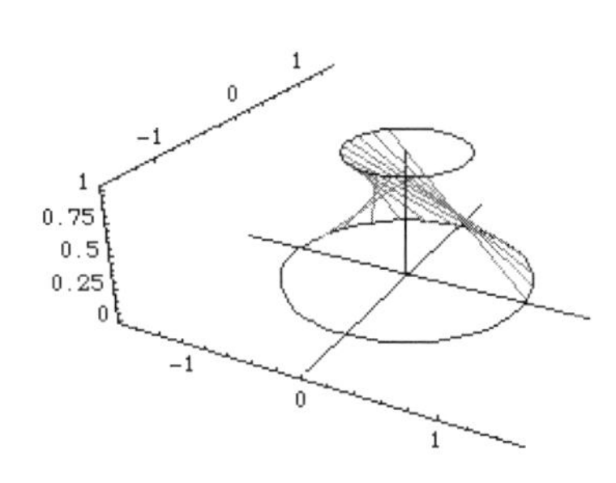

$$\begin{aligned}\mathrm{A'B} &= \mathrm{A'G}+\mathrm{BG}\\ &= \mathrm{AF}+\mathrm{BG}\\ &= R_{\mathrm{A}}+R_{\mathrm{B}}\\ &= (r_1+r_2)\sin\theta\end{aligned}$$

であるから,

$$\begin{aligned}\mathrm{FG} = \mathrm{AA'} &= \sqrt{\mathrm{AB}^2-\mathrm{A'B}^2}\\ &= \sqrt{(r_1-r_2)^2-(r_1+r_2)^2\sin^2\theta} \qquad \cdots\cdots ②\end{aligned}$$

したがって，楕円の長径を $2a$，短径を $2b$ とおくと，①，②より，

$$2a = (r_2-r_1)\cos\theta$$

$$2\sqrt{a^2-b^2} = \sqrt{(r_1-r_2)^2-(r_1+r_2)^2\sin^2\theta}$$

であるから，短径は，

$$\begin{aligned}2b &= \sqrt{(2a)^2-(2\sqrt{a^2-b^2})^2}\\ &= \sqrt{(r_2-r_1)^2\cos^2\theta-(r_1-r_2)^2+(r_1+r_2)^2\sin^2\theta}\\ &= \sqrt{-(r_1-r_2)^2\sin^2\theta+(r_1+r_2)^2\sin^2\theta}\\ &= 2\sqrt{r_1 r_2}\sin\theta\end{aligned}$$

■参考

「円錐面を平面で切断すると，その断面に 2 次曲線が現れる」
という事実は，よく知られているところであろう．

問題文中の，
「平面 Ω と球 S_{A} の接点を F，球 S_{B} との接点を Gとすれば，PH と PF との比較などによって PF+PG は P によらない一定の値をとる」
という事実から，F, G がこのだ円の焦点であることがわかる．

この事実は，紀元前にはすでに「アポロニウスの円錐曲線論」として実を結んでいた．

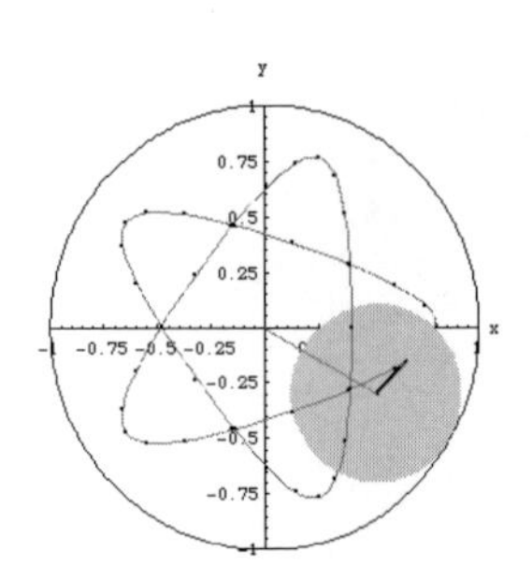

例題 7-6

3次元空間に (x, y, z) 直交座標系をとる．

(1) 原点を通る (x, z) 平面内の直線 $z=x$ を，z 軸の周りに1回転してできる曲面を S とする．S の方程式を求めよ．

(2) 曲面 S の概形を記述せよ．

(3) 曲面 S と平面 $z=h$ $(h>0)$ とで囲まれた領域の体積を，積分によって求めよ．

(4) $z=px+q$ $(p\geqq 0,\ q\geqq 0)$ で表される平面を P とする．P と z 軸との交点を O とする．P 内に，O を原点とする新しい2次元直交座標系 (X, Y) を

$$X=\sqrt{1+p^2}\,x,\quad Y=y$$

により定める．

この座標系で (X, Y) と表示される P 上の点と O の間の距離を，(x, y, z) 座標系で計算すると $\sqrt{X^2+Y^2}$ となっていることを示せ．

(5) 平面 P と曲面 S の交わりとして決まる曲線を C とする．

$p\neq 1$ のとき C の方程式を

$$\frac{(X-c)^2}{A}+\frac{(Y-d)^2}{B}=1$$

と表す．定数 A, B, c, d を p, q を使って表せ．

(6) 曲線 C の特徴を，次の場合に分けて述べよ．

(イ) $p=0,\quad q=1$

(ロ) $0<p<1,\quad q=1$

(ハ) $p=1,\quad q=1$

(ニ) $p=1,\quad q=0$

(ホ) $p>1,\quad q=1$

(ヘ) $p>1,\quad q=0$

(7) 前問の (イ) ～ (ヘ) の中に閉曲線があれば，その閉曲線で囲まれた領域の面積を積分によって求めよ．

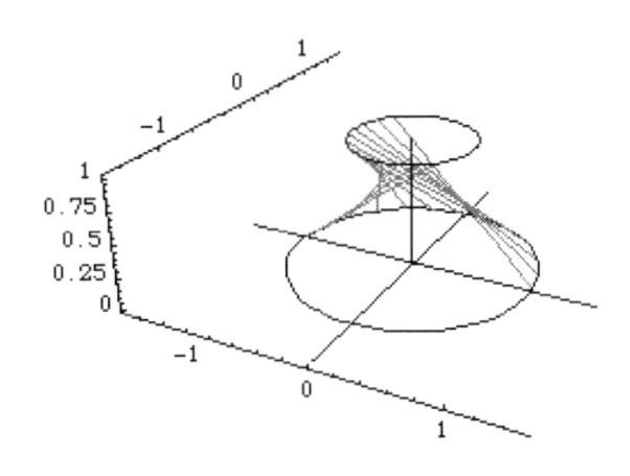

■解答

(1) S 上の点 $\mathrm{P}(x,\ y,\ z)$ から，

z 軸への距離 $\sqrt{x^2+y^2}$ と，

xy 平面への距離 $|z|$ とが

等しいから，

$$|z|=\sqrt{x^2+y^2}$$

S の方程式は，

$$z^2=x^2+y^2$$

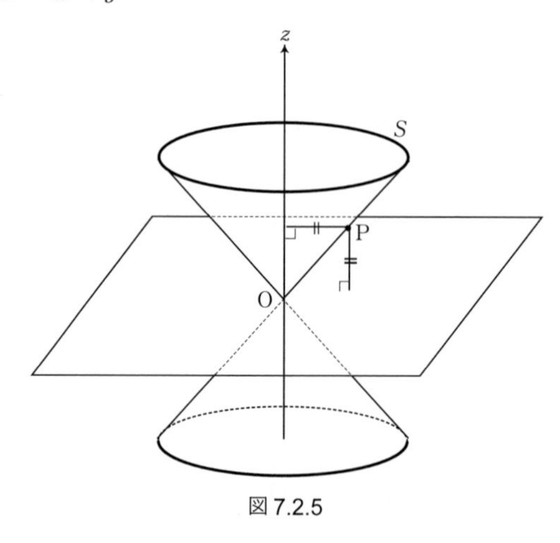

図 7.2.5

(2) Sは図のように，z 軸を軸とする 2 つの円錐面を頂点 O でつないだものである．

(3) $z=$ 一定の平面による円錐面 S の切り口は，半径 $|z|$ の円であるから，求める体積は

$$\int_0^h \pi z^2\,dz=\left[\frac{\pi z^3}{3}\right]_0^h=\frac{\pi h^3}{3}$$

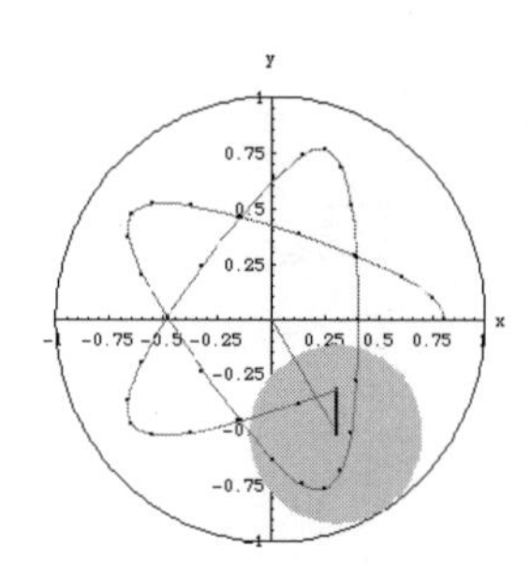

(4)

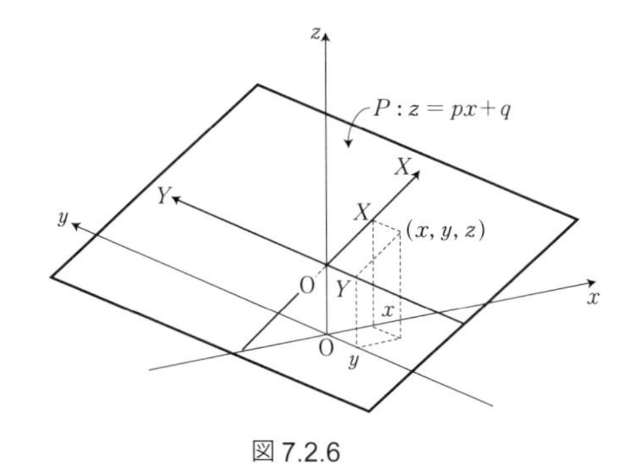

図 7.2.6

$$P : z = px+q$$

平面 P 上の任意の点を $(x,\ y,\ z)$ とすると，この点と平面 P 内の原点 $(0,\ 0,\ q)$ との距離は，

$$\sqrt{x^2+y^2+(z-q)^2} = \sqrt{x^2+y^2+(px)^2}$$
$$= \sqrt{(1+p^2)x^2+y^2}$$

ここで，$X = \sqrt{1+p^2}\,x$，$Y = y$ を代入すると，

$$\sqrt{x^2+y^2+(z-q)^2} = \sqrt{X^2+Y^2}$$

よって，題意は示された．

(5) $S\ :\ z^2 = x^2+y^2$

$P\ :\ z = px+q$

の交線 C 上の点 $(x,\ y,\ z)$ において，

$$(px+q)^2 = x^2+y^2$$
$$\iff (1-p^2)x^2+y^2-2pqx-q^2 = 0 \qquad \cdots\cdots ①$$

交線 C 上の同じ点 $(X,\ Y)$ については，①を

$$x = \frac{X}{\sqrt{1+p^2}},\quad y = Y$$

と変換することにより，

$$(1-p^2)\cdot\frac{X^2}{1+p^2}+Y^2-2pq\cdot\frac{X}{\sqrt{1+p^2}}-q^2 = 0 \qquad \cdots\cdots ②$$

が成り立つ．これを変形して，2 次曲線の標準形の方程式を作る．

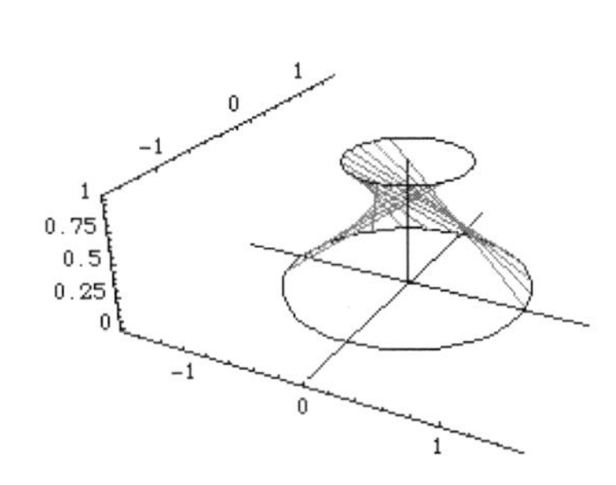

$$② \iff \frac{1-p^2}{1+p^2}\left(X^2-\frac{2pq\sqrt{1+p^2}}{1-p^2}X\right)+Y^2=q^2$$

$$\iff \frac{1-p^2}{1+p^2}\left(X-\frac{pq\sqrt{1+p^2}}{1-p^2}\right)^2+Y^2=\frac{q^2}{1-p^2}$$

$$\iff \frac{(1-p^2)^2}{q^2(1+p^2)^2}\left(X-\frac{pq\sqrt{1+p^2}}{1-p^2}\right)^2+\frac{1-p^2}{q^2}Y^2=1 \quad (q\neq 0)$$

$$\therefore \quad \frac{\left(X-\frac{pq\sqrt{1+p^2}}{1-p^2}\right)^2}{\frac{q^2(1+p^2)^2}{(1-p^2)^2}}+\frac{Y^2}{\frac{q^2}{1-p^2}}=1 \qquad \cdots\cdots ③$$

よって，$q\neq 0$ のとき，

$$A=\frac{q^2(1+p^2)^2}{(1-p^2)^2},\quad B=\frac{q^2}{1-p^2},\quad c=\frac{pq\sqrt{1+p^2}}{1-p^2},\quad d=0$$

(注) $q=0$ のときは，$\frac{1-p^2}{1+p^2}X^2+Y^2=0$ となり，このときは題意の方程式とならない.

(6) (イ) $p=0$，$q=1$ のとき，

$$X^2+Y^2=1$$

したがって，C は O を中心とする半径 1 の円

(ロ) $0<p<1$，$q=1$ のとき，

③より，

$$\frac{\left(X-\frac{p\sqrt{1+p^2}}{1-p^2}\right)^2}{\frac{1+p^2}{(1-p^2)^2}}+\frac{Y^2}{\frac{1}{1-p^2}}=1$$

$1-p^2>0$ であるから，C は楕円

(ハ) $p=1$，$q=1$ のとき，

③より，

$$Y^2=\sqrt{2}X+1$$

したがって，C は放物線

(ニ) $p=1$，$q=0$ のとき，

②より，

$$Y^2=0 \iff Y=0$$

したがって，C は直線

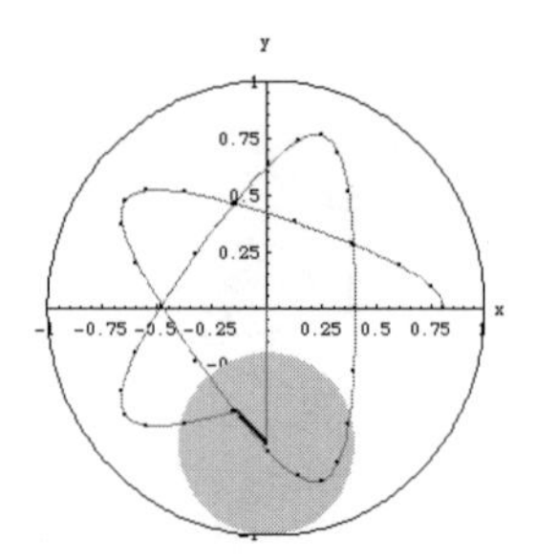

（ホ） $p>1$, $q=1$ のとき,

③より,

$$\frac{\left(X-\dfrac{p\sqrt{1+p^2}}{1-p^2}\right)^2}{\dfrac{1+p^2}{(1-p^2)^2}}+\frac{Y^2}{\dfrac{1}{1-p^2}}=1$$

$1-p^2<0$ であるから, C は双曲線

（へ） $p>1$, $q=0$ のとき,

②より,

$$\frac{1-p^2}{1+p^2}X^2+Y^2=0$$

$$\therefore\ Y^2=\frac{p^2-1}{p^2+1}X^2 \iff Y=\pm\sqrt{\frac{p^2-1}{p^2+1}}X$$

したがって, Cは 2 本の直線

(7) 閉曲線は（イ）の円と,（ロ）の楕円である.

（イ） 求める面積を S_1 とすると,

$$\begin{aligned}S_1&=4\int_0^1\sqrt{1-X^2}\,dX\\&=4\int_0^{\frac{\pi}{2}}\sqrt{1-\sin^2\theta}\cos\theta d\theta\quad(X=\sin\theta)\\&=4\int_0^{\frac{\pi}{2}}\cos^2\theta d\theta=4\int_0^{\frac{\pi}{2}}\frac{1+\cos2\theta}{2}d\theta\\&=2\left[\theta+\frac{\sin2\theta}{2}\right]_0^{\frac{\pi}{2}}\\&=\pi\end{aligned}$$

（ロ） $a=\dfrac{\sqrt{1+p^2}}{1-p^2}$, $b=\dfrac{1}{\sqrt{1-p^2}}$ とおき, 楕円

$$\frac{X^2}{a^2}+\frac{Y^2}{b^2}=1$$

の面積を求める.

求める面積を S_2 とすると,

$$\begin{aligned}S_2&=4\int_0^a b\sqrt{1-\frac{X^2}{a^2}}\,dX\\&=4\int_0^{\frac{\pi}{2}}b\sqrt{1-\sin^2\theta}\,a\cos\theta d\theta\quad(X=a\sin\theta)\\&=4ab\int_0^{\frac{\pi}{2}}\cos^2\theta d\theta=4ab\int_0^{\frac{\pi}{2}}\frac{1+\cos2\theta}{2}d\theta\end{aligned}$$

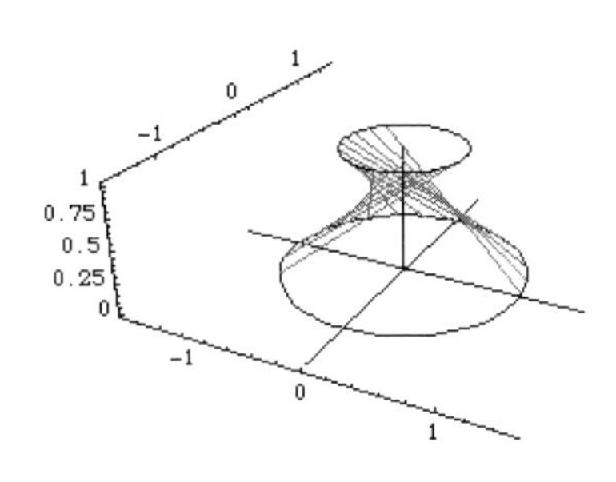

$$= 2ab\left[\theta + \frac{\sin 2\theta}{2}\right]_0^{\frac{\pi}{2}} = \pi ab$$

$$= \pi \cdot \frac{\sqrt{1+p^2}}{1-p^2} \cdot \frac{1}{\sqrt{1-p^2}}$$

$$= \frac{\pi\sqrt{1+p^2}}{(1-p^2)\sqrt{1-p^2}}$$

(注)「面積を積分によって求めよ」という指示に従ったが,

(イ) 半径1の円の面積は π

(ロ) 長半径 a, 短半径 bの楕円の面積は πab

である.

(注) 2次曲線は, 直円錐の平面による切り口の曲線として得られるので, "円錐曲線" ともいわれる. 直円錐の頂角を 2α, 軸と切り口のなす角を θ とすれば, 次のように分類される.

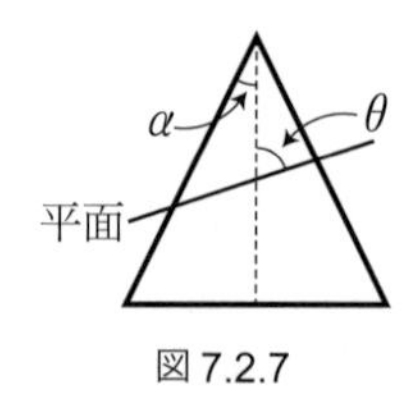

図 7.2.7

(i) 楕円

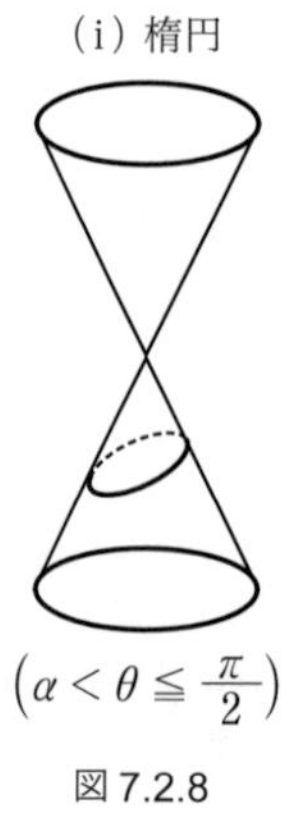

$\left(\alpha < \theta \leqq \frac{\pi}{2}\right)$

図 7.2.8

(ii) 放物線

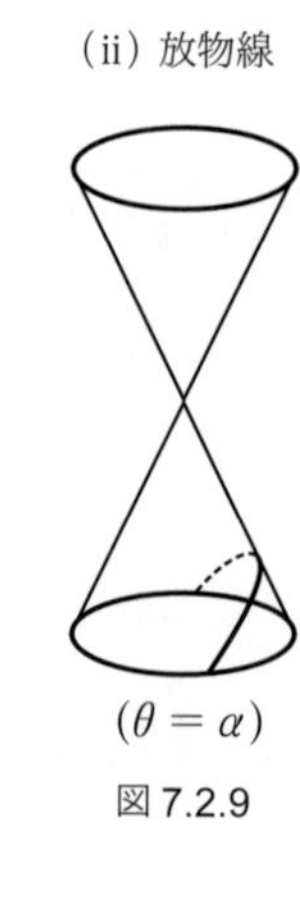

$(\theta = \alpha)$

図 7.2.9

(iii) 双曲線

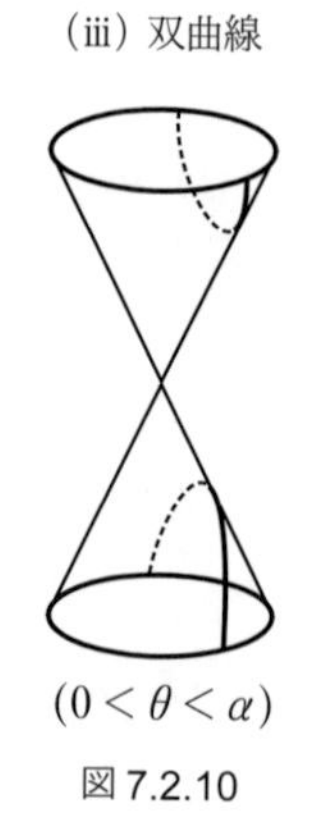

$(0 < \theta < \alpha)$

図 7.2.10

円錐を平面で切断した様子を，図 7.2.11～7.2.14 に描いた．

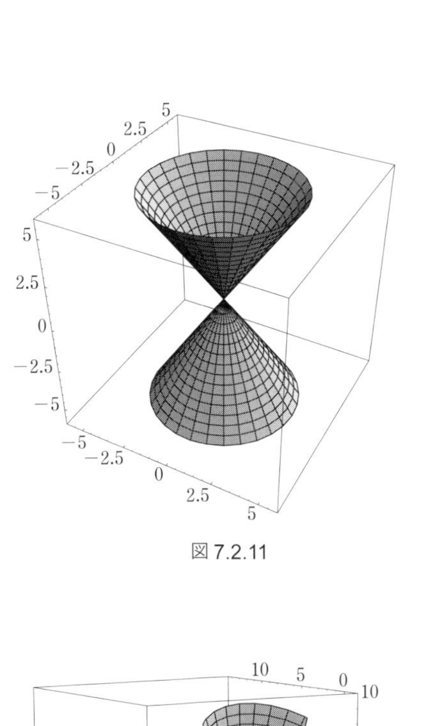

図 7.2.11

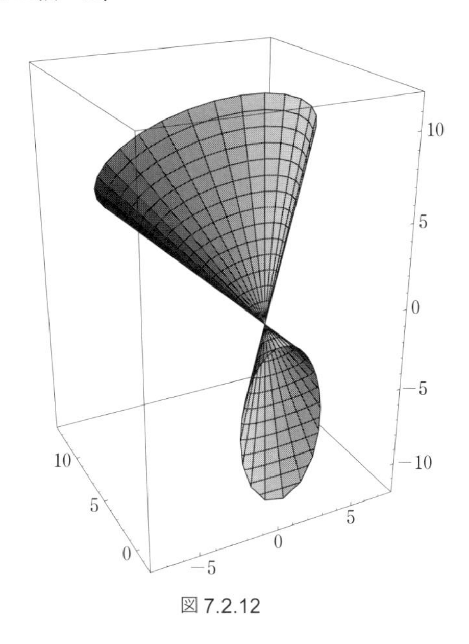

図 7.2.12

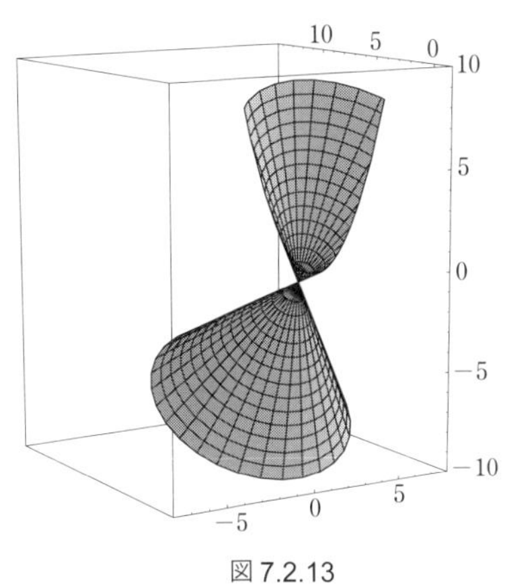

図 7.2.13

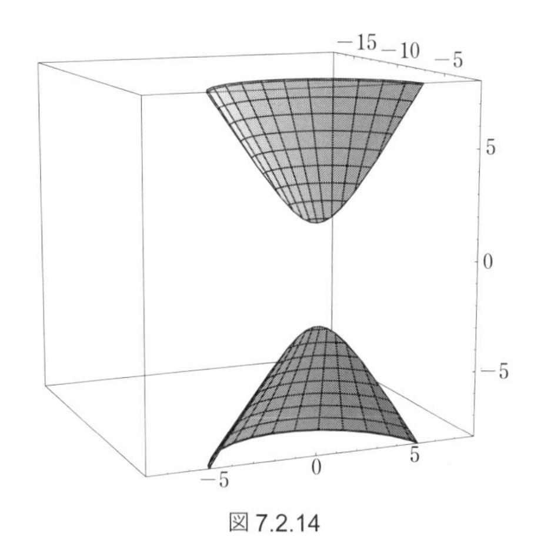

図 7.2.14

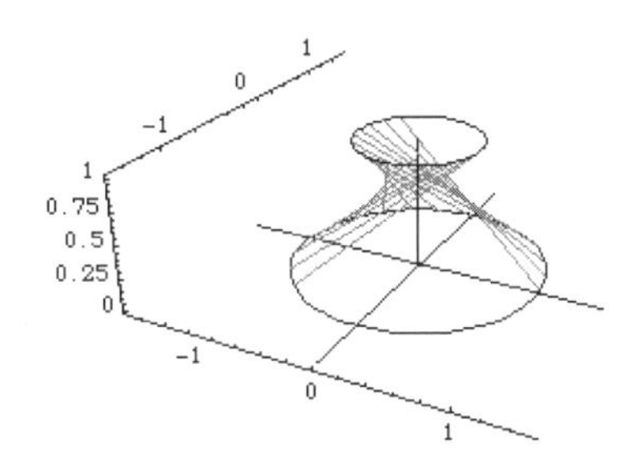

7.3 極射影

以下の 3 題は，どれも，

4.3 節（変数の組を書き換える）

で考えた原理を空間版として拡張することによって解決する．

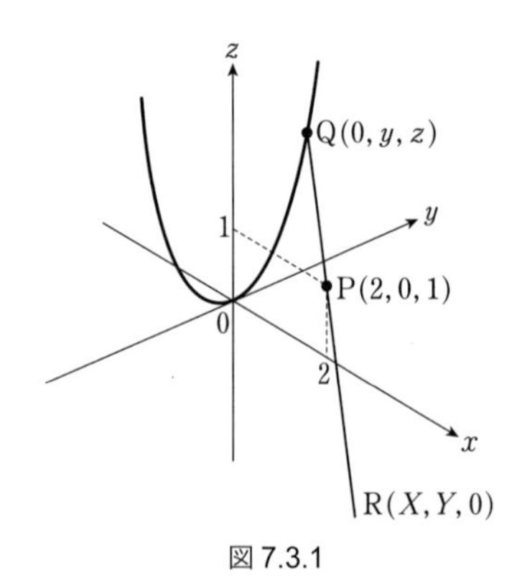

図 7.3.1

例題 7-7 xyz 空間の点 P(2, 0, 1) と，yz 平面上の曲線 $z=y^2$ を考える．点 Q がこの曲線上を動くとき，直線 PQ が xy 平面と出会う点 R のえがく図形を F とする．xy 平面上で F を図示せよ．

■解答

Q$(0,\ y,\ z)$，R$(X,\ Y,\ 0)$ とおく．

点 Q を点 R に対応させる写像 φ

$$\mathrm{Q} \xmapsto{\varphi} \mathrm{R}$$

を考える．Q が曲線

$$z=y^2 \ \wedge\ x=0 \qquad \cdots\cdots①$$

上を動くときの，R の軌跡 F を求めたい．

$$\mathrm{R}(X,\ Y,\ 0)\in F \iff \exists \mathrm{Q}(0,\ y,\ z)\in ①,\quad \mathrm{R}=\varphi(\mathrm{Q})$$

（φ によって R に対応するもとの点 Q が曲線①上に存在していること）

$$\iff Q=\varphi^{-1}(R)\in ①$$

$\iff$『直線 PR が yz 平面と交わり，その交点 Q が①上に乗っていること』

に注意して解く．直線 PR をパラメータ t を用いて表すと，

$$\begin{pmatrix}x\\y\\z\end{pmatrix}=\begin{pmatrix}2\\0\\1\end{pmatrix}+t\begin{pmatrix}X-2\\Y\\-1\end{pmatrix} \qquad \cdots\cdots②$$

となる．

$$x=2+t(X-2)=0$$

となる実数 t が存在するから，

■ $\overrightarrow{\mathrm{PQ}} /\!/ \overrightarrow{\mathrm{PR}}$ すなわち

$$\begin{pmatrix}-2\\y\\z-1\end{pmatrix} /\!/ \begin{pmatrix}X-2\\Y\\-1\end{pmatrix}$$

を用いて φ^{-1} を定式化することができる．

$\begin{pmatrix}-2\\y\end{pmatrix} /\!/ \begin{pmatrix}X-2\\Y\end{pmatrix}$ から

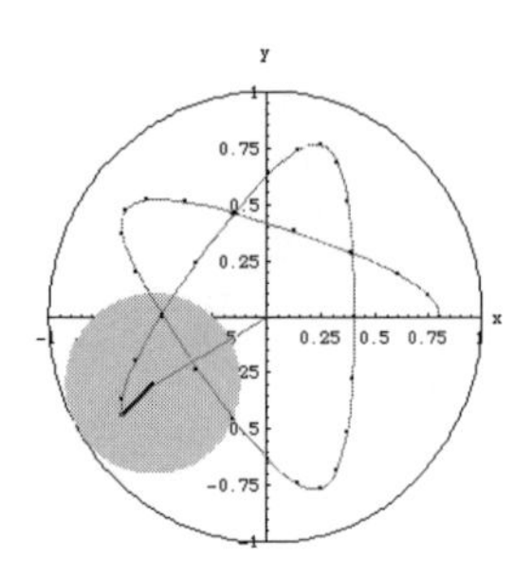

$$X-2 \neq 0$$

が必要．このとき，yz 平面と直線②の交点 Q は，

$$t=\frac{-2}{X-2}$$

を②に代入することにより

$$\mathrm{Q}(0,\ y,\ z)=\left(0,\ \frac{-2Y}{X-2},\ \frac{X}{X-2}\right)$$

となる．この点 Q が①上に存在すればよいから，

$$\left(\frac{X}{X-2}\right)=\left(\frac{-2Y}{X-2}\right)^2$$

$$\iff (X-2)X=4Y^2 \ \land\ X \neq 2$$

$$\iff (X-1)^2-4Y^2=1 \ \land\ X \neq 2$$

よって，求める図形 F は

双曲線 $(x-1)^2-\dfrac{y^2}{\left(\frac{1}{2}\right)^2}=1$ から 1 点 $(2,\ 0)$ を除いたもの

$$y=\frac{-2Y}{X-2}$$

$\begin{pmatrix}-2\\ z-1\end{pmatrix} /\!/ \begin{pmatrix}X-2\\ -1\end{pmatrix}$ から

$$z-1=\frac{2}{X-2}$$

$$z=\frac{X}{X-2}$$

を得る．

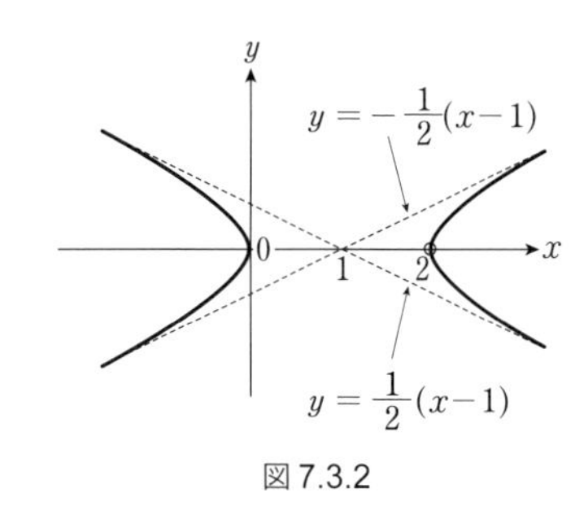

図 7.3.2

(注) 本問では写像 φ

$$\begin{pmatrix}0\\ y\\ z\end{pmatrix} \overset{\varphi}{\longmapsto} \begin{pmatrix}X\\ Y\\ 0\end{pmatrix}$$

の具体的な式を，「X, Y を y, z で表す」形では求めなかったが，「3 点 P, Q, R が一直線上に乗ること」を利用して，逆写像 φ^{-1} を

$$\begin{pmatrix}0\\ \frac{-2Y}{X-2}\\ \frac{X}{X-2}\end{pmatrix}=\begin{pmatrix}0\\ y\\ z\end{pmatrix} \overset{\varphi^{-1}}{\longmapsto} \begin{pmatrix}X\\ Y\\ 0\end{pmatrix}$$

の形で求めて使った．

■ Q の描く放物線は「閉じていない」図形である．こんなとき，φ による対応点 R の軌跡に除外点（軌跡の限界）が出ることがあるので，注意を払おう．

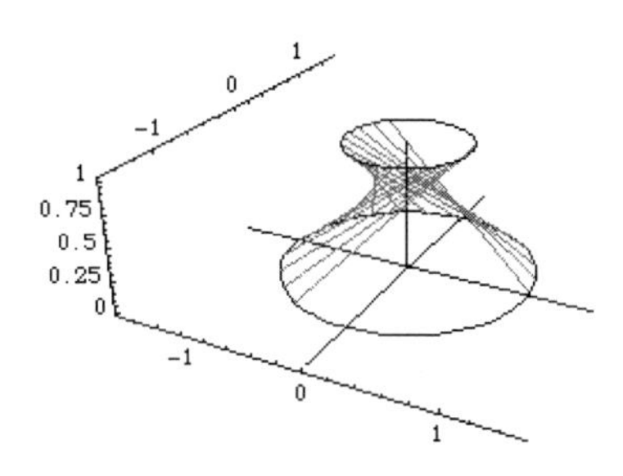

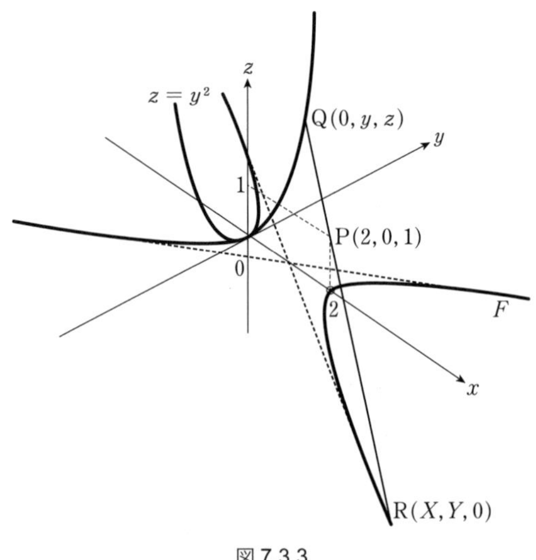

図 7.3.3

図 7.3.3 は，放物線①と，求めた軌跡の双曲線 F と，何本かの線分 QR（又は PR）を描いたものである．

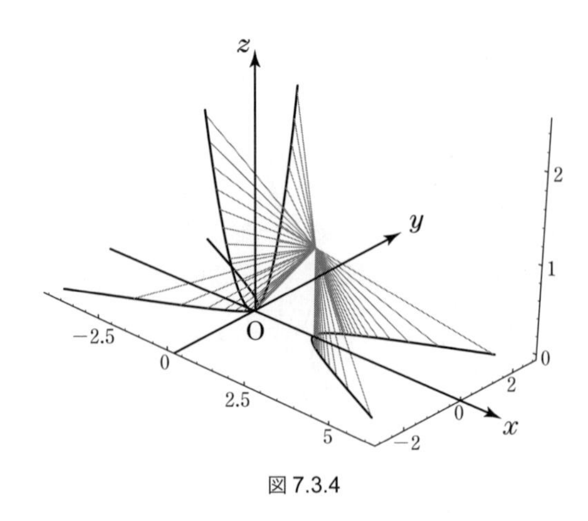

図 7.3.4

図 7.3.5 のような円錐面を，

$$\begin{cases} yz \text{ 平面で切断すると放物線①が現れた} \\ xy \text{ 平面で切断したら双曲線 } F \text{ が現れた．} \end{cases}$$

というのが，本問の設定の真相である．

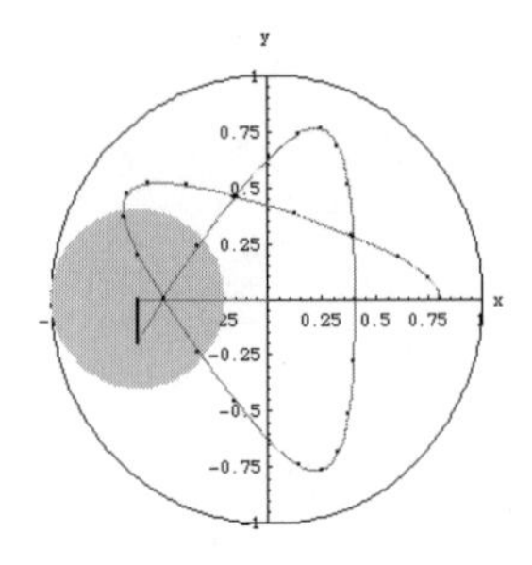

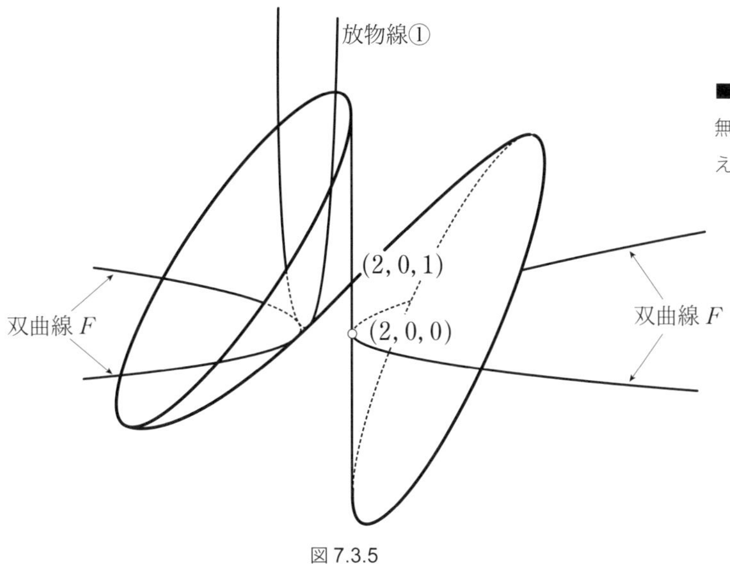

図 7.3.5

■ F の除外点 (2, 0, 0) は，放物線①の無限遠方（z 軸上方）の点と対応すると考えられる．

例題 7-8

xyz 空間内で，方程式

$$\begin{cases} x^2+ay^2-a=0 \quad (a>0) \\ z=0 \end{cases}$$

で与えられる xy 平面上の曲線を C とする．$b>0$ として定点 B(0, b, 1) と曲線 C 上の動点 P を結ぶ直線が zx 平面と交わるとき，その交点を Q とする．動点 P が C 上を動くとき，Q の描く曲線を C' とする．

(1) 曲線 C' の方程式を求めよ．

(2) 曲線 C' が楕円（円を含む），放物線，双曲線になるための条件をそれぞれ求めよ．

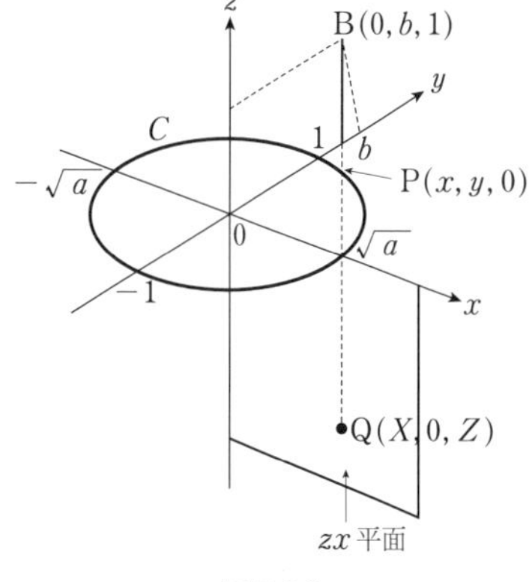

図 7.3.6

■解答

(1) P(x, y, 0)，Q(X, 0, Z) とおく．

点 P を点 Q に対応させる写像 φ

$$\mathrm{P} \overset{\varphi}{\longmapsto} \mathrm{Q}$$

を考える．P が曲線

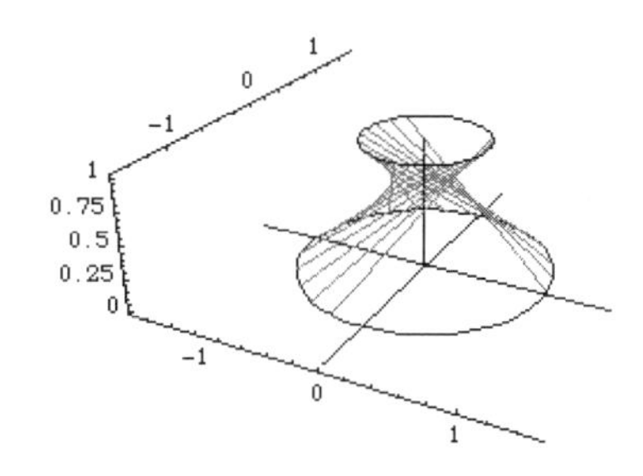

$$C: x^2+ay^2-a=0 \ \wedge \ z=0 \qquad \cdots\cdots①$$

上を動くときの，Q の軌跡 C' を求めたい．

$$Q(X,\ 0,\ Z)\in C' \iff \exists P(x,\ y,\ 0)\in C,\ \ Q=\varphi(P)$$

（φによってQに対応するもとの点Pが曲線①上に存在していること）

$$\iff P=\varphi^{-1}(Q)\in C$$

$\iff$『直線 BQ が xy 平面と交わり，その交点 P が C 上に乗っていること』

に注意して解く．直線 BQ をパラメータ t を用いて表すと，

$$\begin{pmatrix} x \\ y \\ z \end{pmatrix}=\begin{pmatrix} 0 \\ b \\ 1 \end{pmatrix}+t\begin{pmatrix} X \\ -b \\ Z-1 \end{pmatrix} \qquad \cdots\cdots②$$

となる．

$$z=1+t(Z-1)=0$$

となる実数 t が存在するから

$$Z-1\neq 0$$

が必要．このとき，xy 平面と直線②の交点 P は，

$$t=\frac{-1}{Z-1}$$

を②に代入することにより，

$$P(x,\ y,\ 0)=\left(\frac{-X}{Z-1},\ \frac{bZ}{Z-1},\ 0\right)$$

となる．この点 P が C 上に存在すればよいから①に代入して，

$$\left(\frac{-X}{Z-1}\right)^2+a\left(\frac{bZ}{Z-1}\right)^2-a=0$$

$$\iff X^2+ab^2Z^2-a(Z-1)^2=0 \ \ (\ \wedge\ Z\neq 1)$$

$$\iff X^2+a\{(b^2-1)Z^2+2Z-1\}=0$$

よって，曲線 C' の方程式は

$$\boldsymbol{C': x^2+a\{(b^2-1)z^2+2z-1\}=0 \ \wedge \ y=0}$$

■ $\overrightarrow{BP} /\!/ \overrightarrow{BQ}$ すなわち

$$\begin{pmatrix} x \\ y-b \\ -1 \end{pmatrix} /\!/ \begin{pmatrix} X \\ -b \\ Z-1 \end{pmatrix}$$

を用いて φ^{-1} を定式化することができる．

$\begin{pmatrix} x \\ -1 \end{pmatrix} /\!/ \begin{pmatrix} X \\ Z-1 \end{pmatrix}$ から

$$x=\frac{-X}{Z-1}$$

$\begin{pmatrix} y-b \\ -1 \end{pmatrix} /\!/ \begin{pmatrix} -b \\ Z-1 \end{pmatrix}$ から

$$y-b=\frac{b}{Z-1}$$

$$y=\frac{bZ}{Z-1}$$

を得る．

■ $Z=1$ のとき，②式の Z が 0 にならないので，以下の変形では $Z\neq 1$ のケースは考えないことにする．

(2) まず，2 次の項に注目すると，$b=1$ or $b\neq 1$ で様子がちがう．

(I) $b=1$ のとき

$$C': x^2+a(2z-1)=0 \ \wedge \ y=0$$

は zx 平面上の放物線を表す．

(II) $0<b\neq 1$ のとき

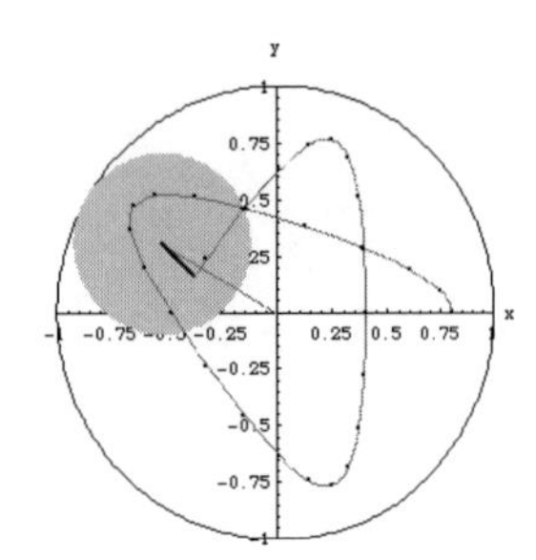

$$C' : x^2+a(b^2-1)\left(z+\frac{1}{b^2-1}\right)^2=\frac{ab^2}{b^2-1}$$

と変形できる． $a>0$ に注意する．

（Ⅱ－ⅰ）**$1<b$ のとき**　C' は**楕円**(又は円)を表す．

（Ⅱ－ⅱ）**$0<b<1$ のとき**　C' は**双曲線**を表す．

■ $1<b$ のとき
　x^2 と z^2 の係数は同符号．
$0<b<1$ のとき
　x^2 と z^2 の係数は異符号．

(注)　図 7.3.7 から図 7.3.11 までは，いくつかの (a, b) について，曲線 C, C' と線分 BP の集合となる曲面を描いたものである．

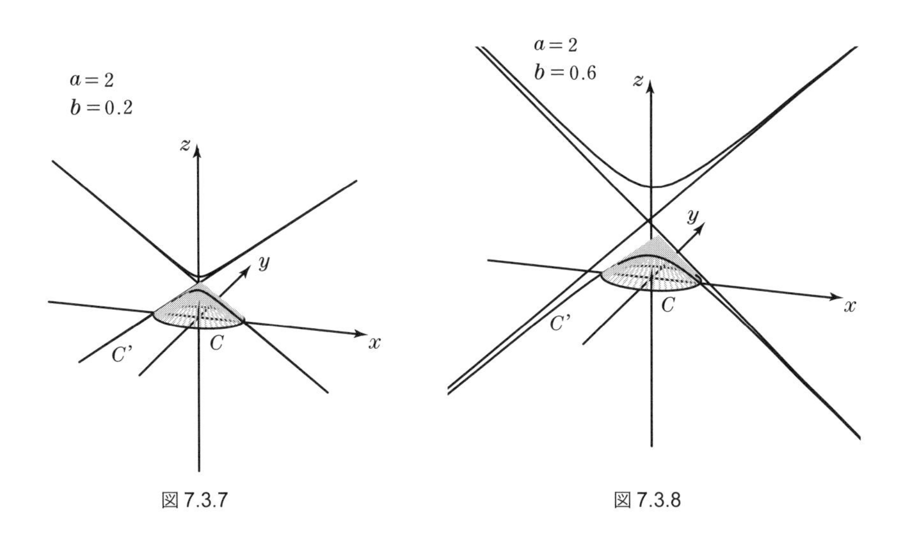

図 7.3.7　　図 7.3.8

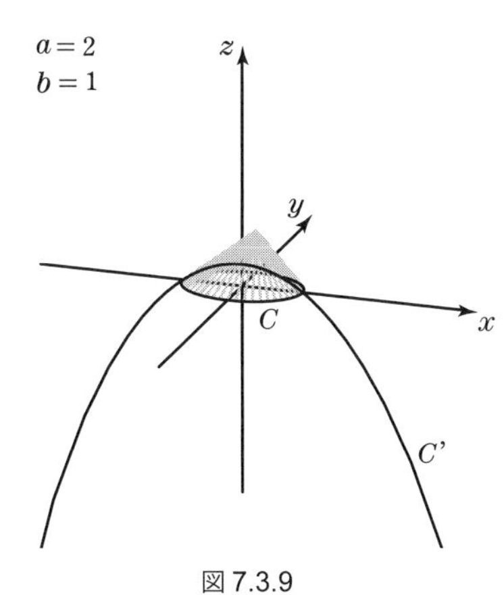

図 7.3.9

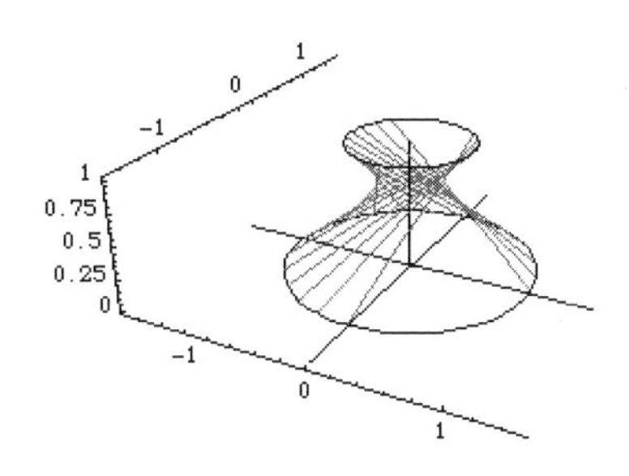

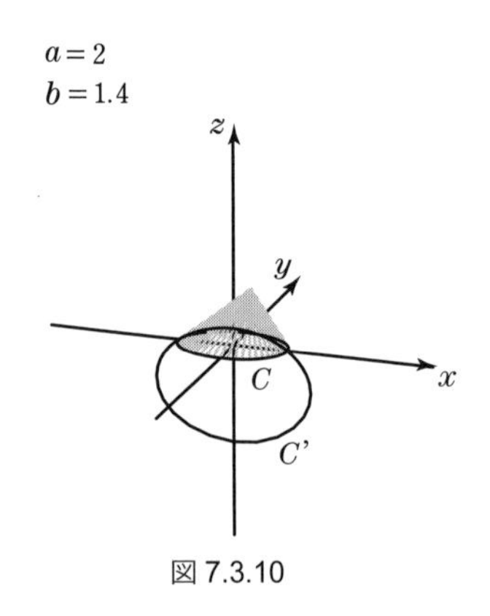

図 7.3.10

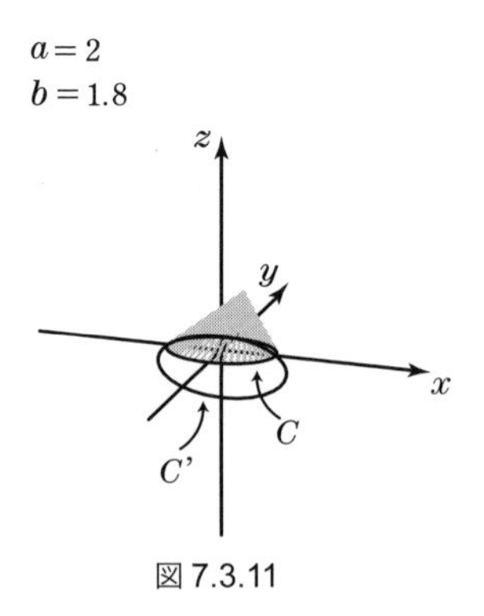

図 7.3.11

例題 7-9 xy 平面上の点 P から出射した光線が $y+z-1=0$ で表される鏡面上の点 Q(0, 0, 1) で反射され，再び xy 平面上の点 R に到着する．点 Q において鏡面に立てた法線の単位ベクトルを $\vec{n}$ とし，原点を含む空間への向きを法線ベクトルの方向とする．光線が反射する際には，ベクトル $\overrightarrow{\mathrm{QP}}$ と $\vec{n}$ のなす角がベクトル $\overrightarrow{\mathrm{QR}}$ と $\vec{n}$ のなす角に等しく，かつ，$\overrightarrow{\mathrm{QR}}$ は $\overrightarrow{\mathrm{QP}}$ と $\vec{n}$ の作る平面上にある．

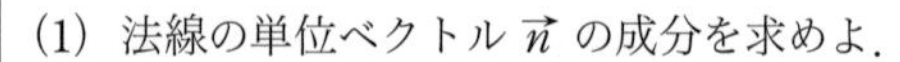

(1) 法線の単位ベクトル $\vec{n}$ の成分を求めよ．

(2) $\overrightarrow{\mathrm{QP}}$ の単位ベクトルを $\vec{s}$，$\overrightarrow{\mathrm{QR}}$ の単位ベクトルを $\vec{t}$ とするとき，$\vec{t}$ を $\vec{s}$ と $\vec{n}$ で表せ．

(3) 点 P が放物線 $2y=-x^2-1$ 上を動くとき，点 R の軌跡を求めよ．

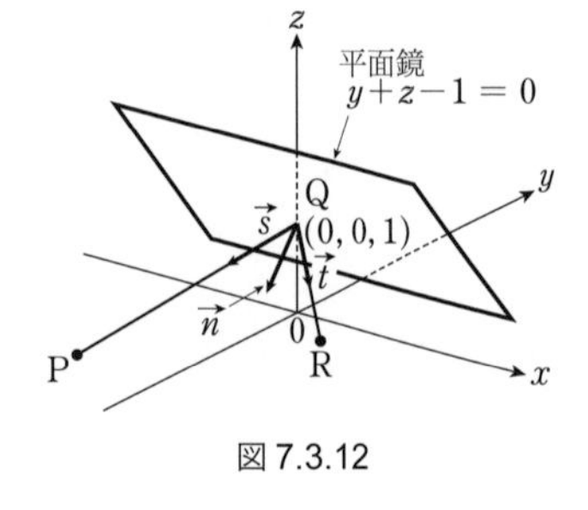

図 7.3.12

■解答

(1) 鏡面 $y+z-1=0$ の法線ベクトルは $\begin{pmatrix}0\\1\\1\end{pmatrix}$ である．

長さを 1 として，原点を含む空間への向きをとると，

$$\vec{n}=\frac{1}{\sqrt{2}}\begin{pmatrix}0\\-1\\-1\end{pmatrix}$$

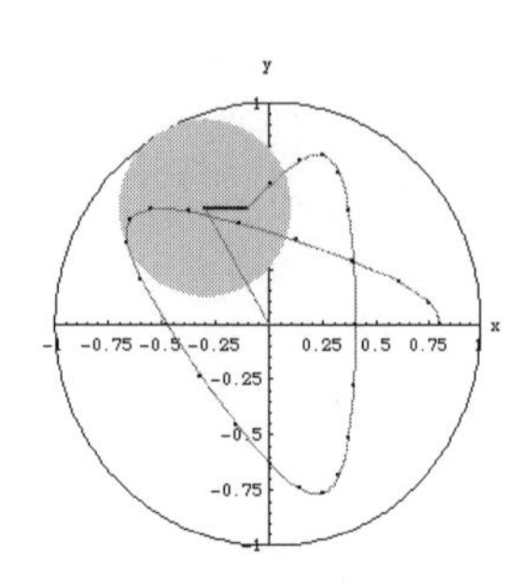

(2) $\vec{s}$ と $\vec{n}$ のなす角，$\vec{t}$ と $\vec{n}$ のなす角を θ とおく．

$$\vec{s}\cdot\vec{n}=|\vec{s}||\vec{n}|\cos\theta=\cos\theta$$

$$|\vec{s}+\vec{t}|=2\cos\theta=2\vec{s}\cdot\vec{n}$$ (図 7.3.13，図 7.3.14)

$$\vec{s}+\vec{t}=|\vec{s}+\vec{t}|\,\vec{n}$$

$$=2(\vec{s}\cdot\vec{n})\,\vec{n}$$

$$\therefore\quad \boldsymbol{\vec{t}=2(\vec{s}\cdot\vec{n})\,\vec{n}-\vec{s}} \qquad \cdots\cdots ①$$

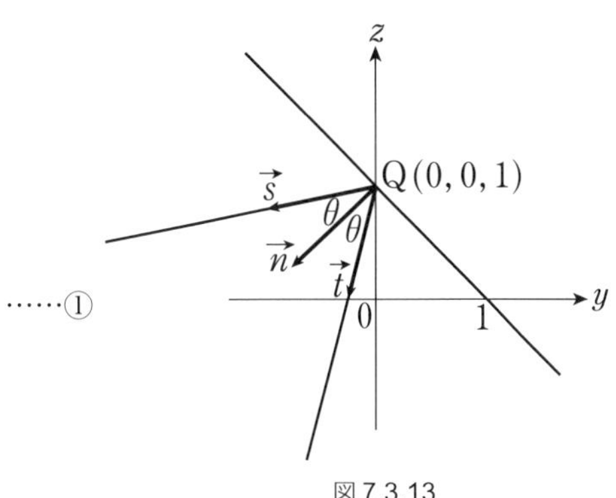

図 7.3.13

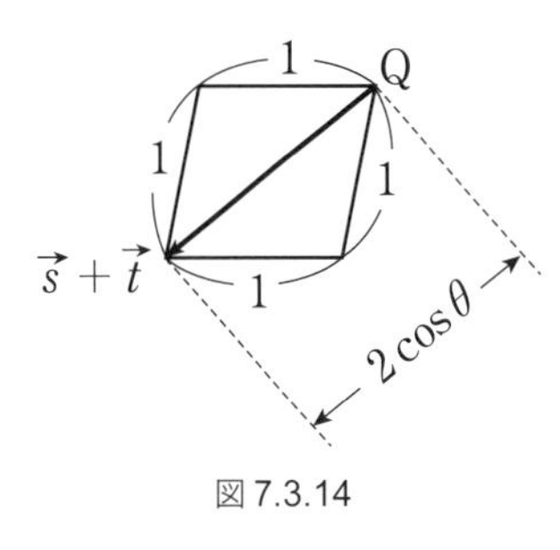

図 7.3.14

(3) P$(x,\ y,\ 0)$，R$(X,\ Y,\ 0)$ とおく．

点 P を点 R に対応させる写像 φ

$$\mathrm{P}\overset{\varphi}{\longmapsto}\mathrm{R}$$

を考える．(1)，(2) を利用して，写像 φ あるいはその逆写像 φ^{-1} を表す式を立てる．

$$\overrightarrow{\mathrm{QP}}=\begin{pmatrix}x\\y\\-1\end{pmatrix},\quad |\overrightarrow{\mathrm{QP}}|=\sqrt{x^2+y^2+1}$$

を用いて単位ベクトル $\vec{s}$ を成分表示すると，

$$\vec{s}=\frac{1}{|\overrightarrow{\mathrm{QP}}|}\overrightarrow{\mathrm{QP}}=\frac{1}{\sqrt{x^2+y^2+1}}\begin{pmatrix}x\\y\\-1\end{pmatrix}$$

$$\vec{s}\cdot\vec{n}=\frac{1}{\sqrt{x^2+y^2+1}}\begin{pmatrix}x\\y\\-1\end{pmatrix}\cdot\frac{1}{\sqrt{2}}\begin{pmatrix}0\\-1\\-1\end{pmatrix}=\frac{-y+1}{\sqrt{2}\sqrt{x^2+y^2+1}}$$

これらを①に代入すると，

$$\vec{t}=2\cdot\frac{-y+1}{\sqrt{2}\sqrt{x^2+y^2+1}}\cdot\frac{1}{\sqrt{2}}\begin{pmatrix}0\\-1\\-1\end{pmatrix}-\frac{1}{\sqrt{x^2+y^2+1}}\begin{pmatrix}x\\y\\-1\end{pmatrix}$$

$$=\frac{1}{\sqrt{x^2+y^2+1}}\begin{pmatrix}-x\\-1\\y\end{pmatrix}$$

直線 QR をパラメータ u を用いて表すと，

$$\begin{pmatrix}X\\Y\\Z\end{pmatrix}=\overrightarrow{\mathrm{OQ}}+u\vec{t}+\begin{pmatrix}0\\0\\1\end{pmatrix}+u\begin{pmatrix}-x\\-1\\y\end{pmatrix} \qquad \cdots\cdots ②$$

②と xy 平面の交点が R$(X,\ Y,\ 0)$ である．

$$Z=1+uy=0$$

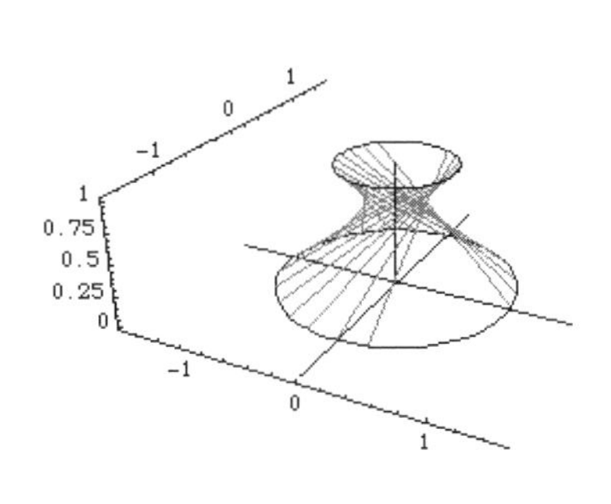

となる実数 u が存在するから $y \neq 0$ が必要で，このとき

$$u = -\frac{1}{y}$$

を②に代入することにより

$$\mathrm{R}(X,\ Y,\ 0) = \left(\frac{x}{y},\ \frac{1}{y},\ 0\right)$$

を得る．よって写像 φ を表す式は

$$\begin{pmatrix} x \\ y \\ 0 \end{pmatrix} \overset{\varphi}{\longmapsto} \begin{pmatrix} X \\ Y \\ 0 \end{pmatrix} = \begin{pmatrix} \frac{x}{y} \\ \frac{1}{y} \\ 0 \end{pmatrix}$$

逆写像 φ^{-1} を表す式は

$$\begin{pmatrix} \frac{X}{Y} \\ \frac{1}{Y} \\ 0 \end{pmatrix} = \begin{pmatrix} x \\ y \\ 0 \end{pmatrix} \overset{\varphi^{-1}}{\longleftarrow\!\shortmid} \begin{pmatrix} X \\ Y \\ 0 \end{pmatrix} \quad (\text{ただし } Y \neq 0)$$

となる．

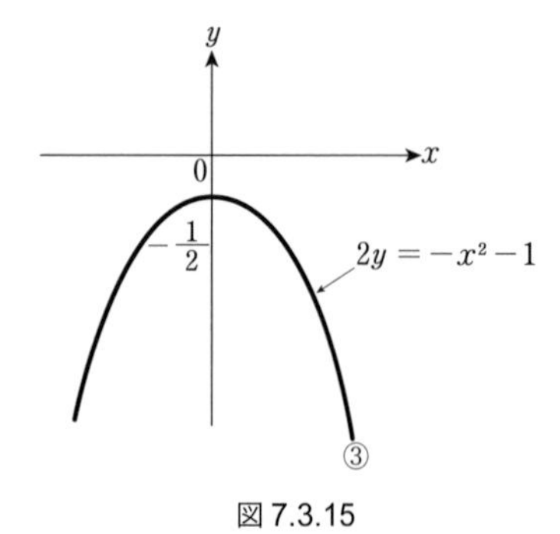

図 7.3.15

いま求めたいのは

「$\mathrm{P}(x,\ y,\ 0)$ が放物線

$$2y = -x^2 - 1 \ \wedge\ z = 0 \qquad \cdots\cdots ③$$

上を動くときの，$\mathrm{R}(X,\ Y,\ 0)$ の軌跡 W」

である．

$$\mathrm{R}(X,\ Y,\ 0) \in W \iff \exists \mathrm{P}(x,\ y,\ 0) \in ③,\quad \mathrm{R} = \varphi(\mathrm{P})$$

（φ によって R に対応するもとの点 P が曲線③上に存在していること）

$$\iff \mathrm{P} = \varphi^{-1}(\mathrm{R}) \in ③$$

$$\iff \left(\frac{X}{Y},\ \frac{1}{Y},\ 0\right) \in ③ \ \wedge\ Y \neq 0$$

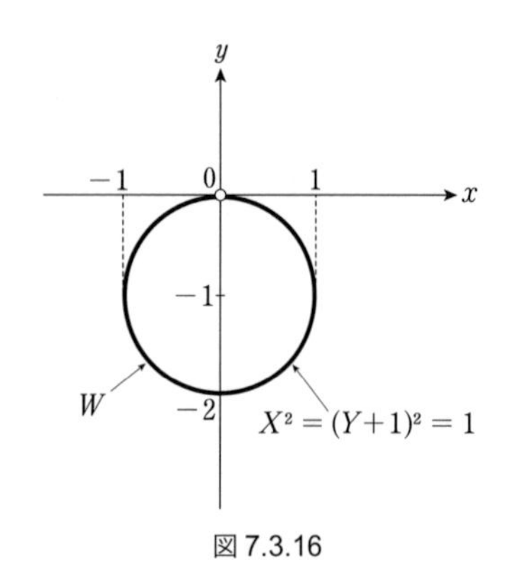

図 7.3.16

③への代入計算を実行すると，

$$2 \cdot \frac{1}{Y} = -\left(\frac{X}{Y}\right)^2 - 1$$

$$2Y = -X^2 - Y^2$$

$$X^2 + (Y+1)^2 = 1$$

となるから，求める軌跡 W は，

円 $x^2 + (y+1)^2 = 1$ から 1 点 (0, 0) を除いたもの

(注) またしても”除外点”が現れてしまったが，そのカラクリは図 7.3.18 に現れている．まず，

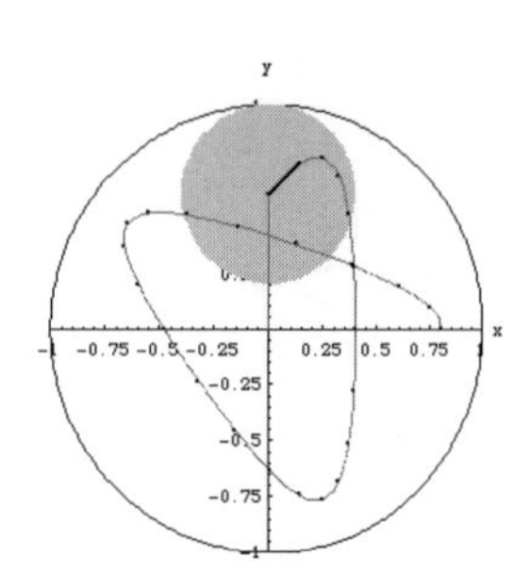

『平面鏡 $y+z-1=0$ に関する対称移動によって,

平面 $y=1$ と平面 $z=0$ (xy 平面)とが互いに移り合う』

ということに注意する．そして，点Qを頂点とする図7.3.18のような斜円錐面を考える．設問中で考えた $\vec{n}$ は斜円錐面の軸の方向ベクトルであり，$\vec{s}$ と $\vec{t}$ は斜円錐面の母線をつくる．

③を W に移す写像 φ は，次の2つのステップに分解できる．

Step 1° 「斜円錐面と xy 平面の交線である放物線③」上の点Pと，点Qを結ぶ直線を ℓ とする．ℓ と平面 $y=1$ の交点を Q' とする(fig7.3.17)．Q' の集まりは「斜円錐面と平面 $y=1$ の交線である円周から1点 $(0,\ 1,\ 1)$ を除いたもの W'」となる．(除外点 $(0,\ 1,\ 1)$ は，放物線③上の無限遠方の点に対応する)

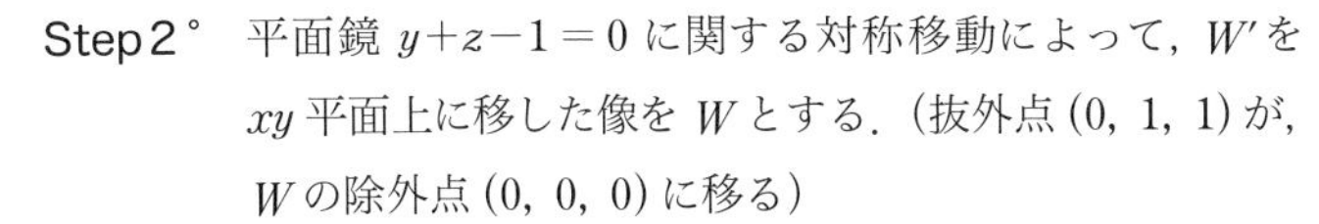

Step 2° 平面鏡 $y+z-1=0$ に関する対称移動によって，W' を xy 平面上に移した像を W とする．(抜外点 $(0,\ 1,\ 1)$ が，W の除外点 $(0,\ 0,\ 0)$ に移る)

というわけで，除外点の現れる理由が解明できた．

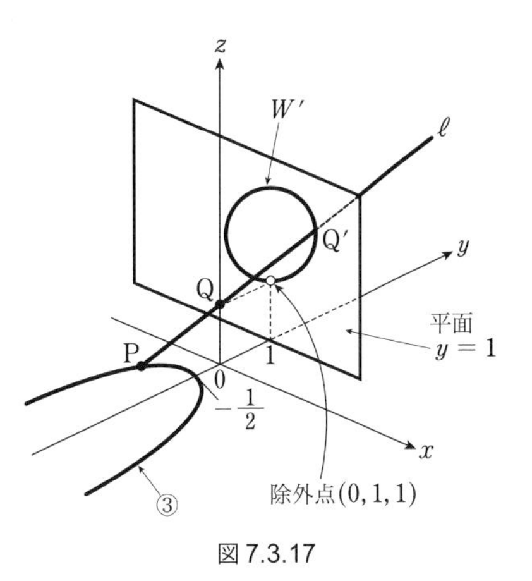

図7.3.17

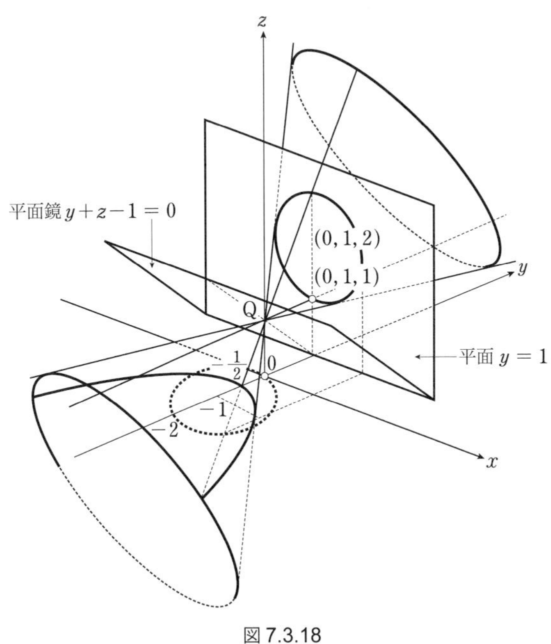

図7.3.18

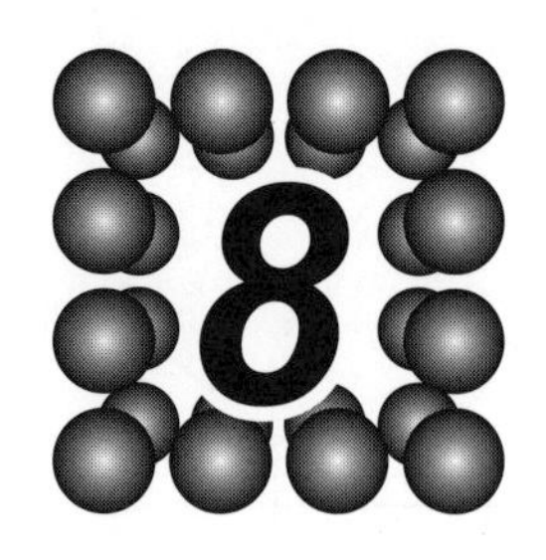

8 複素数平面上の写像

本書ではこれまで，何カ所かに分けて「2組の変数の組の間に定める写像」を考えた．

　　4.3　変数の組を書き換える

　　6.1　線形性が変数を伝達する

などがそれである．第8章では，複素数の写像 f を考える．

$$z \xrightarrow{f} w = f(z)$$

ここで，z，w は複素数であるが，これらは各々

　　実部(Real Part)と虚部(Imaginary Part)

をもつから，実質的に f は「2組の変数の間に定める写像」となる．具体的には，

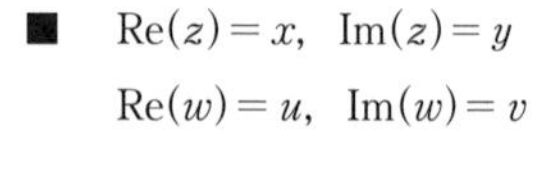

■ $\mathrm{Re}(z) = x$，$\mathrm{Im}(z) = y$
$\mathrm{Re}(w) = u$，$\mathrm{Im}(w) = v$

$$z = x + yi \quad (x, y \in \mathbb{R})$$

$$w = u + vi \quad (u, v \in \mathbb{R})$$

と書くことにより，

$$x + yi \xrightarrow{f} u + vi = f(x + yi)$$

と表現される．z が動いて図形を描けば，対応する $w = f(z)$ も図形を描くのであるが，その際の考え方・手法は，これまでに学んだことがらを応用することができる．

8.1 解の描く図形

複素数 z を変数とする関数 $f(z)$ に対し，方程式 $f(z) = 0$ を考える．その解 z の全体が描く図形（解の集合）は何かを考えてみよう．その際，複素共役(conjugate)に関する基礎知識を確認しておこう．

$z = x + yi \quad (x, y \in \mathbb{R})$ に対し，

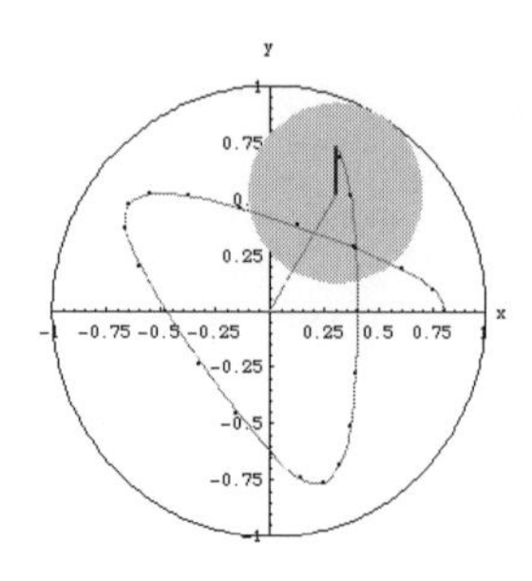

$\overline{z}=x-yi$ を z の共役という．

共役に関し，次が成り立つ．（z_1, $z_2 \in \mathbb{C}$）

■ $\mathbb{C}$ は複素数（complex number）の集合を表す．

1° $\overline{z_1+z_2}=\overline{z_1}+\overline{z_2}$

2° $\overline{z_1-z_2}=\overline{z_1}-\overline{z_2}$

3° $\overline{z_1 z_2}=\overline{z_1}\,\overline{z_2}$

4° $\overline{\left(\dfrac{z_1}{z_2}\right)}=\dfrac{\overline{z_1}}{\overline{z_2}}$

5° $k\in\mathbb{R}$ のとき $\overline{kz_1}=k\overline{z_1}$

■ $k\in\mathbb{R}$ のとき $\overline{k}=k$ なので

$\overline{kz_1}=\overline{k}\,\overline{z_1}=k\overline{z_1}$

証明は，$z_1=x_1+y_1i$, $z_2=x_2+y_2i$ とおいて各式の両辺を計算することにより，容易に示される．

また，共役との和･差･積について次が成り立つ．

6° $z+\overline{z}=2\times\mathrm{Re}(z)$　　$\therefore\ \mathrm{Re}(z)=\dfrac{z+\overline{z}}{2}$

7° $z-\overline{z}=2i\times\mathrm{Im}(z)$　　$\therefore\ \mathrm{Im}(z)=\dfrac{z-\overline{z}}{2i}$

8° $z\overline{z}=|z|^2$

ここに $|z|$ は「複素数平面上での 2 点 O, z の距離」を表すので，8° は，$z=x+yi$ のとき $z\overline{z}=(x+yi)(x-yi)=x^2+y^2$ として示される．

例題8-1

以下の (1), (2), (3) のそれぞれについて，与えられた式をみたす複素数 z の集合を複素数平面上に図示せよ．ただし i は虚数単位を表し，$\overline{z}$ は z と共役な複素数を表す．

(1) $z^2+\overline{z}^{\,2}=0$

(2) $\left(\dfrac{1}{2}-\dfrac{\sqrt{3}}{2}i\right)^2 z^2+\left(\dfrac{1}{2}+\dfrac{\sqrt{3}}{2}i\right)^2\overline{z}^{\,2}=0$

(3) $3(1-\sqrt{3}\,i)z^2+3(1+\sqrt{3}\,i)\overline{z}^{\,2}-20z\overline{z}+32=0$

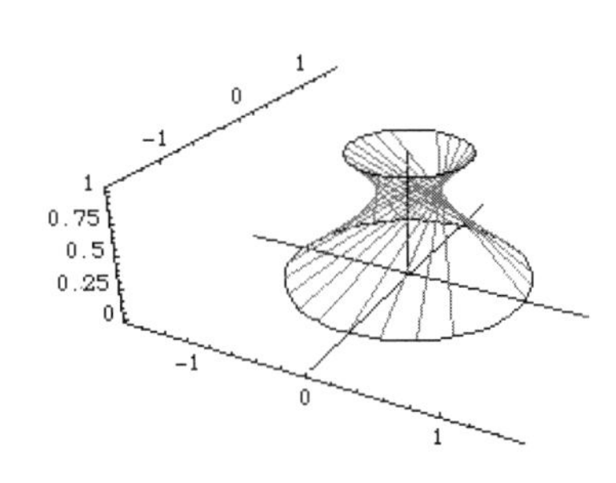

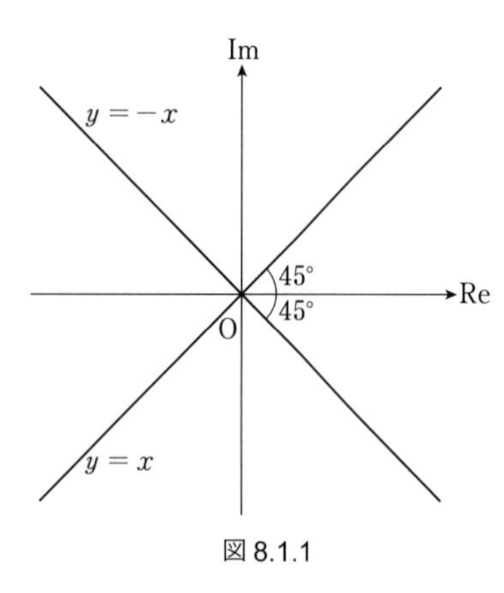

図 8.1.1

■解答

(1) $z=x+yi$ $(x,\ y\in\mathbb{R})$ とおくと $\overline{z}=x-yi$ であるから，

与えられた条件式に代入すると，

$$(x+yi)^2+(x-yi)^2=0$$

$$\therefore\quad x^2+2xyi-y^2+x^2-2xyi-y^2=0$$

$$\therefore\quad 2(x^2-y^2)=0$$

$$\therefore\quad 2(x+y)(x-y)=0$$

$$\therefore\quad y=\pm x$$

よって，求める集合は図 8.1.1 の 2 直線である．

(2) 与えられた条件式は，

$$\left(\frac{1}{2}-\frac{\sqrt{3}}{2}i\right)^2 z^2+\left(\overline{\frac{1}{2}-\frac{\sqrt{3}}{2}i}\right)^2\overline{z}^{\,2}=0$$

$$\therefore\quad \left\{\left(\frac{1}{2}-\frac{\sqrt{3}}{2}i\right)z\right\}^2+\left\{\overline{\left(\frac{1}{2}-\frac{\sqrt{3}}{2}i\right)z}\right\}^2=0 \qquad \cdots\cdots①$$

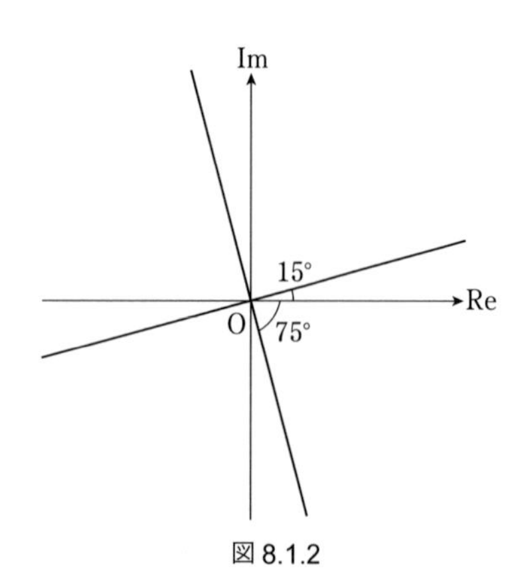

図 8.1.2

とかけるから，

$$w=\left(\frac{1}{2}-\frac{\sqrt{3}}{2}i\right)z$$

$$=\{\cos(-60^\circ)+i\sin(-60^\circ)\}z \qquad \cdots\cdots②$$

とおくと，①は，

$$w^2+\overline{w}^{\,2}=0 \qquad \cdots\cdots①'$$

であり，②により，

$$z=(\cos 60^\circ+i\sin 60^\circ)w \qquad \cdots\cdots②'$$

よって，z は (1) の 2 直線を O を中心に 60 °回転したものであるから，求める集合は図 8.1.2 の 2 直線である．

(3)「与えられた条件式は，

$$6\left(\frac{1}{2}-\frac{\sqrt{3}}{2}i\right)z^2+6\left(\frac{1}{2}+\frac{\sqrt{3}}{2}i\right)\overline{z}^{\,2}-20z\overline{z}+32=0 \quad \cdots\cdots③$$

であり，z^2, $\overline{z}^{\,2}$ の係数について，

$$\frac{1}{2}-\frac{\sqrt{3}}{2}i=\cos(-60^\circ)+i\sin(-60^\circ)$$

$$=\{\cos(-30^\circ)+i\sin(-30^\circ)\}^2$$

$$=\left(\frac{\sqrt{3}}{2}-\frac{1}{2}i\right)^2$$

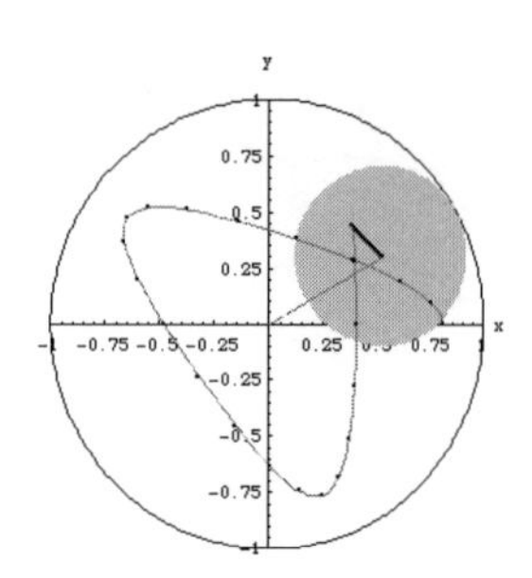

および,

$$\frac{1}{2}+\frac{\sqrt{3}}{2}i=\cos 60^\circ+i\sin 60^\circ$$

$$=\{\cos 30^\circ+i\sin 30^\circ\}^2$$

$$=\left(\frac{\sqrt{3}}{2}+\frac{1}{2}i\right)^2=\overline{\left(\frac{\sqrt{3}}{2}-\frac{1}{2}i\right)}^2$$

が成り立つから③は

$$6\left\{\left(\frac{\sqrt{3}}{2}-\frac{1}{2}i\right)z\right\}^2+6\left\{\overline{\left(\frac{\sqrt{3}}{2}-\frac{1}{2}i\right)z}\right\}^2-20z\overline{z}+32=0 \quad \cdots\cdots ③'$$

ここで,

$$u=\left(\frac{\sqrt{3}}{2}-\frac{1}{2}i\right)z$$

$$=\{\cos(-30^\circ)+i\sin(-30^\circ)\}z \quad \cdots\cdots ④$$

とおくと,

$$z=\{\cos 30^\circ+i\sin 30^\circ\}u \quad \cdots\cdots ④'$$

であるから,

$$z\overline{z}=u\overline{u}$$

③'は,

$$6u^2+6\overline{u}^2-20u\overline{u}+32=0$$

$$\therefore\ 3u^2+3\overline{u}^2-10u\overline{u}+16=0 \quad \cdots\cdots ③''$$

とかける. $u=x+yi$ (x, $y\in\mathbb{R}$)とおくと, ③''は,

$$3(x+yi)^2+3(x-yi)^2-10(x+yi)(x-yi)+16=0$$

$$\therefore\ 3(x^2+2xyi-y^2)+3(x^2-2xyi-y^2)-10(x^2+y^2)+16=0$$

$$\therefore\ 4x^2+16y^2=16$$

$$\therefore\ \frac{x^2}{4}+y^2=1 \quad \cdots\cdots ⑤'$$

④' により, z は⑤の楕円を O を中心に 30 °回転したものであるから, 求める集合は図 8.1.3 の楕円である.

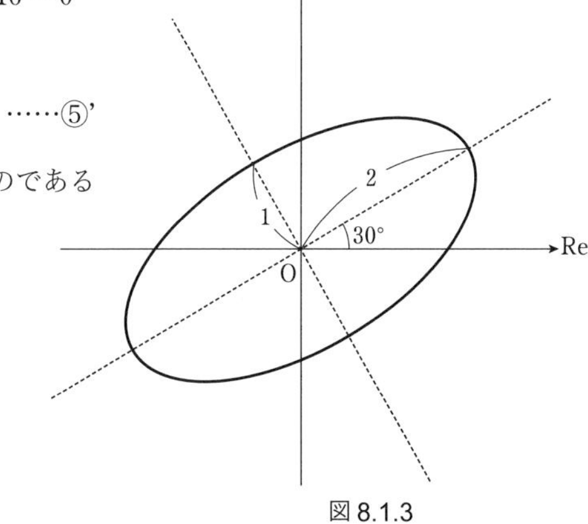

図 8.1.3

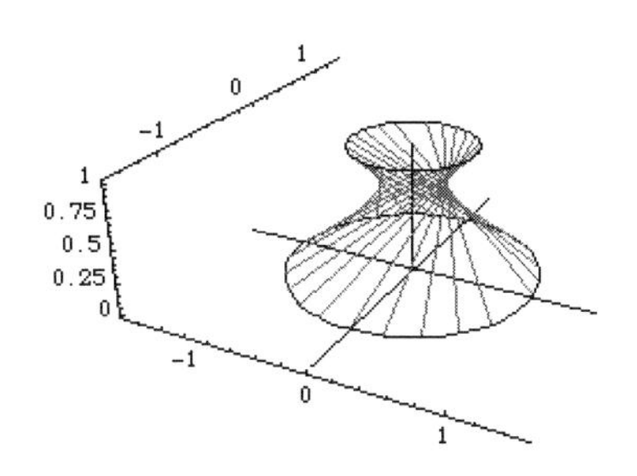

 8.2 複素関数の値域・軌跡

複素数の写像

$$z \xrightarrow{f} w = f(z)$$

があり，定義域（入力 z の集合）D に対して値域（出力 w の集合）W が対応しているとする．すなわち，

$$D \xrightarrow{f} W = f(D)$$

いま，対応の規則 f と，定義域 D とが与えられたとき，値域 W を求める問題を考えてみよう．

その論理は（例題 5–1）と同じである．すなわち，

> 定義域 D における関数 $w = f(z)$ の値域を W とすると，
>
> $$w \in W \iff \exists z \in D,\ w = f(z)$$
>
> とくに，f に逆関数が存在するときは，
>
> $$\iff \exists z \in D,\ z = f^{-1}(w)$$

では，次の例題で具体的に考えてみよう

例題8-2

2つの複素数 z と w との間に，$w = \dfrac{z+i}{z+1}$ なる関係がある．ただし，$z+1 \neq 0$ とする．

(1) z が複素数平面上の虚軸を動くとき，w の軌跡を求め，図示せよ．

(2) z が複素数平面上の原点を中心とする半径 1 の円周上を動くとき，w の軌跡を求め，図示せよ．

$w = f(z)$ の具体形は $f(z) = \dfrac{z+i}{z+1}$

一般的な定義域は $z \neq -1$ と考えてよい．したがって(2)では，円 $|z| = 1$ において $z = -1$ は除外する．

まず $f(z)$ を逆関数表示に直す．つまり，z について解きなおす．

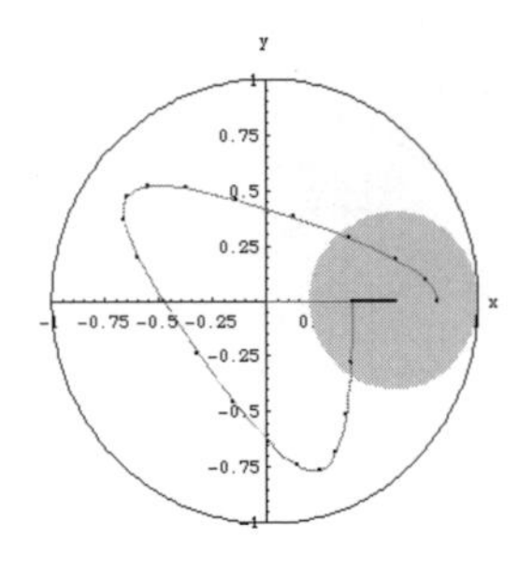

$$w(z+1)=z+i$$
$$(w-1)z=-w+i$$
$$z=\frac{-w+i}{w-1}=f^{-1}(w)\quad(w\neq 1)$$

(1) z が虚軸を動くので $\overline{z}=z$ に代入する．

■ 定義域が虚軸である．

z が虚軸上 $\rightleftarrows \mathrm{Re}(z)=0$

$\rightleftarrows \overline{z}=z$

$$\overline{\left(\frac{-w+i}{w-1}\right)}=-\frac{w+i}{w-1}$$
$$\frac{-\overline{w}-i}{\overline{w}-1}=\frac{w-i}{w-1}$$
$$(w-i)(\overline{w}-1)+(w-1)(\overline{w}+i)=0$$
$$2w\overline{w}-(1-i)w-(1+i)\overline{w}=0$$

■ $1-i$ と $1+i$ が共役．

これはうれしい．

$$w\overline{w}-\frac{1-i}{2}w-\frac{1+i}{2}\overline{w}=0$$

■ 定数項がないので原点を通る円になる！

$$\left(w-\frac{1+i}{2}\right)\left(\overline{w}-\frac{1-i}{2}\right)=\frac{1-(-1)}{4}$$
$$\left(w-\frac{1+i}{2}\right)\overline{\left(w-\frac{1+i}{2}\right)}=\frac{1}{2}$$
$$\left|w-\frac{1+i}{2}\right|^2=\frac{1}{2}$$
$$\left|w-\frac{1+i}{2}\right|=\frac{\sqrt{2}}{2}$$

w の描く図形は，中心 $\dfrac{1+i}{2}$，半径 $\dfrac{\sqrt{2}}{2}$ の円であるが，

$w=1$ は除外する．

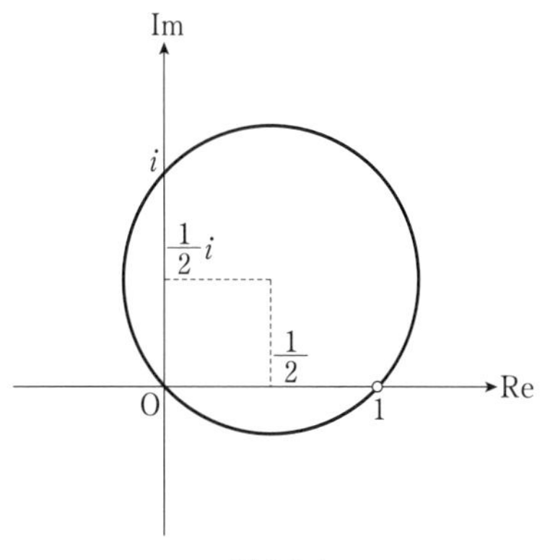

図 8.2.1

(2) z が単位円を描くので $|z|=1$ に代入する．

■ 絶対値の中の -1 は無視してよい．

$$\left|\frac{-w+i}{w-1}\right|=1$$
$$\frac{|(-1)(w-i)|}{|w-1|}=1$$
$$|w-1|=|w-i| \qquad \cdots\cdots(*)$$

1 と i の 2 点から w への距離は等しいので，w は 2 点 1，i の垂直二等分線(図 8.2.2)を描く．

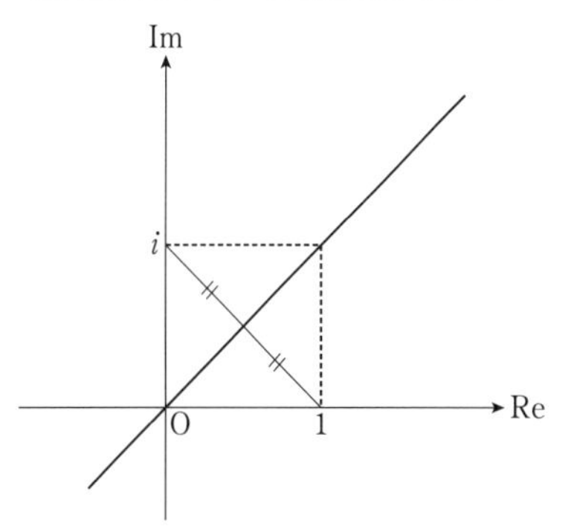

図 8.2.2

■別解

(2) 計算でもできるようにしよう．

$(*)$の形をみて，両辺を 2 乗することを考える．

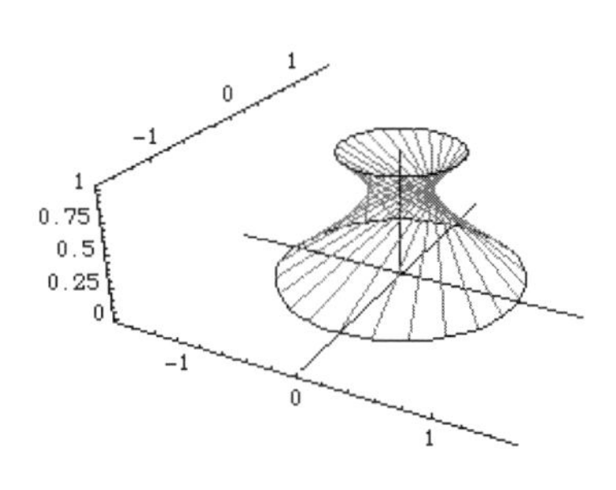

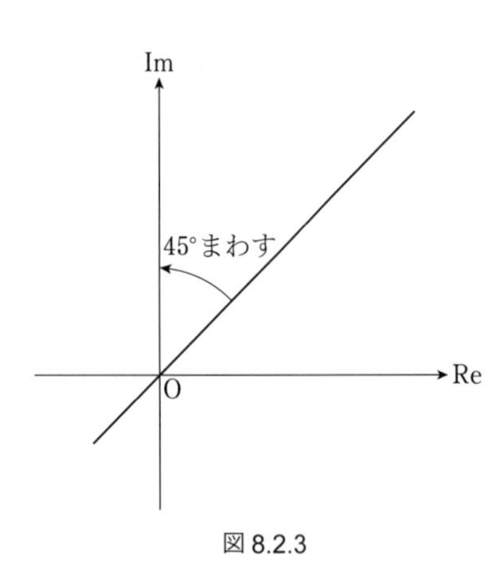

図 8.2.3

$$|w-1|^2=|w-i|^2$$
$$(w-1)\overline{(w-1)}=(w-i)\overline{(w-i)}$$
$$(w-1)(\overline{w}-1)=(w-i)(\overline{w}+i)$$
$$w\overline{w}-w-\overline{w}+1=w\overline{w}-i\overline{w}+iw+1$$
$$(1+i)w+(1-i)\overline{w}=0$$
$$(1+i)w+\overline{(1+i)w}=0$$
$$\overline{(1+i)w}=-(1+i)w$$

したがって，点 $(1+i)w$ は虚軸上にある．

$$(1+i)w=\sqrt{2}(\cos 45°+i\sin 45°)w$$

すなわち，w の描く図形を O のまわりに 45 °回転させてから O を中心として $\sqrt{2}$ 倍に拡大すると虚軸になるのだから，w の軌跡は図 8.2.3 のようになる．

さて，解いてみたところ

(1)では z が直線 $\xrightarrow{f}$ w が円から 1 点を除外したもの

(2)では z が円 $\xrightarrow{f}$ w が直線

となった．(例題 4–8)で検討した「反転」ではなかろうか？

8.3 反転の複素数による表現

2 点 P，Q が単位円に関して互いに反転であるとしよう．P．Q を表す複素数をそれぞれ z，w とすると，

w は半直線 Oz 上

$$|z||w|=1$$

ということになる．極形式で

$$z=r(\cos\theta+i\sin\theta)$$

と書くならば，反転による対応点 Q(w) は

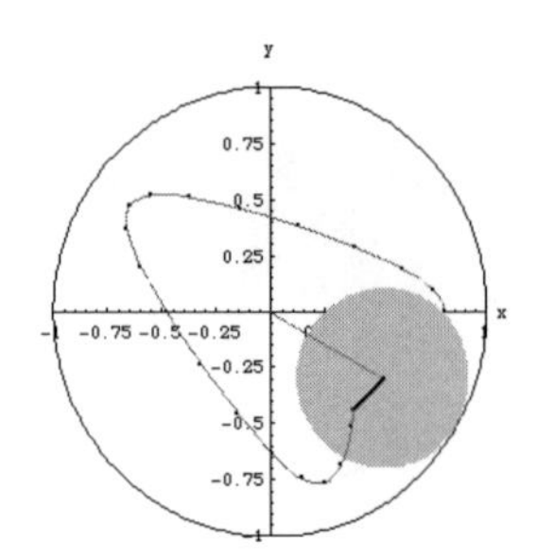

$$w=\frac{1}{r}(\cos\theta+i\sin\theta)$$

となる．ここで，

$$\frac{1}{z}=\frac{1}{r}(\cos(-\theta)+i\sin(-\theta))$$

であることに注意すれば，

$$w=\overline{\left(\frac{1}{z}\right)}=\frac{1}{\overline{z}}$$

となる．この事実を用いて，(例題 8–2) に改めて解釈を与えてみよう．

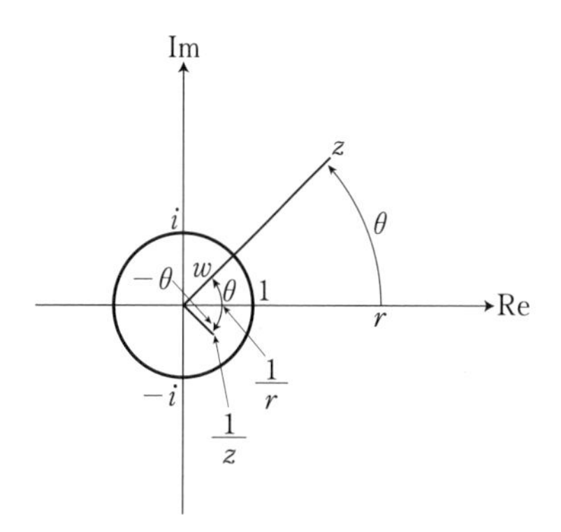

図 8.3.1

$$\begin{aligned}w=f(z)&=\frac{z+i}{z+1}\\&=\frac{(z+1)-1+i}{z+1}\\&=1+\frac{-1+i}{z+1}\end{aligned}$$

この f を次のように a ～ e の 5 つの関数に分解する．

$$z\xrightarrow{a}z+1\xrightarrow{b}\frac{1}{\overline{z+1}}\xrightarrow{c}\frac{1}{z+1}\xrightarrow{d}\frac{-1+i}{z+1}\xrightarrow{e}1+\frac{-1+i}{z+1}=w$$

すなわち，合成関数の記号 ∘ を用いれば，

$$f=e\circ d\circ c\circ b\circ a$$

$$w=f(z)=(e\circ d\circ c\circ b\circ a)(z)$$

ということになる．ここで，各関数 a, b, c, d, e の役割をみてみよう．

a； +1 だけ平行移動

b； 単位円に関する反転

c； Re 軸(実軸)に関する対称移動

d； O のまわりに 135 °回転し，$\sqrt{2}$ 倍に拡大.

e: +1 だけ平行移動(a と同じ)

■ $-1+i=\sqrt{2}(\cos 135^\circ+i\sin 135^\circ)$

これらの 5 つの step に分けて，写像 f を追跡してみよう．

(1) z が虚軸を動くとき

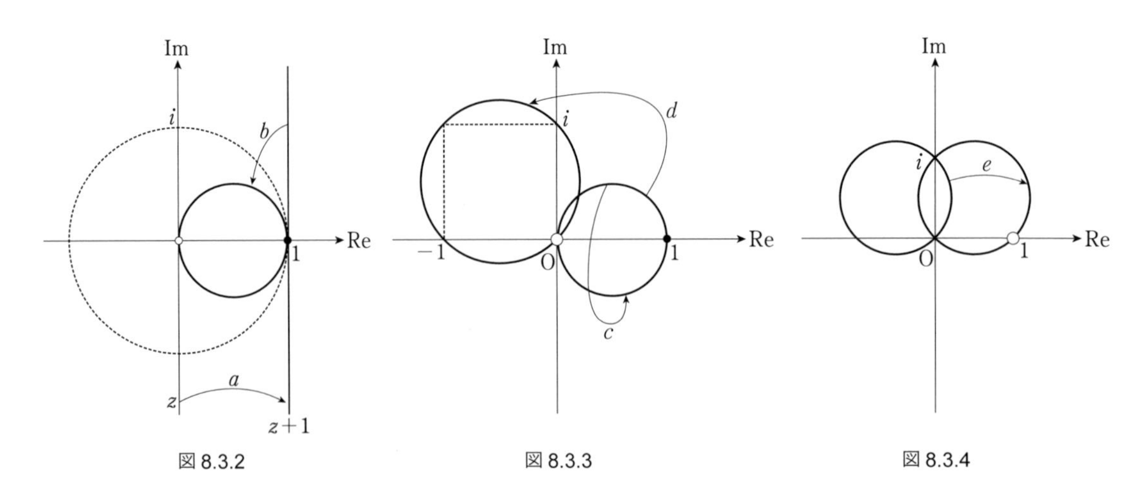

図 8.3.2　　図 8.3.3　　図 8.3.4

(2) z が単位円を描くとき($z\neq -1$)

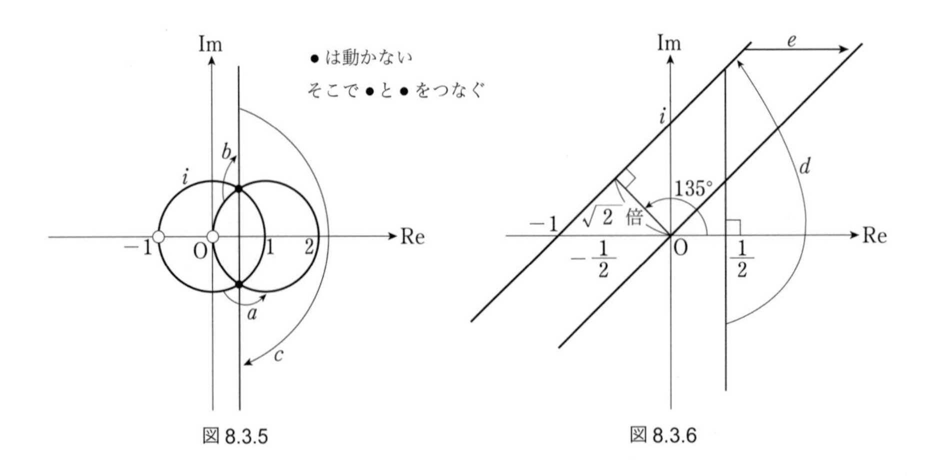

図 8.3.5　　図 8.3.6

次の例題も反転をテーマとしている.

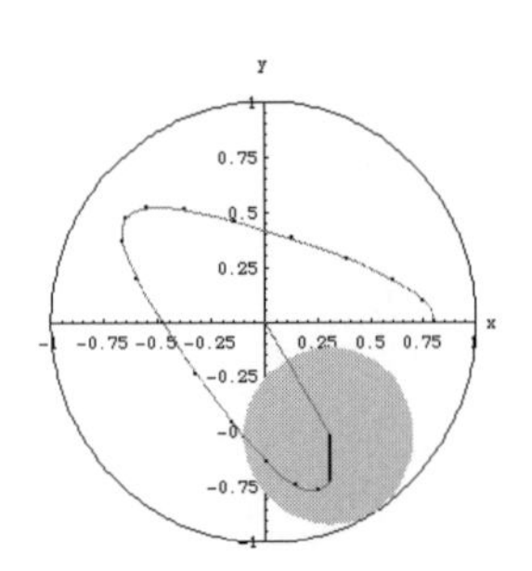

例題8-3

原点を O とする複素数平面上で，0 でない複素数 z，w の表す点をそれぞれ $\mathrm{P}(z)$，$\mathrm{Q}(w)$ とする．
z に対して w を，O を始点とする半直線 $\mathrm{OP}(z)$ 上に $\mathrm{Q}(w)$ があり，$|w|=\dfrac{2}{|z|}$ をみたすようにとる．

(1) $w=\dfrac{2}{\bar{z}}$ を示せ．

(2) ± 2，$\pm 2i$ の表す 4 点を頂点とする正方形の周上を点 $\mathrm{P}(z)$ が動く．このとき $\mathrm{Q}(w)=\mathrm{P}(z)$ となる z を求めよ．

(3) $\mathrm{P}(z)$ が(2)の正方形上を動くとき，点 $\mathrm{Q}(w)$ の描く図形を求めて図示せよ．

Q は半直線 OP 上

$$|z||w|=2=(\sqrt{2})^2$$

なので，中心 O，半径 $\sqrt{2}$ の円に関する反転と考えられる．

■解答

(1) $\mathrm{P}(z)$ が

$$z=r(\cos\theta+i\sin\theta)$$

のとき $\mathrm{Q}(w)$ は

$$w=\frac{2}{r}(\cos\theta+i\sin\theta)$$

である．z から w をつくるにはまず

$\dfrac{1}{z}=\dfrac{1}{r}(\cos(-\theta)+i\sin(-\theta))$ をつくり

$$\frac{1}{\bar{z}}=\frac{1}{r}(\cos\theta+i\sin\theta)$$

$$\frac{2}{\bar{z}}=\frac{2}{r}(\cos\theta+i\sin\theta)$$

とすればよく

$$w=\frac{2}{\bar{z}}$$

である．

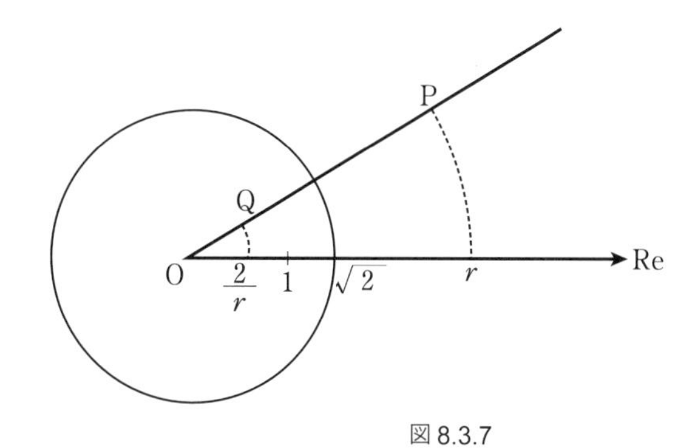

図 8.3.7

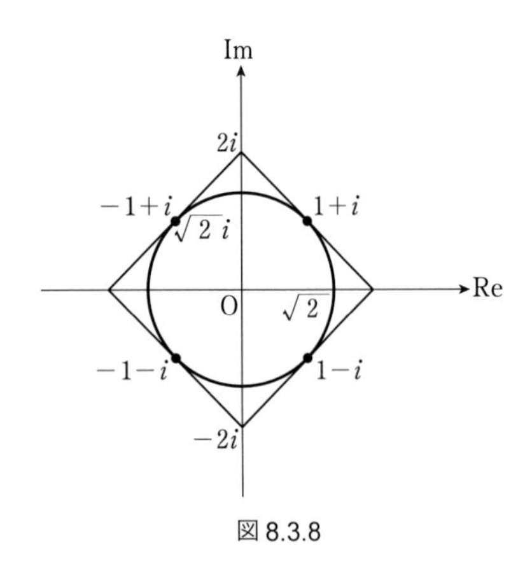

図 8.3.8

(2) $z=w$ となる不動点の集合は,

$$|w|=|z|=\sqrt{2}$$

となる円周である．正方形の周上の $P(z)$ で

$$P(z)=Q(w)$$

となる不動点は図のように

$$1+i,\ 1-i,\ -1+i,\ -1-i$$

の 4 点である.

(3) $z=x+yi\quad(x, y\in\mathbb{R})$

$w=u+vi\quad(u, v\in\mathbb{R})$

$w=\dfrac{2}{\bar{z}}$ (関数の表現)

定義域の正方形のうち第 1 象限の辺

$$x+y=2,\quad x\geqq 0,\quad y\geqq 0 \qquad \cdots\cdots①$$

についてその像を求めるために，z を w で表す.

■ $w=f(z)=\dfrac{2}{\bar{z}}$

を，逆関数表現

$z=f^{-1}(w)$

の形にかき直す.

$$\bar{z}w=2$$

$$\overline{\bar{z}w}=\bar{2}$$

$$z\bar{w}=2$$

$$z=\frac{2}{\bar{w}}=\frac{2}{w\bar{w}}w$$

したがって

$$x+yi=\frac{2}{u^2+v^2}(u+vi)$$

$x=\dfrac{2u}{u^2+v^2}$，$y=\dfrac{2v}{u^2+v^2}$ を①に代入すると,

$$\frac{2(u+v)}{u^2+v^2}=2$$

$$u^2+v^2=u+v$$

$$\left(u-\frac{1}{2}\right)^2+\left(v-\frac{1}{2}\right)^2=\frac{1}{2}$$

ただし $u\geqq$，$v\geqq 0$

正方形の第 1 象限の辺の像は，半円となる.

他の象限も同様だから，点 $Q(w)$ の描く図形は図 8.3.10 のように 4 つの半円をつないだもの.

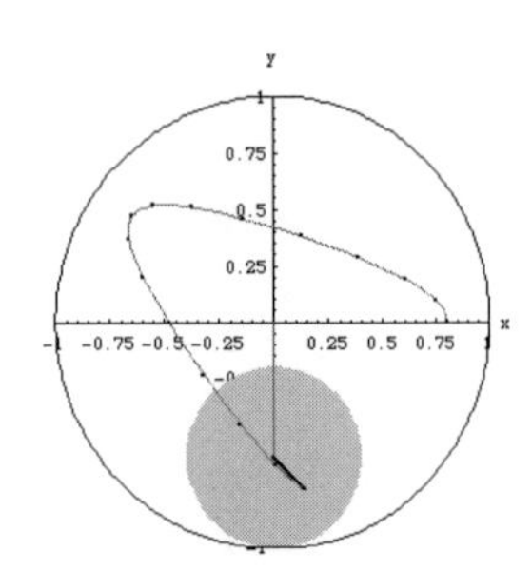

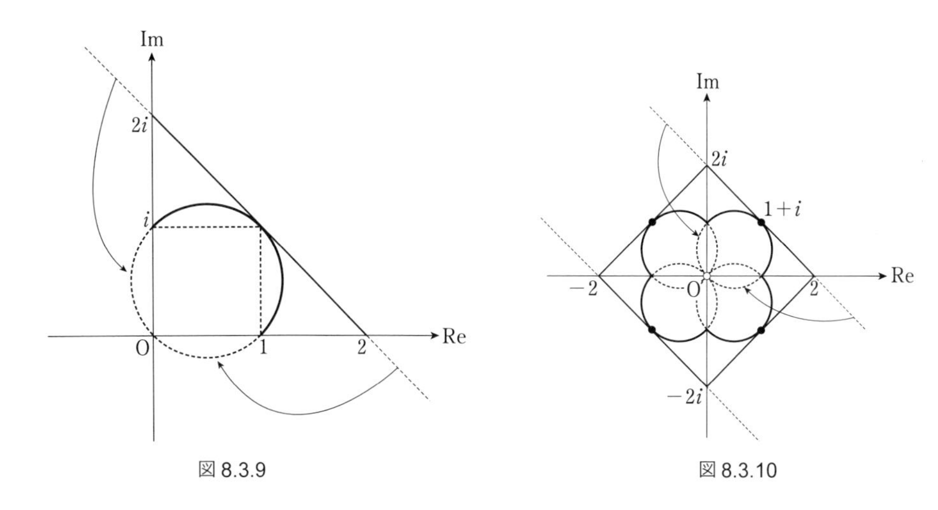

図 8.3.9　　図 8.3.10

例題8-4

複素数平面上で，原点Oを中心とする半径1の円 C と，$0<|z_0|<1$ を満たす点 $\mathrm{P}(z_0)$ を考える．線分 OP と点Pで直角に交わる C の弦の両端を $\mathrm{Q_1}(\alpha_1)$，$\mathrm{Q_2}(\alpha_2)$ とする．

(1) 点Pを原点のまわりに，正の向きに90°回転した点を z_0 を使って表せ．

(2) 複素数 α_1, α_2 を z_0 を使って表せ．

(3) $\mathrm{Q_1}$, $\mathrm{Q_2}$ での C の接線と，O, P を通る直線との交点をそれぞれ $\mathrm{R_1}(\beta_1)$，$\mathrm{R_2}(\beta_2)$ とするとき，β_1, β_2 を z_0 を使って表せ．

■解答

(1) 90°まわすので i をかける．

$\therefore$ iz_0 であり，これを P′ とする

(2) $\mathrm{OP}=|z_0|=\mathrm{OP'}$

$\mathrm{PQ_1}=\mathrm{PQ_2}=\sqrt{1-|z_0|^2}$

$\overrightarrow{\mathrm{OQ_1}}=\overrightarrow{\mathrm{OP}}+\overrightarrow{\mathrm{PQ_1}}$

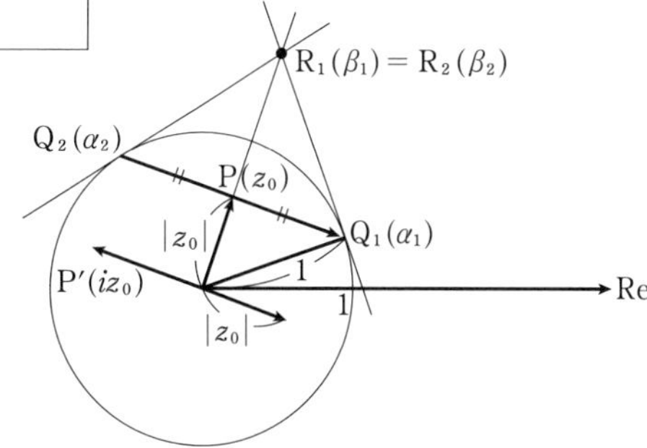

図 8.3.11

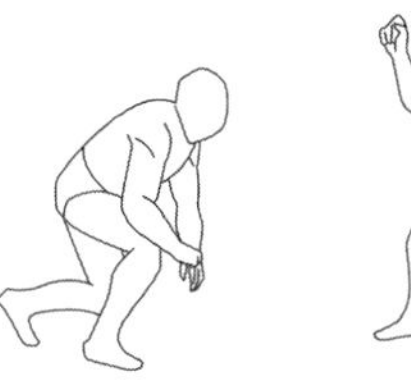

$$\alpha_1 = z_0 + \frac{\sqrt{1-|z_0|^2}}{|z_0|}(-iz_0)$$

同様に

$$\alpha_2 = z_0 + \frac{\sqrt{1-|z_0|^2}}{|z_0|}(iz_0)$$

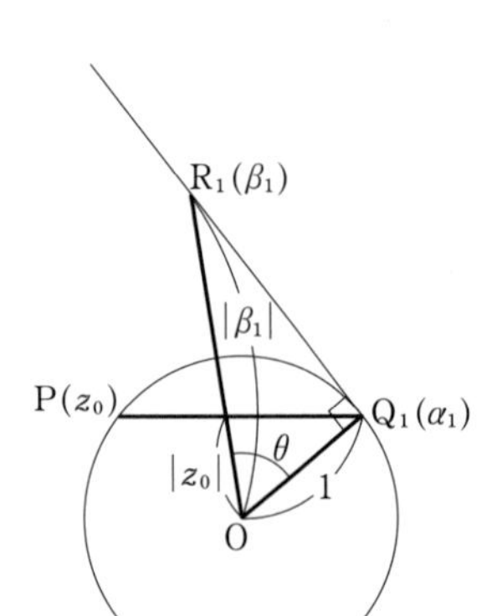

図 8.3.12

(3) $\angle \mathrm{POQ_1} = \theta$ とおくと

$$\cos\theta = \frac{\mathrm{OP}}{\mathrm{OQ_1}} = \frac{|z_0|}{1}$$

$\angle \mathrm{OQ_1R_1} = 90°$ から

$$\cos\theta = \frac{\mathrm{OQ_1}}{\mathrm{OR_1}} = \frac{1}{|\beta_1|}$$

$$\therefore \quad \frac{|z_0|}{1} = \frac{1}{|\beta_1|}$$

$$|z_0||\beta_1| = 1$$

■ (大きさ) × (z_0 の向きの単位ベクトル) と考えた.

$$\beta_1 = \frac{1}{|z_0|} \times \frac{1}{|z_0|} z_0$$

$$= \frac{1}{|z_0|^2} z_0$$

$$= \frac{1}{z_0 \overline{z_0}} z_0$$

$$= \frac{1}{\overline{z_0}}$$

β_2 も同じ.

$$\beta_1 = \beta_2 = \frac{1}{\overline{z_0}}$$

8.4 1次分数関数

$w = f(z)$ において, $f(z)$ が1次分数式であるものを (例題 8–2) で考えた.

このあたりを, もう少し追究してみよう.

次の例題は1次分数関数の合成をテーマとしている.

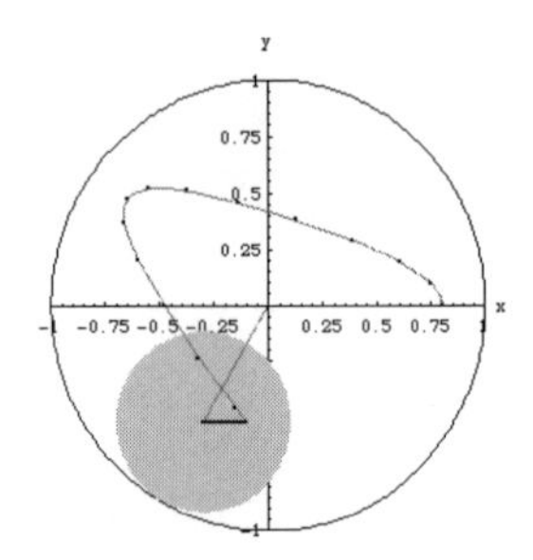

例題8-5

$i=\sqrt{-1}$ とし，実数 t と複素数 z に対し，

$$f_t(z)=\frac{(2+ti)z+ti}{-tiz+2-ti}$$

とおく．

(1) 複素数 $f_t(1)$ の実部と虚部をそれぞれ $x(t)$，$y(t)$ とするとき，$x(t)$ と $y(t)$ を t の式で表せ．

(2) $t=\tan\frac{\theta}{2}$ $(-\pi<\theta<\pi)$ と表すとき，$f_t(1)$ を $\sin\theta$ と $\cos\theta$ を用いて表せ．また，t が実数全体を動くとき，複素数平面上で点 $f_t(1)$ がえがく図形を図示せよ．

(3) 実数 s，t と複素数 z に対し，
$f_s(f_t(z))=f_{s+t}(z)$ が成り立つことを示せ．

(4) 複素数 z_0，z_1，$\cdots$，z_n を

$$z_0=1,\ \ z_k=f_1(z_{k-1})\ \ (k=1,2,\cdots,n)$$

で定める．また，複素数平面上で z_n と -1 の 2 点を通る直線が虚軸と交わる点を P_n とする．
このとき，P_n が表す複素数を求めよ．

$f_t(z)$ は，z を主変数とし，パラメータ t を含む関数である．

■解答

(1) $z=1$ にする

■ t だけで表された複素数

$$f_t(1)=\frac{2+2ti}{2-2ti}$$

$$=\frac{1+ti}{1-ti}\times\frac{1+ti}{1+ti}=\frac{1-t^2}{1+t^2}+\frac{2t}{1+t^2}i$$

■ この形を見ると
$t=\tan\frac{\theta}{2}$ とおきたくなる．

(2) パラメータ t を θ にとりかえる

$$t=\tan\frac{\theta}{2}\quad\begin{pmatrix}-\infty<t<+\infty\\ -\pi<\theta<\pi\text{ に対応}\end{pmatrix}$$

$$f_t(1)=x(t)+y(t)i$$

$$=\cos\theta+i\sin\theta$$

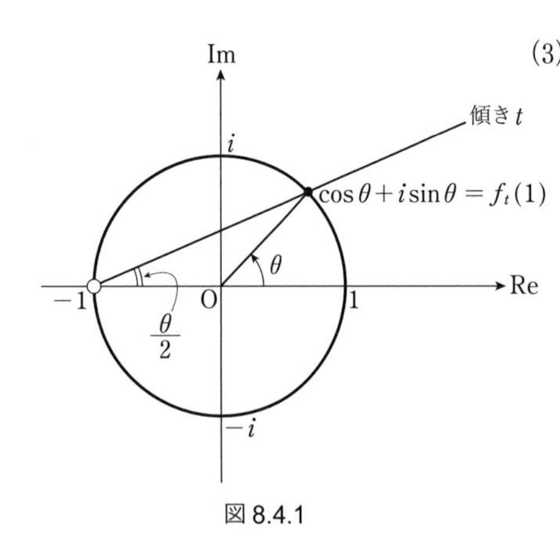

図 8.4.1

(3) $f_s(f_t(z))=f_{s+t}(z)$ を示す．

$$(\text{左辺})=\frac{(2+si)f_t(z)+si}{-sif_t(z)+(2-si)}$$

$$=\frac{(2+si)\times\dfrac{(2+ti)z+ti}{-tiz+(2-ti)}+si}{-si\times\dfrac{(2+ti)z+ti}{-tiz+(2-ti)}+(2-si)}$$

$$=\frac{(2+si)(2+ti)z+(2+si)ti+stz+si(2+i)}{-si(2+ti)z+st-(2-si)tiz+(2-si)(2-ti)}$$

$$=\frac{(4+2si+2ti)z+2(s+t)i}{-2(s+t)iz+2(2-(s+t)i)}$$

$$=(\text{右辺})$$

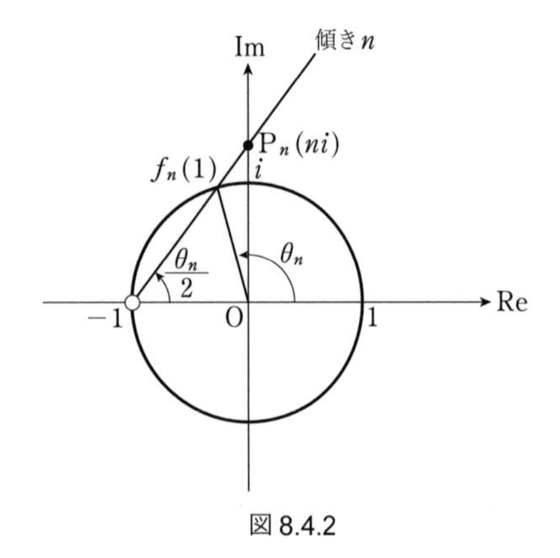

図 8.4.2

(4) $\begin{cases} z_0=1 \\ z_k=f_1(z_{k-1}) \end{cases}$

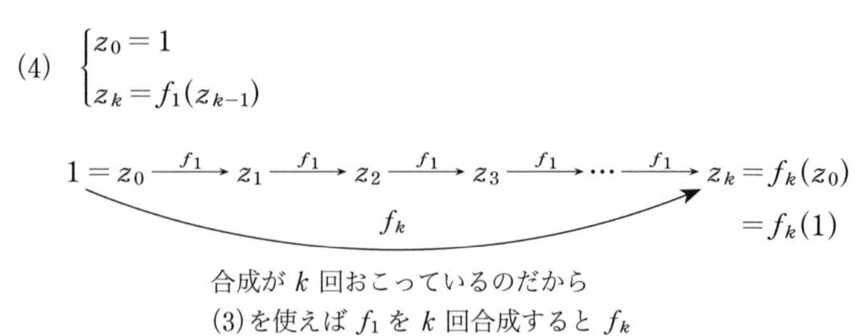

$1=z_0 \xrightarrow{f_1} z_1 \xrightarrow{f_1} z_2 \xrightarrow{f_1} z_3 \xrightarrow{f_1} \cdots \xrightarrow{f_1} z_k=f_k(z_0)$
f_k
$=f_k(1)$
合成が k 回おこっているのだから
(3)を使えば f_1 を k 回合成すると f_k

$$\therefore\quad z_n=f_n(1)=\frac{1-n^2}{1+n^2}+\frac{2n}{1+n^2}i$$

$t=\tan\dfrac{\theta}{2}$ において $t=n$ となる θ を θ_n とすると，

$$z_n=\cos\theta_n+i\sin\theta_n$$

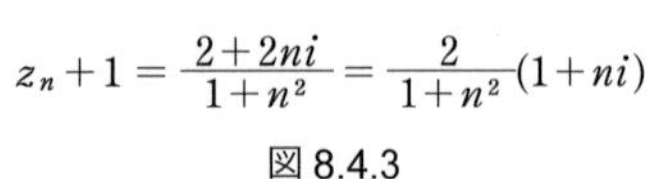

$$z_n+1=\frac{2+2ni}{1+n^2}=\frac{2}{1+n^2}(1+ni)$$

図 8.4.3

(注) 計算も実行しておく

(虚部)＝(実部) $\times n$

なので，直線の傾きは n

Im 軸との交点 P_n は ni

■参考

(3)が大変だった．

$$f_t(z)=\frac{(2+ti)z+ti}{-tiz+(2-ti)}$$

に対し，行列

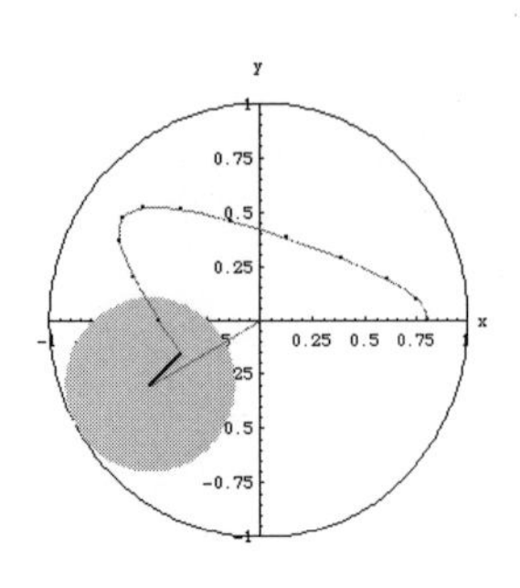

$$\mathrm{A}_t=\begin{pmatrix}2+ti & ti\\ -ti & 2-ti\end{pmatrix}$$
$$=\begin{pmatrix}2 & 0\\ 0 & 2\end{pmatrix}+ti\begin{pmatrix}1 & 1\\ -1 & -1\end{pmatrix}$$

を考える．$f_s(f_t(z))$ に対し

$$\mathrm{A}_s\mathrm{A}_t=\left\{\begin{pmatrix}2 & 0\\ 0 & 2\end{pmatrix}+si\begin{pmatrix}1 & 1\\ -1 & -1\end{pmatrix}\right\}\left\{\begin{pmatrix}2 & 0\\ 0 & 2\end{pmatrix}+ti\begin{pmatrix}1 & 1\\ -1 & -1\end{pmatrix}\right\}$$
$$=\begin{pmatrix}4 & 0\\ 0 & 4\end{pmatrix}+2(s+t)i\begin{pmatrix}1 & 1\\ -1 & -1\end{pmatrix}-st\underbrace{\begin{pmatrix}1 & 1\\ -1 & -1\end{pmatrix}^2}_{\text{零行列}}$$
$$=2\left\{\begin{pmatrix}2 & 2\\ 0 & 2\end{pmatrix}+(s+t)i\begin{pmatrix}1 & 1\\ -1 & -1\end{pmatrix}\right\}$$
$$=2\mathrm{A}_{s+t}$$
$$=\begin{pmatrix}2(2+(s+t)i) & 2(s+t)i\\ -2(s+t)i & 2(2-(s+t)i)\end{pmatrix}$$

何故こういうことができるのか？

$$f(x)=\frac{ax+b}{cx+d},\quad g(x)=\frac{px+q}{rx+s}$$
$$\mathrm{A}=\begin{pmatrix}a & b\\ c & d\end{pmatrix},\quad \mathrm{B}=\begin{pmatrix}p & q\\ r & s\end{pmatrix}$$

として

$$f(g(x))=\frac{(ap+br)x+(aq+bs)}{(cp+dr)x+(cq+ds)}$$
$$\mathrm{AB}=\begin{pmatrix}ap+br & aq+bs\\ cp+dr & cq+ds\end{pmatrix}$$

を計算してみるとわかる．同じ形をしているのである．

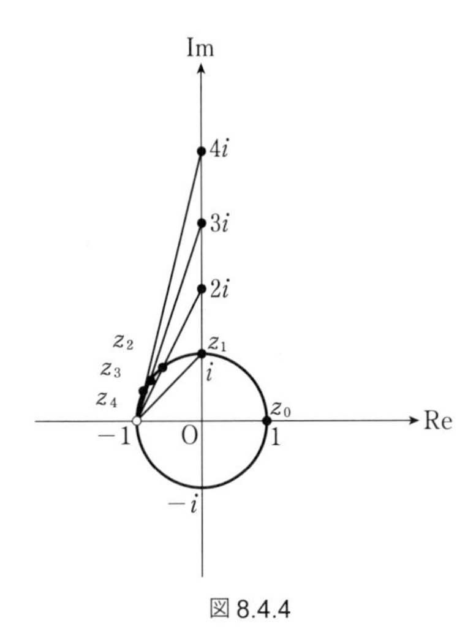

図 8.4.4

■ $\begin{pmatrix}\boxed{1 \quad 1}\\ -1 \quad -1\end{pmatrix}\begin{pmatrix}\boxed{\begin{matrix}1\\ -1\end{matrix}} & \begin{matrix}1\\ -1\end{matrix}\end{pmatrix}=\begin{pmatrix}0 & 0\\ 0 & 0\end{pmatrix}$

$\boxed{}$ と $\boxed{}$ が直交しているから消えて零行列になってしまう．

■ 1次分数式の合成関数をつくることと行列をかけることは等しいことなのだ．

例題8-6 虚部が正である複素数の全体を C，C を定義域とする関数 f を

$$f(z)=\frac{z+a}{2z+1},\quad z\in C$$

と定める．ここで a は実数である．

(1) 関数 f の値域が C の部分集合となるような a の範囲を求めよ．

(2) (1)の条件を満たすどんな a に対しても，f の値域は C であることを示せ．

(3) $f(f(i))=i$ を満たすように a を定めよ．ここで i は虚数単位である．

(4) a が(3)で得られた値であるとき，$|f(f(z))|=1$ を満たすような C の要素 z の軌跡を複素数平面上に図示せよ．

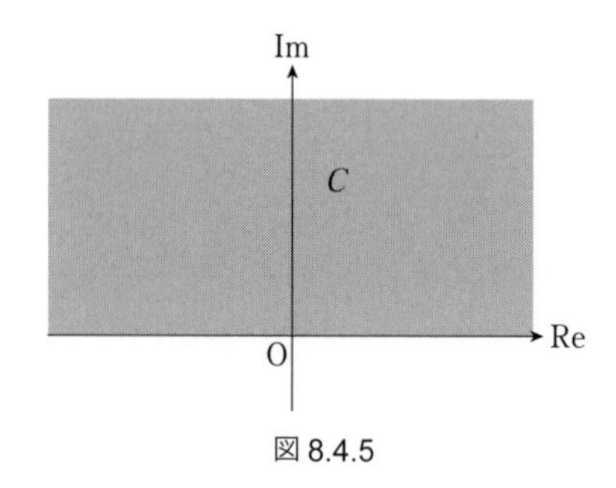

図 8.4.5

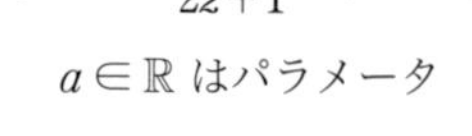

$$f(z)=\frac{z+a}{2z+1}\quad(z\in C)$$

$a\in\mathbb{R}$ はパラメータ

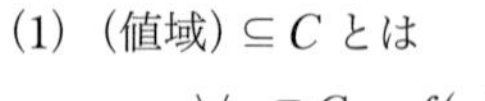

(1) (値域) $\subseteq C$ とは

$$\forall z\in C,\quad f(z)\in C$$

■ $C=\{z\mid \mathrm{Im}(z)>0\}$

すなわち

$$\forall z\in C,\quad \mathrm{Im}(f(z))>0$$

という状態である．

$z=x+yi$，$y>0$ とおく．

$$f(z)=\frac{x+yi+a}{2(x+yi)+1}$$

$$=\frac{(x+a+yi)(2x+1-2yi)}{(2x+1)^2+(2y)^2}$$

$$\mathrm{Im}(f(z))=\frac{(2x+1)y-2y(x+a)}{(2x+1)^2+(2y)^2}$$

$$=\frac{y(1-2a)}{(2x+1)^2+(2y)^2}$$

$$=\frac{y}{(2x+1)^2+(2y)^2}(1-2a)$$

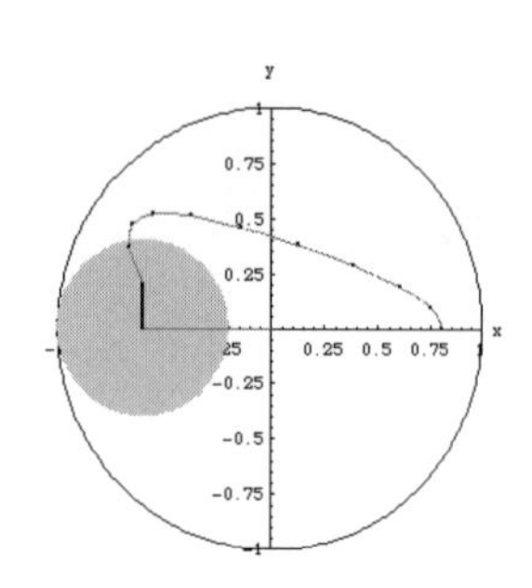

任意の x および $y>0$ で $\mathrm{Im}(f(z))>0$ となる条件は

$$1-2a>0 \qquad \therefore \quad a<\frac{1}{2}$$

(2) $a<\dfrac{1}{2}$ のとき，必ず

$$(f\text{ の値域})=C$$

となることを示す．

$z\in C$ のとき $f(z)\in C$ は (1) でわかっているが，さらに $f(z)$ が C の全体のすみずみまで行き渡ることを示す．

$w=f(z)$ とおく．

■ (1) (2) のちがい

■ 直接確かめるのは困難．

■ z の行き先を w とする．

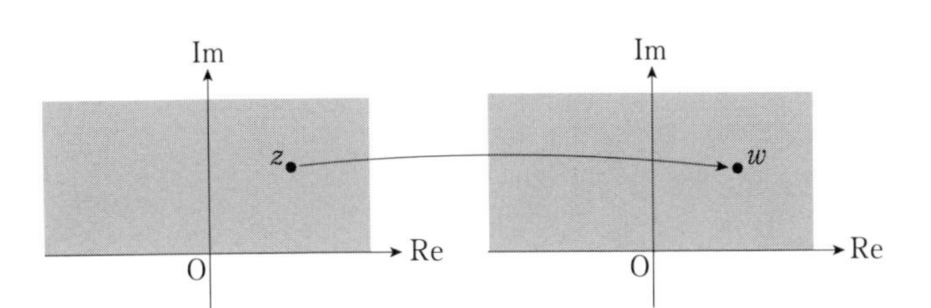

図 8.4.6

$$\boxed{\forall w\in C,\quad (\exists z\in C,\quad z=f^{-1}(w))}\ ⓘ$$

を示せばよい．

なお, (1) は

$$\boxed{\forall z\in C,\quad f(z)=w\in C}\ ⓐ \Longleftrightarrow a<\frac{1}{2}$$

であった．

■ まず，すべての C に対して（　）が成り立つと書いてから（　）内をおちついて書いていこう．

■「ⓐならばⓘ」を示す問題

$w=\dfrac{z+a}{2z+1}$ に対し，

$$w(2z+1)=z+a$$

$$(2w-1)z=-w+a$$

$$z=\frac{-w+a}{2w-1}=f^{-1}(w)$$

$w=u+vi$, $v>0$ とおくと，

■ $w=\dfrac{1}{2}$ は $\dfrac{1}{2}\in C$ なので，気にしない．

■ $\forall w\in C$, $(\mathrm{Im}(z)>0)$ を示せばⓘがいえることになる．

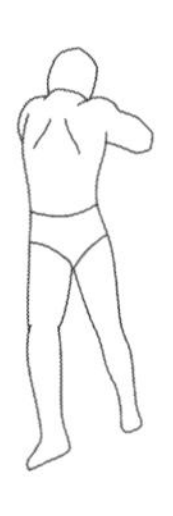

$$z=\frac{-(u+vi)+0}{2(u+vi)-1}=\frac{(a-u-vi)(2v-1-2vi)}{(2u-1)^2+(2v)^2}$$

$$\mathrm{Im}(z)=\frac{-2v(a-u)-v(2u-1)}{(2u-1)^2+(2v)^2}$$

$$=\frac{v}{(2u-1)^2+(2v)^2}(1-2a)$$

$w\in C$ より　$v>0$

(1) より　$1-2a>0$

∴ $\mathrm{Im}(z)=0$ となり，f の値域は C である．

（注） ㋐ ☐　　㋑ ☐

㋐　C 全体 $z\in C \xrightarrow{f} w\in C$ C の部分集合

㋑　C の部分集合 $z\in C \xrightarrow{f^{-1}} w\in C$ C 全体

㋐㋑両方によって　全体 $C \xrightarrow{f} C$ 全体　といえる

(3)　$f(f(z))=\dfrac{f(z)+a}{2f(z)+1}$

$$=\frac{\dfrac{z+a}{2z+1}+a}{2\times\dfrac{z+a}{2z+1}+1}=\frac{z+a+a(2z+1)}{2(z+a)+(2z+1)}$$

$$=\frac{(1+2a)z+2a}{4z+(1+2a)}$$

$f(f(i))=\dfrac{(1+2a)i+2a}{4i+(1+2a)}=i$ のとき

$$(1+2a)i+2a=-4+(1+2a)i$$

$$a=-2$$

(4)　このとき $f(f(z))=\dfrac{-3z-4}{4z-3}$

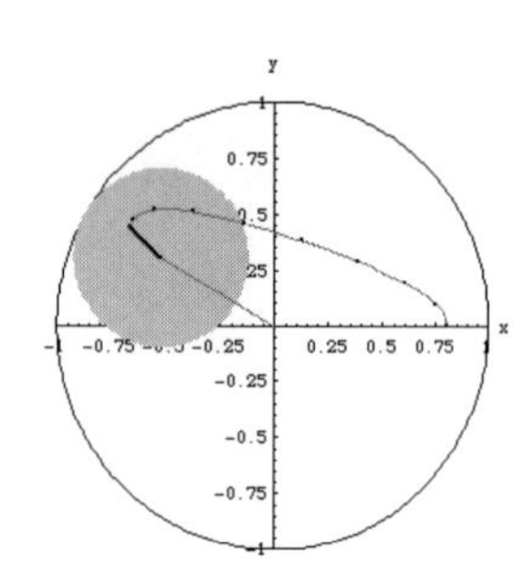

$$|f(f(z))| = \frac{|3z-4|}{|4z-3|} = 1$$

$$3\left|z+\frac{4}{3}\right| = 4\left|z-\frac{3}{4}\right|$$

$$\left|z+\frac{4}{3}\right| : \left|z-\frac{3}{4}\right| = 4 : 3$$

$\mathrm{A}\left(-\frac{4}{3}\right)$, $\mathrm{B}\left(\frac{3}{4}\right)$, $\mathrm{P}(z)$ とおくと,

$\mathrm{AP} : \mathrm{BP} = 4 : 3$ のアポロニウスの円のうち, $z \in C$ の上半分

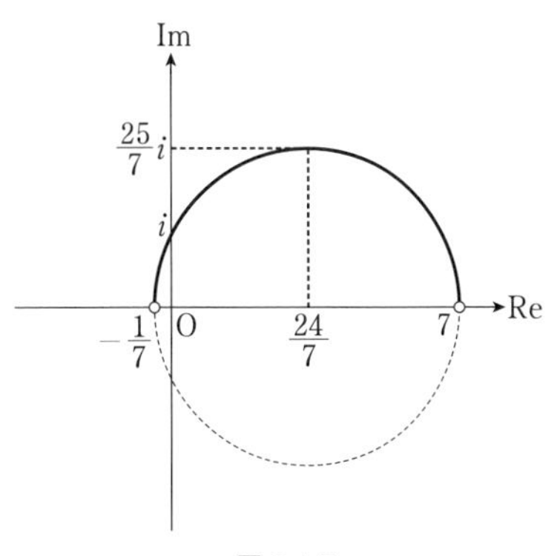

図 8.4.7

8.5 複素数の極形式と極方程式

例題8-7

複素数平面上で, 等式 $\left|z-\frac{1}{2}i\right| = \frac{1}{2}$ を満たす点 z が描く曲線を C とする. 点 z の偏角を θ とする.

(1) 曲線 C は円であることを示せ.

(2) 円 C を θ を媒介変数とする媒介変数表示で表せ.

(3) $w = z^2$ として, 点 z が円 C 上を動くとき, 点 w が描く曲線を D とする. 曲線 D を θ を媒介変数とする媒介変数表示で表せ.

(4) 曲線 D と円 C の交点, すなわち, 円 C 上にある曲線 D 上の点を求めよ.

(5) 曲線 D のうち, 円 C の内部に含まれる部分の長さを求めよ.

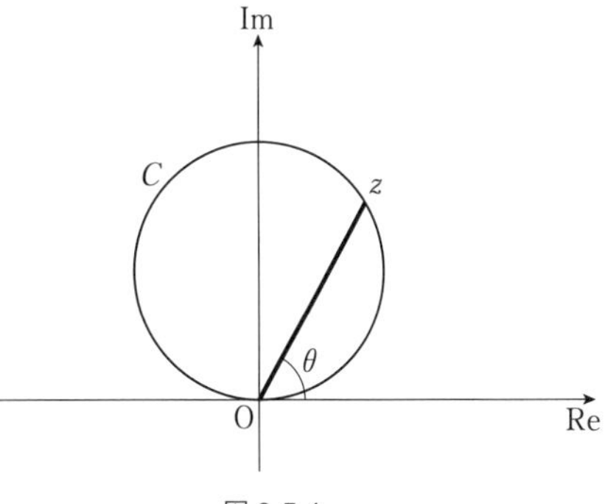

図 8.5.1

(1) $\left|z-\frac{1}{2}i\right| = \frac{1}{2}$

$\mathrm{A}\left(\frac{1}{2}i\right)$, $\mathrm{P}(z)$ とすると $\mathrm{AP} = \frac{1}{2}$ なので, C は中心 A, 半径 $\frac{1}{2}$ の円である.

(2) 図 8.5.2, 8.5.3 のように $0 \leqq \theta \leqq \pi$ で, θ が鋭角でも鈍角でも

$$|z| = r = \cos\left|\frac{\pi}{2}-\theta\right| = \sin\theta$$

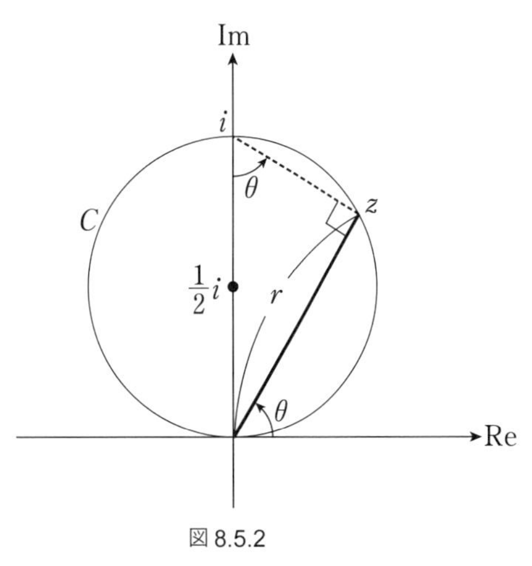

図 8.5.2

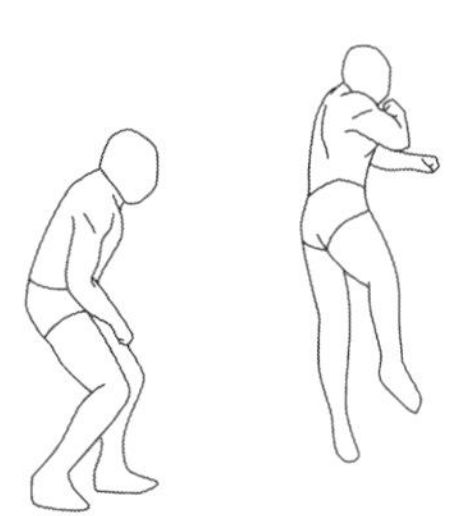

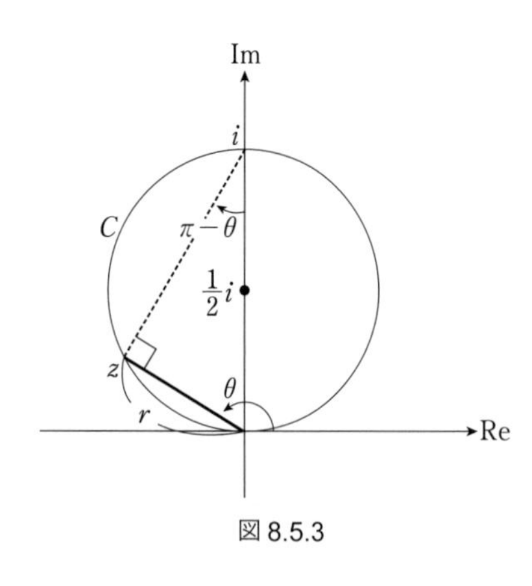

図 8.5.3

なので，C を表す極方程式は

$$C\ ;\ z=\sin\theta(\cos\theta+i\sin\theta)$$

(3) $D\ ;\ w=z^2$

$$=\sin^2\theta(\cos 2\theta+i\sin 2\theta) \leftarrow \text{偏角 } 2\theta=\varphi \text{ とおく}$$

$$=\sin^2\frac{\varphi}{2}(\cos\varphi+i\sin\varphi)$$

$$=\frac{1-\cos\varphi}{2}(\cos\varphi+i\sin\varphi)\quad (0\leqq\varphi\leqq 2\pi)$$

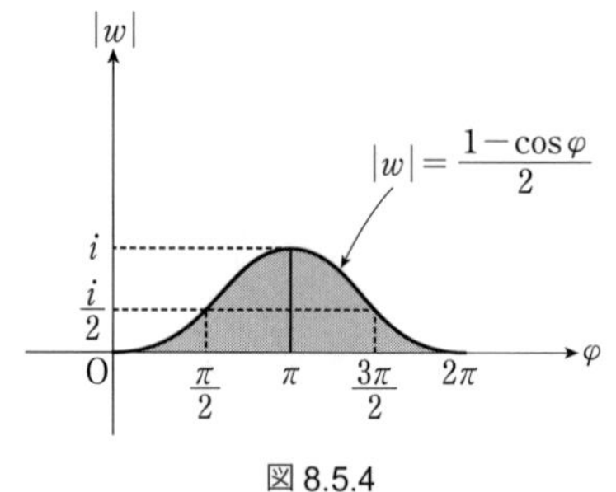

図 8.5.4

(4) D を図示する．そのために $|w|$ の変化を調べてみると図 8.5.4 のようになる．これを参考にして，複素数平面に D を描くと図 8.5.5 のようになる．

C と D の交点においては(図 8.5.6)

$$\theta=\varphi \text{ かつ } \sin\theta=\frac{1-\cos\varphi}{2}$$

$$\therefore\ 2\sin\theta=1-\cos\theta$$

$$\cos\theta=1-2\sin\theta$$

$$\cos^2\theta=1-4\sin\theta+4\sin^2\theta$$

$$\|$$

$$1-\sin^2\theta$$

$$5\sin^2\theta-4\sin\theta=0$$

$$\sin\theta(5\sin\theta-4)=0$$

$$\sin\theta=0,\ \frac{4}{5}$$

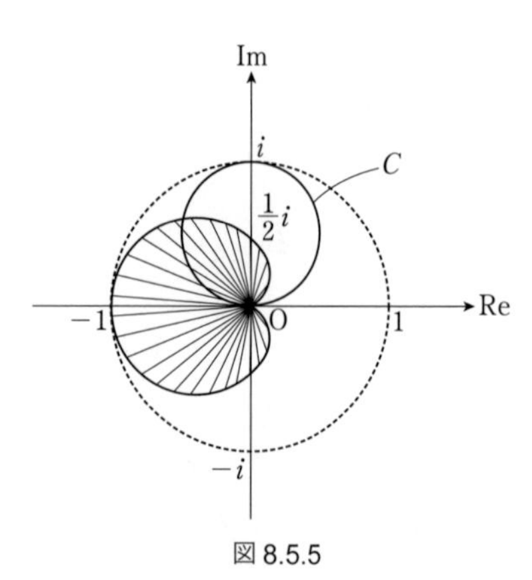

図 8.5.5

■ $\sin\theta=\frac{1-\cos\varphi}{2}$ に $\varphi=\pi$ を代入すると合わないので $\varphi=\pi$ は不適

(ア) $\sin\theta=0$ のとき $\theta=0,\ \pi\rightarrow z=0$

$$\varphi=0\rightarrow w=0$$

(イ) $\sin\theta=\frac{4}{5}$ のとき，つまり $\sin\theta=\frac{1-\cos\varphi}{2}=\frac{4}{5}$ のとき

$$\cos\theta=-\frac{3}{5},\quad \cos\varphi=-\frac{3}{5}$$

$$z=\frac{4}{5}\left(-\frac{3}{5}+\frac{4}{5}i\right)=-\frac{12}{25}+\frac{16}{25}i$$

w も同じ

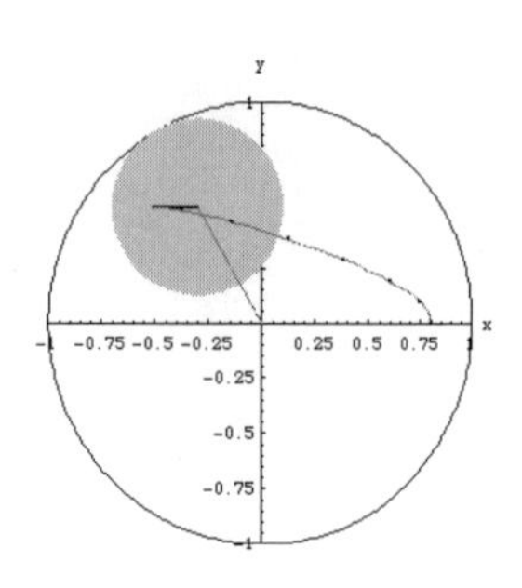

(ア), (イ)より　$0,\ -\dfrac{12}{25}+\dfrac{16}{25}i$

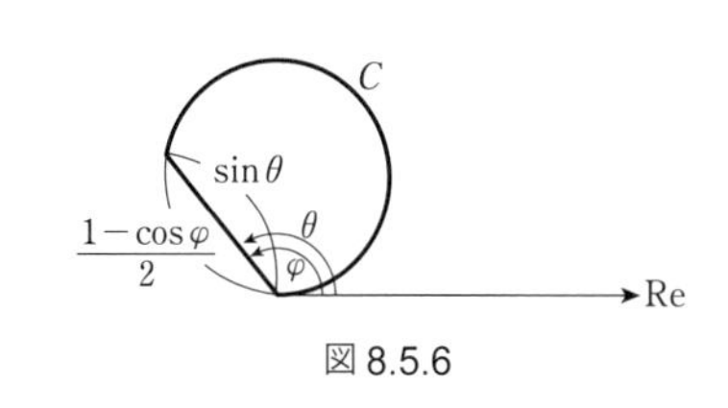

図 8.5.6

(5) $\begin{cases} x=\sin^2\dfrac{\varphi}{2}\cos\varphi \\ y=\sin^2\dfrac{\varphi}{2}\sin\varphi \end{cases}$

求める長さ L は

$$L=\int_0^{\varphi'}\sqrt{\left(\frac{dx}{d\varphi}\right)^2+\left(\frac{dy}{d\varphi}\right)^2}\,d\varphi$$

によって計算できる.

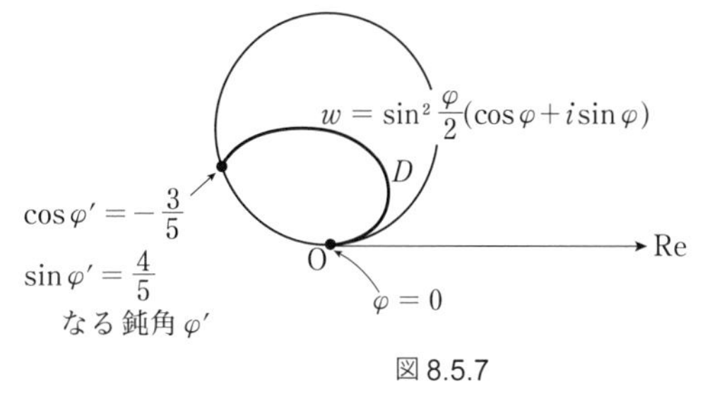

図 8.5.7

$$\frac{dx}{d\varphi}=2\sin\frac{\varphi}{2}\cdot\frac{1}{2}\cos\frac{\varphi}{2}\cos\varphi+\sin^2\frac{\varphi}{2}(-\sin\varphi)$$

$$=\frac{1}{2}\sin\varphi\cos\varphi-\sin^2\frac{\varphi}{2}\sin\varphi$$

$$\frac{dy}{d\varphi}=2\sin\frac{\varphi}{2}\cdot\frac{1}{2}\cos\frac{\varphi}{2}\sin\varphi+\sin^2\frac{\varphi}{2}\cos\varphi$$

$$=\frac{1}{2}\sin^2\varphi+\sin^2\frac{\varphi}{2}\cos\varphi$$

$$\left(\frac{dx}{d\varphi}\right)^2+\left(\frac{dy}{d\varphi}\right)^2$$

$$=\frac{1}{4}\sin^2\varphi(\cos^2\varphi+\sin^2\varphi)+\sin^4\frac{\varphi}{2}(\sin^2\varphi+\cos^2\varphi)$$

$$=\frac{1}{4}\sin^2\varphi+\sin^4\frac{\varphi}{2}$$

$$=\frac{1}{4}\left(2\sin\frac{\varphi}{2}\cos\frac{\varphi}{2}\right)^2+\sin^4\frac{\varphi}{2}$$

$$=\sin^2\frac{\varphi}{2}\left(\cos^2\frac{\varphi}{2}+\sin^2\frac{\varphi}{2}\right)=\sin^2\frac{\varphi}{2}$$

したがって,

$$L=\int_0^{\varphi'}\sqrt{\sin^2\frac{\varphi}{2}}\,d\varphi=\int_0^{\varphi'}\left|\sin\frac{\varphi}{2}\right|d\varphi$$

鈍角 φ' に対し, $0\leqq\varphi\leqq\varphi'$ では $\sin\dfrac{\varphi}{2}\geqq 0$ なので,

$$L=\int_0^{\varphi}\sin\frac{\varphi}{2}\,d\varphi=\left[-2\cos\frac{\varphi}{2}\right]_0^{\varphi'}=2-2\cos\frac{\varphi'}{2}$$

ここで, $\cos^2\dfrac{\varphi'}{2}=\dfrac{1+\cos\varphi'}{2}=\dfrac{1}{5}$, $\cos\dfrac{\varphi'}{2}=\dfrac{1}{\sqrt{5}}$ (>0)

を用いて　$L=2-\dfrac{2}{\sqrt{5}}$

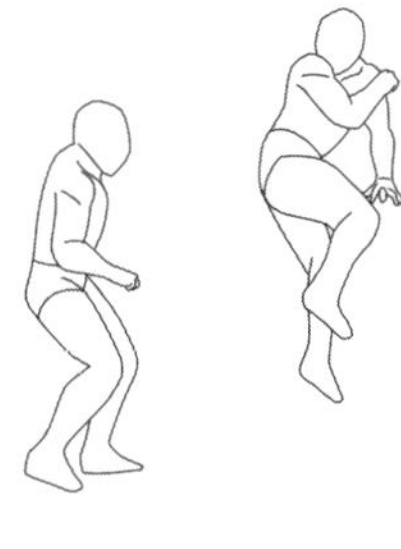

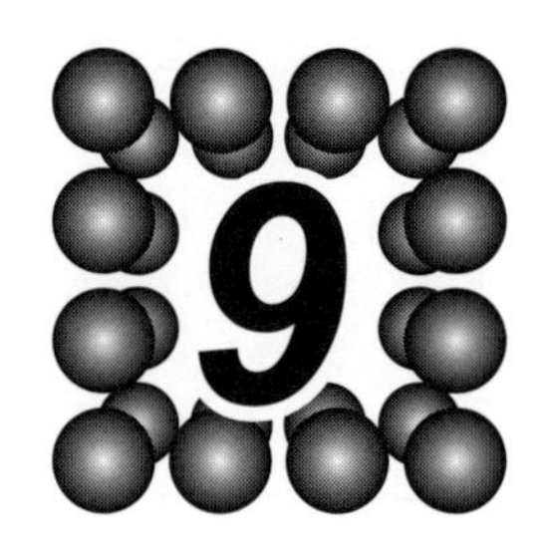

極方程式による図形表現

本書で学んできた「変数を用いた図形表現」は，いずれも直交座標系を前提としたものであったが，もう一つ「極座標系」も重要であって見逃せない．数学によって記述する現象（その多くは自然現象）の中には，直交座標よりも極座標の下で記述する方が馴染むものも数多いのである．

極座標で記述する数学は，高校教育課程にも取り入れられ（高校数学C），1997 年度以降の大学入試問題としても出題されている．そこで，第 9 章では，前章までに学んできた内容を，極座標のもとでどのように適用できるのかを検討してみることにする．

9.1 極座標と極方程式

平面上で点の位置を決定するには，2 つのパラメータを必要とする．直交座標系においては，原点で直交する 2 つの軸（x 軸と y 軸）を設定し，平面上の任意の点 P から両軸に下ろした垂線の足の軸上での位置の組 $(x,\ y)$ によって，点 P の位置を表す座標とした．

■ 直交座標を用いているのか極座標を用いているのか，区別がつかない場面は考えにくいためか，通常は $(r,\ \theta)$ と表示されているが，本書では敢えて $\langle r,\ \theta\rangle$ と表示して，極座標であることが明らかに区別できるようにしている．

一方，極座標系における点 P の位置の表現は，次のように行なう．まず，点 O から伸びる半直線 OX を基準となる軸に設定する．その上で，平面上の任意の点 P の位置を，$\mathrm{OP}=r\ (r>0)$ と，半直線 OP が OX となす角 θ（一般角）との組 $\langle r,\ \theta\rangle$ によって表す．$\langle r,\ \theta\rangle$ を点 P の極座標といい，基準にとった点 O を極，半直線 OX を始線という．また，θ を点 P の偏角という．

■ 偏角 θ を一般角で表す限り，点 P とその極座標表示とは 1 対 1 に対応しないことになる．ただし，$0 \leqq \theta < 2\pi$ のように制限をすれば，点 P とその極座標表示とは 1 対 1 に対応する．

なお，$r>0$ としているが，極 O の極座標は，θ を任意の数として $\langle 0,\ \theta\rangle$ と決めておく．

直交座標のイメージは，格子状の網のイメージであった．実際，

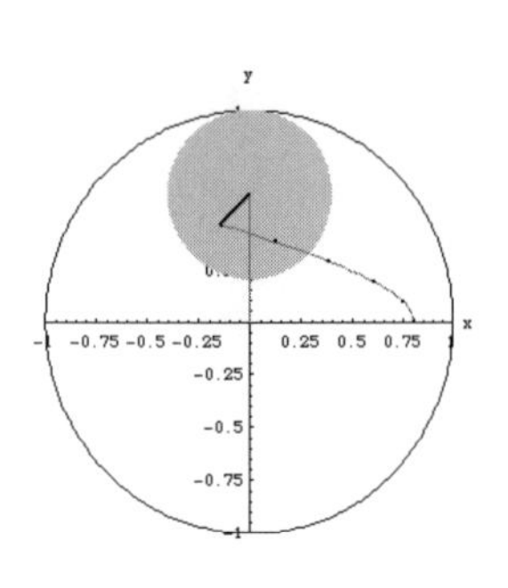

x, y 座標がともに整数であるような点のことを「格子点」と呼んだりするのも，そのイメージが前提となっている．一方，極座標のイメージは，同心円と放射状の半直線群からなる図 9.1.1 のような網である．r が変化する刻みを同心円が表現し，θ が変化する刻みを半直線群が表現していると考えればよい．この網目を巡らせた平面上に一つの点 P を取れば，r も θ も決まり，図 9.1.2 のように極座標 $\langle r,\ \theta \rangle$ が定まることがイメージできるだろう．

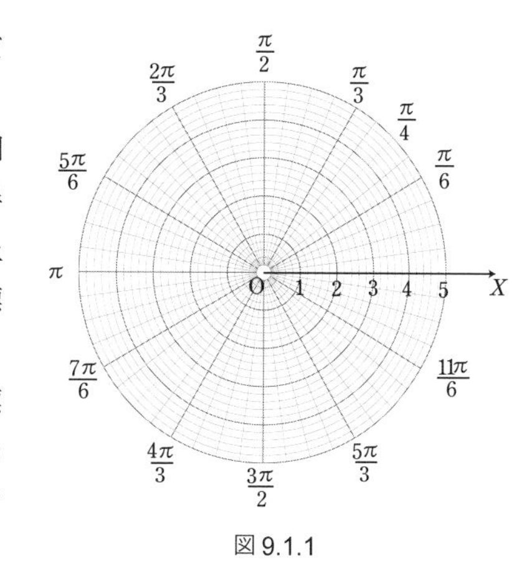

図 9.1.1

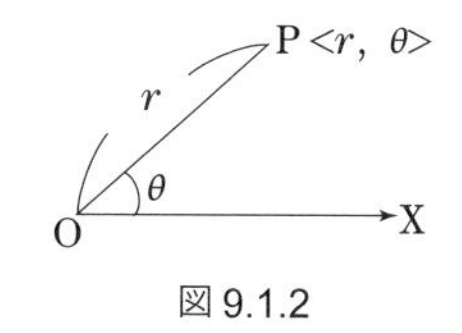

図 9.1.2

直交座標と極座標の関係はどうなっているのか．ここでは，極座標の極 O と直交座標の原点 O を重ね，極座標の始線 OX を直交座標の x 軸に重ねるときに，極座標 $\langle r,\ \theta \rangle$ と直交座標 $(x,\ y)$ との関係がどうなっているのかを考える．図 9.1.3 から端的に分かるように，

$$r = \sqrt{x^2 + y^2}$$

$$\cos\theta = \frac{x}{r}, \quad \sin\theta = \frac{y}{r}$$

となっている．これは，直交座標から極座標に変換するときに用いることができる関係式である．逆に，極座標から直交座標に変換するときには，

$$x = r\cos\theta$$

$$y = r\sin\theta$$

とすればよい．

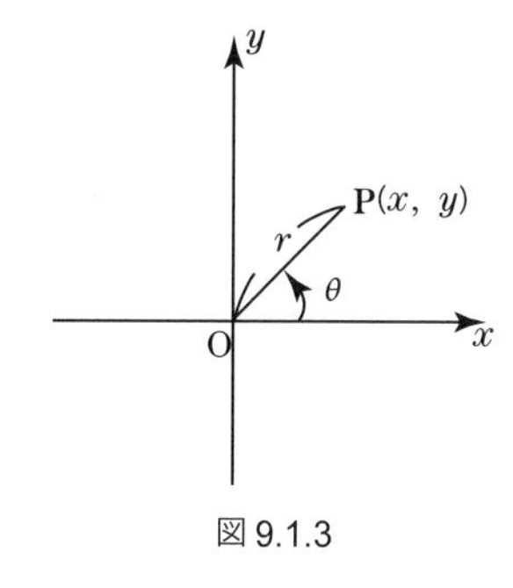

図 9.1.3

なお，これまでは $r>0$ としてきたが，$r<0$ にまで拡張することもできる．$r>0$ として（つまり $-r<0$ ということになる），$\langle -r,\ \theta \rangle$ というのは，

$$\langle -r,\ \theta \rangle = \langle r,\ \theta + \pi \rangle$$

であると考えればよい．図 9.4.1 から分かるように，$\overrightarrow{OP'} = -\overrightarrow{OP}$ であるとき，点 P′ は点 P を原点の周りに半周（π）だけ回転した点でもある．つまり，－１倍と角度 π の回転とは同一視できるのである．

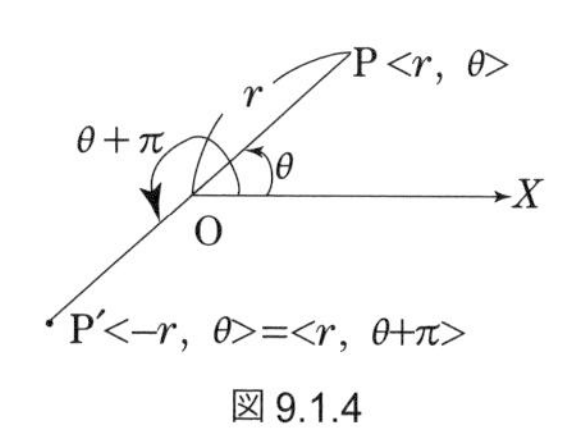

図 9.1.4

では次に，2 点間の距離の公式はどのように与えられるか．

直交座標の場合には，$A(x_1,\ y_1)$，$B(x_2,\ y_2)$ の距離は

$$AB = \sqrt{(x_2 - x_1)^2 + (y_2 - y_1)^2}$$

で与えられた．三平方の定理から容易に導き出せる式である．

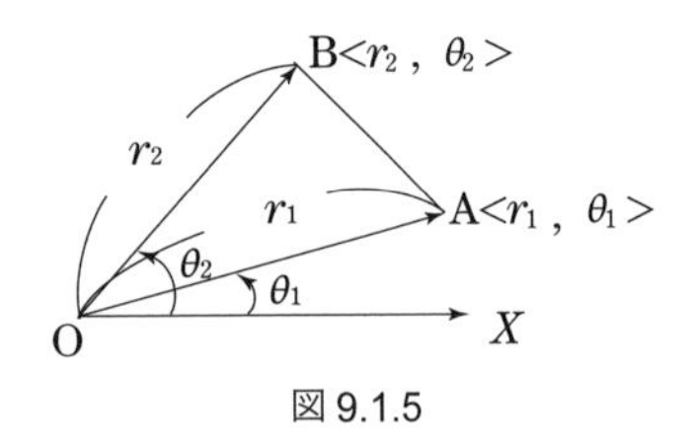

図 9.1.5

極座標の場合には，A$\langle r_1,\ \theta_1\rangle$，B$\langle r_2,\ \theta_2\rangle$ の距離は

$$\mathrm{AB}=\sqrt{r_1^2+r_2^2-2r_1r_2\cos(\theta_2-\theta_1)}$$

で与えられる．これは，三角形 OAB についての余弦定理から導き出すことができる．

続いて，極座標のもとでは，図形を表す式（方程式）はどのように表されるのだろうか．基本的な図形である直線あるいは円から，検討を始めてみよう．

例題 9-1 以下の (1)，(2) の図形を表す方程式を，r および θ を変数とする方程式で表せ．

(1) 極 O を通り，偏角が α である直線

(2) 極 O からその直線に降ろした垂線の足が H$\langle p,\ \alpha\rangle$ $(p>0)$ であるような直線

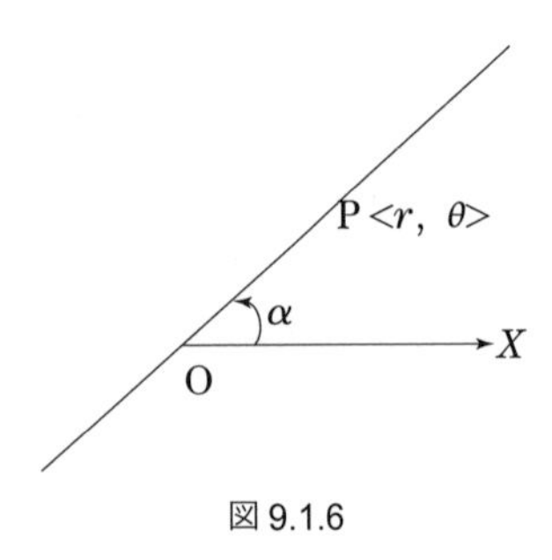

図 9.1.6

■**解答**

(1) 直交座標では $y=x\tan\alpha$ と表現される直線である．この直線上の任意の点の偏角は α であることから，

$$\theta=\alpha \quad (r \text{ は任意の実数})$$

(2) 直線上に任意の点 P$\langle r,\ \theta\rangle$ をとり，直角三角形 OPH に注目すれば，

$$r\cos(\theta-\alpha)=p$$

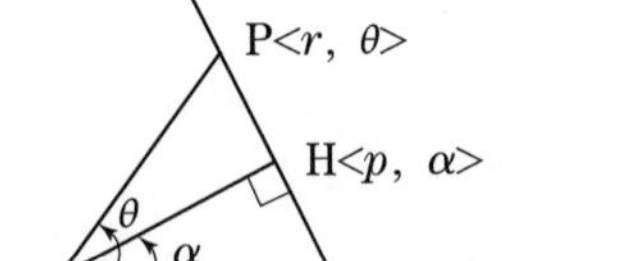

図 9.1.7

例題 9-2 以下の (1)，(2) の図形を表す方程式を，r および θ を変数とする方程式で表せ．

(1) 中心が極 O で，半径が a の円

(2) 中心が始線上の点 C$\langle a,\ 0\rangle$ で，極を通る半径 a の円

(3) 中心が C$\langle r_0,\ \theta_0\rangle$ で，半径が a の円

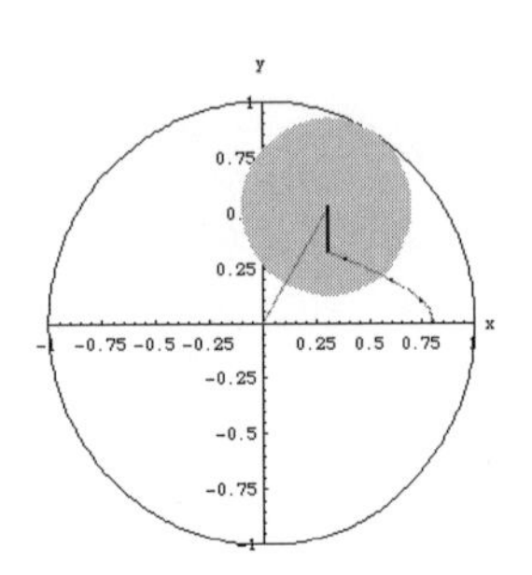

■**解答**

(1)　$r=a$（θ は任意の実数）

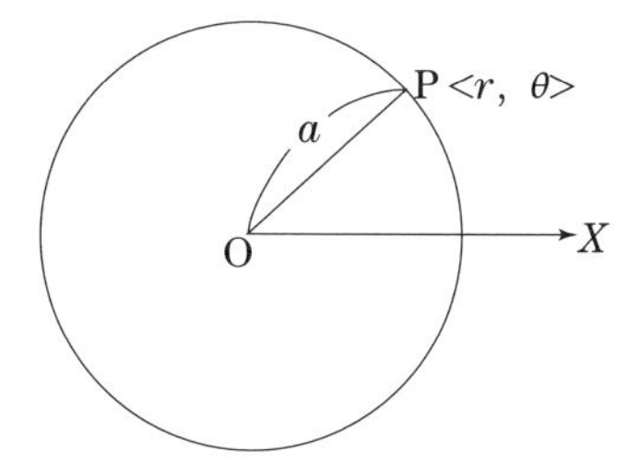

図9.1.8

(2)　$r=2a\cos\theta$

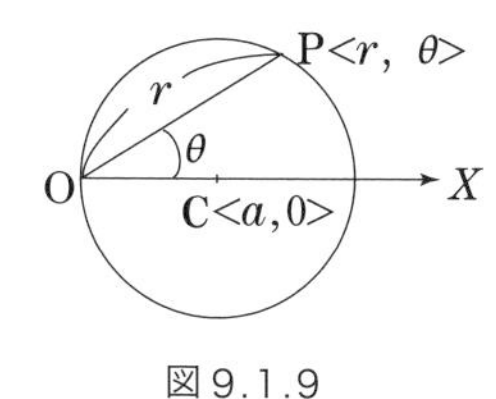

図9.1.9

(3) 三角形 OPC における余弦定理から

$$r^2+r_0^2-2r\,r_0\cos(\theta-\theta_0)=a^2$$

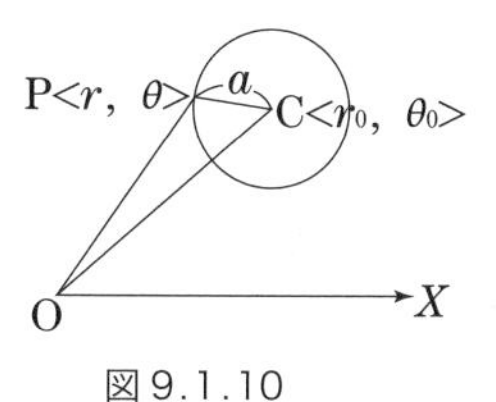

図9.1.10

直交座標においては，x 軸・y 軸ともに負の領域をカバーしており，たとえば x の符号と y の符号によって 4 つの「象限」に区分するという概念も持っていた．一方，極座標平面において同様の形式で象限という概念をきれいに持ち込むことは難しい．

直交座標表示された平面の中で，$y=f(x)$ の形に表された方程式の解 $(x,\ y)$ の集合が，何らかの曲線など図形を表していたのと同じように，極座標表示された平面の中で，$r=f(\theta)$ の形に表された方程式の解 $\langle r,\ \theta\rangle$ の集合もまた，何らかの曲線を表す．次節では

$r=f(\theta)$ の形の方程式から曲線の概形を描き出す方法について検討するが，その準備として，$r<0$ となる場合の理解を深めておくことが必要である．

$$\langle -r,\ \theta\rangle=\langle r,\ \theta+\pi\rangle$$

について既に説明した通りであるが，$r=f(\theta)$ の形の方程式を理解するには，次のようなものの見方が有効である．

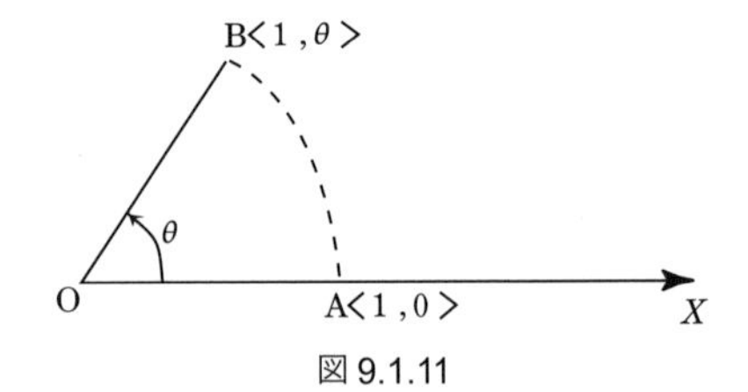

図 9.1.11

定点 A$\langle 1,\ 0\rangle$ をとる．θ を変数として，ベクトル $\overrightarrow{\mathrm{OA}}$ を θ だけ回転させたものを動径 $\overrightarrow{\mathrm{OB}}$ と呼ぶ．

極座標で P$\langle r,\ \theta\rangle$ と与えられる点 P は，

$$\overrightarrow{\mathrm{OP}}=r\overrightarrow{\mathrm{OB}}$$

によって定められる．すなわち，$|r|=|\overrightarrow{\mathrm{OP}}|$ で，

$r>0$ のときは $\overrightarrow{\mathrm{OP}}$ は $\overrightarrow{\mathrm{OB}}$ と同じ向き

$r<0$ のときは $\overrightarrow{\mathrm{OP}}$ は $\overrightarrow{\mathrm{OB}}$ と逆向き

にとるものとする．

このように理解すれば，$r<0$ のとき

$$\langle r,\ \theta\rangle=\langle |r|,\ \theta+\pi\rangle$$

ということになる．

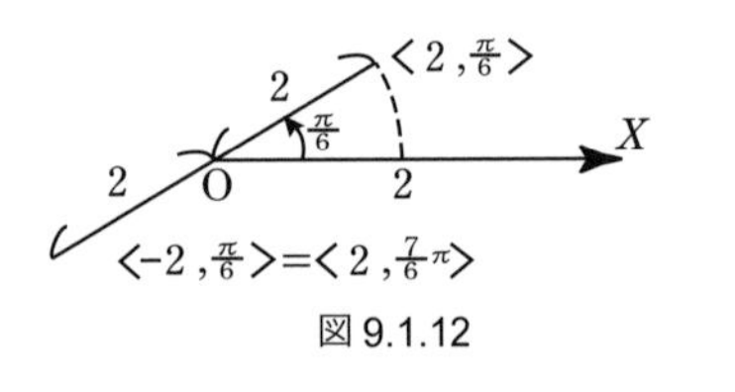

図 9.1.12

9.2 極方程式からの描画

この節では，$r=f(\theta)$ の形の極方程式で与えられる曲線 C の概形を描き出す方法について検討する．

1° まず $\theta-r$ 平面（ここでは直交座標）に，曲線 $r=f(\theta)$ を描く．

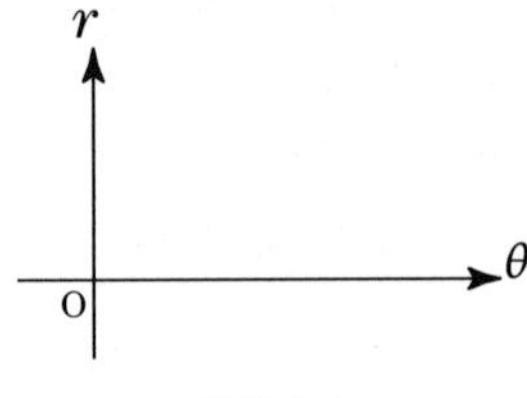

図 9.2.1

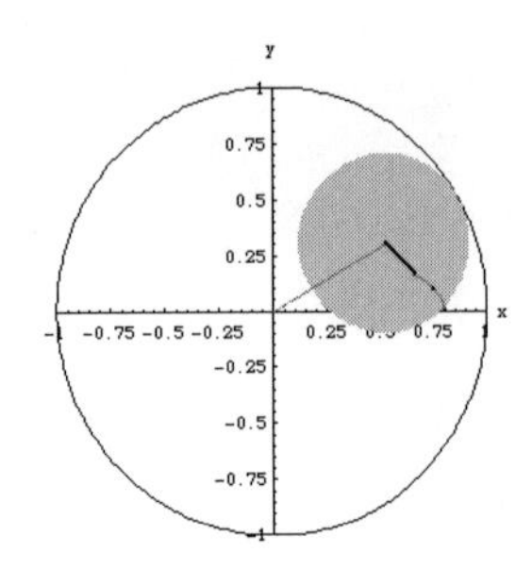

2° 1°で描いたグラフを裏返し，格子（図 9.2.2 の点線部）をイメージする．

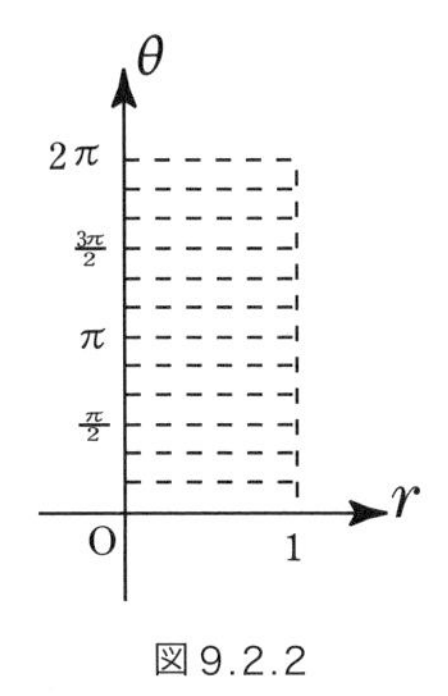

図 9.2.2

3° 2°のグラフの θ 軸を圧縮しながら，r 軸を X 軸に重ねて，極座標平面に巻き付ける．

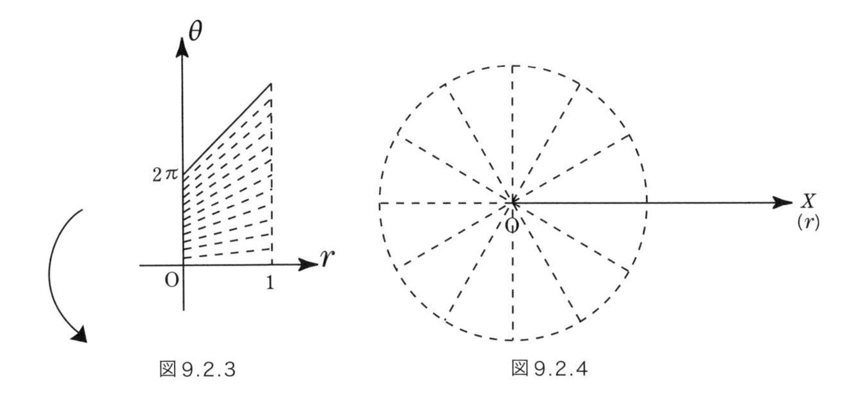

図 9.2.3　図 9.2.4

最後の段階は「扇を開く」ような感覚で行なうとよい．
実例をあげてみよう．

例題9-3 バラ曲線 (rose curve)　$r=\sin 3\theta$ $(0 \leqq \theta \leqq \pi)$ を描け.

■解答

まず $\theta-r$ 平面（ここでは直交座標）に，曲線 $r=r\sin 3\theta$ $(0 \leqq \theta \leqq \pi)$ を描く.

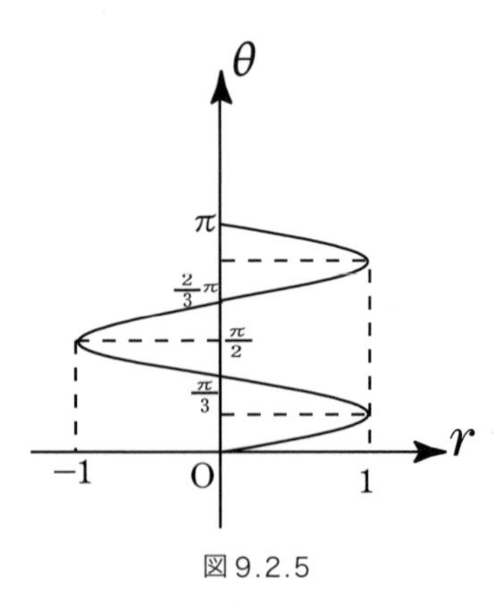

図9.2.5

$0 \leqq \theta \leqq \dfrac{\pi}{3}$ では，$r \geqq 0$ である.

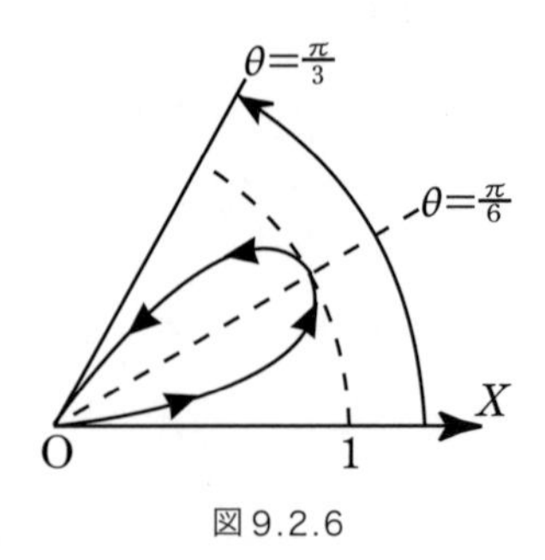

図9.2.6

$\dfrac{\pi}{3} \leqq \theta \leqq \dfrac{2\pi}{3}$ では，$r \leqq 0$ である.

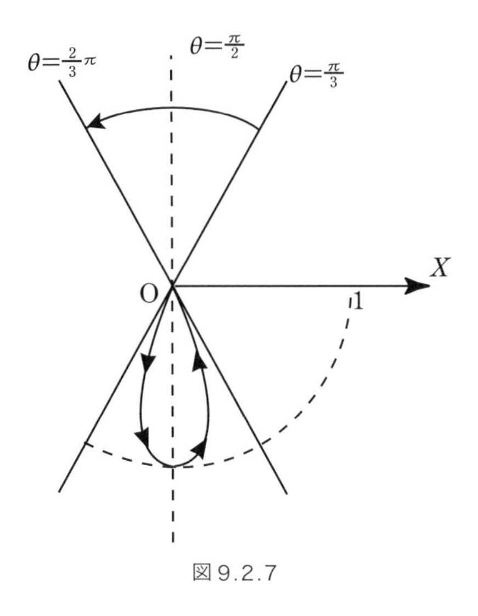

図 9.2.7

$\dfrac{2\pi}{3} \leqq \theta \leqq \pi$ では，$r \geqq 0$ である．

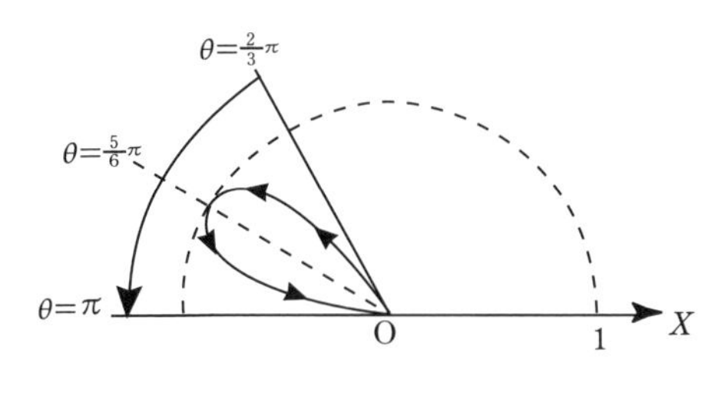

図 9.2.8

これら図 9.2.6 から図 9.2.8 までを一枚の極座標平面に貼り合わせると，バラ曲線 $r = \sin 3\theta$ $(0 \leqq \theta \leqq \pi)$ が完成する．

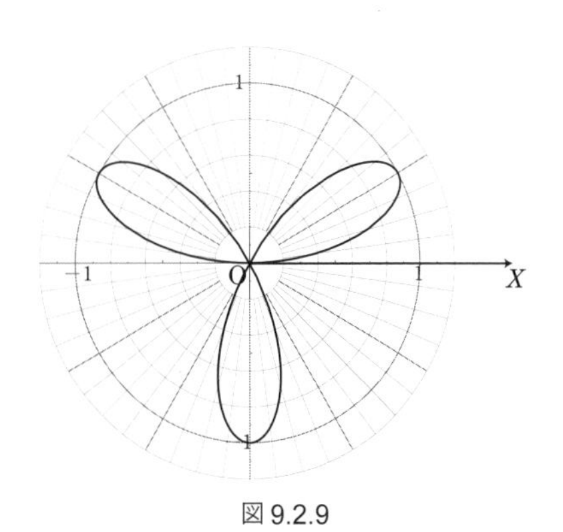

図 9.2.9

いろいろなバラ曲線を紹介しておく．

$r=\sin\theta$ は円を表す．（図 9.2.10）

■ $r=\sin\theta=\cos\left(\dfrac{\pi}{2}-\theta\right)$ とみれば，（例題 9－2）（2）と同種の曲線であると理解できる．

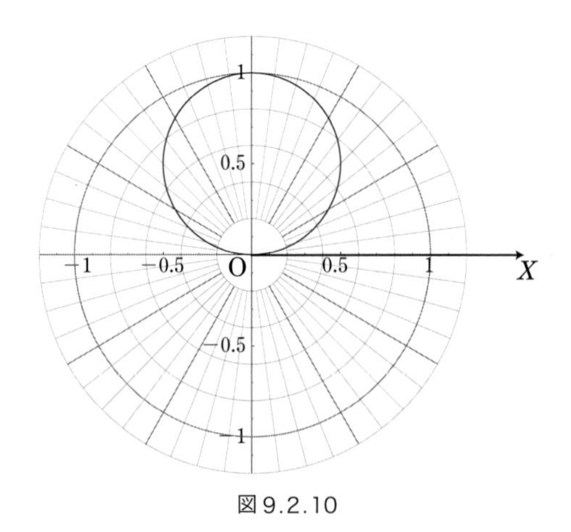

図 9.2.10

$r=\sin 2\theta$ の概形は図 9.2.11 のようになる．

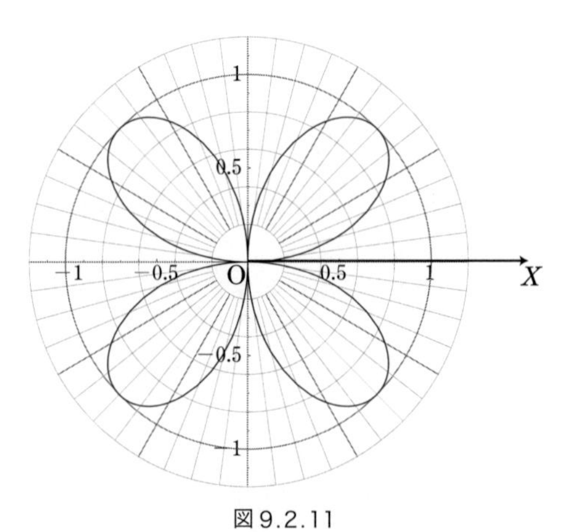

図 9.2.11

$r = \sin 4\theta$ の概形は図 9.2.12 のようになる．花びらの数が倍になっていることが観察できる．

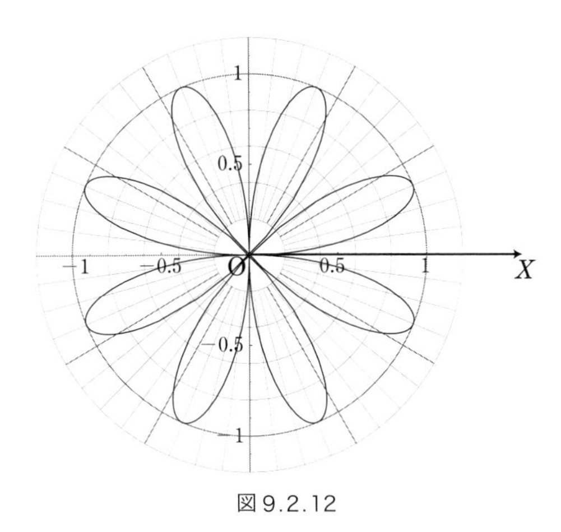

図 9.2.12

$r = \sin 5\theta$ の概形は図 9.2.13 のようになる．

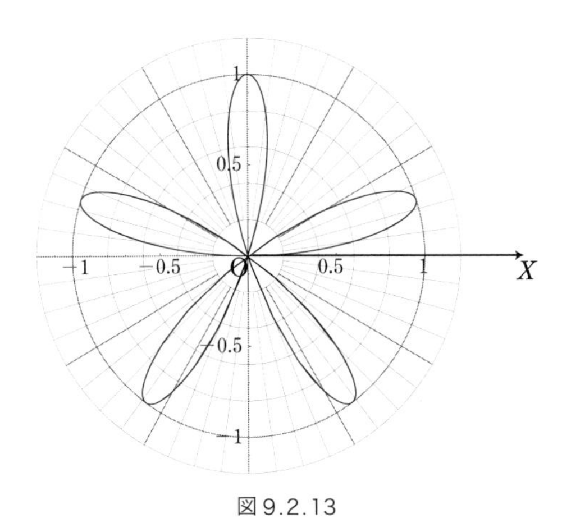

図 9.2.13

9.3 2次曲線の表現

この節では，2次曲線（7.2 円錐曲線にて学んだ）が，極座標平面ではどのような方程式で表されるのかを検討してみる．

例題9-4

原点 O を中心とする半径 1 の円周 C が xy 平面上にある．この平面上の点 P(P ≠ O) から x 軸に下ろした垂線の足を Q，直線 OP と C との交点のうち，P に近い方の点を R とする．

(1) 点 P の極座標を $\langle r,\ \theta\rangle$ として，線分 PQ, PR の長さを，r, θ を用いて表せ．

(2) 2 線分 PQ, PR の長さが等しくなる点 P の軌跡 D の極方程式を求めよ．

(3) xy 座標に関する D の方程式を求めよ．

■解答

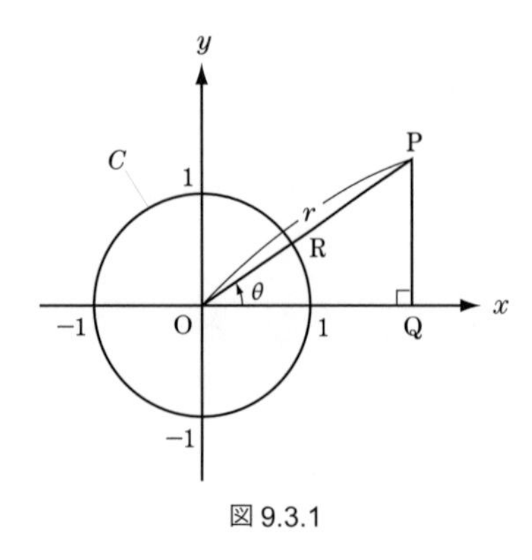

図 9.3.1

(1) $\mathrm{PQ}=|r\sin\theta|$

$\mathrm{PR}=|r-1|$

(2) $\mathrm{PQ}=\mathrm{PR}$

$\iff |r\sin\theta|=|r-1|$

$\iff r^2\sin^2\theta=r^2-2r+1$

$\iff (1+\sin\theta)(1-\sin\theta)r^2-2r+1=0$

$\iff \{(1+\sin\theta)r-1\}\{(1-\sin\theta)r-1\}=0$

$\iff r=\dfrac{1}{1\pm\sin\theta}$

(3) $r=\sqrt{x^2+y^2}$，$r\sin\theta=y$ だから，

$r\pm r\sin\theta=1$

$\iff \sqrt{x^2+y^2}\pm y=1$

$\iff x^2+y^2=(1\mp y)^2$

$\iff \pm 2y=1-x^2$

$\iff y=\pm\dfrac{1}{2}(1-x^2)$

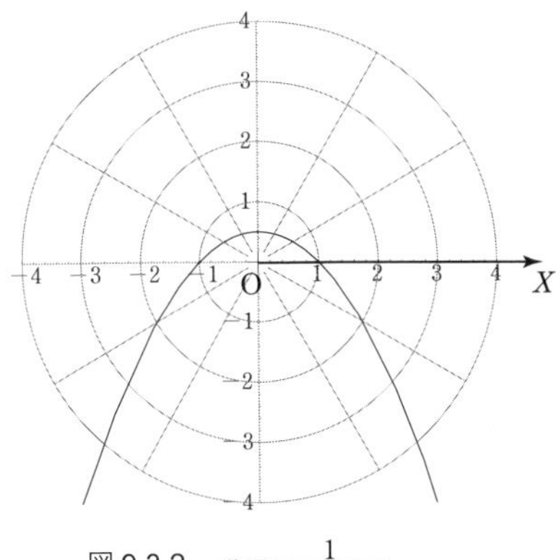

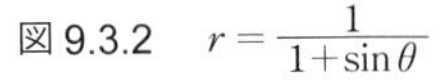
図 9.3.2　$r=\dfrac{1}{1+\sin\theta}$

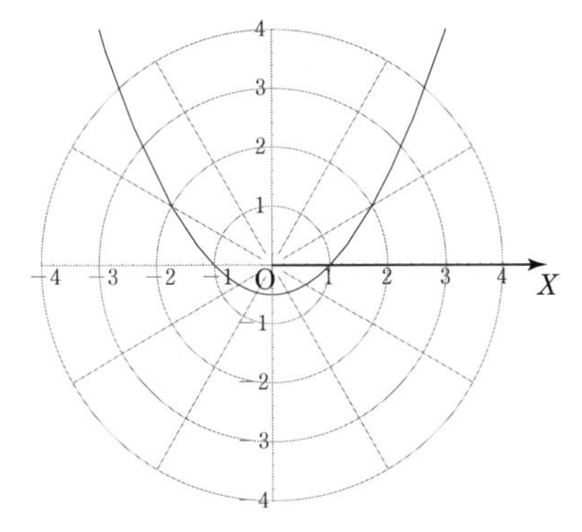

図 9.3.3　$r=\dfrac{1}{1-\sin\theta}$

■参考

点Pから直線 $y=-1$ への垂線の足をHとする．

Pが円 C の外部にあるとき，（図の P_1）

$$P_1Q=P_1R$$
$$\iff P_1Q+1=P_1R+1$$
$$\iff P_1H=P_1O$$

Pが円 C の内部にあるとき，（図の P_2）

$$P_2Q=P_2R$$
$$\iff 1-P_2Q=1-P_2R$$
$$\iff P_2H=P_2O$$

どちらにしても，$PH=PO$

したがって，点Pの軌跡 D の一方は，原点を焦点とし，直線 $y=-1$ を準線とする放物線 $y=\dfrac{x^2-1}{2}$ となる．準線 $y=1$ についても同様に考えることができる．

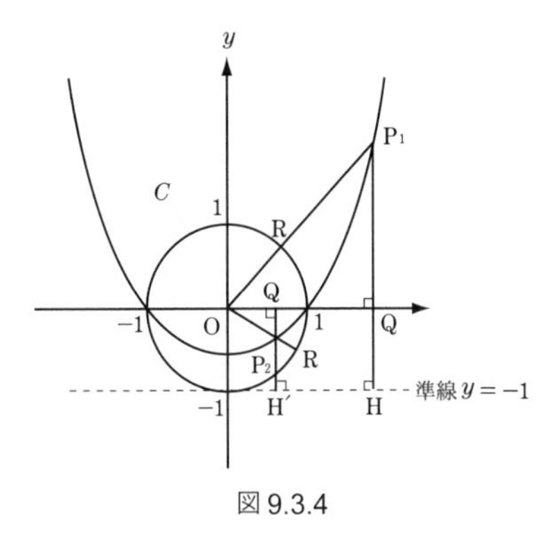

図 9.3.4

例題9-5

(1) 直交座標において，点 $A(\sqrt{3},\ 0)$ と準線 $x=\dfrac{4}{\sqrt{3}}$ からの距離の比が $\sqrt{3}:2$ である点 $P(x,\ y)$ の軌跡を求めよ．

(2) (1)における A を極，x 軸の正の部分の半直線 AX とのなす角 θ を偏角とする極座標を定める．このとき，P の軌跡を $r=f(\theta)$ の形の極方程式で求めよ．ただし，$0\leqq\theta<2\pi$，$r>0$ とする．

(3) A を通る任意の直線と (1) で求めた曲線との交点を R, Q とする．このとき，$\dfrac{1}{\mathrm{RA}}+\dfrac{1}{\mathrm{QA}}$ は一定であることを示せ．

■解答

(1) $P(x,\ y)$ について，

$$\mathrm{PA}=\sqrt{(x-\sqrt{3})^2+y^2}$$

また，P から直線 $x=\dfrac{4}{\sqrt{3}}$ への垂線の足を H とすると，

$$\mathrm{PH}=\left|x-\frac{4}{\sqrt{3}}\right|$$

これらを与えられた条件

$$\mathrm{PA}:\mathrm{PH}=\sqrt{3}:2 \iff 4\mathrm{PA}^2=3\mathrm{PH}^2$$

に代入すると，

$$4(x-\sqrt{3})^2+4y^2=3\left(x-\frac{4}{\sqrt{3}}\right)^2$$

$$\iff x^2+4y^2=4$$

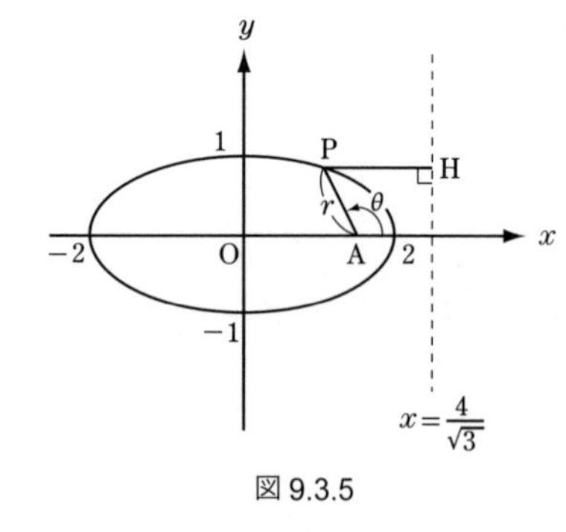

図 9.3.5

(2) $\overrightarrow{\mathrm{AP}}=r\begin{pmatrix}\cos\theta\\ \sin\theta\end{pmatrix}$ だから，直交座標で

$$\overrightarrow{\mathrm{OP}}=\overrightarrow{\mathrm{OA}}+\overrightarrow{\mathrm{AP}}$$

$$\iff \begin{pmatrix}x\\ y\end{pmatrix}=\begin{pmatrix}\sqrt{3}+r\cos\theta\\ r\sin\theta\end{pmatrix}$$

これを (1) の結果に代入して，

$$(\sqrt{3}+r\cos\theta)^2+4(r\sin\theta)^2=4$$

$$\iff r^2(\cos^2\theta+4\sin^2\theta)+2\sqrt{3}\,r\cos\theta=1$$

$$\iff (4-3\cos^2\theta)r^2+2\sqrt{3}\,r\cos\theta-1=0$$

$$\iff \{(2+\sqrt{3}\cos\theta)r-1\}\underbrace{\{(2-\sqrt{3}\cos\theta)r+1\}}_{+}=1$$

$$\therefore\ r=\frac{1}{2+\sqrt{3}\cos\theta}=f(\theta)$$

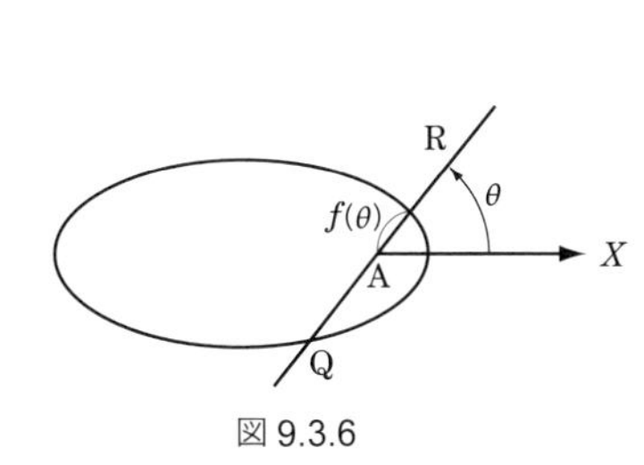

図 9.3.6

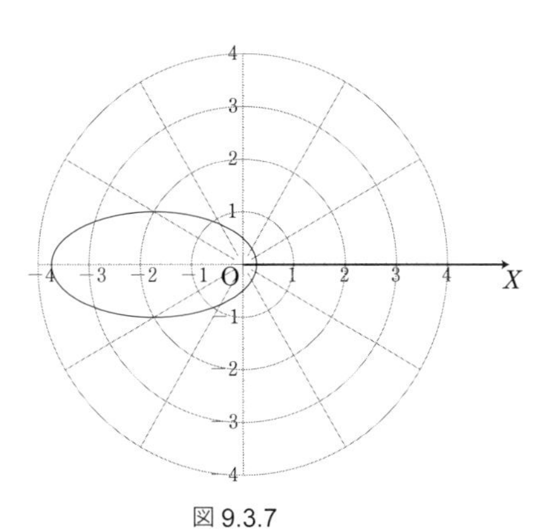

図 9.3.7

(3) A を極とする極座標で，R の偏角が θ のとき，

$$\mathrm{AR}=f(\theta)=\frac{1}{2+\sqrt{3}\cos\theta}$$

このとき Q の偏角は $\theta+\pi$ だから，

$$\mathrm{AQ}=f(\theta+\pi)=\frac{1}{2+\sqrt{3}\cos(\theta+\pi)}=\frac{1}{2-\sqrt{3}\cos\theta}$$

$$\therefore\ \frac{1}{\mathrm{RA}}+\frac{1}{\mathrm{QA}}=(2+\sqrt{3}\cos\theta)+(2-\sqrt{3}\cos\theta)$$

$$=4$$

したがって，$\dfrac{1}{\mathrm{RA}}+\dfrac{1}{\mathrm{QA}}$ は一定である．

例題9-6

図のように，O を極として，極座標を $\langle 1,\ \pi\rangle$ とする定点を A とする．極座標を $\langle r,\ \theta\rangle$ とする動点 P は，PA の長さが PO の長さ r より定数 a だけ長いような点であるとする．ただし，$0<a<1$ とする．

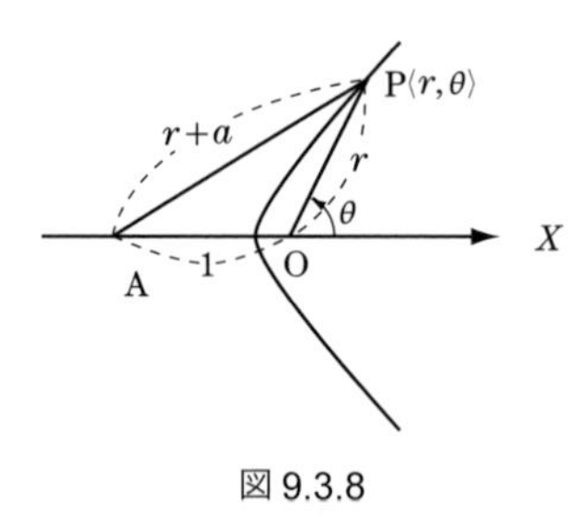

図 9.3.8

(1) 動点 P が描く曲線の極方程式を求めよ．

(2) PA の長さが最小となる点 P の極座標を求めよ．

(3) 動点 P が描く曲線は，線分 OA の中点を通る 2 本の漸近線をもつ．$a=\dfrac{1}{2}$ の場合について，これらの漸近線の極方程式を求めよ．

■解答

(1) △OAP で余弦定理を用いると，

$$(r+a)^2=r^2+1-2r\cos(\pi-\theta)$$

$$\Longleftrightarrow\ 2r(a-\cos\theta)=1-a^2$$

(2) PA が最小となるとき，

$$r=\frac{1-a^2}{2(a-\cos\theta)}$$

が最小となるから，$a-\cos\theta$ が最大値をとる．

これは $\theta-\pi$ のときで，

$$r=\frac{1-a^2}{2(1+a)}=\frac{1-a}{2}$$

$$\therefore\ \mathrm{P}\langle r,\ \theta\rangle=\left\langle\frac{1-a}{2},\ \pi\right\rangle$$

(3) $a=\dfrac{1}{2}$ のとき，$r=\dfrac{3}{4(1-2\cos\theta)}$

漸近線は，$r \to \infty$ のときで，

$$1-2\cos\theta \longrightarrow 0$$

$$\cos\theta \longrightarrow \frac{1}{2}$$

$$\theta \longrightarrow \pm\frac{\pi}{3}$$

の向きにある．

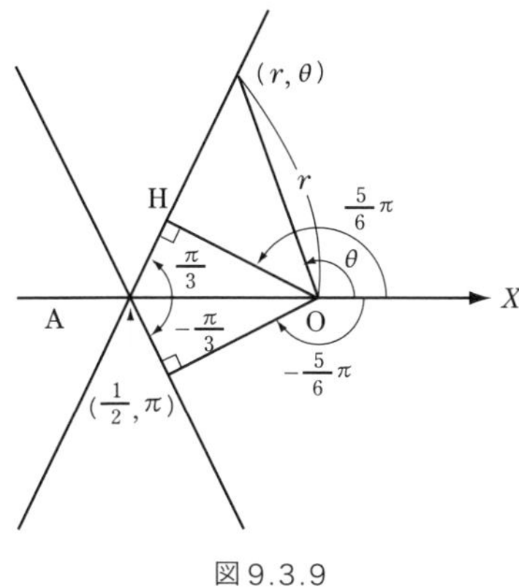

図 9.3.9

極 O から漸近線への垂線の足を H として，

$$\mathrm{OH}=\frac{1}{2}\sin\frac{\pi}{3}=\frac{\sqrt{3}}{4}$$

だから，漸近線の極方程式は，

$$r\cos\left(\theta\pm\frac{5}{6}\pi\right)=\frac{\sqrt{3}}{4}$$

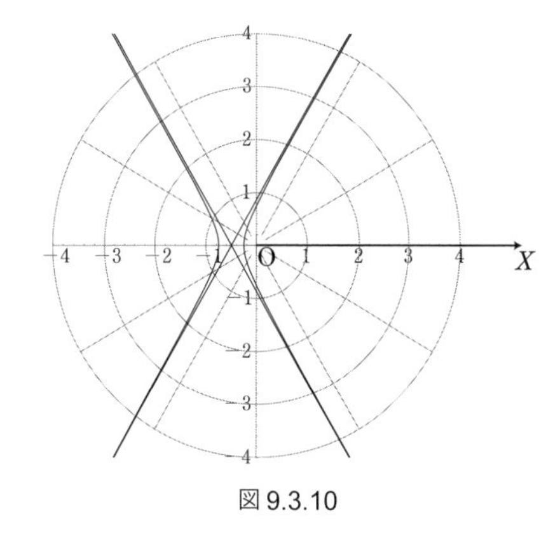

図 9.3.10

■**参考**

$$\mathrm{AP}-\mathrm{OP}=a \quad (一定)$$

を満たす P の軌跡は，2 点 A, O を焦点とする双曲線である．

ここまで，

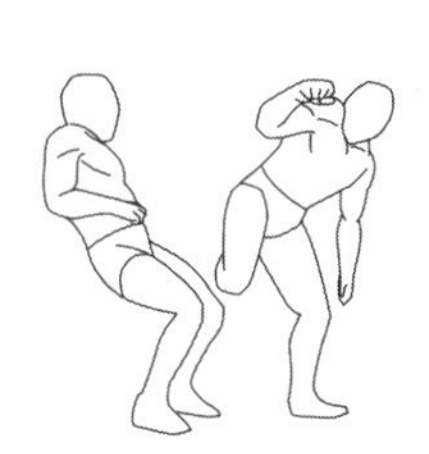

(例題 9–4)では放物線の極方程式について,
(例題 9–5)では楕円の極方程式について,
(例題 9–6)では双曲線の極方程式について,
それぞれみてきた．では，一般に 2 次曲線の極方程式はどのように類型化されるのだろうか.

■ O をその 2 次曲線の焦点，g を準線，e を離心率という.

■ $\mathrm{OP}=r$，$\mathrm{PH}=a-r\cos\theta$ を

$$\mathrm{OP}:\mathrm{PH}=e:1 \Longleftrightarrow \mathrm{OP}=e\mathrm{PH}$$

に代入すると

$$r=e(a-r\cos\theta)$$

$$\therefore\ r(1+e\cos\theta)=ea$$

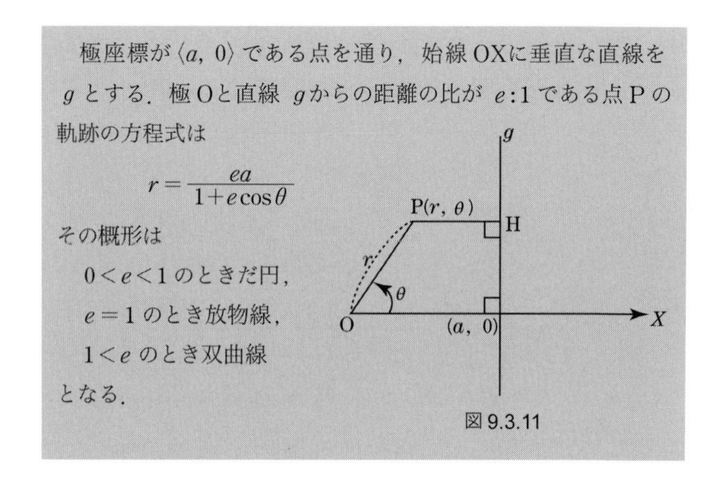
極座標が $\langle a,\ 0\rangle$ である点を通り，始線 OX に垂直な直線を g とする．極 O と直線 g からの距離の比が $e:1$ である点 P の軌跡の方程式は

$$r=\frac{ea}{1+e\cos\theta}$$

その概形は
$0<e<1$ のときだ円,
$e=1$ のとき放物線,
$1<e$ のとき双曲線
となる.

図 9.3.11

離心率 e を変化させたときの 2 次曲線の形を示しておく．図 9.3.12 は $e=0.5$，1，1.5 の 3 つの例を示している.

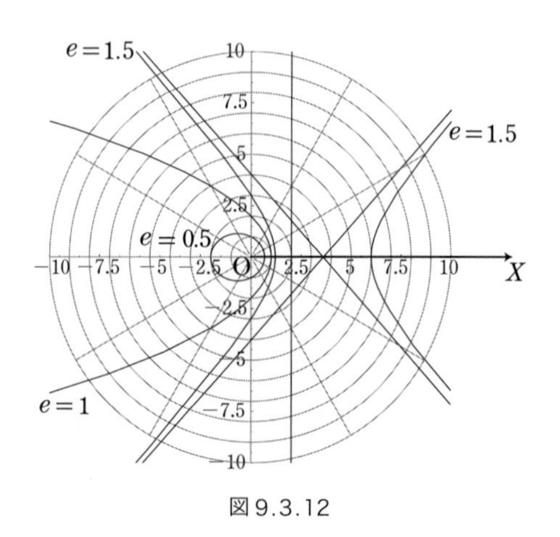

図 9.3.12

図 9.3.13 は $0.1 \leqq e \leqq 1$ の例を示している.

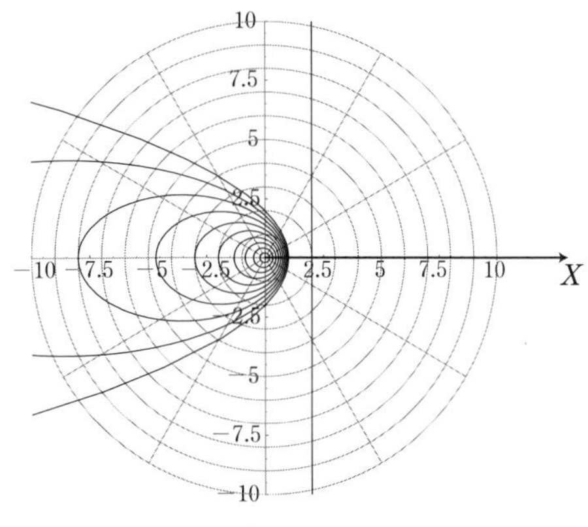

図 9.3.13

図 9.3.14 は $1 \leqq e \leqq 2$ の例を示している.

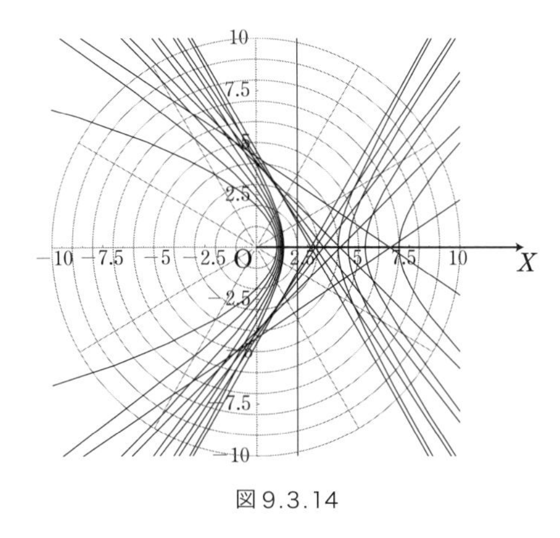

図 9.3.14

9.4 螺線および長さ・面積・角度

9.2 節以降, $r = f(\theta)$ の形の極方程式で与えられる曲線 C の概形を描き出す方法について検討しているところである. ここでは, $f(\theta)$ が θ の単調増加 (または単調減少) 関数となっている場合を想

定してみよう．$f(\theta)$ が単調増加するのだとすれば，偏角 θ とともに r が増えていくのだから，曲線 C は渦巻き状のものになるであろうと予想が立つ．実際，とくに

$f(\theta)$ が θ の1次関数のとき，曲線 C はアルキメデスの螺旋

$f(\theta)$ が θ の指数関数のとき，曲線 C は対数螺旋（あるいは等角螺旋）

という．これらの曲線について，性質を調べてみることにしよう．

次の（例題 9-7）は，対数螺旋に関する問題である．

例題 9-7 極方程式 $r=e^{k\theta}$（e は自然対数の底，定数 $k>0$）で表される曲線について，この曲線上の任意の点 P における接線と，点 P と原点 O を結ぶ直線とのなす角を α とする．

(1) この曲線上の任意の点 P の直交座標 $(x,\ y)$ とするとき，$\dfrac{dx}{d\theta}$，$\dfrac{dy}{d\theta}$ を k と θ を用いて表せ．

(2) この接線と x 軸とのなす角を β とする．$k\neq\tan\theta$ のとき，$\tan\beta=\dfrac{k\tan\theta+1}{k-\tan\theta}$ を表せ．

なお，β の取り方には2通りあるので取り方によっては $\tan\beta=-\dfrac{k\tan\theta+1}{k-\tan\theta}$ となる．これを示しても良い．

(3) 角 α が一定であることを示せ．

(1) $r=e^{k\theta}$ ……①

上の任意の点 $\mathrm{P}\langle r,\ \theta\rangle$ について，直交座標を $\mathrm{P}(x,\ y)$ とすると，パラメータ θ を用いて

$$\begin{cases} x=r\cos\theta=e^{k\theta}\cos\theta \\ y=r\sin\theta=e^{k\theta}\sin\theta \end{cases}$$

と表されるから，

$$\frac{dx}{d\theta} = ke^{k\theta}\cos\theta - e^{k\theta}\sin\theta$$

$$= e^{k\theta}(k\cos\theta - \sin\theta)$$

$$\frac{dy}{d\theta} = ke^{k\theta}\sin\theta + e^{k\theta}\cos\theta$$

$$= e^{k\theta}(k\sin\theta + \cos\theta)$$

(2) 曲線①の P における接線の傾きについて，

$$\tan\beta = \frac{dy}{dx} = \frac{\frac{dy}{d\theta}}{\frac{dx}{d\theta}}$$

$$= \frac{k\sin\theta + \cos\theta}{k\cos\theta - \sin\theta}$$

$$= \frac{k\tan\theta + 1}{k - \tan\theta}$$

■「2 直線のなす角」は 2 つの値が考えられるが，2 つの角のうちの大きくない方 (鋭角の方) をさすのが通常であるから，

$$\tan\beta = \left|\frac{k\tan\theta + 1}{k - \tan\theta}\right|$$

とみてよいだろう．

(3) 直線 OP の傾きは $\tan\theta$ であり，曲線①の P における接線の傾きは $\tan\beta$ であるから，これら 2 直線のなす角 α について，

$$\tan\alpha = |\tan(\theta - \beta)|$$

$$= \left|\frac{\tan\theta - \tan\beta}{1 + \tan\theta\tan\beta}\right|$$

$$= \left|\frac{\tan\theta - \frac{k\tan\theta + 1}{k - \tan\theta}}{1 + \tan\theta \cdot \frac{k\tan\theta + 1}{k - \tan\theta}}\right|$$

$$= \left|\frac{1 + \tan^2\theta}{k(1 + \tan^2\theta)}\right|$$

$$= \frac{1}{k} \quad (k > 0)$$

よって，α は一定の角である．

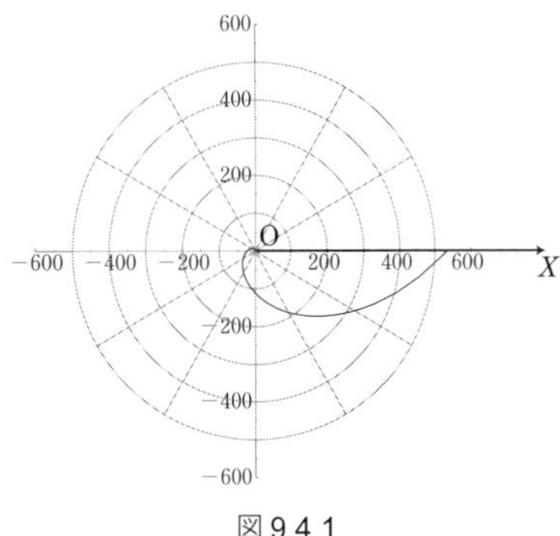

図 9.4.1

$r = e^{k\theta}$ については，曲線上の点 P における接線ベクトルと，$\overrightarrow{\mathrm{OP}}$ とのなす角がつねに一定であることがわかった．曲線のこの性質にちなんで「等角螺旋」とも呼ばれる．その概形は，大局的には図 9.4.1 のようになる．目盛りが巨大であるが，$e^{2\pi}$ の値は，およそ 535.492 である．

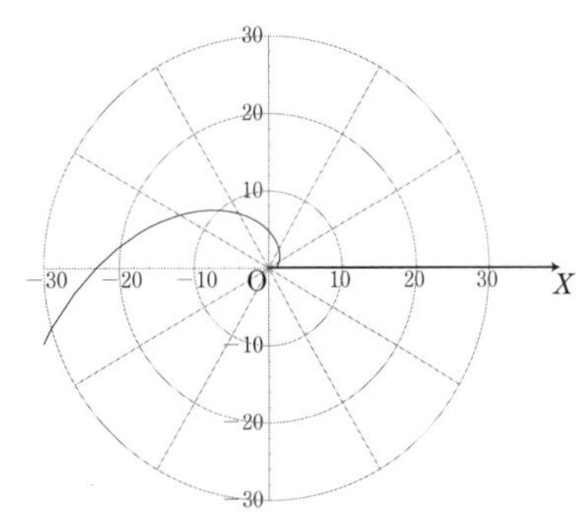

図 9.4.2

もう少し近づいて，局所的に見てみると図 9.4.2 のようになる．目盛りが小さくなったが，e^{π} の値は，およそ 23.1407 である．

実は，図 9.4.1 と図 9.4.2 の二つのグラフは相似形である．つまり，

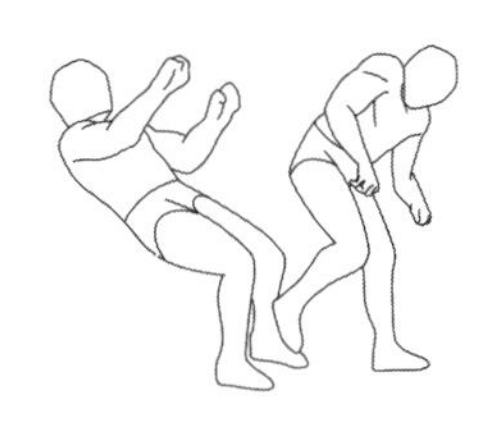

対数螺旋は，自分自身の内部に自分自身と相似なミニチュアを含んでいるのである．

次の(例題 9–8)は，アルキメデスの螺旋に関する問題である．

例題9-8 xy 座標平面で点 P は点 A(1, 0) を始点として，原点 O を中心とする半径 1 の円周上を正の向きに一定の速さで回転する．点 Q は動径 OP 上を原点 O から出発して一定の速さで P に向かって進み，点 P が円を一周して点 A に戻ってきたときにちょうど点 P に到達するとする．このときの点 Q の軌跡を C，$\angle\mathrm{POA}=\theta$，そして C と線分 OQ とで囲まれる領域の面積を $S(\theta)$ とする．

(1) Q の座標を θ を用いて表せ．

(2) 上の座標を $\mathrm{Q}(\theta)$ とする．点 $\mathrm{Q}(\pi)$ における C の接線と y 軸との交点の座標を求めよ．

(3) $0\leqq\theta_1<\theta_2\leqq 2\pi$ のとき

$$\frac{1}{2}\left(\frac{\theta_1}{2\pi}\right)^2<\frac{S(\theta_2)-S(\theta_1)}{\theta_2-\theta_2}<\frac{1}{2}\left(\frac{\theta_2}{2\pi}\right)^2$$ を示せ．

(4) $\dfrac{dS(\theta)}{d\theta}$ および $S(\theta)$ を求めよ．

■解答

(1) (点 Q の偏角) = (点 P の偏角) $=\theta$，$\mathrm{OQ}=\dfrac{\theta}{2\pi}$ だから，

$$\mathbf{Q}\left(\frac{\theta}{2\pi}\cos\theta,\quad \frac{\theta}{2\pi}\sin\theta\right)$$

(2) 点 $\mathrm{Q}(\theta)$ における C の接線ベクトルを $\overrightarrow{v(\theta)}$ とすると，

$$\overrightarrow{v(\theta)}=\begin{pmatrix}\frac{dx}{d\theta}\\ \frac{dy}{d\theta}\end{pmatrix}=\begin{pmatrix}\frac{1}{2\pi}\cos\theta-\frac{\theta}{2\pi}\sin\theta\\ \frac{1}{2\pi}\sin\theta+\frac{\theta}{2\pi}\cos\theta\end{pmatrix}$$

$$\overrightarrow{v(\pi)}=\begin{pmatrix}-\frac{1}{2\pi}\\ -\frac{1}{2}\end{pmatrix}/\!/\begin{pmatrix}1\\ \pi\end{pmatrix}$$

よって，$\mathrm{Q}(\pi)=\left(-\dfrac{1}{2},\ 0\right)$ での接線の方程式は

$$y=\pi\left(x+\frac{1}{2}\right)$$

で，これと y 軸との交点は $\left(\mathbf{0},\ \dfrac{\boldsymbol{\pi}}{\mathbf{2}}\right)$

(3) 図 9.4.3 のように Q_1，Q_2，Q_1'，Q_2' をとる．

（$OQ_1=OQ_1'=\dfrac{\theta_1}{2\pi}$，$OQ_2=OQ_2'=\dfrac{\theta_2}{2\pi}$ である．）

$S(\theta_2)-S(\theta_2)$ は図 9.4.3 中の網目部の面積を表すから，

扇形 $OQ_1Q_1'<S(\theta_2)-S(\theta_1)<$ 扇形 OQ_2Q_2'

$$\therefore\ \frac{1}{2}\left(\frac{\theta_1}{2\pi}\right)^2(\theta_2-\theta_1)<S(\theta_2)-S(\theta_1)<\frac{1}{2}\left(\frac{\theta_2}{2\pi}\right)^2(\theta_2-\theta_1)$$

$$\therefore\ \frac{1}{2}\left(\frac{\theta_1}{2\pi}\right)^2<\frac{S(\theta_2)-S(\theta_1)}{\theta_2-\theta_1}<\frac{1}{2}\left(\frac{\theta_2}{2\pi}\right)^2$$

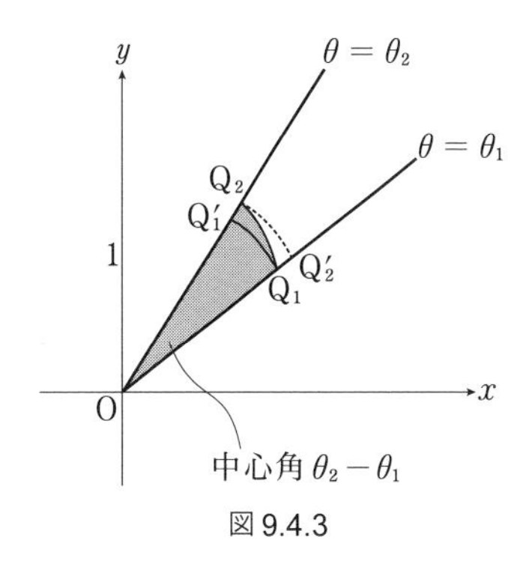

図 9.4.3

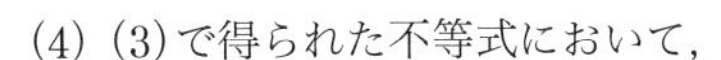
(4) (3)で得られた不等式において，

$$\theta_1=\theta,\quad \theta_2=\theta+h\quad (h>0)$$

とおくと，

$$\frac{1}{2}\left(\frac{\theta}{2\pi}\right)^2<\frac{S(\theta+h)-S(\theta)}{h}<\frac{1}{2}\left(\frac{\theta+h}{2\pi}\right)^2$$

であり，

$$\lim_{h\to+0}\frac{1}{2}\left(\frac{\theta+h}{2\pi}\right)^2=\frac{1}{2}\left(\frac{\theta}{2\pi}\right)^2$$

なので，はさみうちの原理により

$$\lim_{h\to+0}\frac{S(\theta+h)-S(\theta)}{h}=\frac{1}{2}\left(\frac{\theta}{2\pi}\right)^2$$

となる．$h<0$ のときも同様であるから，

$$\frac{dS(\theta)}{d\theta}=\lim_{h\to+0}\frac{S(\theta+h)-S(\theta)}{h}=\frac{\mathbf{1}}{\mathbf{2}}\left(\frac{\boldsymbol{\theta}}{\mathbf{2}\boldsymbol{\pi}}\right)^2$$

$$\therefore\ S(\theta)=\int\frac{1}{2}\left(\frac{\theta}{2\pi}\right)^2d\theta=\frac{\theta^3}{24\pi^2}+C$$

となるが，$S(0)=0$ なので積分定数は $C=0$ である．

$$\boldsymbol{S(\theta)=\frac{\theta^3}{24\pi^2}}$$

■ いきなり定積分で

$$S(\theta)=S(0)+\int_0^\theta\frac{dS(\varphi)}{d\varphi}d\varphi$$
$$=0+\int_0^\theta\frac{1}{2}\left(\frac{\varphi}{2\pi}\right)^2d\varphi$$

としても求められる．

■参考

一般に 0 以上の値をとる連続関数 $r(\theta)$ を用いて

$$P(r(\theta)\cos\theta,\ r(\theta)\sin\theta)$$

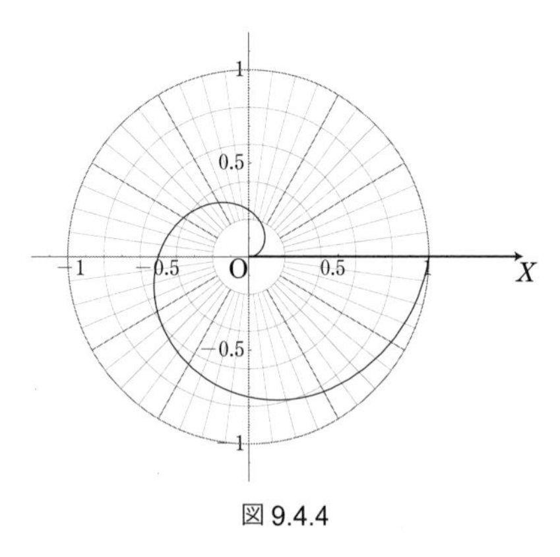

図 9.4.4

の極表示の形でパラメータ表示される曲線について，$\theta_1 \leqq \theta \leqq \theta_2$ の範囲で動径 OP の掃く部分の面積 S は

$$S = \frac{1}{2}\int_{\theta_1}^{\theta_2} r(\theta)^2 d\theta$$

となる．特に $r(\theta) = \dfrac{\theta}{2\pi}$ としたものが本問の曲線 C で，「アルキメデス螺線」といわれる．$0 \leqq \theta \leqq 2\pi$ の範囲での概形を単位円と共に図 9.4.4 に描いた．

これで，$r = f(\theta)$ の形の極方程式で与えられる曲線上の点 P がつくる動径 $\overrightarrow{\mathrm{OP}}$ が掃く部分の面積の求め方がわかった．では，点 P の軌跡の長さを求めるにはどうしたらよいのか．次の（例題 9−9）を検討してみよう．

例題 9−9

(1) 関数 $h(x) = x\sqrt{1+x^2}$ について，導関数 $h'(x)$ を求めよ．

(2) 関数 $k(x) = x\sqrt{1+x^2} + \log(x + \sqrt{1+x^2})$ について，導関数 $k'(x)$ を求めよ．

(3) 媒介変数 t を用いて，$x = f(t)$，$y = g(t)$ $(\alpha \leqq t \leqq \beta)$ と表されている曲線を C とする．関数 $f(t)$，$g(t)$ が微分可能で，$f'(t)$，$g'(t)$ が連続であるとき，曲線 C の長さ L を表す公式を示せ．

(4) 極方程式 $r = \theta$ で定義される曲線の $0 \leqq \theta \leqq 2\pi$ の部分の長さ L の値を求めよ．

■解答

(1) $h(x) = x\sqrt{1+x^2}$ について，

$$h'(x) = 1\cdot\sqrt{1+x^2} + x\cdot\frac{x}{\sqrt{1+x^2}}$$

$$= \frac{1+2x^2}{\sqrt{1+x^2}}$$

(2) $k(x) = h(x) + \log(x + \sqrt{1+x^2})$ について，

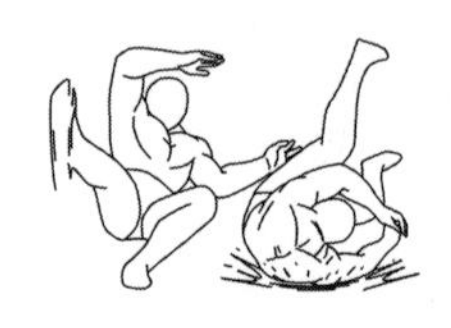

$$k'(x)=h'(x)+\frac{1+\frac{x}{\sqrt{1+x^2}}}{x+\sqrt{1+x^2}}$$

$$=\frac{1+2x^2}{\sqrt{1+x^2}}+\frac{1}{\sqrt{1+x^2}}$$

$$=2\sqrt{1+x^2}$$

(3) 媒介変数 t の微小増分 dt に対応する曲線 C 上の弧長は

$$\sqrt{(dx)^2+(dy)^2}=\sqrt{\left(\frac{dx}{dt}\right)^2+\left(\frac{dy}{dt}\right)^2}\,dt$$

$$=\sqrt{\{f'(t)\}^2+\{g'(t)\}^2}\,dt$$

と表される．これを $\alpha \leqq t \leqq \beta$ にわたり定積分することにより

$$L=\int_\alpha^\beta \sqrt{\{f'(t)\}^2+\{g'(t)\}^2}\,dt$$

を得る．

(4) 極方程式 $r=\theta$ で表される曲線上の点 $\mathrm{P}\langle r,\ \theta\rangle$ は，直交座標 $\mathrm{P}(x,\ y)$ で表すと，

$$\begin{cases} x=f(\theta)=r\cos\theta \\ y=g(\theta)=r\sin\theta \end{cases} \quad (0\leqq\theta\leqq 2\pi)$$

とおける．$r=\theta$ を用いれば

$$\begin{cases} f(\theta)=\theta\cos\theta \\ g(\theta)=\theta\sin\theta \end{cases}$$

$$\therefore \begin{cases} f'(\theta)=\cos\theta-\theta\sin\theta \\ g'(\theta)=\sin\theta+\theta\cos\theta \end{cases}$$

$$\{f'(\theta)\}^2+\{g'(\theta)\}^2=(\cos\theta-\theta\sin\theta)^2+(\sin\theta+\theta\cos\theta)^2$$

$$=1+\theta^2$$

よって，求める曲線の長さ L は

$$L=\int_0^{2\pi}\sqrt{1+\theta^2}\,d\theta=\int_0^{2\pi}\frac{1}{2}k'(\theta)d\theta$$

$$=\left[\frac{1}{2}k(\theta)\right]_0^{2\pi}$$

$$=\frac{1}{2}\{k(2\pi)-k(0)\}$$

$$=\pi\sqrt{1+4\pi^2}+\frac{1}{2}\log(2\pi+\sqrt{1+4\pi^2})$$

図 9.4.5

(注) 極座標における曲線の長さの求め方は，一般には次のようにする．

極方程式 $r=f(\theta)$ $(\alpha \leqq \theta \leqq \beta)$ で表される曲線の長さ L を考える．

直交座標 $(x,\ y)=(r\cos\theta,\ r\sin\theta)$ で曲線の微小部分の長さを考えると，

$$\begin{aligned}&\sqrt{(dx)^2+(dy)^2}\\&=\sqrt{(dr\cos\theta-r\sin\theta d\theta)^2+(dr\sin\theta+r\cos\theta d\theta)^2}\\&=\sqrt{r^2d\theta^2-dr^2}\\&=\sqrt{r^2+\left(\frac{dr}{d\theta}\right)^2}\,d\theta\end{aligned}$$

よって，

$$L_1=\int_\alpha^\beta\sqrt{r^2+\left(\frac{dr}{d\theta}\right)^2}\,d\theta$$

図 9.4.5 のイメージで理解するとよい．

次の（例題 9−10）は，既に学んだ（例題 4−10）と発想が共通する部分がある．2 つのアルキメデス螺旋の交点について考える問題である．

平面上に，O と極とし半直線 OX を始線とする極座標 $\langle r,\ \theta\rangle$ をとり，2 つの曲線 $r=\theta$ $(\theta \geqq 0)$，$r=a\theta$ $(\theta \geqq 0)$ を考える．ただし，a は $0<a<1$ を満たす定数とする．

(1)「この 2 つの曲線の共有点が，始線 OX（極 O を除く）上に少なくとも 1 つ存在する」ための a の条件を求めよ．

(2)「この 2 つの曲線の共有点が，すべて始線 OX（極 O を含む）上に存在する」ための a の条件を求めよ．

■解答

(1) 曲線 $r=\theta$ $(\theta \geqq 0)$ と半直線 OX（極 O を除く）との交点の x 座標は

$2\pi,\ 4\pi,\ 6\pi,\ \cdots,\ 2m\pi,\ \cdots$

である．また，曲線 $r = a\theta\ (\theta \geqq 0)$ と半直線OX（極Oを除く）との交点の x 座標は

$2a\pi,\ 4a\pi,\ 6a\pi,\ \cdots,\ 2na\pi,\ \cdots$

となる．したがって，

「この2つの曲線の共有点が，始線OX（極Oを除く）上に少なくとも1つ存在する」

$$\iff \exists m,\ n \in \mathbb{N},\ 2m\pi = 2na\pi$$

$$\iff \exists m,\ n \in \mathbb{N},\ a = \frac{m}{n}$$

$\iff$ a は有理数（ただし $0 < a < 1$）

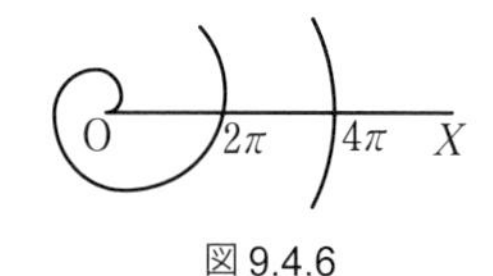

図 9.4.6

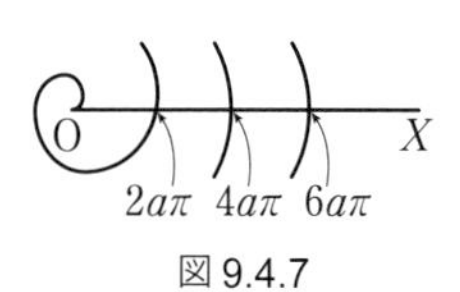

図 9.4.7

(2) 2つの曲線 $r = \theta\ (\theta \geqq 0)$，$r = a\theta\ (\theta \geqq 0)$ が点 $\mathrm{P}\langle r,\ \theta\rangle$ を共有するとき，

$$\theta = r \quad \text{かつ} \quad \theta = \frac{r}{a}$$

一般角を考慮すれば，

$$\frac{r}{a} = r + 2k\pi \quad (k \in \mathbb{Z}).$$

となる．

原点以外の最初の共有点は，偏角 θ のずれが 2π となる $k = 1$ のときに得られる．

$$\frac{r}{a} = r + 2\pi$$

$$\therefore\ r = \frac{2a\pi}{1-a}$$

共有点は $\mathrm{P}\langle r,\ \theta\rangle = \left\langle \frac{2a\pi}{1-a},\ \frac{2a\pi}{1-a} \right\rangle$ となる．

これが始線OX上に存在するので，

$$\frac{2a\pi}{1-a} = 2m\pi \quad (m \in \mathbb{N})$$

とおける．よって

$$\frac{a}{1-a} = m$$

$$\therefore\ a = \frac{m}{1+m}$$

と表されることが必要である．この値は $0 < a < 1$ をみたす．

■ 一般に，極座標で表された原点以外の2点

$\mathrm{A}_1\langle r_1,\ \theta_1\rangle$，$\mathrm{A}_2\langle r_2,\ \theta_2\rangle$

が同一点となる条件は，

$r_2 = r_1$ かつ

$\theta_2 = \theta_1 + 2k\pi$（$k$ は任意の整数）

である．

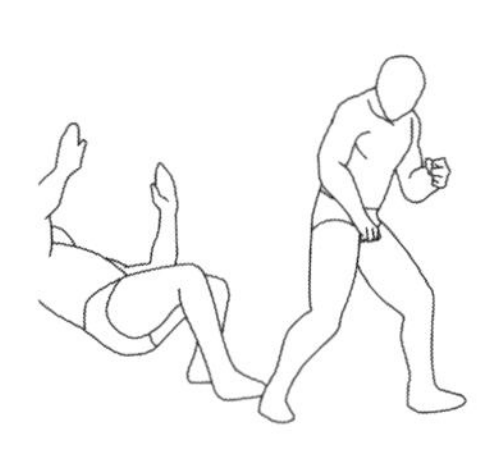

逆に，$a=\dfrac{m}{1+m}$ $(m\in\mathbb{N})$ と表すことができるとき，共有点について調べる．原点を 0 番目の共有点とすると，n 番目の共有点は偏角 θ のずれが $2n\pi$ のときに得られる．

$$\frac{r}{a}=r+2n\pi$$

$$\therefore\ r=\frac{2an\pi}{1-a}=2mn\pi$$

共有点は $\mathrm{P}\langle r,\ \theta\rangle=\langle 2mn\pi,\ 2mn\pi\rangle$

これは確かに始線 OX 上に乗るので十分である．

以上から，求める条件は

$$a=\frac{m}{1+m}\quad (m\in\mathbb{N})$$

と表されることである．

(注) 本問について，$a=\dfrac{1}{2}$ の場合の例を図 9.4.8 に，$a=\dfrac{1}{4}$ の場合の例を図 9.4.9 に描いた．

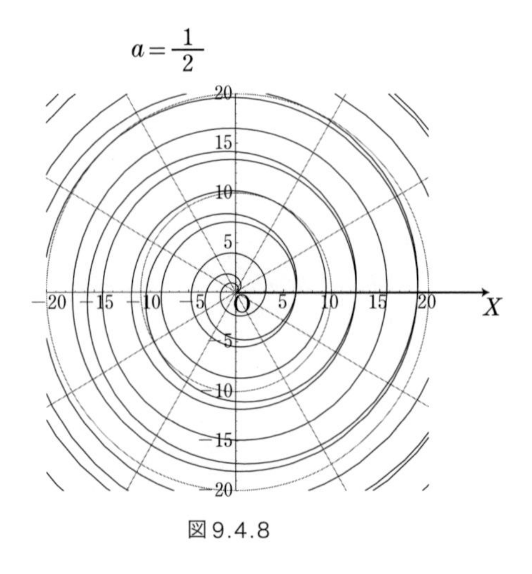

図 9.4.8

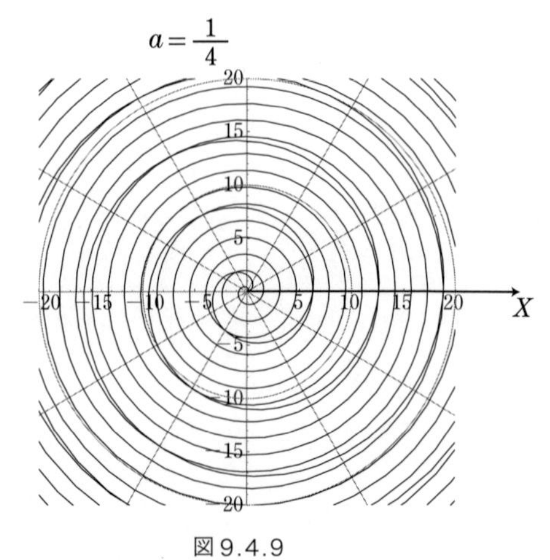

図 9.4.9

9.5 カージオイドと蝸牛線

この節では，$r=f(\theta)$ の形の極方程式で与えられる曲線の一種であるカージオイド（心臓形）と蝸牛線を紹介する．

例題9-11 極方程式 $r=2(1+\cos\theta)$ で表される曲線を C とする．C は図 9.5.1 のような曲線で心臓形とよばれる．いま，複素数平面の領域 $\{z=x+iy \mid x \geqq 0\}$ に曲線 S があって，点 $z=x+iy$ が S 上を動くとき，点 z^2 は心臓形 C を描くという．x, y を用いて S の方程式を求めよ．

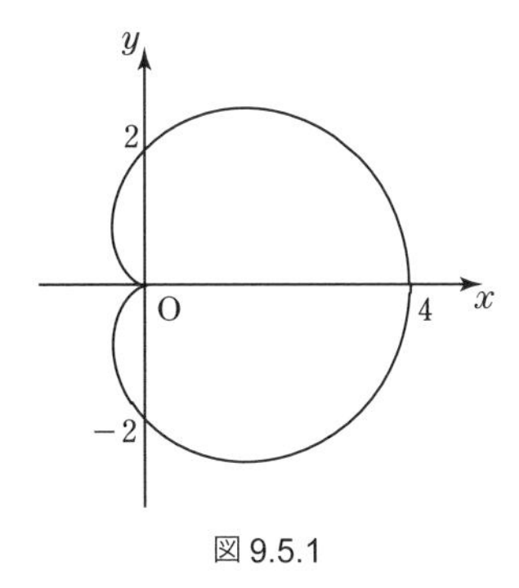

図 9.5.1

■解答

$$C: r=2(1+\cos\theta) \qquad \cdots\cdots①$$

ここで $-1 \leqq \cos\theta \leqq 1$ なので，①より $r \geqq 0$ とみてよい．

いま，S 上の点 $z=x+iy$ に対して，

$$z^2=(x+iy)^2=x^2-y^2+2xyi$$

が C を描くとしよう．ここで

$$X=x^2+y^2, \quad Y=2xy$$

とおくと，$z^2=X+iY$ が C を描くことから，

$$r=\sqrt{X^2+Y^2}=\sqrt{(x^2-y^2)^2+(2xy)^2}$$
$$=\sqrt{(x^2+y^2)^2}=x^2+y^2 \qquad \cdots\cdots②$$
$$X=x^2-y^2=r\cos\theta \qquad \cdots\cdots③$$

①$\times r$; $r^2=2r+2r\cos\theta$

ここに②，③を代入すると

$$(x^2+y^2)^2=2(x^2+y^2)+2(x^2-y^2)$$
$$\Longleftrightarrow (x^2+y^2)^2-(2x)^2=0$$
$$\Longleftrightarrow (x^2+y^2+2x)(x^2+y^2-2x)=0$$
$$\Longleftrightarrow x^2+y^2\pm 2x=0$$
$$\Longleftrightarrow (x\pm 1)^2+y^2=1$$

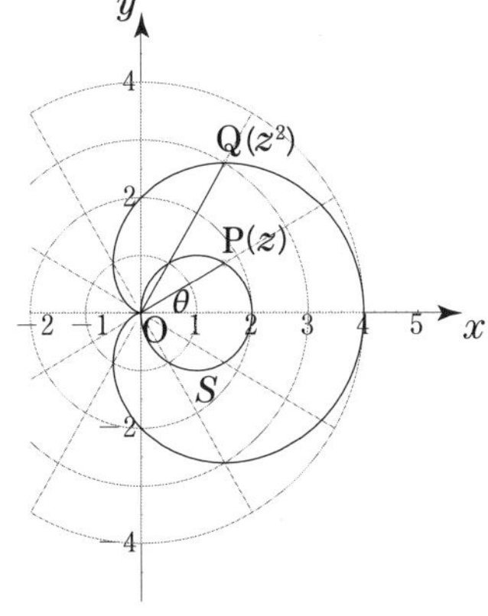

図 9.5.2

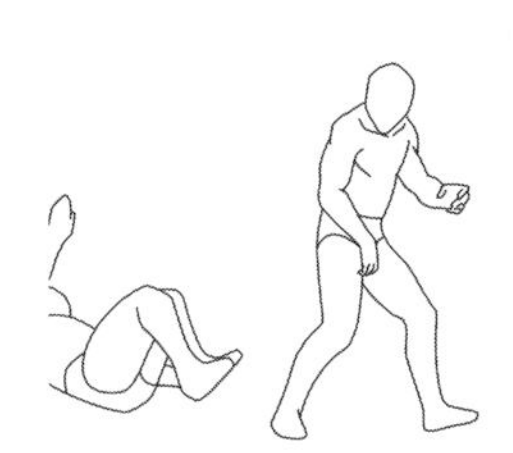

曲線 S は $x \geqq 0$ の領域に存在するので,

$$S\ ;\ (x-1)^2+y^2=1$$

(注)

$$\overrightarrow{\mathrm{OP}}=2\cos\theta\begin{pmatrix}\cos\theta\\ \sin\theta\end{pmatrix}$$

$$\overrightarrow{\mathrm{OQ}}=4\cos^2\theta\begin{pmatrix}\cos 2\theta\\ \sin 2\theta\end{pmatrix}$$

$$=2(1+\cos 2\theta)\begin{pmatrix}\cos 2\theta\\ \sin 2\theta\end{pmatrix}$$

本問は，既に学んだ(例題 8-7)に応答している．
曲線 S 上の点 $\mathrm{P}(z)$ を極座標表示すると，

$$\overrightarrow{\mathrm{OP}}=\langle 2\cos\theta,\ \theta\rangle$$

となる．複素数平面上で z^2 に対応する点を Q とすると，$\overrightarrow{\mathrm{OQ}}$ の極座標表示は

$$\overrightarrow{\mathrm{OQ}}=\langle 2(1+\cos 2\theta),\ 2\theta\rangle$$

となる．これが，本問で最初に与えられた曲線 C (心臓形，カージオイド)である．

例題9-12

$0<a<1$ であるような定数 a に対して，次の方程式で表される曲線 C を考える．

$$C: a^2(x^2+y^2)=(x^2+y^2-x)^2$$

(1) C の極方程式を求めよ．

(2) C と x 軸および y 軸との交点の座標を求め，C の概形を描け．

(3) $a=\dfrac{1}{\sqrt{3}}$ とする．C 上の点の x 座標の最大値と最小値および y 座標の最大値と最小値をそれぞれ求めよ．

■解答

(1)　$C : a^2(x^2+y^2)=(x^2+y^2-x)^2$　……①

C の方程式に

$$\begin{cases} x=r\cos\theta \\ y=r\sin\theta \end{cases}$$

を代入すると，

$$a^2r^2=(r^2-r\cos\theta)^2$$

$$r^2\{(r-\cos\theta)^2-a^2\}=0$$

$$r^2(r-\cos\theta-a)(r-\cos\theta+a)=0$$

$r=0$ または $r=\pm a+\cos\theta$

ここで，

$$r=-a+\cos\theta$$

において $\theta=\pi+\varphi$ を代入すると，

$$r=-a+\cos(\pi+\varphi)=-(a+\cos\varphi)$$

偏角 θ を逆向きにとると動径 r の符号が変わるので，

$r=-a+\cos\theta$ と $r=a+\cos\theta$

は同じ曲線を表す．また $0<a<1$ なので，これらは $r=0$ の場合も含む．よって，C の極方程式としては

$$r=a+\cos\theta \qquad \cdots\cdots ②$$

で代表することができる．

(2) ①で $y=0$ とすると，

$$a^2x^2=(x^2-x)^2$$

$$\therefore\ x=0,\ 1\pm a$$

①で $x=0$ とすると

$$a^2y^2=y^4$$

$$\therefore\ y=0,\ \pm a$$

C と両軸との交点は，

$(0,\ 0)$，$(1\pm a,\ 0)$．$(0,\ \pm a)$

の5点であり，C の概形は図 9.5.3 のようになる．

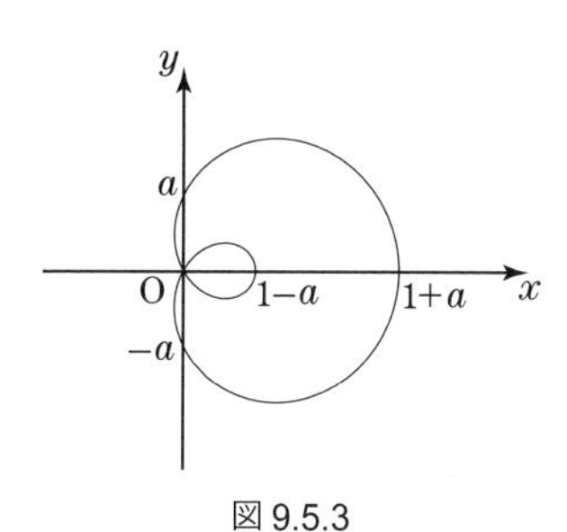

図 9.5.3

(3) $a=\dfrac{1}{\sqrt{3}}$ のときの曲線 C は

$$C :\ r=\frac{1}{\sqrt{3}}+\cos\theta$$

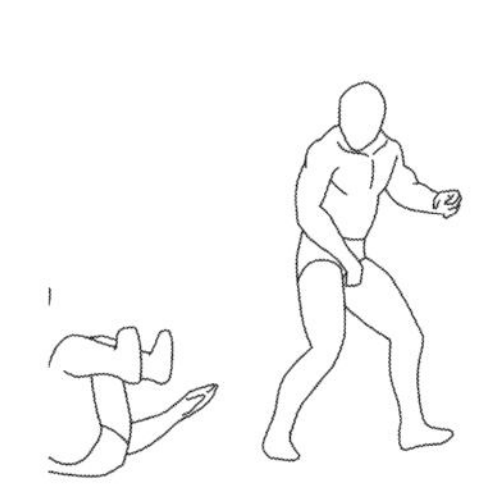

C 上の点の x 座標は

$$x = r\cos\theta = \frac{1}{\sqrt{3}}\cos\theta + \cos^2\theta$$

$$= \left(\cos\theta + \frac{1}{2\sqrt{3}}\right)^2 - \frac{1}{12}$$

$\cos\theta = 1$ のとき，x は最大値 $1 + \dfrac{1}{\sqrt{3}}$ をとる．

$\cos\theta = -\dfrac{1}{2\sqrt{3}}$ のとき，x は最小値 $-\dfrac{1}{12}$ をとる．

次に，C 上の点の y 座標は

$$y = r\sin\theta = \frac{1}{\sqrt{3}}\sin\theta + \sin\theta\cos\theta$$

$$\frac{dy}{d\theta} = \frac{1}{\sqrt{3}}\cos\theta + \cos^2\theta - \sin^2\theta$$

$$= 2\cos^2\theta + \frac{1}{\sqrt{3}}\cos\theta - 1$$

$$= 2\left(\cos\theta + \frac{\sqrt{3}}{2}\right)\left(\cos\theta - \frac{1}{\sqrt{3}}\right)$$

C のグラフは x 軸について対称で，y 座標の最大値は第 1 象限で，最小値は第 4 象限で，それぞれ得られる．

$\cos\alpha = \dfrac{1}{\sqrt{3}}$ なる α を第 1 象限にとると，θ と y の関係は次のようになる．

θ	0	$\cdots$	α	$\cdots$	$\frac{\pi}{2}$
$\cos\theta$	1	↘	$\frac{1}{\sqrt{3}}$	↘	0
$\frac{dy}{d\theta}$		$+$	0	$-$	
y		↗		↘	

y の最大値は，$\theta = \alpha$ のときで，

$\cos\alpha = \dfrac{1}{\sqrt{3}}$，　$\sin\alpha = \dfrac{\sqrt{2}}{\sqrt{3}}$ より

$$y = \frac{2\sqrt{2}}{3}$$

y の最小値は，x 軸に関する対称性から $y = -\dfrac{2\sqrt{2}}{3}$．

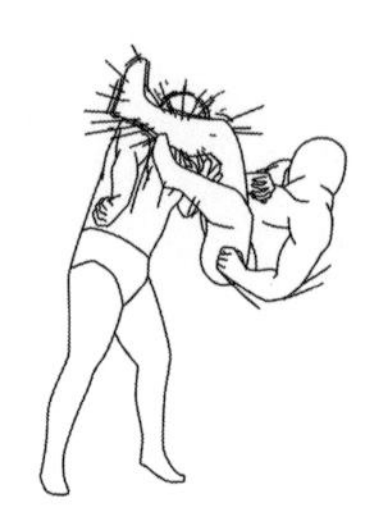

(注) 本問の曲線 C は，蝸牛線と呼ばれるものである．蝸牛線とは一般に，

$$r = a + b\cos\theta$$

という形の極方程式で与えられる．本問では $b = 1$ となっている．

なお，与えられた曲線 C の方程式をみると分かることだが，

$a \to 0$ の極限を考えると，曲線 C は円に近づく (図 9.5.4)．

$a \to 1$ の極限を考えると，曲線 C はカージオイドに近づく (図 9.5.5)．

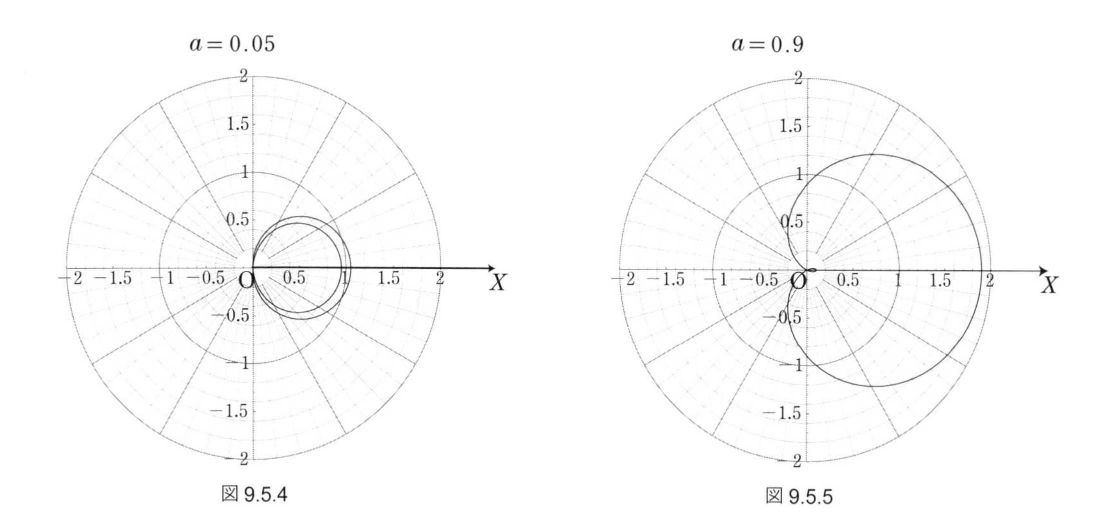

図 9.5.4　　図 9.5.5

9.6 垂足曲線

この節では，極方程式に関連する軌跡の問題のうち，作図において垂線が絡むような軌跡の問題を取り上げる．垂足曲線と言われる曲線である．

(例題 9-13) は，円の接線に対して，極から垂線を下ろすとき，その足が描く曲線を考察する問題である．

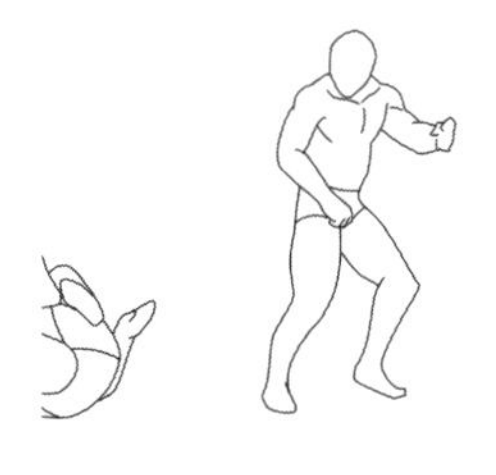

例題9-13

xy 平面上において，点 $A(2,\ 0)$ を中心とする半径1の円を C とする．C 上の点Qにおける C の接線に原点 $O(0,\ 0)$ からおろした垂線の足をPとする．図9.6.1のように x 軸と線分AQのなす角を θ とする．ただし，θ は $-\pi < x \leqq \pi$ を動くものとする．

(1) 点 $P(x,\ y)$ の座標 $(x,\ y)$ を θ を用いて表せ．

(2) 点 $P(x,\ y)$ の x 座標が最小となるとき，Pの座標を求めよ．

(3) 直線 $x=k$ が点Pの軌跡と相異なる4点で交わるとき，k のとりうる値の範囲を求めよ．

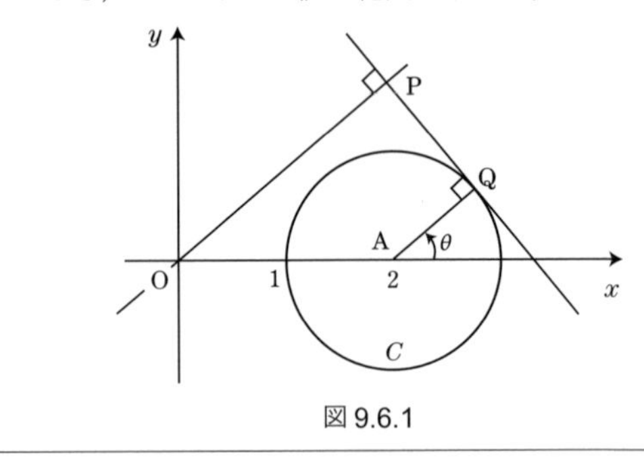

図9.6.1

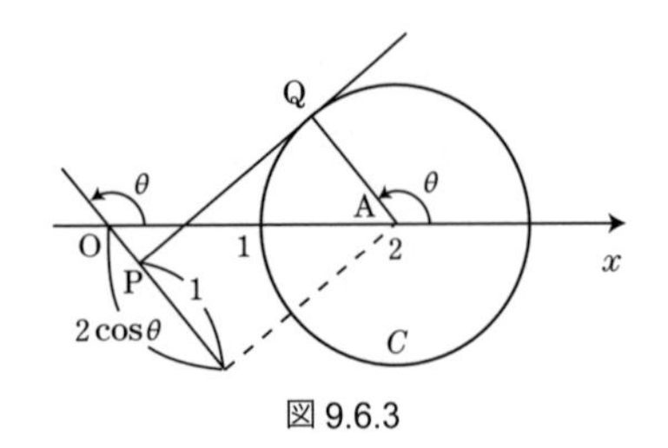

図9.6.2

■解答

Oを極，x 軸正の向きを始線とする極座標を考え，$P\langle r,\ \theta\rangle$ とおく．$r<0$ となるケースも考えると，図9.6.3のように

$$r=1+2\cos\theta$$

となる．これが点Pの軌跡の極方程式である．

(1) $P(x,\ y)=(r\cos\theta,\ r\sin\theta)$

$$=((1+2\cos\theta)\cos\theta,\ (1+2\cos\theta)\sin\theta)$$

(2) $x=(1+2\cos\theta)\cos\theta$

$$=2\left(\cos\theta+\frac{1}{4}\right)^2-\frac{1}{8}\geqq-\frac{1}{8}$$

等号成立は $\cos\theta=-\frac{1}{4}$ のときで，

$$\sin\theta = \pm\frac{\sqrt{15}}{4} \qquad \therefore\ \mathrm{P}\left(-\frac{1}{8},\ \pm\frac{\sqrt{15}}{8}\right)$$

(3) $r = 1+2\cos\theta\ (-\pi < \theta \leqq \pi)$ を図示すると図 9.6.4 のようになる.

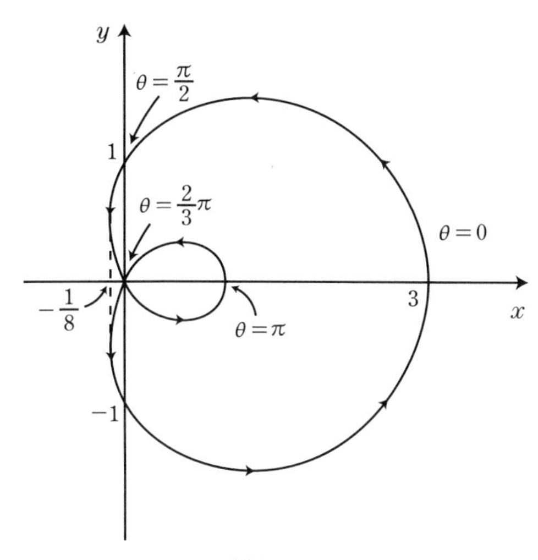

図 9.6.4

直線 $x = k$ が上の図形と相異なる 4 点で交わるのは

$$-\frac{1}{8} < k < 0,\quad 0 < k < 1$$

のときである.

■別解

(1) 円 $C:(x-2)^2+y^2=1$ 上の点 $\mathrm{Q}(2+\cos\theta,\ \sin\theta)$ における接線の方程式は,

$$x\cdot\cos\theta + y\cdot\sin\theta - 2\cos\theta - 1 = 0 \qquad \cdots\cdots①$$

$\overrightarrow{\mathrm{OP}} = t\,\overrightarrow{\mathrm{AQ}} = t(\cos\theta,\ \sin\theta)\ \ (t\in\mathbb{R})$ とおけて, 点 P が接線①上にあることから,

$$(t\cos\theta)\cdot\cos\theta + (t\sin\theta)\cdot\sin\theta - 2\cos\theta - 1 = 0$$

$$\therefore\ t = 1+2\cos\theta$$

$$\therefore\ \mathrm{P}((1+2\cos\theta)\cos\theta,\ (1+2\cos\theta)\sin\theta)$$

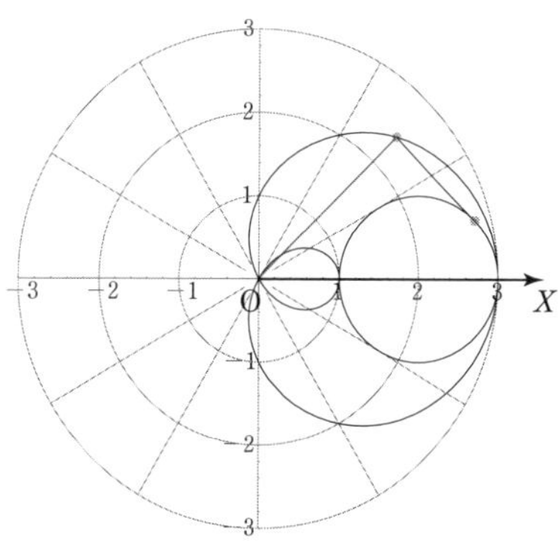

図 9.6.5

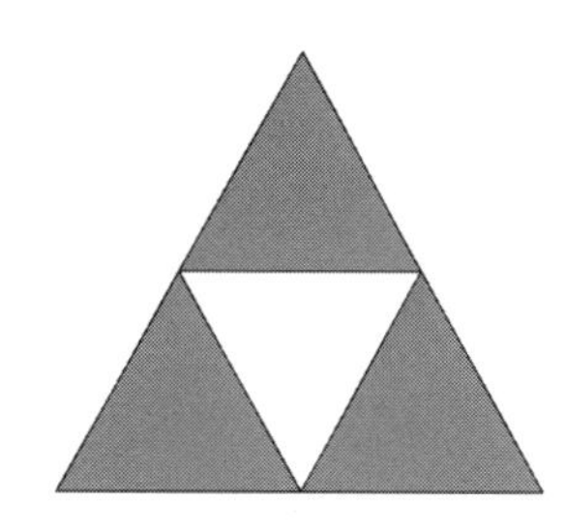

例題9-14

図 9.6.6 のように，座標平面上に円 $C : x^2+y^2=1$ と点 A(2, 0) をとる．点 $\mathrm{P}(\cos\theta,\ \sin\theta)$ における C の接線に A から下ろした垂線の足を Q とする．

(1) Q の座標 $(x(\theta),\ y(\theta))$ を求めよ．

(2) θ が $-\pi \leqq \theta \leqq \pi$ を動くとき，$x(\theta)$ の最大値を求めよ．

(3) $-\dfrac{\pi}{3} \leqq \theta \leqq \dfrac{\pi}{3}$ の範囲で Q が描く曲線によって囲まれる図形の面積を求めよ．

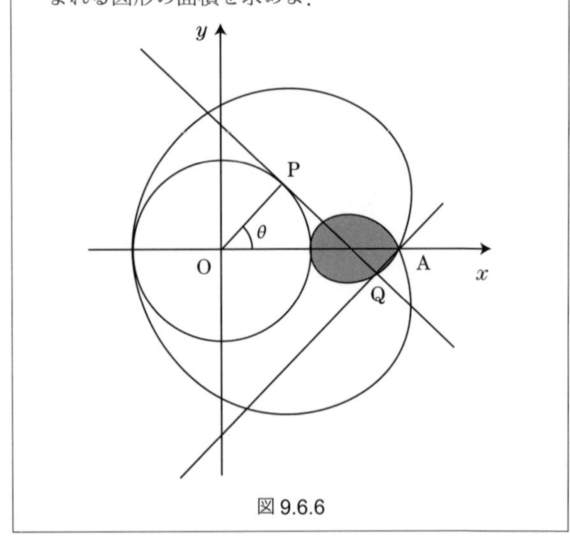

図 9.6.6

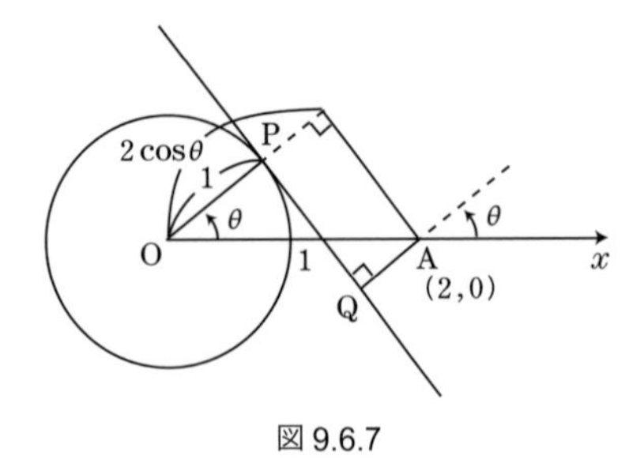

図 9.6.7

図 9.6.8

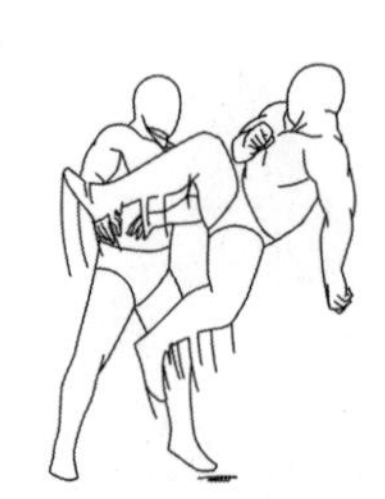

■解答

(1) A を極とし，x 軸正の向きを始線とする極座標を考え，

$$\angle x\mathrm{AQ}=\theta,\quad \mathrm{AQ}=r$$

とおく．$r=\mathrm{AQ}$ が負の値もとれるように考慮すると，図 9.6.7，図 9.6.8，図 9.6.9，図 9.6.10 の 4 つのケースのいずれにしても

$$r=1-2\cos\theta$$

となる．したがって，

$$\overrightarrow{AQ}=r\begin{pmatrix}\cos\theta\\ \sin\theta\end{pmatrix}$$

$$\overrightarrow{OQ}=\overrightarrow{OA}+\overrightarrow{AQ}$$

$$\begin{pmatrix}x(\theta)\\ y(\theta)\end{pmatrix}=\begin{pmatrix}2\\ 0\end{pmatrix}+(1-2\cos\theta)\begin{pmatrix}\cos\theta\\ \sin\theta\end{pmatrix}$$

$$=\begin{pmatrix}\cos\theta+2\sin^2\theta\\ \sin\theta-2\sin\theta\cos\theta\end{pmatrix}$$

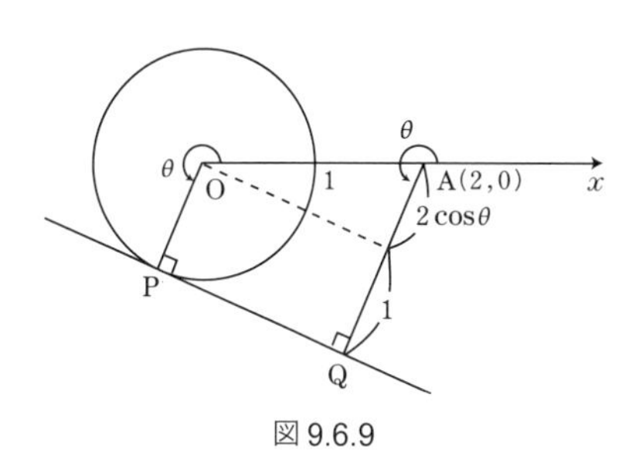

図 9.6.9

(2) $x(\theta)=\cos\theta+2(1-\cos^2\theta)$

$$=-2\left(\cos\theta-\frac{1}{4}\right)^2+\frac{17}{8}\leqq\frac{17}{8}$$

$\cos\theta=\dfrac{1}{4}$ のとき最大値 $\dfrac{17}{8}$ をとる．

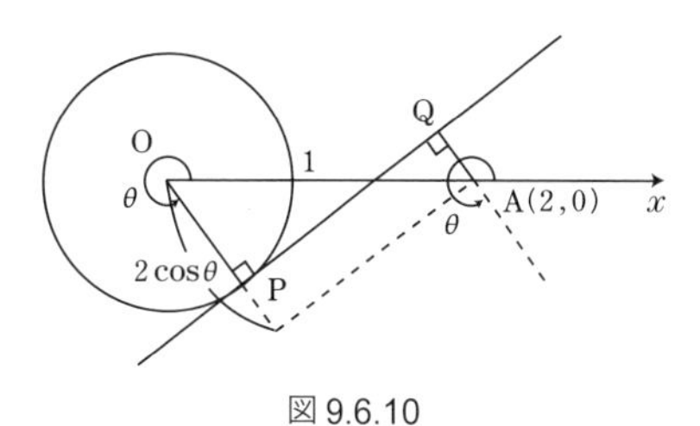

図 9.6.10

(3) $0\leqq\theta\leqq\dfrac{\pi}{3}$ において Q の軌跡は図 9.6.11，図 9.6.12 のようになる．極方程式

$$r=1-2\cos\theta$$

は(θ に関して)偶関数だから，グラフは x 軸について対称となる．求める面積を S として，

$$S=2\int_{\theta=0}^{\theta=\frac{\pi}{3}}\frac{1}{2}|r|^2d\theta$$

$$=\int_0^{\frac{\pi}{3}}(1-2\cos\theta)^2d\theta$$

$$=\int_0^{\frac{\pi}{3}}(1-4\cos\theta+\cos^2\theta)d\theta$$

$$S=\int_0^{\frac{\pi}{3}}(1-4\cos\theta+2(1+\cos 2\theta))d\theta$$

$$=[3\theta-4\sin\theta+\sin 2\theta]_0^{\frac{\pi}{3}}$$

$$=\pi-\frac{3\sqrt{3}}{2}$$

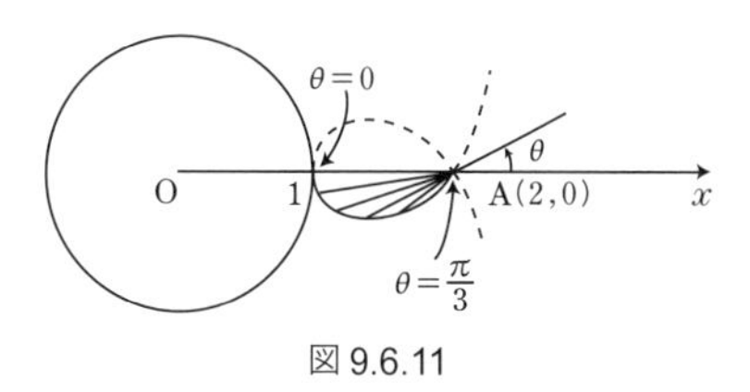

図 9.6.11

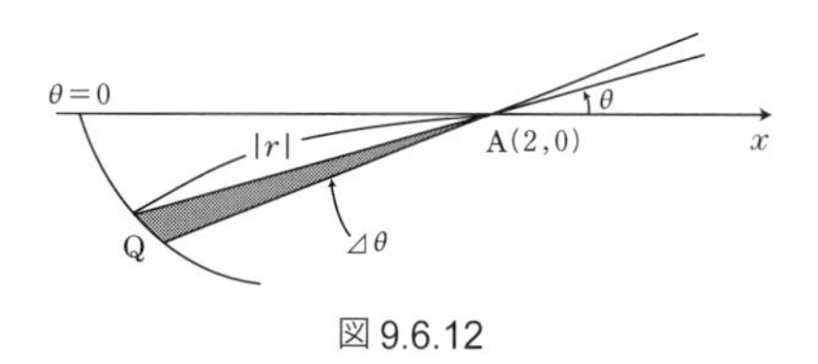

図 9.6.12

■別解

(1) P$(\cos\theta,\ \sin\theta)$ における円 $C:x^2+y^2=1$ の接線の方程式は，

$$x\cos\theta+y\sin\theta=1 \qquad \cdots\cdots①$$

また，点 A(2, 0) を通り，この接線に垂直な直線の方程式は，

$$(x-2)\sin\theta-y\cos\theta=0$$

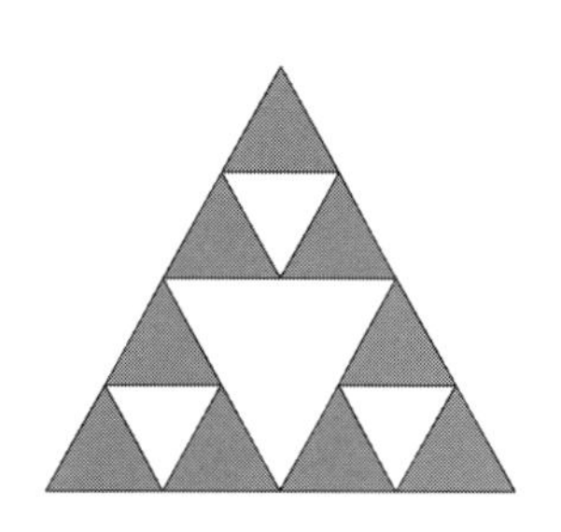

$$\therefore\ x\sin\theta - y\cos\theta = 2\sin\theta \qquad \cdots\cdots②$$

①×$\cos\theta$+②×$\sin\theta$ から,

$$x(\cos^2\theta+\sin^2\theta)=\cos\theta+2\sin^2\theta$$

①×$\sin\theta$−②×$\cos\theta$ から,

$$y(\sin^2\theta+\cos^2\theta)=\sin\theta-2\sin\theta\cos\theta$$

よって，求める Q の座標は,

$$\mathrm{Q}(\cos\theta+2\sin^2\theta,\ \sin\theta-2\sin\theta\cos\theta)$$

(2) $x(\theta)=\cos\theta+2\sin^2\theta$

$$x'(\theta)=\sin\theta+4\cos\theta\sin\theta$$
$$=\sin\theta(4\cos\theta-1)$$

$\cos\alpha=\dfrac{1}{4}$ となる α が $0<\alpha$ に存在する.

θ	$-\pi$		$-\alpha$		0		α		π
$x'(\theta)$	0	+	0	−	0	+	0	−	0
$x(\theta)$		↗		↘		↗		↘	

上の増減表および $x(-\theta)=x(\theta)$ から， $x=\pm\alpha$ のとき $x(\theta)$ は最大となる.

$$x(\pm\alpha)=\cos\alpha+2\sin^2\alpha$$
$$=\cos\alpha+2(1-\cos^2\alpha)$$
$$=\frac{1}{4}+2\left(1-\frac{1}{16}\right)=\frac{17}{8}$$

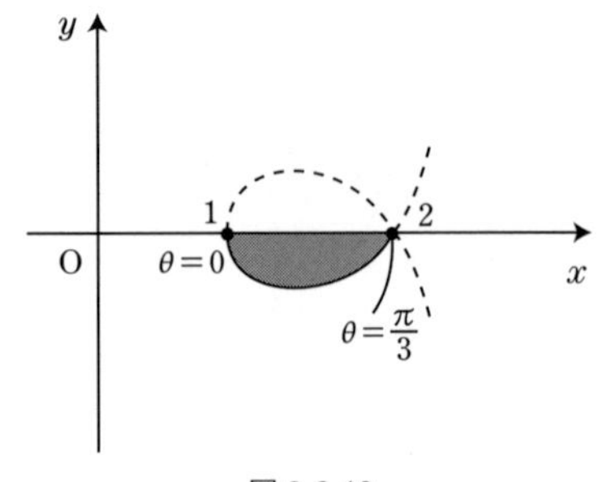

図 9.6.13

(3) $y(\theta)=\sin\theta(1-2\cos\theta)$

$$y(-\theta)=-y(\theta)$$

および(2)から，問題の図形は x 軸に関して対称である.

求める面積を S とすると，図 9.6.13 の斜線部の面積は $\dfrac{S}{2}$ で,

$$\frac{S}{2}=-\int_1^2 y\,dx=-\int_0^{\frac{\pi}{3}} y(\theta)\,x'(\theta)d\theta$$

ここで,

$$y(\theta)\,x'(\theta)$$
$$=(\sin\theta-\sin2\theta)(-\sin\theta+2\sin2\theta)$$
$$=-\sin^2\theta+3\sin\theta\sin2\theta-2\sin^2 2\theta$$
$$=-\frac{1-\cos2\theta}{2}-\frac{3}{2}(\cos3\theta-\cos\theta)-(1-\cos4\theta)$$

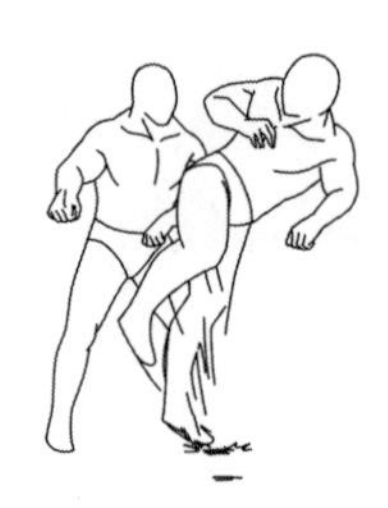

$$\therefore\ \frac{S}{2}=\int_0^{\frac{\pi}{3}}\left(\frac{3}{2}-\frac{3}{2}\cos\theta-\frac{1}{2}\cos 2\theta+\frac{3}{2}\cos 3\theta-\cos 4\theta\right)d\theta$$

$$=\left[\frac{3}{2}\theta-\frac{3}{2}\sin\theta-\frac{1}{4}\sin 2\theta+\frac{1}{2}\sin 3\theta-\frac{1}{4}\sin 4\theta\right]_0^{\frac{\pi}{3}}$$

$$=\frac{\pi}{2}-\frac{3\sqrt{3}}{4}$$

$$\therefore\ S=\pi-\frac{3\sqrt{3}}{2}$$

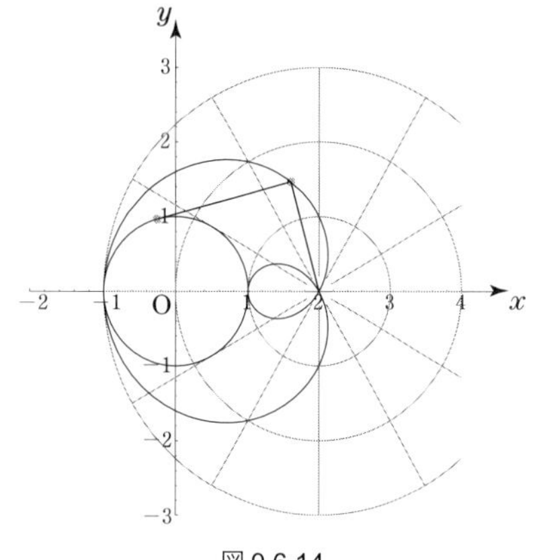

図 9.6.14

(例題 9−15) は，双曲線の接線に対して，極から垂線を下ろすとき，その足が描く曲線を考察する問題である．

例題 9−15

> xy 座標において，双曲線 $C: x^2-y^2=1$ 上の点 $\mathrm{P}(a,\ b)$ における C の接線に対して，原点 O から下ろした垂線の足を Q とする．
> (1) 点 Q の $x,\ y$ 座標を $a,\ b$ を用いて表せ．
> (2) 原点 O を極，半直線 Ox を始線とする極座標において，双曲線 C の極方程式を求めよ．
> (3) 点 P が双曲線 C 上を動くとき，点 Q が描く軌跡の極方程式を求めよ．
> (4) 点 A, B の xy 座標をそれぞれ $\left(\frac{1}{\sqrt{2}},\ 0\right)$，$\left(-\frac{1}{\sqrt{2}},\ 0\right)$ とする．点 A から点 Q までの距離 AQ と，点 B から点 Q までの距離 BQ との積 AQ·BQ は，点 P のとり方によらず一定であることを示せ．

■前問に続き，本問もまた円の接線に対して，定点から垂線を下ろす問題であるが，直交座標の原点 O とは異なる点を極座標の極として選択するという判断が必要となる．

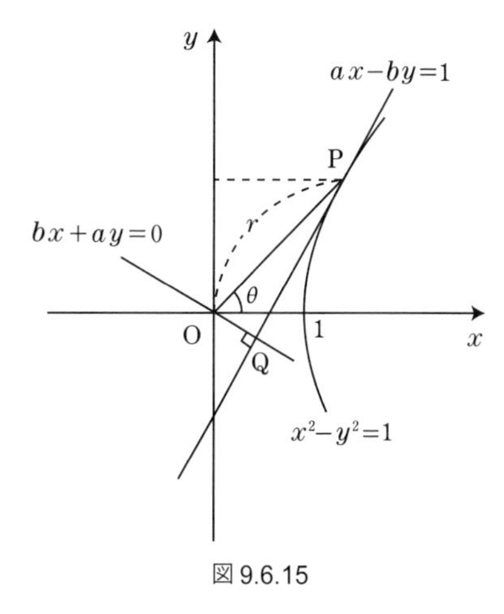

図 9.6.15

■解答

(1) $x^2-y^2=1$ 上の点 $\mathrm{P}(a,\ b)$ における接線は，

$$xa-by=1 \qquad \cdots\cdots①$$

また，①と垂直で原点を通る直線は

$$bx+ay=0 \qquad \cdots\cdots②$$

■面積の計算において，極座標表示を使わず，直交座標のままで押し切るという方針の解答例である．

①，②を連立させて解くことにより．Q の座標は

$$x=\frac{a}{a^2+b^2},\quad y=-\frac{b}{a^2+b^2}$$

$(\because\ (a,\ b)\neq(0,\ 0)$ より $a^2+b^2\neq 0)$

(2) $\mathrm{OP}=r$，$\overrightarrow{\mathrm{OP}}$ と x 軸の正方向のなす角を θ とする．

漸近線が $y=\pm x$ であることから，

$$-\frac{\pi}{4}<\theta<\frac{\pi}{4},\quad \frac{3}{4}\pi<\theta<\frac{5}{4}\pi$$

このとき，

$$a=r\cos\theta,\quad b=r\sin\theta,\quad a^2-b^2=1$$

よって，

$$r^2(\cos^2\theta-\sin^2\theta)=1$$

曲線 C の極方程式は

$$r^2\cos 2\theta=1\quad\left(-\frac{\pi}{4}<\theta<\frac{\pi}{4},\ \frac{3}{4}\pi<\theta<\frac{5}{4}\pi\right)$$

(3) (1)より，

$$x+y=\frac{a-b}{a^2+b^2},\quad x-y=\frac{a+b}{a^2+b^2}$$

$$\therefore\ x^2-y^2=\frac{1}{(a^2+b^2)^2}\quad(\because\ a^2-b^2=1)$$

また，

$$x^2+y^2=\frac{1}{a^2+b^2}$$

$$\therefore\ (x^2+y^2)^2=x^2-y^2\qquad\cdots\cdots(*)$$

ここで，$x=r\cos\theta$，$y=r\sin\theta$ とおけば，$(r>0)$

$$r^4=r^2(\cos^2\theta-\sin^2\theta)\iff r^2=\cos 2\theta$$

(4) $\mathrm{AQ}\cdot\mathrm{BQ}$

$$=\sqrt{\left(x-\frac{1}{\sqrt{2}}\right)^2+y^2}\sqrt{\left(x+\frac{1}{\sqrt{2}}\right)^2+y^2}$$

$$=\sqrt{\left\{\left(x^2+y^2+\frac{1}{2}\right)-\sqrt{2}\,x\right\}\left\{\left(x^2+y^2+\frac{1}{2}\right)+\sqrt{2}\,x\right\}}$$

$$=\sqrt{\left(x^2+y^2+\frac{1}{2}\right)^2-2x^2}$$

$$=\sqrt{x^4+y^4+\frac{1}{4}-x^2+y^2+2x^2y^2}$$

$$=\sqrt{(x^2+y^2)^2-(x^2-y^2)+\frac{1}{4}}=\frac{1}{2}\ (\text{一定})$$

$(\because\ (*)$ より$)$

（注）（例題 9−15）で得られた曲線は，レムニスケートという．レムニスケートには，垂足曲線という性質のほかに，本書の何カ所かで検討している「反転」とも関連がある．

双曲線 $C: x^2-y^2=1$ の極方程式は

$$r^2\cos 2\theta = 1$$

であった．すなわち，C 上の点 $\mathrm{P}(a,\ b)$ について

$$\mathrm{P}(a,\ b)=(r\cos\theta,\ r\sin\theta)$$

とおけば

$$r=\frac{1}{\sqrt{\cos 2\theta}}$$

となっている．ここに，

$$a^2+b^2=\mathrm{OP}^2=r^2=\frac{1}{\cos 2\theta}$$

である．一方，P における C の接線に対して O から下ろした垂線の足 Q について，

$$\begin{aligned}\mathrm{Q}(x,\ y)&=\left(\frac{a}{a^2+b^2},\ \frac{-b}{a^2+b^2}\right)\\ &=\frac{1}{r^2}(r\cos\theta,\ -r\sin\theta)\\ &=\frac{1}{r}(\cos(-\theta),\ \sin(-\theta))\\ &=\sqrt{\cos 2\theta}(\cos(-\theta),\ \sin(-\theta))\end{aligned}$$

以上から，P, Q の極座標表示をつくると，

$$\mathrm{P}(r\cos\theta,\ r\sin\theta)=\langle r,\ \theta\rangle=\left\langle\frac{1}{\sqrt{\cos 2\theta}},\ \theta\right\rangle$$

$$\mathrm{Q}(\sqrt{\cos 2\theta}\cos(-\theta),\ \sqrt{\cos 2\theta}\sin(-\theta))=\langle\sqrt{\cos 2\theta},\ -\theta\rangle$$

したがって，

$\mathrm{OP}\times\mathrm{OQ}=1$ であり，OP, OQ の偏角は互いに -1 倍

となっている．複素数平面上で，P, Q を表す複素数をそれぞれ z, w とすれば，$\mathrm{P}(z)$, $\mathrm{Q}(w)$ の間には $zw=1$ という関係が成り立つ．

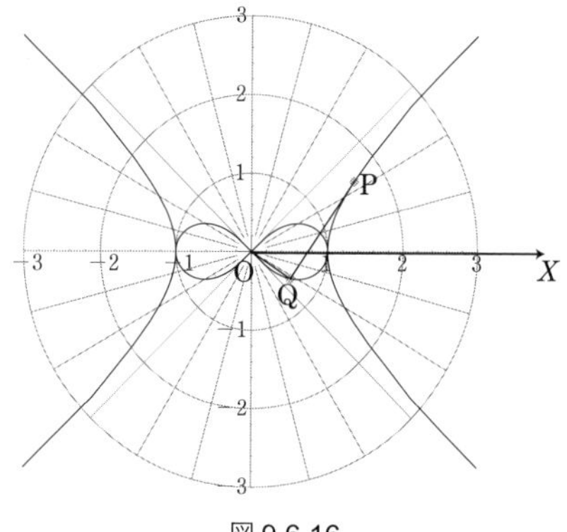

図 9.6.16

（例題 9−16）では，双曲線を反転するとどのような曲線が得られるのかを検討してみる．

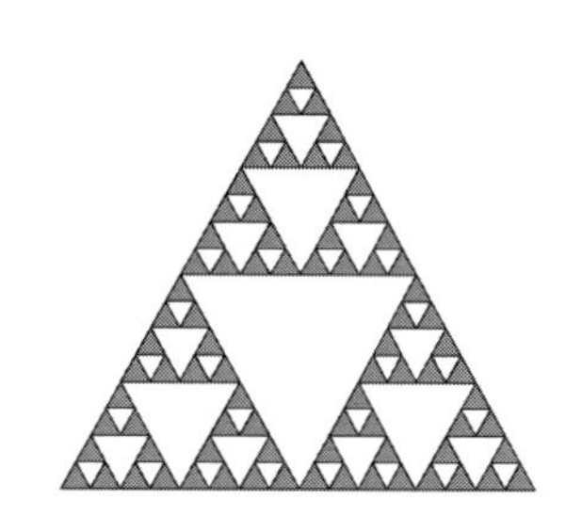

例題9-16

曲線 $x^2-y^2=1$ 上の点Pに対し，線分OP上に

$$\overline{\mathrm{OP}}\times\overline{\mathrm{OQ}}=1$$

となる点Qをとる．

(1) 点Qの軌跡に原点Oをつけ加えた図形を C とする．C の囲む面積を求めよ．

(2) 2定点 $\mathrm{A}(a,\ 0)$，$\mathrm{B}(-a,\ 0)$ をとる．C 上の任意の点Qに対し，$\overline{\mathrm{AQ}}\times\overline{\mathrm{BQ}}$ の値が一定になるという．正の定数 a および，この一定値を求めよ．

■解答

(1) Oを極，x 軸を始線とする極方程式を用いると，

曲線 $x^2-y^2=1$ 上の点 $\mathrm{P}\langle r,\ \theta\rangle$ は，

$$(r\cos\theta)^2-(r\sin\theta)^2=1$$

$$r^2\cos2\theta=1$$

$$r=\frac{1}{\sqrt{\cos2\theta}}$$

を満たす．ただし，

$$-\frac{\pi}{4}<\theta<\frac{\pi}{4},\quad \frac{3}{4}\pi<\theta<\frac{5}{4}\pi$$

点 $\mathrm{P}\langle r,\ \theta\rangle$ に対して点 $\mathrm{Q}\left\langle\dfrac{1}{r},\ \theta\right\rangle$ と表されるから，

$$\overline{\mathrm{OQ}}=\frac{1}{r}=\sqrt{\cos2\theta}\qquad\cdots\cdots①$$

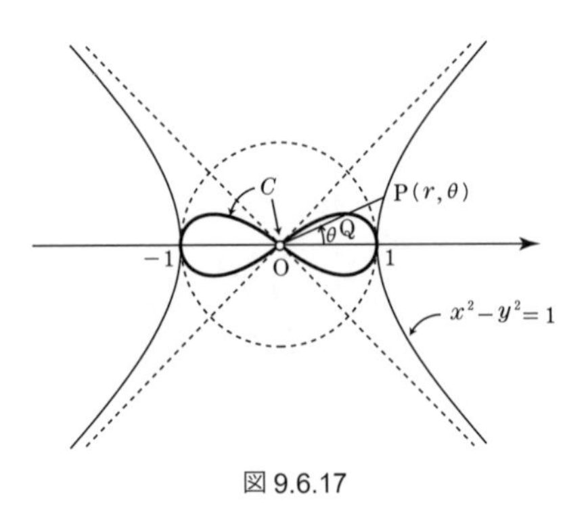

図 9.6.17

点Qの軌跡は図 9.6.17 のようになり，x 軸，y 軸について対称である．

これに原点Oを加えた図形 C の面積は，

$$4\int_0^{\frac{\pi}{4}}\frac{1}{2}\overline{\mathrm{OQ}}^2d\theta=2\int_0^{\frac{\pi}{4}}\cos2\theta d\theta$$

$$=[\sin2\theta]_0^{\frac{\pi}{4}}$$

$$=1$$

(2) $\overline{\mathrm{AQ}}\times\overline{\mathrm{BQ}}$ が C 上の任意の点Qに対して一定であるとすれば，とくに $\mathrm{Q}=\mathrm{O}$ のときを考えて，

$$\overline{\mathrm{AO}}\times\overline{\mathrm{BO}}=a^2$$

となる．ここで，

$$\mathrm{Q}\left\langle\frac{1}{r},\ \theta\right\rangle$$

すなわち，　$x=\dfrac{1}{r}\cos\theta$，　$y=\dfrac{1}{r}\sin\theta$

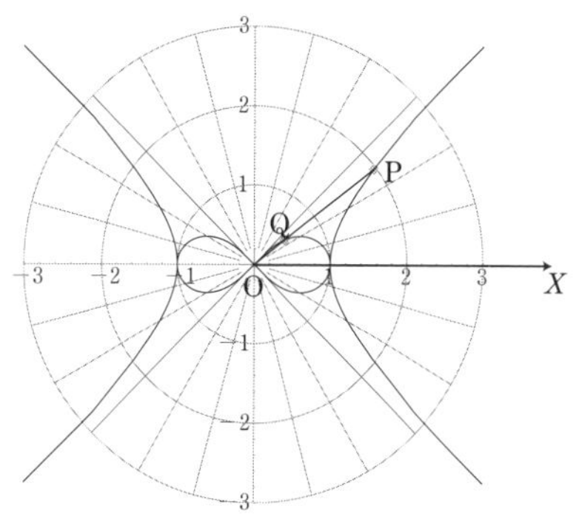

図 9.6.18

 極座標平面を回転させる

第 9 章の前節までは，平面において点の位置を表示する方法として，極座標表示を（直交座標と対比させながら）検討してきた．極座標表示は，平面の中での位置を表す方法の一つであるから，$\langle r,\ \theta\rangle$ の 2 変数によって位置を表示することができた．つまり，2 次元の世界での座標ということになる．

では，空間の中での 3 次元座標を，極座標のような考え方で表示することはできないのだろうか．そのような方法として，円柱座標や球面座標というものが考えられる．本節ではまず，球面座標について検討してみよう．

地球上での位置は，「緯度」と「経度」という 2 つのパラメータによって決定されたことを想起しよう．つまり，一つの球面上では，角度を表す 2 つの変数によって位置が表示できる．話を簡単にするために，球の半径を 1 とする．xyz 軸をもつ直交座標空間で，球面 $x^2+y^2+z^2=1$ を考える．xy 平面を赤道面とし，x 軸正の方向を経度の起点とする．経度を θ $(-\pi\leqq\theta\leqq\pi)$ で，緯度を $\phi\left(-\dfrac{\pi}{2}\leqq\phi\leqq\dfrac{\pi}{2}\right)$ で表すと，単位球面上の地点 P の経度が θ，緯度が ϕ のとき，地点 P の直交座標は，

$$\mathrm{P}(\cos\theta\cos\phi,\ \sin\theta\cos\phi,\ \sin\phi)$$

となる．単位球面上の地点 P については

$$|\overrightarrow{\mathrm{OP}}|=1$$

が前提となっているが，ここで，$r>0$ として

$$\overrightarrow{\mathrm{OQ}}=r\overrightarrow{\mathrm{OP}}$$

となる点 Q を考えれば，点 Q の直交座標は，

■ $0<r<1$ ならば点Qは地球（単位球面）の内部，$1<r$ ならば点Qは地球の外部ということになる．

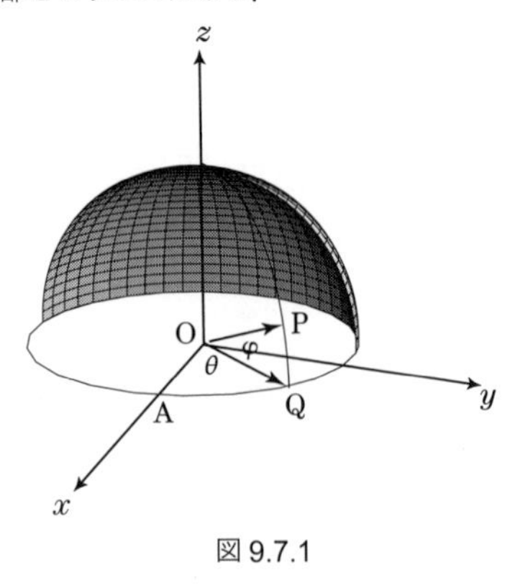

図 9.7.1

$$Q(r\cos\theta\cos\phi,\ r\sin\theta\cos\phi,\ r\sin\phi)$$

と与えられる．

点Qは，空間内の任意の位置をとることができる．そして，点Qの位置を表すパラメータは r, θ, ϕ の3変数となっている．したがって，

$$Q\langle r,\ \theta,\ \phi\rangle$$

という形の球面座標という概念をもつことができることになる．

平面での極座標・極方程式の場合と同様に，空間内においても，r を θ や ϕ の関数として表すことにより，空間内での曲面の極方程式を得ることができる．

図9.7.2は，r を緯度 ϕ の関数として，

$$r=\sin 3\phi$$

という方程式によって得られる曲面を描いたものである．

図9.7.3は，r を経度 θ の関数として，

$$r=\sin 3\theta$$

という方程式によって得られる曲面を描いたものである．

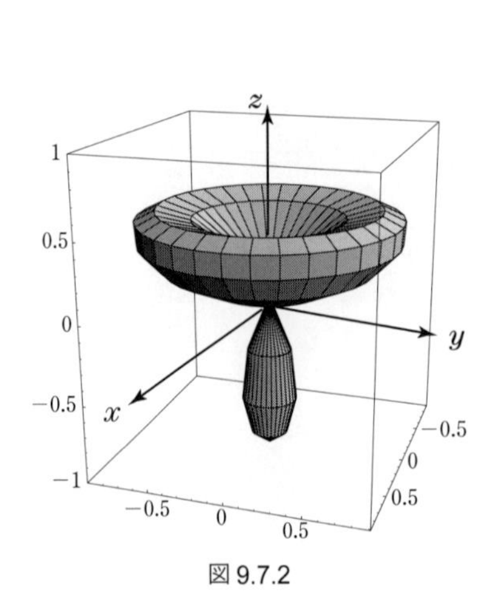

図 9.7.2

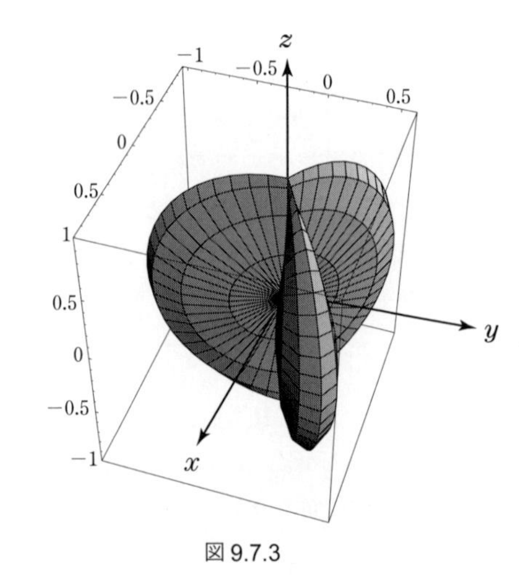

図 9.7.3

次に，極座標平面を回転させるという設定の問題について検討してみることにしよう．（例題 9−17）は，ばら曲線 $r=\sin 2\theta$ のひとつの花びらを，その対称軸のまわりに空間内で回転させるという設定である．

例題 9−17

> 自然数 n に対し，$I_n=\int_0^{\frac{\pi}{4}}\cos^n 2\theta\sin^3\theta d\theta$ とする．
>
> (1) I_2 の値を求めよ．
>
> (2) xy 平面で原点 O から点 $\mathrm{P}(x,\ y)$ への距離を r，x 軸の正の方向と半直線 OP のなす（弧度法による）角を θ とする．方程式 $r=\sin 2\theta\left(0\leqq\theta\leqq\frac{\pi}{2}\right)$ で表される曲線を，直線 $y=x$ の周りに回転して得られる曲面が囲む立体の体積を V とするとき，
>
> $$V=3\pi I_3+2\pi I_2$$
>
> と表されることを示せ．

■解答

(1)

$$I_2=\int_0^{\frac{\pi}{4}}\cos^2 2\theta\sin^3\theta d\theta$$

$$=\int_0^{\frac{\pi}{4}}(2\cos^2\theta-1)^2(1-\cos^2\theta)(-\cos\theta)'d\theta$$

$\cos\theta=t$ と置換すると

$$I_2=\int_1^{\frac{1}{\sqrt{2}}}(2t^2-1)^2(1-t^2)(-dt)$$

$$=\int_1^{\frac{1}{\sqrt{2}}}(4t^6-8t^4+5t^2-1)dt$$

$$=\left[\frac{4}{7}t^7-\frac{8}{5}t^5+\frac{5}{3}t^3-t\right]_1^{\frac{1}{\sqrt{2}}}$$

$$=\frac{38-26\sqrt{2}}{105}$$

(2) $r=\sin 2\theta$ の概形は図 9.7.4 のようになっており，回転軸 $y=x$ に関して対称な図形である．

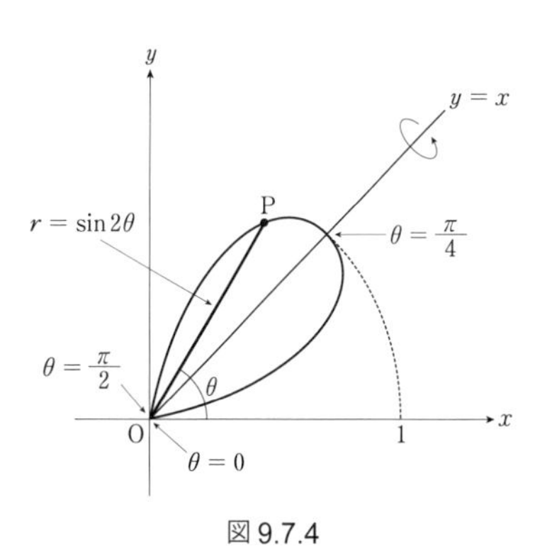

図 9.7.4

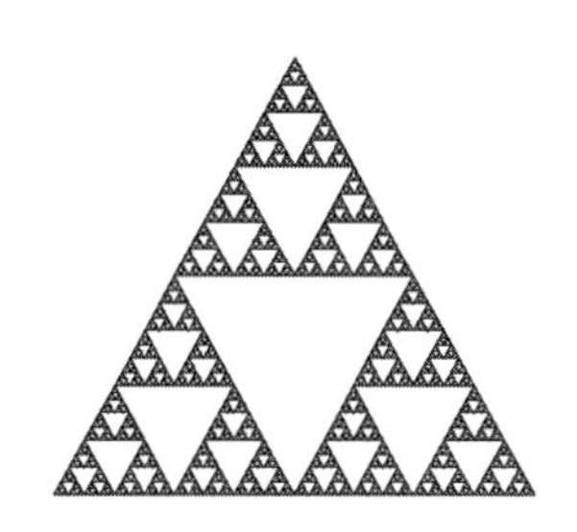

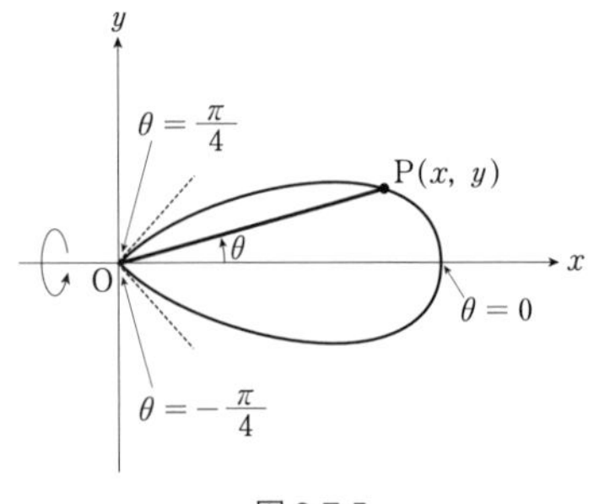

図 9.7.5

これを O のまわりに $-\frac{\pi}{4}$ だけ回転したものを，x 軸のまわりに回転させた立体を考えても体積は同じ V となる．

回転後の曲線の式は，

$$r=\sin 2\left(\theta+\frac{\pi}{4}\right)=\cos 2\theta \quad \left(-\frac{\pi}{4}\leqq\theta\leqq\frac{\pi}{4}\right)$$

この曲線上で偏角 θ の点を P とすると，

$$\begin{cases} x=r\cos\theta=\cos 2\theta\cos\theta \\ y=r\sin\theta=\cos 2\theta\sin\theta \end{cases}$$

$$\begin{aligned}\frac{dx}{d\theta}&=-2\sin 2\theta\cos\theta-\cos 2\theta\sin\theta \\ &=-4\sin\theta\cos^2\theta-\cos 2\theta\sin\theta \\ &=-4\sin\theta\left(\frac{1+\cos 2\theta}{2}\right)-\cos 2\theta\sin\theta \\ &=-3\cos 2\theta\sin\theta-2\sin\theta\end{aligned}$$

求める体積 V は，

$$V=\pi\int_0^1 y^2\,dx$$

積分変数を x から θ に置換して，

$$\begin{aligned}V&=\pi\int_{\frac{\pi}{4}}^{0} y^2\frac{dx}{d\theta}d\theta \\ &=\pi\int_{\frac{\pi}{4}}^{0}\cos^2 2\theta\sin^2\theta(-3\cos 2\theta\sin\theta-2\sin\theta)d\theta \\ &=3\pi\int_0^{\frac{\pi}{4}}\cos^3 2\theta\sin^3\theta d\theta+2\pi\int_0^{\frac{\pi}{4}}\cos^2 2\theta\sin^3\theta d\theta \\ &=3\pi I_3+2\pi I_2\end{aligned}$$

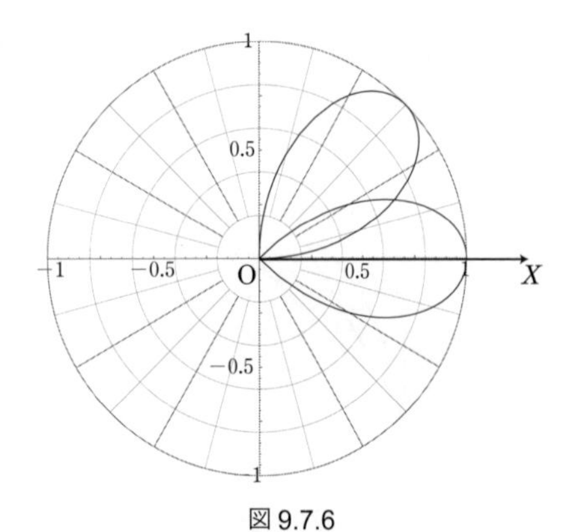

図 9.7.6

(注) 本問では，2 つの意味の「回転」を取り扱っている．ひとつは，極座標平面の内部での回転であり，他のひとつは，極座標平面自体の回転である．まず前者について検討する．図 9.7.6 にみるように，

$$r=\sin 2\theta \xrightarrow[-\frac{\pi}{4}\text{だけ回転}]{\text{極Oのまわりに}} r=\sin 2\left(\theta+\frac{\pi}{4}\right)$$

となっていたが，これは直交座標における平行移動のしくみ

$$y=f(x) \xrightarrow[\alpha\text{だけ平行移動}]{x\text{軸方向に}} y=f(x-\alpha)$$

と対応している．一般的には，

$$r=f(\theta)\ \xrightarrow[\alpha\text{だけ回転}]{\text{極Oのまわりに}}\ r=f(\theta-\alpha)$$

ということになる．

次に，極座標平面自体の回転について検討する．ここでは始線 OX のまわりの回転を考える．

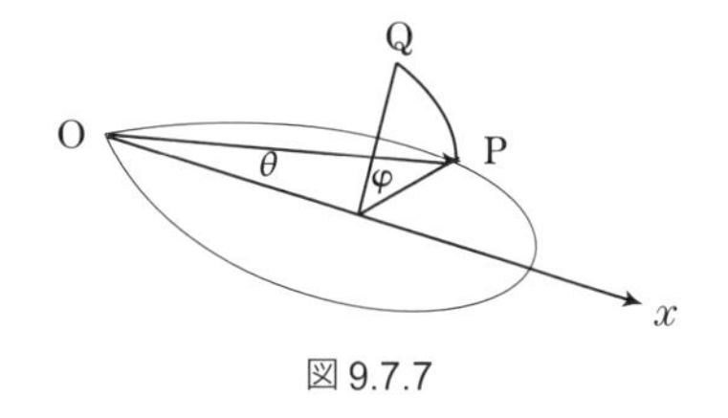

図 9.7.7

極座標平面内の点

$$\mathrm{P}\langle r,\ \theta\rangle=(r\cos\theta,\ r\sin\theta)$$

を，始線 OX のまわりに角 φ だけ回転した点を Q とする．直交座標で，$\mathrm{P}(r\cos\theta,\ r\sin\theta,\ 0)$ と表すとき，Q の座標はどうなるか．

P の x 座標 $r\cos\theta$ は，変化することなく Q の x 座標に受け継がれる．角 φ の回転の影響は $y,\ z$ 座標に現れる．

$r\sin\theta=\ell$ とおけば，

$$(y,\ z)=(\ell,\ 0)\ \xrightarrow[\text{角}\varphi\text{の回転}]{x\text{軸のまわりに}}\ (\ell\cos\varphi,\ \ell\sin\varphi)$$

となるので，Q の座標は

$$\begin{aligned}&\mathrm{Q}(r\cos\theta,\ \ell\cos\varphi,\ \ell\sin\varphi)\\&=(r\cos\theta,\ r\sin\theta\cos\varphi,\ r\sin\theta\sin\varphi)\\&=r(\cos\theta,\ \cos\theta\cos\varphi,\ \sin\theta\cos\varphi)\end{aligned}$$

■ これは $r,\ \theta,\ \varphi$ の 3 変数による球面座標といってよい．

となる．さらに本問では $r=\sin 2\left(\theta+\dfrac{\pi}{4}\right)$ であったから，

$$\mathrm{Q}=\sin 2\left(\theta+\frac{\pi}{4}\right)(\cos\theta,\ \cos\theta\cos\varphi,\ \sin\theta\cos\varphi)$$

である．$-\dfrac{\pi}{4}\leqq\theta\leqq\dfrac{\pi}{4}$，$-\pi\leqq\varphi\leqq\pi$ の範囲で $\theta,\ \varphi$ を独立に動かすとき，点 Q の描く曲面は図 9.7.8 のようになる．

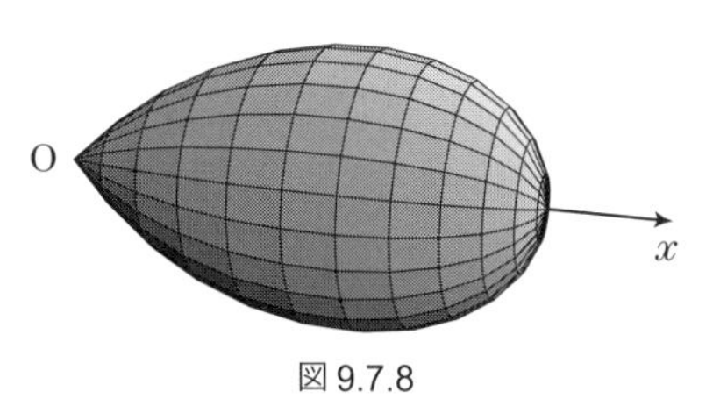

図 9.7.8

以下，(例題 9−17) に対する参考事項・補足事項を記しておく．

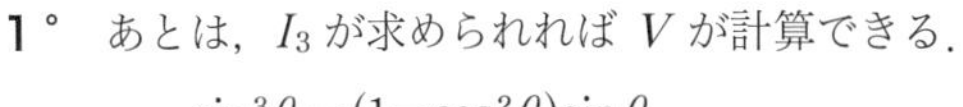

1° あとは，I_3 が求められれば V が計算できる．

$$\begin{aligned}\sin^3\theta&=(1-\cos^2\theta)\sin\theta\\&=(1-\cos^2\theta)(-\cos\theta)'\end{aligned}$$

とみることにより，

$$
\begin{aligned}
I_n &= \int_0^{\frac{\pi}{4}} \cos^n 2\theta \sin^3\theta\, d\theta \\
&= \int_0^{\frac{\pi}{4}} (2\cos^2\theta - 1)^n (1-\cos^2\theta)(-\cos\theta)' d\theta \\
&= \int_1^{\frac{1}{\sqrt{2}}} (2t^2-1)^n (1-t^2)(-dt) \quad (t=\cos\theta) \\
&= \int_{\frac{1}{\sqrt{2}}}^1 (2t^2-1)^n (t^2-1) dt
\end{aligned}
$$

しかし，ここから I_3 を計算するのは，手計算ではなかなかしんどい．

2° I_n のような積分は，次のような公式に帰着される．

$\int f(x)dx = F(x)+C$ すなわち $F'(x)=f(x)$ のとき

$$
\begin{aligned}
\int f(\cos\theta)\sin\theta\, d\theta &= \int f(\cos\theta)(-\cos\theta)' d\theta \\
&= -F(\cos\theta)+C \\
\int f(\sin\theta)\cos\theta\, d\theta &= \int f(\sin\theta)(\sin\theta)' d\theta \\
&= F(\sin\theta)+C
\end{aligned}
$$

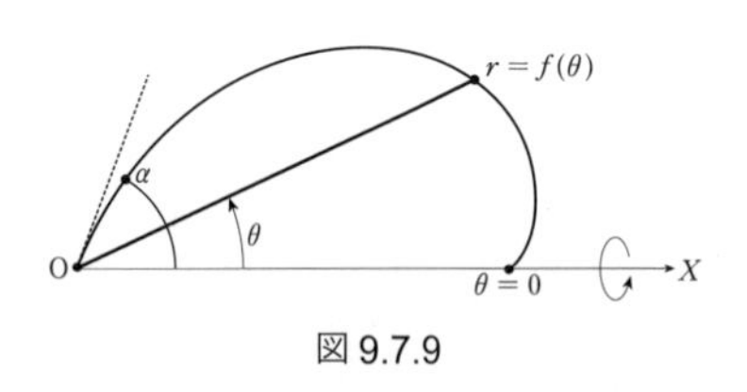

図 9.7.9

3° 極方程式で表される図形の回転体の体積について，少し一般化してみよう．

曲線 $r=f(\theta)$ $(0 \leqq \theta \leqq \alpha)$ と始線 OX が囲む部分を，始線のまわりに回転してできる立体の体積を V とする．以下に，いくつかの方法で V を与える．

4° 直交座標 $(x,\ y)$ で立式し，θ に置換する方法

$$V = \int \pi y^2 dx = \pi \int_0^{\alpha} y^2 \frac{dx}{d\theta} d\theta$$

ここで，

$$
\begin{aligned}
&y = r\sin\theta = f(\theta)\sin\theta \\
&x = r\cos\theta = f(\theta)\cos\theta \\
&\frac{dx}{d\theta} = f'(\theta)\cos\theta + f(\theta)(-\sin\theta)
\end{aligned}
$$

を代入して，

$$V = \pi \int_0^{\alpha} \{f(\theta)\sin\theta\}^2 \{f'(\theta)\cos\theta - f(\theta)\sin\theta\} d\theta$$

5° 円錐の微小積分に注目する方法

この円錐の体積を θ の関数として v と表すと,

$$
\begin{aligned}
v &= \frac{1}{3}\cdot\pi y^2 x \\
&= \frac{1}{3}\cdot\pi(r\sin\theta)^2\cdot r\cos\theta \\
&= \frac{\pi}{3}r^3\sin^2\theta\cos\theta \\
dv &= \frac{\pi}{3}\cdot\frac{d}{d\theta}(y^2x)d\theta \\
&= \frac{\pi}{3}\cdot\left(2y\frac{dy}{d\theta}x+y^2\frac{dx}{d\theta}\right)d\theta \\
&= \frac{\pi}{3}\left\{3r^2\frac{dr}{d\theta}\sin^2\theta\cos\theta+r^3(\sin^2\theta\cos\theta)'\right\}d\theta \\
&= \frac{\pi}{3}\{3f(\theta)^2\cdot f'(\theta)\sin^2\theta\cos\theta+f(\theta)^3\cdot 2\sin\theta\cos 2\theta\} \\
V &= \int dv \\
&= \frac{\pi}{3}\int\left(2xy\frac{dy}{d\theta}+y^2\frac{dx}{d\theta}\right)d\theta \\
&= \frac{\pi}{3}\int_0^{\alpha}\{3f(\theta)^2f'(\theta)\sin^2\theta\cos\theta+2f(\theta)^3\sin\theta\cos 2\theta\}d\theta
\end{aligned}
$$

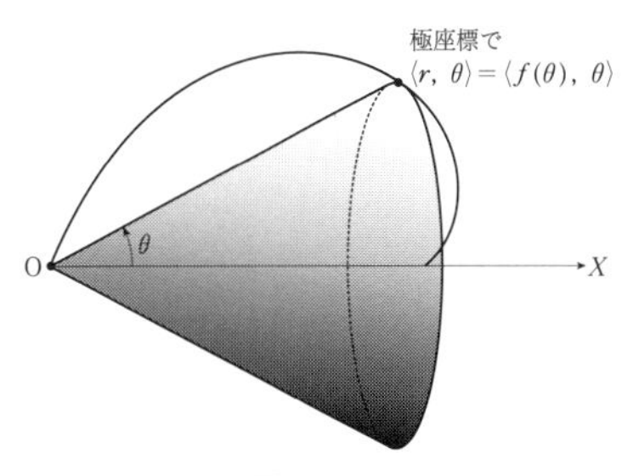

図 9.7.10

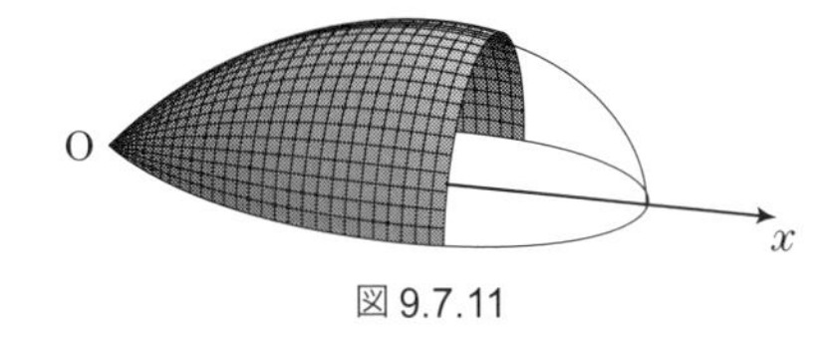

図 9.7.11

6° 重心の移動を考える方法

まず一般に，平面内に面積 S の図形が始線と重ならない位置にあり，その重心 $\boldsymbol{G}$ と始線との距離が g_y であるとき，この図形を始線のまわりに回転してできる立体の体積 Δv は,

$$\Delta v = S\times 2\pi g_y$$

(面積)×(回転による重心の移動距離)

であること(パップス・ギュルダンの定理)を利用する.

定理の証明は後述する(参考 7°参照).

次に，3 点 O, $\langle f(\theta),\ \theta\rangle$, $\langle f(\theta+\Delta\theta),\ \theta+\Delta\theta\rangle$ (極座標) で作られる微小な三角形を始線のまわりに回してできる立体の体積 Δv を考える.

三角形の 3 頂点を直交座標で表すと,

$(0,\ 0)$, $(f(\theta)\cos\theta,\ f(\theta)\sin\theta)$,

$(f(\theta+\Delta\theta)\cos(\theta+\Delta\theta),\ f(\theta+\Delta\theta)\sin(\theta+\Delta\theta))$

なので，その重心 $\boldsymbol{G}$ の y 座標を g_y とすると

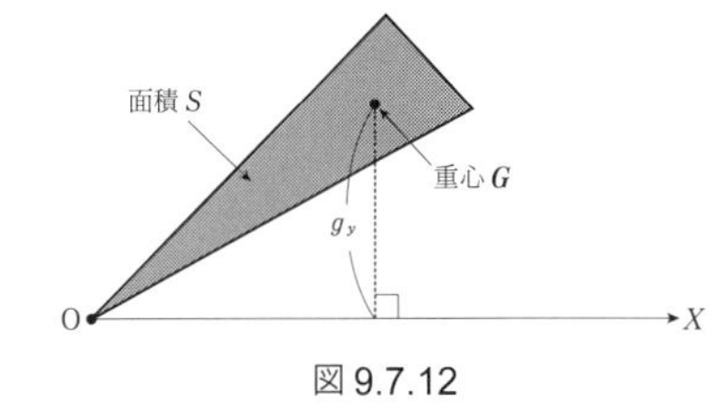

図 9.7.12

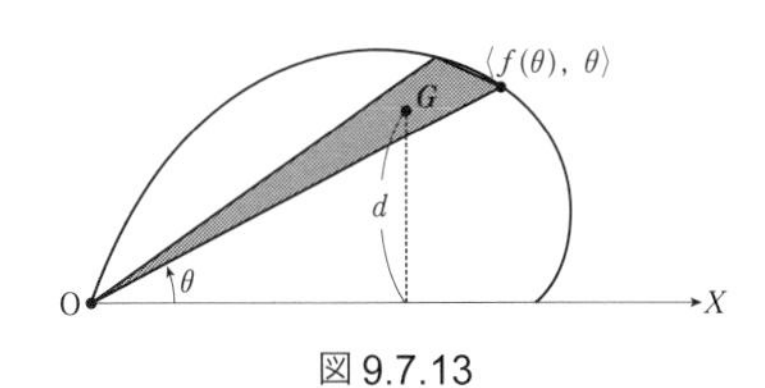

図 9.7.13

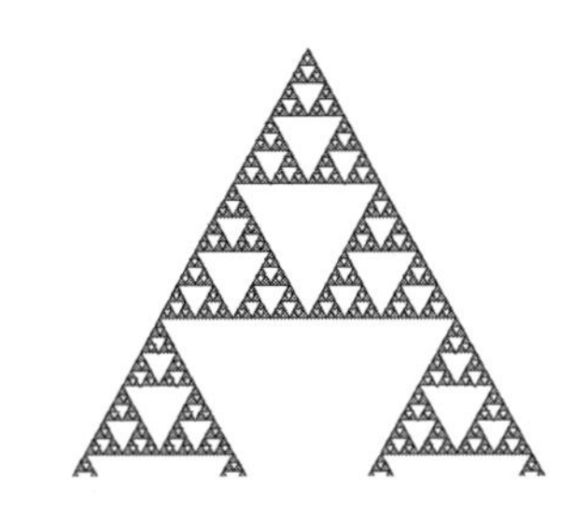

$$g_y=\frac{1}{3}(f(\theta)\sin\theta+f(\theta+\Delta\theta)\sin(\theta+\Delta\theta))$$

$\Delta\theta$ が十分小さいとき，これを $d\theta$ と書くと，

$$g_y=\frac{2}{3}f(\theta)\sin\theta$$

三角形の面積 S は，

$$S=\frac{1}{2}f(\theta)^2d\theta$$

微小三角形の回転体の体積は，

$$dv=S\times 2\pi g_y$$

$$=\frac{2}{3}\pi f(\theta)^3\sin\theta\,d\theta$$

■このアイデアは，本問が大学入試に出題された当時，プリパス松尾衛講師より提供いただいたものである．

参考 3°で考えている体積 V は，

$$V=\int dv=\int_0^\alpha\frac{2}{3}\pi f(\theta)^3\sin\theta\,d\theta$$

7° パップス・ギュルダンの定理の証明

図 9.7.14 のような図形（面積を S とする）を x 軸のまわりに回転してできる立体の体積 V を考える．x 軸からの距離が y である直線による図形の切り口の長さを $\ell(y)$ とし，切り口の存在範囲を $\alpha\leqq y\leqq\beta$ とすると，

$$S=\int_\alpha^\beta\ell(y)dy\qquad\cdots\cdots①$$

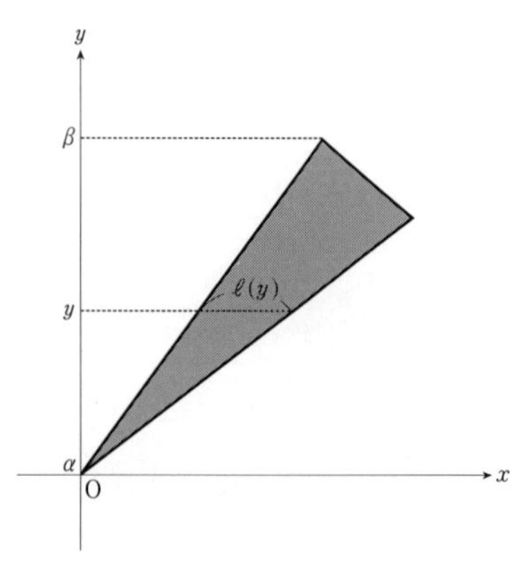

図 9.7.14

次に，十分小さな Δy を考え，図形の y から $y+\Delta y$ までの部分の幅 Δy の棒を x 軸のまわりに回転してできる立体の体積を ΔV とする．

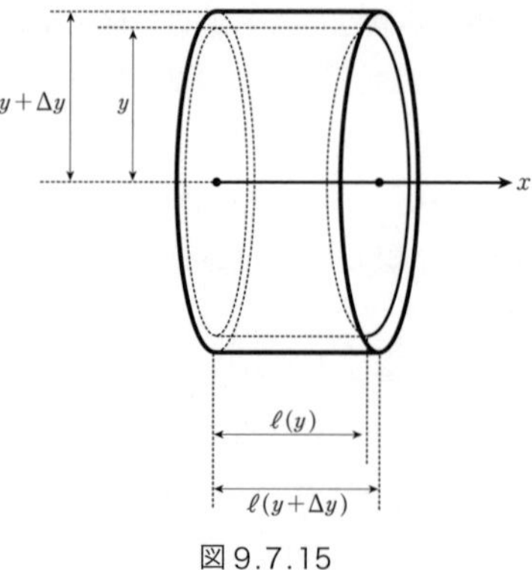

図 9.7.15

この区間での $\ell(y)$ を $\ell \leqq \ell(y) \leqq L$ とすると，

$$\pi\{(y+\Delta y)^2-y^2\}\cdot\ell \leqq \Delta V \leqq \pi\{(y+\Delta y)^2-y^2\}\cdot L$$

$$\pi\{2y+\Delta y\}\cdot\ell \leqq \frac{\Delta V}{\Delta y} \leqq \pi\{2y+\Delta y\}\cdot L$$

$\Delta y \to 0$ の極限では $\ell \to \ell(y)$，$L \to \ell(y)$ なので，

$$\frac{dV}{dy} = 2\pi y\cdot\ell(y)$$

したがって，回転体の体積は

$$V = \int dV$$

$$= \int_\alpha^\beta 2\pi y\cdot\ell(y)dy \qquad \cdots\cdots②$$

今度はこの図形の重心 $\boldsymbol{G}$ の y 座標 g_y を考える．

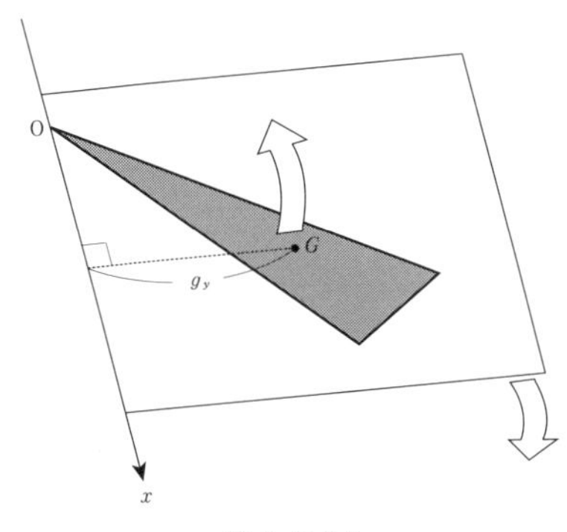

図 9.7.16

図形が均質な重みを持つとき，図 9.7.16 のような x 軸のまわりの回転モーメントを，図形の全質量が 1 点に集中するものとして代表させる点が G である．

$$\int_\alpha^\beta y\cdot\ell(y)dy = \left\{\int_\alpha^\beta \ell(y)dy\right\}\cdot g_y$$

周辺に 2π をかけて，

$$\int_\alpha^\beta 2\pi y\cdot\ell(y)dy = \left\{\int_\alpha^\beta \ell(y)dy\right\}\cdot 2\pi g_y$$

①，②から，

$$V = S\cdot 2\pi g_y$$

これで，パップス・ギュルダンの定理が証明された．

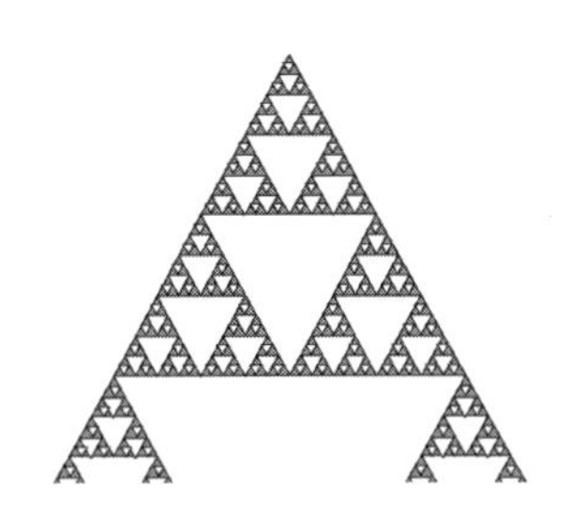

8° 微小体積 dv の解釈

参考 6°で考えた

$$dv = \frac{2}{3}\pi f(\theta)^3 \sin\theta \, d\theta$$

は，次のように考えられる．

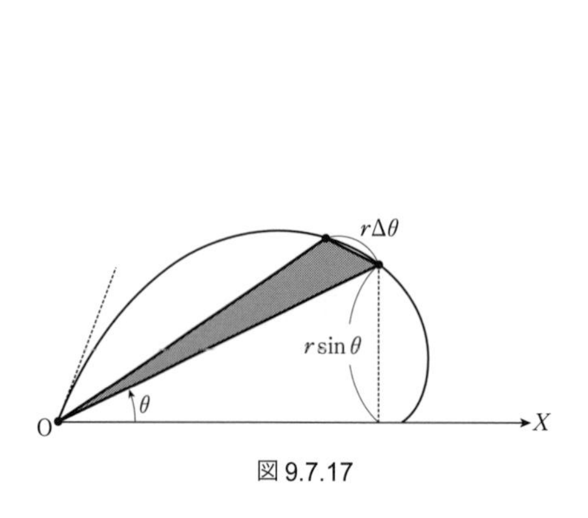

図 9.7.17

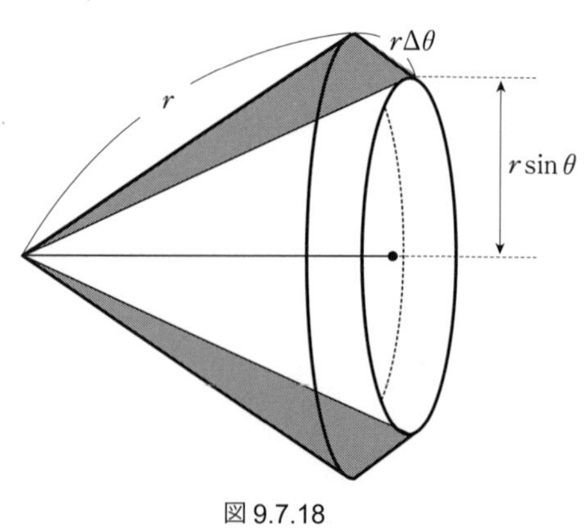

図 9.7.18

切り開いて展開すると，

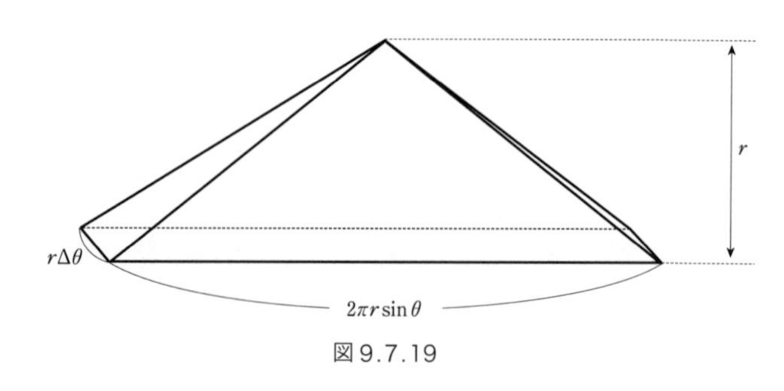

図 9.7.19

この錐体の体積は，

$$\begin{aligned}\Delta v &= \frac{1}{3}\cdot 2\pi r\sin\theta\cdot r\Delta\theta\cdot r \\ &= \frac{2}{3}\pi r^3\sin\theta\,\Delta\theta \\ &= \frac{2}{3}\pi f(\theta)^3\sin\theta\,\Delta\theta\end{aligned}$$

9°　本問の体積 V の数値

参考 6°のアイデアで本問の体積を求めてみよう.

$f(\theta)=\cos 2\theta$,　$\alpha=\dfrac{\pi}{4}$ として,

$$
\begin{aligned}
V &= \frac{2}{3}\pi\int_0^{\frac{\pi}{4}} \cos^3 2\theta \sin\theta\, d\theta \\
&= \frac{2}{3}\pi\int_0^{\frac{\pi}{4}} (2\cos^2\theta-1)^3(-\cos\theta)' d\theta \\
&= \frac{2}{3}\pi\int_1^{\frac{1}{\sqrt{2}}} (2t^2-1)^3(-dt) \\
&= \frac{2}{3}\pi\int_{\frac{1}{\sqrt{2}}}^1 (2t^2-1)^3 dt \\
&= \frac{2}{3}\pi\int_{\frac{1}{\sqrt{2}}}^1 (8t^6-12t^4+6t^2-1) dt \\
&= \frac{2}{3}\pi\left[\frac{8}{7}t^7-\frac{12}{5}t^5+2t^3-t\right]_{\frac{1}{\sqrt{2}}}^1 \\
&= \frac{2}{3}\pi\left\{\frac{-9}{35}+\frac{8\sqrt{2}}{35}\right\} \\
&= \frac{16\sqrt{2}-18}{105}\pi
\end{aligned}
$$

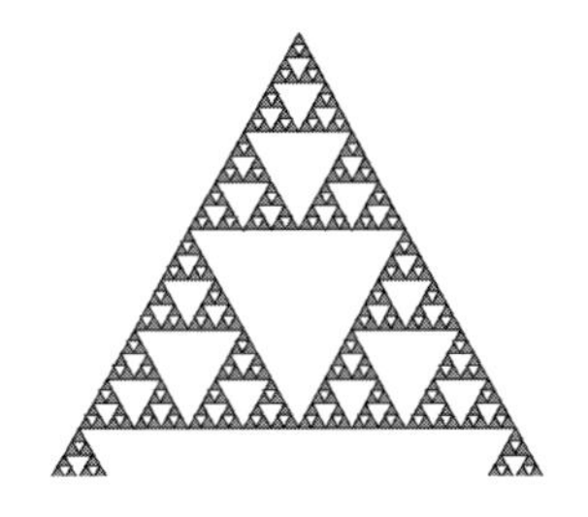

あとがき

本書の原型であった学習参考書版 (1993 年) から 15 年を経て，現代数学社のご厚意により，パワーアップした本書を世に問う機会を与えていただくことができました．1989 年秋に Apple 社の PC (Macintosh) を使い始めた当時は，System6.0.7 という OS で Mathematica ver2.0 を走らせていたと記憶しています．90 年代に入り，数学の講義の場にコンピュータを持ち込む機会をつくり，実験的な授業を行ないました．授業の場での「視覚体験」に対する学生達の反応は様々でしたが , 彼ら (彼女達) の多くは「そうか , そういう仕組みになっていたんだ」という発見を持ってくれたようでした．この「視覚体験・パラメーター一を視る！」を伝えるような書物を作ろうと思いながら原稿用紙のマス目を埋め，プログラムをまとめた結果が，本書であります．当時は，数式処理ソフトウェアが何種類か出そろって来た時代で，こうしたソフトウェアを活用した数学教育の模索が始まった時期でした．そのような黎明期に，大学受験参考書というスタンスから一つの学習法を提示することができました．学習参考書版で学んだ地方都市在住の大学受験生の一人が進学を機に上京し，現在は私の同僚となって本書のガイドを執筆してくれている，という事例もあります．出版をきっかけに，人の縁が深まるというのも，思わぬ副産物であり，著者としては嬉しい限りです．

学習参考書版の発行から数年経つと，高校数学カリキュラム (文科省学習指導要領) は「コア・オプション型」に構成を変えました．それ以前の教科書名は「代数・幾何」「基礎解析」「微分・積分」など，そのタイトルから内容が推し量れるものでしたが, 94 年高校入学・97 年大学入試の世代から使用している教科書のタイトルは「数学 I・II・III・A・B・C」となり，教科内容は分断されてしまいました．この当時の課程では「一次変換」に替えて「複素数平面(数学 B)」が導入されたこともあり，2000 年頃に本書の第 8 章(複素数平面上の写像)を執筆しました．

さらに 8 年を経た現在，03 年高校入学・06 年大学入試以降の世代が学ぶ現行学習指導要領では，「複素数平面」が消失して「一次変換」が復活しました．再び本書 (とくに第 6 章) の出番が来たともいえるタイミングであり，97 年以降に「極方程式 (数学 C)」の入試問題の蓄積と研究も出来ていたので，この機会に第 9 章 (極方程式による図形表現) を加筆・増強して，本書を制作することができました．現在の私の PC 環境は，OS は MacOS10.5 に，Mathematica は ver5 に至り，初版当時と比較すると，PC の環境は劇的に進化を遂げています．本書の図版やパラパラ劇場の作成は，初版の当時の PC では 100 MB のハードディスクと 16 MB 程度のメモリー空間の中でなんとかやりくりしながら計算していたのです．現在の PC 環境の快適さに驚き感謝しつつ，再計算をしたり，新たな図版を加えたりしながら，本書をお送りすることができるようになりました．

この本を書くにあたっては，数学事典類や入試問題詳解など，多くの書物を参考にさせて頂きました．さらに，学習参考書時代の版を教科書として講義をしたクラスに参加してくれた学生の皆さんからのフィードバックが，本書の随所に活かされています．本書を育てて下さった全ての方々に深く感謝いたします．

2008 年 10 月

米谷達也

著者紹介：

知恵の館総裁：米谷達也（よねたに　たつや）

学歴：筑波大学附属駒場中学校・高等学校卒，東京大学工学部卒，大宮法科大学院大学修了（法務博士）.

職歴：数理専門塾 SEG 講師（数学科主任），代々木ゼミナール講師（衛星放送授業，模擬試験出題等を担当），司法試験予備校辰已法律研究所講師（法科大学院入試担当）等を歴任．1997 年より有限会社プリパス代表取締役として教育業および出版業（楽天プリパスウェブショップ）を営み，マスクマン帝国「知恵の館」総裁を務める.

主要著書に，

『大学入試数学の思考回路（3 巻）』（SEG 出版，1993 年）

『思考回路を磨く問題集（5 巻）』（SEG 出版，1993 年）

『パラメータを視る／変数と図形表現』（現代数学社，2008 年）

『大学数学への道』（共著，現代数学社，2013 年）

『含意命題の探究』（共著，現代数学社，2018 年）

などがある.

覆面の貴講師：数理哲人（すうりてつじん）

学習結社・知恵の館所属の覆面の貴講師.「闘う数学，炎の講義」をモットーに，教歴およそ 40 年の間，大手予備校・数理専門塾・高等学校・司法試験予備校・大学・震災被災地などの現場に立ち続ける．平成～令和の「遊歴算家」（旅する数学者）として，北海道から沖縄の離島まで，津々浦々で「規範としての数学」を伝道し，各地の若者が覚醒している．数学・物理・情報・英語・小論文といった教科にわたっての著作・映像講義作品を多数もっており，ネット上で視聴できる講義も多く開放している．現在の執筆・言論活動は現代数学社『現代数学』およびプリパス『知恵の館文庫』にて発信している.

主要著書に，

『含意命題の探究』（共著，現代数学社，2018 年），

『数学オリンピックの表彰台に立て！』（技術評論社，2018 年），

『数学を奏でる指導 volume1』（現代数学社，2020 年），

『味わう数学～世界は数学でできている』（技術評論社，2021 年），

『数学を奏でる指導＆答案集』16 冊ボックスセット（知恵の館文庫，2021 年），

『波と多項式を架橋する～奏でる数学』（技術評論社，2022 年）

などがある.

新版　パラメータを視る　変数と図形表現

2022 年 9 月 22 日　　初版第 1 刷発行

著　者　米谷達也・数理哲人

発行者　富田　淳

発行所　株式会社　現代数学社

〒 606-8425 京都市左京区鹿ヶ谷西寺ノ前町 1
TEL 075（751）0727　FAX 075（744）0906
https://www.gensu.co.jp/

装　幀　中西真一（株式会社 CANVAS）

印刷・製本　亜細亜印刷株式会社

ISBN 978-4-7687-0591-9　　2022 Printed in Japan